物联网技术及其军事应用

宋航　编著

国防工业出版社

·北京·

内 容 简 介

本书在分析物联网的概念、特点和体系结构的基础之上,根据物联网的三层结构,较全面地介绍了物联网的感知层技术体系、网络层技术体系和应用层技术体系,及其发展与应用的现状。在物联网技术军事应用的探索中,积极寻求战场环境态势的精确感知、武器装备的智能管理与应用、军用物资的可视化管控、军事后勤的人性化伴随保障等解决方案,并积极借鉴国内外已有的物联网技术实践经验和成熟应用模式。

全书分7章对物联网技术及其军事应用进行了相对完整的分析和介绍,是作者结合多年来信息系统领域理论研究基础,持续跟踪国内外物联网的发展,深入分析研究物联网理论、技术及其对军事领域的深刻影响,而形成的探索性成果。其中包括对物联网军事应用已有成果的介绍和描述,并更多地论述了作者根据信息化发展客观规律对能够支撑物联网的技术体系的理解及其军事应用的设想。

本书可以作为从事信息技术或者军事电子信息系统研究的科研管理人员、高等院校相关专业本科生或研究生的参考书籍,也可作为广大物联网及国防信息化爱好者的普及读物。

图书在版编目(CIP)数据

物联网技术及其军事应用/宋航编著. —北京:国防工业出版社,2013.4
ISBN 978-7-118-08709-3

Ⅰ.①物... Ⅱ.①宋... Ⅲ.①互联网络 – 军事应用②智能技术 – 军事应用 Ⅳ.①E919 – 39

中国版本图书馆 CIP 数据核字(2013)第 051072 号

※

*国防工业出版社*出版发行
(北京市海淀区紫竹院南路23 号 邮政编码100048)
涿中印刷厂印刷
新华书店经售

*

开本787×1092 1/16 印张16½ 字数406 千字
2013 年4 月第1 版第1 次印刷 印数1—3500 册 定价37.00 元

(本书如有印装错误,我社负责调换)

国防书店:(010)88540777 发行邮购:(010)88540776
发行传真:(010)88540755 发行业务:(010)88540717

前　言

物联网(Internet of Things,IoT)被称为继计算机、互联网和移动通信网络之后的第三次信息技术革命,其广阔的应用前景受到了世界各国的高度关注。物联网是普遍联系的网络,是基于互联网、电信网等信息网络的承载体,可以视为互联网的延伸和扩展。物联网技术是蓬勃发展的技术,在信息技术发展和物联网应用的推进中,人类对外在物质世界的感知信息都将被纳入到一个融合了现在和未来的各种网络——物联网,在物联网中,人和物紧密地联系在一起。

据美国权威咨询机构 FORRESTER 预测,到 2020 年,世界上物与物互联的业务跟人与人通信的业务相比,将达到 30:1,物联网将会形成下一个万亿级的通信产业。EPoSS 观察认为,物联网的发展将会经历四个阶段:2010 年之前 RFID 技术日益成熟并被广泛应用于物流、零售和制药领域;2010 年—2015 年 RFID 无孔不入,物体整合并互联;2015 年—2020 年物体进入半智能化,对象能进行交互;2020 年之后物体实现全智能化及对象个性化。

物联网核心产业中,我国传感器市场规模 2010 年达到 440 亿元,根据 IT 和通信业的研究机构贝叶思发布的报告,按照近两年 30% 的年递增速度来看,2015 年前中国传感器市场规模将有望达到 1200 亿元以上。我国 RFID 在 2009 年的市场规模达到 85 亿元,2010 年达到 120 亿元,2011 年达到 179.7 亿元,2012 年达到 200 亿元。经过近几年的努力,我国 M2M 终端已超千万,电信运营商正在努力推动 M2M 在物联网上的应用,国内三大电信运营商开始申请的物联网专用号段,将新开辟 3 亿个物联网地址空间。根据工信部公布的数据显示,截至 2012 年 11 月,我国电话用户总数达 138359.0 万户,3G 用户总数达 22048.6 万户;互联网宽带接入用户达 17402.9 万户,这些都能够作为支撑物联网发展的有力后盾。

物联网的发展和实践是科学技术发展的必然,也是人类不断追求自由和美好生活的愿景。进入 21 世纪,物联网运用新一代 IT 技术把物和各种形态的网络相连,形成普遍连接的新型网络,它实现了人类社会与物理系统的深度融合,极大方便了人类的生产和生活。人类未来将能够借助物联网,以更加精细和动态的方式管理生产和生活。可以发现,物联网正在给我们的生活方式带来革命性的变化,同时也正推动着新的生产力形式的变革,将人与自然界中的各种物质紧密地连接在一起。

按照信息获取、传输、处理和应用的原则,从物联网技术体系角度来看,物联网普遍被认为是三层结构。本书详细分析了物联网的概念和特点,以及物联网技术的感知层、网络层、应用层三层体系架构,介绍了物联网在各个层次上的关键技术及其应用空间。在此基础之上,发掘了物联网的军事价值,探索了基于物联网技术的军事应用,展望了物联网技术在我军的应用前景。

书中第 1 章、第 2 章着重介绍了物联网的概念、特点、结构。第 3 章~第 5 章根据物联网的三层结构分别论述了物联网的感知层技术体系、网络层技术体系和应用层技术体系。物联网各层之间既相对独立又紧密联系,各层之间都有相应的中间件作为上下联系,重点放在应用层介绍。在这些物联网的整体认识和技术体系结构的基础上，于第 6 章论述了军事物联网的概念、现状、特点。最后，在第 7 章重点描述了物联网军事应用的 5 个方面：战场感知精确化、武器装备智能化、物资管控可视化、后勤保障人性化、军事安防现代化。

物联网正在孕育着军事变革深入发展的新契机，深刻理解并掌握先进的物联网技术，对于加快国防、军队的信息化建设和促进战斗力生成模式的转变具有重要意义。本书有助于读者理清物联网的概念、技术体系和应用的现状与前景，为物联网技术及其军事应用的发展起到积极的促进作用。

在本书的写作过程中，周东方教授、杨育红教授和李震硕士、米亚岚硕士、赵喆硕士在本书结构的确定、资料收集和内容校对等方面给予了大量帮助，作者在此表示诚挚的感谢。还要感谢国防工业出版社的大力支持和高效工作，特别是刘炯编辑的积极协助，使本书能够尽早与读者见面。

本书大量引用互联网上的最新资讯和报刊报道，在此一并向原作者和刊发机构致谢，对于不能一一注明引用来源深表歉意。

由于作者水平有限，书中不妥之处，恳请读者不吝指正。

宋航

2013 年元旦

目　录

V

第 1 章　物联网概述

以互联网为代表的计算机网络技术是 20 世纪计算机科学的一项伟大成果,它给人们的生活带来了深刻变化。计算机网络的功能再强大、信息再丰富,但终究是虚拟的,网络世界中仍然很难感知现实世界,与人们所生活的现实之间存在着深深的沟壑。时代呼唤着新的信息技术,进入 21 世纪,物联网正是在这样的背景下应运而生的新一代信息技术,是继互联网之后又一重大的科技创新,是建立在高新科技迅猛发展和网络覆盖无所不在的基础上的一个全新技术领域。它融合了感知技术、网络技术以及形形色色的颠覆人类思维的应用技术,可以发现,物联网正在给我们的生活方式带来革命性的变化。

物联网正在引领信息产业的新浪潮,其广阔的应用前景受到了各国政府的广泛重视。物联网产业蓬勃发展,对推动经济发展和社会进步的作用正逐步显现。我国正面临着加快转变经济发展方式和调整经济增长结构的机遇与挑战,作为国家新兴产业的重要组成部分,物联网产业以其巨大的应用潜力和发展空间,对我国经济转型势必会起到巨大的推动作用。

随着物联网在世界范围内的强势崛起,及其在军事领域应用的不断深入,物联网技术在现代战争中的重要地位也逐渐凸显。为了占领信息优势,以美国为首的发达国家正在不断地把物联网技术应用到现代军事的各个角落。物联网技术凭借其信息技术优势的制高点,必将引起军事领域的巨大变革,成为加速军队战斗力生成模式转变、推进军事变革的有力推手。

1.1　概念的提出与发展

物联网(Internet of Things)这一概念,是在 1999 年由美国麻省理工学院(MIT)自动识别(Auto – ID)中心的 Ashton 教授最早提出来的。2005 年国际电信联盟(ITU)发布的《ITU 互联网报告 2005：物联网》报告中正式提出了物联网的概念。2009 年美国 IBM 公司提出了以"物联网"为核心的"智慧地球"战略。从 20 世纪 90 年代开始,在美国国防部先进研究项目局 DARPA 的支持下,美军开始了物联网技术在军事领域的研究和探索,并将以智能尘埃为代表的物联网技术开始应用在第二次海湾战争中。

Ashton 在研究射频识别(RFID)和无线传感器网络时提出的物联网概念,最初只是设想通过 RFID 及传感器技术让电脑对物理世界进行感知与识别,在无人干预下汇聚数据信息,以此我们就能对所有物品进行追踪和计数。他认为物联网如同互联网一样有着改变世界的巨大潜力。此时物联网的概念只局限在 RFID 和传感器网络。

国际电信联盟(ITU)于 2005 年在突尼斯举行的信息社会世界峰会(WSIS)上发布了《ITU 互联网报告 2005：物联网》报告,报告对物联网的定义为：通过将短距离的移动收发器内嵌到各种配件和日常用品中,使人与人、人与物、物与物之间形成一种新的交流方式,即在任何时间、任何地点都可以实现交互。

与 Ashton 等人对物联网的定义相比,该定义强调的是物联网互联物品的特征,并向我们展示了它的发展愿景:人们通过物联网的应用获得了一个新的沟通维度,即从任何时间任何地点的人与人之间的沟通连接,扩展到人与物、物与物之间的沟通连接。

2008 年,欧盟的《The Internet of Things in 2020》报告中提出,物联网是由具有标示、虚拟个性的物体或对象所组成的网络,这些标示和个性等信息在智能空间中,使用智慧的接口与用户、社会和环境进行通信。

2009 年,IBM 公司首席执行官彭明盛在"智慧的地球"理念中对物联网这样描述:运用新一代的 IT 技术(如射频识别技术、传感器技术、超级计算机技术、云计算等)将传感器嵌入或装备到全球的电网、铁路、公路、桥梁、建筑、供水系统等各种物体中,并通过互联形成"物联网";而后通过超级计算机和云计算技术,对海量的数据和信息进行分析与处理,将"物联网"整合起来,实施智能化的控制与管理,从而达到全球的"智慧"状态,最终实现"互联网 + 物联网 = 智慧地球"。同时,IBM 提出了物联网在各个领域的解决方案,包括智能能源系统、智慧交通系统、智慧金融和保险系统、智慧零售系统、智慧医疗保健系统与智慧城市系统等。

我国在 2010 年政府工作报告中,把物联网注释为:是指通过信息传感设备,按照约定的协议,把任何物品与互联网连接起来,进行信息交换和通信,以实现智能化识别、定位、跟踪、监控和管理的一种网络。它是在互联网基础上延伸和扩展的网络。

由此可见,物联网的概念是逐步发展和完善的。欧盟和 IBM 公司对物联网的定义类似,都以应用为特征,结合具体的行业应用对物联网进行了阐述,其中 IBM 公司对于物联网的描述更为全面一些。而中国政府报告对于物联网概念的定义更为明确一些,和以前出现的概念不同之处在于从应用的角度明确了物联网就是对物体的智能化。由此,物联网的"中国式"定义逐渐明晰。

1.2　物联网的定义

物联网(Internet of Things,IoT)作为新一代信息技术的重要组成部分,就是"物物相连网络"。这有两层含义:其一,物联网的基础与核心还是互联网,只是在现有互联网基础上的扩展和延伸的网络;其二,其用户端扩展和延伸到了任何人和人、人和物、物和物之间进行的信息交换和通信。

由字面意思得出物联网的概念是:利用射频识别、激光扫描器、红外感应器、定位系统、地理信息系统等感知设备,在网络中实现物体之间的互联,并按约定的协议,进行信息交换和通信,以实现对物体的智能化管理、定位、识别、监控、跟踪的一种新型网络。

对于物联网中"物"的理解,"物"不仅包括日常遇到的电子装置,例如手机、车辆和设备等,还包括传统意义上非电子类的"物",例如食物、服装和帐篷等生活用品,材料、零件和装配件等生产用品,地标、边界和路碑等实物;通过"嵌入"或者"标记",使其可读、可识别、可定位、可寻址、可感知、可控制,从而能够接入物联网。一般来说,只要满足以下条件就能够被纳入"物联网"的范围:

(1)要有数据传输通路。

(2)要有一定的存储功能。

(3)要有 CPU。

(4)要有操作系统。

(5)要有专门的应用程序。

（6）遵循物联网的通信协议。

（7）在世界网络中有可被识别的唯一编号。

物联网概念作为表现某一认知阶段上科学知识、科学研究的结果，经归纳总结而存在。所以说，上述的仅是现阶段物联网的定义。物联网的概念是在实践中不断的发展和延伸的。其上述"中国式"定义中，看起来物联网和互联网存在千丝万缕的联系，但是从发展的角度来看，需要从以下三方面把握其定义。

第一，不能简单地将物联网看做互联网的延伸，物联网是建立在特有的基础设施之上的一系列新的独立系统，当然，在物联网发展的初级阶段，部分基础设施还是要依靠已有的互联网；第二，物联网正酝酿（孕育）着新业务（新需求），并与新业务（新需求）共同发展和完善；第三，物联网包括物与人通信、物与物通信的不同通信模式，而互联网一般仅包括人与人的通信模式。

1.3 与其他概念的比较

1. 物联网与互联网

虽然物联网和互联网仅一字之差，也存在着密切的联系，但是它们之间有显著的不同。互联网创造了虚拟世界，而物联网为我们开辟一个由虚拟转向现实的新领域。互联网在虚拟世界中实现了人与人的联系，而物联网将在回归到实物的现实世界中实现物与物的联系。从应用角度来看，物联网大大扩展了互联网的应用领域。

现阶段来看，物联网是基于互联网之上的一种高级网络形态，物联网和互联网之间的共同点在于它们的部分技术基础是相同的，比如它们都是建立在分组数据技术基础之上的。尤其在物联网发展的初级阶段，物联网的部分基础设施还是要依靠已有的互联网，对互联网有一定的依附性。物联网和互联网的不同点是：用于承载物联网和互联网的分组数据网无论是网络组织形态，还是网络的功能和性能，对网络的要求都是不同的。互联网对网络性能的要求是"尽力而为"的传送能力和基于优先级的资源管理，对智能、安全、可信、可控、可管、资源保证性等都没有过高的要求，而物联网对网络的这些要求高得多。因此，从这方面来说，两者是有差别的。这些差别当中最大的应属"智能"。如果从发展的角度来看，物联网有"青出于蓝而胜于蓝"之势。

2. 物联网与M2M

M2M是一种以机器终端智能交互为核心的、网络化的应用与服务。它通过在机器内部嵌入无线通信模块，以无线通信等为接入手段，为客户提供综合的信息化解决方案，以满足客户对监控、指挥调度、数据采集和测量等方面的信息化需求。

从内涵上看，M2M（Machine to Machine）强调的是将通信能力植入机器，以机器终端智能交互为核心的、网络化的应用与服务。而物联网通过具有全面感知、可靠传送、智能处理特征的连接物理世界的网络，实现人和人、人和物、物和物之间的信息交换和通信，是通过信息技术对物理世界的多维度理解、融合、呈现与智能反馈。因此物联网在内涵上从以通信为核心的服务发展到以信息为核心的服务。

从感知能力上看，M2M已具备通过M2M终端连接外部设备，获得条形码、RFID、传感器、摄像头等感知能力，由于受到终端能耗、体积和移动通信网络覆盖等影响，只能实现信息的有限感知；而物联网纳入传感器网络、特征识别、位置感知、智能交互等更为智能的感知方式，可以实现信息的全面感知与交互。

从通信能力上看,M2M是以移动通信为主,只能实现信息的有限传送;而物联网实现多种通信技术的结合,将通信网络作为物联网的基础设施,从机器的通信发展到物与物之间的通信,扩大了通信的范畴和信息传送的自由度。

从应用场景上看,M2M由于受网络覆盖、终端能耗、终端体积、部署成本的影响,主要应用在机器领域;而物联网的发展会带来感知能力、网络能力及处理能力的全面提升,在应用场景上将更为丰富。

M2M作为物联网现阶段最普遍的应用形式,将在本书的物联网网络层技术中详细介绍。

3. 传感网、物联网与泛在网络的关系

传感网又称无线传感器网络(WSN),概念源于1978年美国国防部高级研究计划局(DARPA)开始资助卡耐基梅隆大学进行分布式传感器网络的研究项目。它是由一组传感器以自组织方式构成的无线网络,其目的是协作地感知、采集和处理网络覆盖区域中感知对象的信息,并发布给观察者。而物联网在感知、传输、计算模式等方面都具有比传感网更大的范畴,它不仅包括传感网、RFID、二维码等标识技术,也包括人与物、物与物之间的感知、标识、测控等手段。传感网仅仅是物联网众多感知技术中的一种,传感网、物联网、互联网和泛在网的关系如图1-1(a)所示。

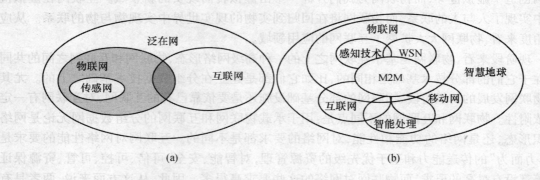

图1-1 相关概念关系图

泛在网是指无所不在的网络,是一个面向泛在应用的各种异构网络的集合,又称泛在网络。泛在网概念最早是由施乐(Xerox)首席科学家Mark Weiser于1991年在《21世纪的计算》中提出的,泛在网是指个人和社会的需求,实现人与人、人与物、物与物之间按需进行的信息获取、传递、存储、认知、决策、使用等服务,网络具有超强的环境感知、内容感知及智能性,为社会及个人提供泛在的、无所不包的信息服务。"泛在"在现阶段体现为传感器网络等末梢网络部署和移动通信网络覆盖的泛在化,以及各类物联网业务与应用的泛在化。

物联网与泛在网的概念出发点和侧重点不完全一致,但其目标都是突破人与人通信的模式,建立物与物、人与物之间的通信。物联网更侧重物理世界的应用,泛在网可以理解为物联网的高级形式。

物联网中包含了众多感知技术,以及以WSN为代表的多种短距离通信技术和以M2M为代表的移动通信技术等。物联网、互联网、移动网作为智慧地球的重要组成部分,三者之间又存在着千丝万缕的联系。它们之间的关系如图1-1(b)所示。

参 考 文 献

[1] 程钰杰. 我国物联网产业发展研究[D]. 安徽大学硕士学位论文,2012.
[2] 刘利民. 物联网运维系统标准化技术的研究[D]. 华中师范大学硕士学位论文,2012.
[3] 张勇军. 物联网及其军事应用[J]. 物联网技术,2012,(7).

第2章 物联网的体系结构

近几年,RFID、GPS、传感器以及 WSN 等在我们身边如雨后春笋般出现,昭示着物联网技术的迅猛发展。物联网技术可以在内网(Intranet)、专网(Extranet)和互联网(Internet)环境中,采用适当的信息安全保障机制,提供安全可控乃至个性化的实时在线监测、定位追溯、报警联动、调度指挥、预案管理、远程控制、安全防范、远程维保、在线升级、统计报表、决策支持等管理和服务功能,可以实现对万物的"管、控、用"一体化。所以,物联网是一个庞大而又复杂的体系。下面从连接维度、技术结构和特征来分析物联网的体系结构。

2.1 物联网的连接维度

"事物是普遍联系和永恒发展的。"物联网从信息融动的维度深化了事物之间的联系。信息的融动已经从满足人与人之间的沟通,发展到实现人与物、物与物之间的连接。物联网使我们在信息世界里获得一个新的沟通维度(如图 2-1 中所示的物的维度),将任何时间、任何地点、连接任何人,扩展到连接任何物品。正如国际电信联盟(ITU,2005)的描述,物联网主要解决物品到物品(Thing to Thing,T2T)、人到物品(Human to Thing,H2T)、人到人之间的互联(Human to Human,H2H)。

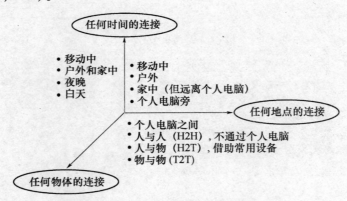

图 2-1 物联网中的连接维度

物联网是新一代信息技术革命的产物,代表了计算机技术和通信技术的未来。通过现实空间物与物的智能互联,让物品"开口说话",在新的维度中实现感知世界。目前,电信运营商为公众提供的通信服务,主要通过固定、移动电话和 PAD 作为载体,实现端到端的服务;随着物联网的普及,电话(PAD)终端将演变成各式各样的可移动的物联网终端,这种可移动的通信能力将延伸到物与物之间,网络承载形式也不会仅局限于电信网络(未来可用全 IP 网络承载),这极大地增加了信息量及其可用度,在物与物的智能互联维度的基础上深化了环境与人类、自然与社会的联系。整个世界的面貌将为之焕然一新。

2.2 物联网的结构简介

物联网结构的划分是基于现有物联网的应用和技术的。随着物联网不断地吸纳新的技术,拓展新的应用,其体系结构的划分也会不断发展。但是,不论是系统设计的研究,还是物联网的应用场景和类型研究,都需要一个相对稳定的物联网体系结构作为指导。同时,物联网由于应用的广泛性,特别是网络接入具有很强的异构性,各种设备需要在不同的网络中进行信息的互通,因此需要一个规范的、开放的体系结构。

目前,物联网体系结构的划分有多种方法。根据国际电信联盟 ITU 的相关规范,物联网结构可以分为物理接触感知层、网关、信息处理系统及网络层。如图 2-2 所示,其中物理接触感知层,主要通过传感器、RFID 等技术对各种状态信息进行监测、采集,并将收集到的信息递交给上层进行处理;网关层主要负责将底层物联网感知设备接入到网络中,同时还兼备对底层数据的汇聚功能;信息处理系统可以对收集到的信息进行局部或集中的处理;网络层主要负责信息的传递,包括各种接入和传输网络。

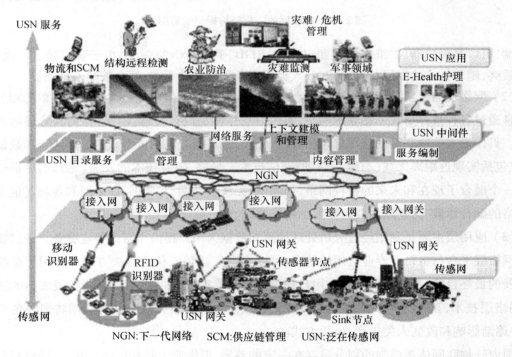

NGN:下一代网络　SCM:供应链管理　USN:泛在传感网

图 2-2　ITU 提出的物联网结构

在国内,对物联网的划分较为统一,将物联网体系划分为三层,即感知层、网络层和应用层,如图 2-3 所示,各层功能描述如下:

(1)感知层的主要功能是感知和识别物体。由各种具有感知能力的设备组成,包括传感器、定位器、读写器、摄像头等随时随地通过感知、测量、监控等途径获取物体信息的设备;还包括 GPS/GIS(全球定位系统/地理信息系统)、T2T 等终端、传感器网络和传感器网关等无线接入设备。所以说,感知层是直接强调物联网中"物"的层面,"物"可以定义成可获取各类信息

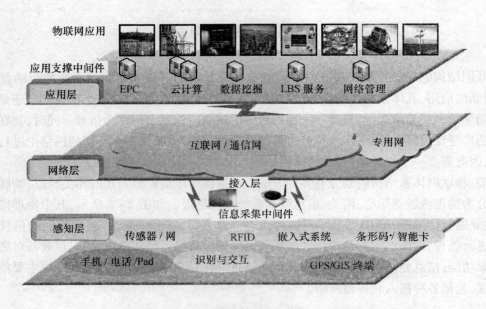

图 2-3 物联网的三层结构模型示意图

的终端,可以是传感器、二维码标签和识读器、RFID、手机、PC、摄像头、电子望远镜、GPS 终端等。最终,随着技术的发展,可以感知到人类所需各种信息的终端,都会被纳入感知层。

（2）网络层的主要功能是实现感知数据和控制信息的通信功能。将感知层获取的相关数据信息通过各种具体形式的物联网网络,实现信息存储、分析、处理、传递、查询和管理等多种功能。具体形式的物联网网络不仅包括有线、无线、卫星与互联网等形式的全球语音和数据网络,也包括实现近距离无线（有线）连接的通信技术。最终,随着技术的发展,感知信息都被纳入到一个融合了现在和未来的各种网络,如固网、无线移动网、互联网、广电网和各种其他专网等网络的融合承载,为物联网奠定坚实的网络基础。

（3）应用层主要是利用经过分析处理的感知数据为用户提供丰富的特定服务。通过物联网的网络层平台与各行业专业应用的结合,可以实现广泛智能化的解决方案。应用层是物联网发展的最终目的,在应用层将会为用户提供丰富多彩的物联网应用。不断发展成熟的感知层、网络层技术,正在为物联网应用的多样化和规模化开辟道路。物联网应用将覆盖各行各业,并逐渐影响和改变人类生产、生活方式。

国内外物联网体系结构的划分虽存在一定的差异,但本质上是相同的。其中,国外划分法中的物理接触感知层、网关层与国内划分体系结构中感知层功能保持一致,信息处理系统及网络层与国内提出的网络层功能近似。国内物联网体系结构的优势在于将物联网的应用归入其中,涵盖了物联网从上到下的整体结构。

物联网是具有分层结构的技术体系,其技术与应用跨越多领域,因此物联网技术体系的建立要能囊括基础公共技术和行业技术,参考物联网的分层结构,其技术体系结构可构建如图 2-4所示。

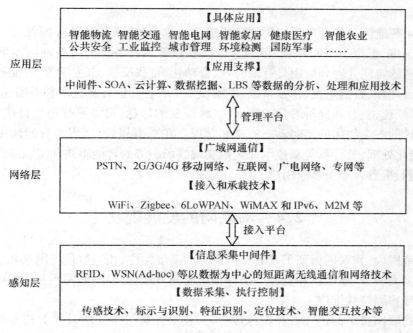

图 2-4 物联网的技术体系结构

2.3 物联网的特征

2009 年 1 月,IBM 首席执行官彭明盛提出"智慧地球"构想,其中物联网为"智慧地球"不可或缺的一部分,而奥巴马在就职演讲后已对"智慧地球"构想提出积极回应,并提升到国家级发展战略。智慧地球所指的"智慧"体现为 3I:更透彻的感知(Instrumented),更广泛的互联(Interconnected),更智能的应用(Intelligent)。这三个方面是形成物联网的重要特征,受到了人们的广泛认可。

(1)感知透彻性。在感知层中,不仅有物与物,也包括物与人、人与人之间广泛的通信和信息的交流。透彻性体现为三点,一是感知一切可接入物联网之物,通过感应技术可以使任何物品都变得有感知、可识别,可以接收来自它"物"和网络层的指令。二是互动感知,物联网在感知层更强调信息的互动,即人与感知物的"实时对话"或感知物与感知物的"动态交流"。传感技术的核心即传感器,它是实现物联网中物与物、物与人信息交互的必要组成部分。三是多维感知,感知层中的人机交互包含视觉、听觉、嗅觉、味觉、触觉,甚至包括感觉与直觉、行为与心理的多维综合感知。在物联网的军事应用中,这种透彻性体现为体系感知、精确感知、无缝感知等。

(2)互联广泛性。物联网具有更全面的互联互通性,连接的范围远超过互联网,大到铁路、桥梁等建筑物和水电网,小到摄像头、书籍、家电等部件,还包括应用于各种军事需求的军事物联网。通过各种通信网、互联网、专网,有效地实现个人物品、城市规划、政府信息系统中储存的信息交互和共享,从而对环境和业务状况进行实时监控。不仅要"互联",更要"互通",这就要求实现信息的高效传输,涉及到高速的无线接入网络、高效的路由转发、信息的加密安全等,在军事物联网的要求则更高。互联广泛性在军事物联网中还可以体现为一切军事相关

9

要素的联系与组织。

（3）应用智能性。各种广泛应用的智能感应技术，可以采集和处理图像、声音、视频以及频率、压力、温度、湿度、风速、风向、颜色、气味、长度等各种各样的可精确感知世界万物的信息。这些信息的协同处理和应用具有高时效、自动化、自我反馈、自主学习、智能控制等智能化特征。通过云计算、数据挖掘、专家系统、模糊识别等各种智能计算技术和手段，能够进行复杂的数据分析、处理，整合和分析海量的跨地域、跨行业的信息，可以更好地支持决策和行动，实现对数以万计的各类物体的实时动态控制和管理。在军事领域，应用的智能性可以通过数据的高速、智能化处理，云计算等新技术完美地实现战场态势的智能感知和协同感知、决策支持、装备智能控制、机器人等军事应用。

2.4 物联网的发展现状

在全球范围内，物联网得到了政府和产业界的高度关注，相当数量的国家和地区在力求通过与自身社会发展、产业结构和资源等条件相适应的方式，推动物联网产业的发展。一些较完善的业务已经得到持续推广。

美国是物联网技术的倡导者和先行者之一，较早开展了物联网及相关技术的研究。2009年1月，IBM公司联合美国智库机构信息技术与创新基金会（ITIF）共同向奥巴马政府提交的报告中建议，美国政府新增300亿美元投资于智能电网、智能医疗、宽带网络三个领域。2009年，奥巴马把IBM提出的"智慧地球"（传感器网 + 互联网）确定为国家战略，主要从电力、医疗、城市、交通、供应链、银行六大领域切入，重点在智能电网和智慧医疗两方面开展工作。之后"智慧地球"概念被奥巴马政府提升为国家级发展战略。同年，奥巴马签署生效的《2009年美国恢复与再投资法案》提出，要在新一代宽带网络、智能电网和医疗IT系统方面投入300亿美元，其中智能电网领域投资110亿美元，卫生医疗信息技术应用领域投资190美元。可以看出，美国之所以非常重视物联网的发展，是因为它的核心是利用信息通信技术（ICT）来改变美国未来产业发展模式和结构（金融、制造、消费和服务等），改变政府、企业和人们的交互方式，以提高效率、灵活性和响应速度。

2009年6月，欧盟委员会发布了《欧盟物联网行动计划》（IoT – An action plan for Europe），认为网络发展的下一步主要是从互联的计算机网络发展到互联的对象网络，书本、汽车、电器、食物等物品有时将会拥有自己的地址，物体通过嵌入式系统及传感器能获取周围环境信息并进行交互。欧盟希望通过构建新型物联网框架来确保其在物联网发展进程中的主导地位。行动计划共包括14项内容，包括管理、隐私及数据保护、"芯片沉默"权利、关键资源、潜在危险、标准化、研究、公私合作、创新、国际对话、管理机制、环境问题、统计数据和进展监督。

从2000年至今，日本已先后提出"e – Japan"、"u – Japan"、"i – Japan"三个国家战略。其中"u – Japan"的目标就是要通过无处不在的物联网，创建一个新的信息社会，实现人与人、人与物、物与物之间的泛在连接。2009年颁布的"i – Japan"战略，将政策目标聚焦在三大公共事业；到2015年，实现"新的行政改革"的目标，使行政流程透明化、简单化、标准化、效率化，同时推动远程教育、远程医疗、电子病历等应用领域的发展。

自1997年起，韩国也出台了一系列推动国家信息化建设的产业政策，如实现"u – Korea"社会的愿景，韩国政府持续推动各项相关基础建设和核心产业技术发展，RFID/USN（泛在传感网)就是其中之一。为了让民众随时随地享有科技智能服务,Telematics 等最新的技术应用也被列入了信息基础建设。

我国也高度重视物联网的发展,已将其摆在了国家战略的核心地位。从物联网关键基础技术——RFID 列入《电子信息产业技术进步和技术改造投资方向》重点目录发展到工业和信息化部将物联网上升为战略性产业。2009 年 11 月 3 日,国务院总理温家宝在首都科技界大会上发表的《让科技引领中国可持续发展》讲话中明确指出,"我们要着力突破传感网、物联网的关键技术,及早部署后 IP 时代相关技术研发,使信息网络产业成为推动产业升级、迈向信息社会的'发动机'。"同年,在提出"感知中国"概念之后,我国将物联网作为新兴战略性产业之一写入 2010 年政府工作报告中。2010 年 10 月,国务院正式发布《国务院关于加快培育和发展战略新兴产业的决定》,明确提出要"促进物联网、云计算的研发和示范应用",物联网在中国受到了全社会极大的关注。

2012 年 2 月 14 日,国家工业和信息化部发布了《物联网"十二五"发展规划》(简称《规划》),规划期为 2011 年—2015 年,其中显示的重点领域包括智能交通、智能安防、智能物流等在内的九大领域。相信在未来,物联网产品将会得到更加广泛的应用,拥有更为广阔的市场前景。《规划》标志着我国物联网产业发展完成了顶层设计。

2012 年 10 月,第三届中国国际物联网博览会上发布了《2011 年—2012 年中国物联网发展年度报告》(简称《报告》)。《报告》认为,当前我国物联网发展总体与世界同步,我国环渤海、长三角、珠三角以及中西部地区四大物联网产业集聚区基本成形,西部的贵州、甘肃、四川、重庆等省市积极布局物联网产业;截至 2012 年 6 月底,三大运营商已在全国 320 多个城市和当地政府合作建设智慧城市,越来越多的地区将智慧城市作为未来城市的发展方向;物联网在重点领域的应用主导产业技术发展,应用需求强烈的细分产业率先得到发展,我国物联网产业重点技术研究热点基本与应用热点吻合,体现了物联网以应用为导向的发展特征。

《报告》指出,2012 年我国物联网产业发展取得良好开局,但仍面临着诸多深层次矛盾与问题。例如,标准体系缺失导致资源整合难度加大;核心技术缺位影响物联网国际话语权;商业模式模糊阻碍物联网规模化推广;信息安全隐患限制物联网全方位应用,规模应用不足制约物联网产业化发展等。当前全球物联网相关技术、标准、应用、服务还处于起步阶段,物联网核心技术持续发展,标准体系加快构建,产业体系处于建立和完善过程中。未来十年物联网将实现大规模应用,预计到 2015 年全球物联网整体市场规模将接近 3500 亿美元,年增长率达 25%。目前,射频识别技术成为物联网最受关注的技术之一,近两年呈现持续上升趋势,预计 2012 年全球射频识别技术市场规模将达 200 多亿美元,全球射频识别技术市场产值将达 11.60 亿美元。

参 考 文 献

[1] 黄峥.云计算在物联网产业中的应用.2011 年信息通信网络技术委员会年会征文[C],编号 No. T13.
[2] 肖青.物联网标准体系介绍.电信工程技术与标准化[J],2012,6.
[3] 袁东亮.物联网的研究与应用[D].北京:中国地质大学硕士学位论文,2012.

第3章 感知层技术

感知层是物联网的"感官系统",位于物联网三层结构的最底层,是物联网的实现基础。为了在物联网感知层实现对物理世界"透彻的感知",各种感知技术分布在感知层,主要包括传感技术、传感器网络技术、标示与自动识别技术、特征识别技术、GPS 以及智能交互技术等。这些感知技术能够将各种物体和环境的感知信息通过通信模块和接入网关,传递到物联网网络层中。

如果将感知层涉及的相关技术统称为感知技术,那么,作为物联网(技术体系)的基础,感知技术为感知物理世界提供最初的信息来源,并将物质世界的物理维度和信息维度融合起来,为超越人类本身对物质产生意识的感官系统开辟新的认知道路。

感知技术的本质是信息采集,通过感知技术采集的物理世界的信息和基础网络设施结合,能够为未来人类社会提供无所不在、更为全面的感知服务,真正实现对物理世界认知层次的升华。物联网感知层涉及的技术众多,这里对传感技术和传感网、标示与识别技术、特征识别技术、定位技术和人机智能交互技术作简要分析。

3.1 传 感 技 术

传感技术是一门多学科交叉的现代科学与工程技术,主要研究如何从自然信源获取信息,并对之进行处理(变换)和识别。传感技术的核心即传感器,它是负责实现物联网中物与物、物与人信息交互的重要组成部分。传感技术不仅包含传感器,它还涉及通过传感器感知信息的处理和识别,及其应用中的规划设计、开发、组网、测试等活动。

传感器能够获取物联网中"物"的各种物理量、化学量或生物量等信息,其功能与品质决定了所获取自然信息的信息量和信息质量。信息处理包括信号的预处理、后置处理、特征提取与选择等。识别的主要任务是对经过处理信息进行辨识与分类,它利用被识别(或诊断)对象与特征信息间的关联关系模型对输入的特征信息集进行辨识、比较、分类和判断。传感技术包含了众多的高新技术,被众多的产业广泛采用。传感技术同计算机技术与通信技术一起被称为信息技术的三大支柱,同时作为新一代信息技术——物联网发展的基础技术之一,应该受到足够的重视。

近年来,随着生物科学、信息科学和材料科学的发展,传感技术获得了飞速发展,实现了系统化、微型化、多功能化、智能化和网络化,这大大拓展了传感技术的应用领域。物联网中应用的传感技术主要有传感器、传感系统和基于各种分布式传感器节点的传感器网络。

3.1.1 传感器简介

传感技术是物联网感知层的关键技术之一。传感器将物理世界中的物理量、化学量、生物量转化成供处理的数字信号,从而为感知物理世界中物体的属性,提供信息采集的来源。离开传感器对被测物体原始信息进行准确的获取和转换,无论多么精确的测试技术与控制手段都将是空谈。理论上讲,传感器是指能感知预定的被测指标并按照一定的规律转换成可用信号的器件和装置,通常由敏感元件和转换元件组成。

我国国家标准 GB7665 - 87 对传感器的定义是"能感受(或响应)规定的被测量并按照一定的规律转换成可用信号的器件或装置,通常由敏感元件和转换元件组成"。传感器负责物联网信息的采集,是实现对现实世界感知的基础,是物联网应用的基础。

传感器是感知物质世界的"感觉器官",用来感知信息采集点的环境参数。传感器可以感知热、力、光、电、声、位移(位置、加速度、手势、语音)等信号,为传感网的处理和传输提供最原始的信息。传感器的类型多样,可以按照用途、材料、测量方式、输出信号类型、制造工艺等方式进行分类。按照测量方式不同,可以把传感器分为接触式测量和非接触式测量传感器两大类;按照输出信号是模拟量还是数字量,可以分为模拟式传感器和数字式传感器;按照用途,可分为可见光视频传感器、红外视频传感器、温度传感器、气敏传感器、化学传感器、声学传感器、压力传感器、加速度传感器、振动传感器、磁学传感器、电学传感器;按照工作原理,可分为物理传感器、化学传感器、生物传感器;按照应用场合,可分为军用传感器、民用传感器、军民两用传感器。

在物联网中,从感知对象能够提取的"物"的数据或信息形式,主要包含以下 3 种。

(1)使用各种专用传感器采集物理、化学、生物等数据。如压力、流量、位移、速度、震动、温湿度、pH 值,还包括通过核辐射传感器和生物传感器能够检测的辐射值和气味浓度等各种传感器,这些是容易直接想到的"感知器"。

(2)感官信息的采集与扩展。感官信息包括听觉、视觉、触觉、味觉、嗅觉等能够感知或采集的信息。以视觉为例,视频摄像头从根本上来说也是属于信息的采集,其采集到的是一种视频信息,同样是代表了一些描述监控目标的信息数据。由于视频数据可以包含全方位和角度、多层次和维度的信息,比普通专用物理传感器所采集到的信息量要大得多,因此,摄像头是最重要的感知器之一,音频感知也是如此。

(3)感知信息的智能处理和挖掘。音视频、震动等一些采集到的原始信息,使用智能技术对它们进行分析和内容提取(如智能视频分析、车牌识别、生物特征识别技术等)也可以视为一种感知器。只不过是从视频、音频、图像数据中挖掘出的数据,使信息更利于理解。

总之,对于物联网来说,只要是处于网络前端节点,以提取一定的信息或数据的技术、器件或产品,都可以视为"广义传感器"中的一种,它是物联网存在的数据来源和基础。在某些时候,信息或数据已经承载在载体上了(或预先设置),只要将其读取出来即可,但由于物体的移动和变化却无法采集。RFID 和 WSN 技术实现了随时读取,可以视为典型传感技术,这也是为什么物联网的概念一出现,RFID 和 WSN 技术即被视为物联网的基础技术的根本原因。

3.1.2 常见的传感器

传感器能够将物理量转换成电信号,代表了物理世界与电气设备世界的数据接口。传感器需测量的对象包括温度、压力、流量、位移、速度等。物联网感知层除了有传感器,还需要与执行器和控制器结合,通过通信模块与网关互联或先行组网与网关互联,包括传感网、工业总线等,它们共同实现智能化、网络化感知。

传感器以及传感网的应用领域非常广泛,包括工业生产自动化、国防和军事现代化、航空技术、航天技术、能源开发、环境保护与生物科学等。常见的传感器有如下几种。

1. 温度传感器

温度传感器用来检测温度,包括热敏电阻、半导体温度传感器以及温差电偶等。热敏电阻主要是利用各种材料电阻率的温度敏感性,用于设备的过热保护和温控报警等。半导体温度传感器利用半导体器件的温度敏感性来测量温度,成本低廉且线性度好。温差电偶则是利用温差电现象,把被测端的温度转化为电压和电流的变化;由不同金属材料构成的温差电偶,能够在比较大的范围内测量温度。

2. 压力传感器

常见的压力传感器在受到外部压力时会产生一定的内部结构的变形或位移,进而转化为电特性的改变,产生相应的电信号。压力传感器不仅能够测定压力,还能够通过气压测定海拔高度。

3. 湿度传感器

湿度传感器主要包括电阻式和电容式两个类别。电阻式湿度传感器也称为湿敏电阻,利用氯化锂、碳、陶瓷等材料的电阻率的湿度敏感性来探测湿度。电容式湿度传感器也称为湿敏电容,利用材料的介电系数的湿度敏感性来探测湿度。

4. 光传感器

光传感器可以分为光敏电阻和光电传感器两类。光敏电阻主要利用各种材料的电阻率的光敏感性来进行光探测。光电传感器主要包括光敏二极管和光敏三极管,这两种器件都是利用半导体器件对光照的敏感性。光敏二极管和光敏三极管与信号处理电路可以集成在一个光传感器的芯片上。不同种类的光传感器可以覆盖可见光、红外线、紫外线等波长范围的传感应用。

5. 霍尔(磁性)传感器

霍尔传感器是利用霍尔效应制成的一种磁性传感器。霍尔效应是指:把一个金属或者半导体材料薄片置于磁场中,当有电流流过时,由于形成电流的电子在磁场中运动而受到磁场的作用力,使材料中产生与电流方向垂直的电压差。可通过测量霍尔传感器所产生的电压来计算磁场强度。结合不同的结构,能够间接测量电流、振动、位移、速度、加速度、转速等。

6. 微机电传感器

微机电系统(Micro – Electro – Mechanical Systems,MEMS)是由微机械加工技术(Micromachining)和微电子技术(Microelectronics Technologies)相结合而制成的集成系统,它包括有微电子电路(IC)、微执行机构以及微传感器。多采用半导体工艺加工。目前已经出现的微机电器件包括压力传感器、加速度计、微陀螺仪、墨水喷嘴和硬盘驱动头等。微机电系统的出现体现了当前的器件微型化的发展趋势。比较常见的有微机电压力传感器、微机电加速度传感器和微机电气体流速传感器等。

纳米技术和微机电系统技术的应用使传感器的尺寸减小,精度也大大提高。MEMS 技术的目标是把信息获取、处理和执行一体化地集成在一起,使之成为真正的微电子系统。这些装置把电路和运转着的机器装在一个硅芯片上,对于传统的电子机械系统来说,MEMS 不仅是真正实现机电一体化的开始,更为传感器的感知、运算、执行打开了"物联网"新领域的大门。

7. 智能传感器

智能传感器(smart sensor)是具有一定信息处理能力或智能特征的传感器。比如,具有复合敏感功能,自补偿和计算功能,自检、自校准、自诊断功能,信息存储和传输(双向通信)等功能,并具有集成化特点。智能传感器最早来源于太空中设备对于传感器处理能力的需求,目前多采用把传统传感器与微处理器结合的方式来制造。代表性产品有:智能压力传感器、智能温湿度传感器。如图 3-1 所示,传统传感器采集的信号通常要传输到系统中的主机中进行分析;而智能传感器的微处理器能够对采集的信号进行分析,明显减小传感器与主机之间的通信量,简化了主机软件的复杂度,使包含多种不同类别的传感器应用系统易于实现。

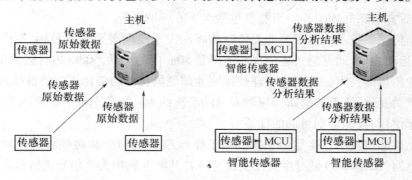

图 3-1 传统传感器与智能传感器

物联网中的传感器节点由数据采集、数据处理、数据传输和电源构成。节点具有感知、计算和通信能力,也就是在传统传感器基础上增加了协同、计算、通信功能。随着电子技术的不断进步提高,传感器正逐步实现智能化、微型化、系统化、信息化、网络化和多功能复合化;同时,也正经历着一个从传统传感器→智能传感器→嵌入式智能传感器不断丰富发展的过程。

嵌入式智能技术是实现传感器智能化的重要手段,其特点是将软硬件相结合。嵌入式微处理器具有低功耗、体积小、集成度高和嵌入式软件的高效率、高可靠性等优点,在人工智能技术的推动下,共同构筑物联网的智能感知环境。随着嵌入式智能技术的发展,CPS(Cyber-physical systems)在自动化与控制领域内被认为更接近物联网。它是利用计算机对物理设备进行监控与控制,融合了自动化技术、信息技术、控制技术和网络技术,注重反馈与控制过程,实现对物体的实时、动态的控制和服务。虽然 CPS 在应用和网络上与物联网有相同之处,但在信息采集与控制中存在着差别。

总之,不断应用新理论、新技术,采用新工艺、新结构、新材料,研发各类新型传感器和嵌入式智能系统,提升感知物质世界的能力和与物质世界交流的能力,是实现物联网感知环节的基础。

3.1.3 军用传感器技术简介

军用传感器是传感器产业中的一个重要分支。与民用传感器相比,军用传感器具有品种结构特殊、使用环境恶劣、技术指标高、质量水平高、稳定性和可靠性高等特殊要求,研制生产难度大。近十年来,在微电子技术、微机械加工技术、纳米技术以及新型材料科学等高技术的推动下,传感器技术已从单一的物性型传感器进入功能更为强大、技术高度集成的新型传感器阶段。当代军用传感器也已进入新型军用传感器阶段,其典型特征是微型化、多功能化、数字化、智能化、系统化和网络化,它必将对军用电子装备的发展起到先导和促进作用。在可用于军事用途的传感器技术中,如果按照探测方式、使用方法和原理,目前以实现战场传感器监视与侦察为目的的技术主要有以下几类:

（1）直接成像技术。直接成像技术即通过视频设备将设备可视范围内的图像直接传输到后方的信息处理中心。一般通过微型透镜或 CCD 等器件来实现。

（2）间接成像技术。即通过微波、超声等方式将一定范围内的图像数据经技术处理形成图像，比如雷达。美国人鱼海神的最新试用传感器所用的 360°成像技术也属于这种。

（3）声传感器技术。这是目前使用最为成功的一种方式。即将战场的各种声音信号经过放大，传输到后方信息处理中心。当然也包括水下的声纳系统。

（4）震动传感器技术。以探测地面传输的震动为手段发现和识别目标，军事上主要以探测人员、车辆运动为主，通常感兴趣的探测范围是 50m 内的士兵，500m 内行进的车辆。

（5）磁性传感器技术。其工作原理是探测地球磁场扰动的变化。铁质目标入侵活动时产生地磁场的扰动变化，从而被暴露。探测人员的距离约 4m，探测车辆的距离约为 25m，它与震动传感器一起使用时，能鉴别目标的性质。

（6）生物传感器技术。生物传感器技术工作原理是生物能够对外界的各种刺激做出反应。生物传感器（biosensor）是对生物物质敏感并将其浓度转换为电信号进行检测的仪器。

（7）微型传感器。微型传感器是指芯片的特征尺寸为微米级，采用微电子机械加工制作的各类传感器的总称，是近代先进的微电子机械系统中的重要组成部分。现在已形成产品和正在研究中的微型传感器有压力、力、力矩、加速度、速度、位置、流量、电量、磁场、温度、气体、湿度、pH 值、离子浓度、微型陀螺以及无线网络传感器等。

（8）嗅觉、味觉、触觉传感器。这是传感器技术中结合生物传感、化学传感、智能传感等技术，能够实现拟人化感知的综合技术。它们都是化学量和生物量的融合式识别，相对于对物理量的识别，研究手段更加复杂。现在一些国家正在研究开发可以识别物体形状的触觉传感器以及能分辨不同气体（液体）的嗅觉、味觉传感器。

（9）红外辐射传感器技术。红外辐射传感器是一种无源的红外探测装置，能敏感探测目标与热背景间的温度差，通过探测温差发现目标及其方向。其突出优点是以被动方式工作，有利于抗干扰和隐蔽，已在军事装备中得到应用。

（10）遥感技术。卫星是人类向太空发射的人造地球卫星，卫星遥感能够为人类提供地球的一些信息，而达到远距离感知地球的目的，可以用于军事、气象、生物、测绘等用途。

（11）定位技术。可以通过发射和接收电磁波而定位物体的位置，从而判断物体的移动，可以用于军事和气象。定位技术可以理解为基于位置感知的广义传感技术，不仅包括 GPS，还包括传感器网络定位技术等。

按照传感器的信息源平台可分为空间平台、机载平台、地面平台和海上平台。它们在军事上的应用举例详见表 3-1。

表 3-1　美军在天、空、陆、海平台的传感器应用

信息源种类	雷达与敌我识别（IFF）	成像情报（IMINT）	信号情报（SIGINI）	测量与信号情报（MASINI）
空间平台：同步轨道卫星、极轨轨道卫星、低轨轨道卫星、协作卫星星座	星载雷达（SAR/MTI），例如用于长曲棍球卫星	气象卫星	雷达情报信号、侦察卫星（如"大酒瓶"、"雪貂"、"旋涡"卫星）	红外导弹预警与跟踪（DSP卫星）

信息源种类	雷达与敌我识别（IFF）	成像情报（IMINT）	信号情报（SIGINI）	测量与信号情报（MASINI）
机载平台： 战术飞机、防区外侦察飞机、渗入高（中高）度滞空无人机	机载预警指控（AWACS）机（例如 E2C 和 E3A）、F－15 和 F－16 等战斗机上的 AN／APG－XX 雷达	SAR、EO、IR 与多光谱成像传感器	机载防区外和渗入式侦察机、无人机 EP－3 和直升机 EC－135 等	EO/IR 和激光监视机、大气取样传感器、非声学 ASW 传感器
地面平台： 有人值守（无人值守）传感器及其网络、车载（机器人或人携）传感器	防空监视传感器、炮群对抗雷达、地面入侵监视雷达	战斗数字照相（摄像）机、远程 EO/IR 视像、IR 夜视、IR 搜索与跟踪	地基 ESM 装置和车辆、无人值守传感器及其网络	震波阵列、声波阵列、IR 辐射计
海上平台： 舰载/潜艇传感器、牵引传感器、直升机侵入传感器、空投传感器、固定（自主）浮标水下传感器阵列或网络、激光和多频谱反水雷探测	舰载和潜艇对空、对水面监视雷达	舰载/潜艇长程 EO/IR 视像传感器、IR 搜索与跟踪	舰载/潜艇与直升机载 ESM 传感器、无人机 ESM 传感器	舰载/潜艇牵引声纳阵列、舰载/潜艇船体声纳阵列、非水声 ASW 传感器、声纳浮标与侵入声纳

美国的军用传感器处于世界领先水平，如表 3－1 所示，已在天、空、陆、海平台的实战中得到应用。除了能够实现战场监视与侦察的传感器技术之外，传感器技术在物联网的军事应用中还存在如下广阔空间。

（1）在微型侦察卫星上的应用。2002 年 2 月，美国成功地将世界上第一颗皮型卫星（小于 1kg）发射到离地面 750km 的轨道上，重量仅为 0.245kg。另外，美国研制成功一个微尘卫星（小于 0.5kg），装有 7 个不同轴向的传感器，包括 2 个磁传感器，2 个加速度传感器以及光、湿度、压力传感器。

（2）在导航系统上的应用。美国研制成功的一种加速度达 105g 的 MEMS 惯性传感器，已用于智能弹头和钻地弹头中，其抗震能力足以使弹头钻入地下后，仍能对其进行制导、控制并引爆。

（3）用于陆军单兵作战的多功能电子设备。该装置安装在士兵身上的各个部位，包括各类 MEMS 传感器及其测控系统，主要有智能头盔（包括夜视仪、红外/激光瞄准器等），能有效地提高士兵作战能力，从 2003 年起已逐步装备于陆军单兵作战。

（4）在机器人中的应用。美国军方列入研究计划的装有多种微型传感器的各类军用机器人有百余种，其中已投入实际使用的有机器人坦克、自主式地面车辆、扫雷机器人和武器装备自动故障排除系统等。

当今，传感器在军事上的应用极为广泛，可以说无时不用、无处不用，大到星体、两弹、飞机、舰船、坦克、火炮等装备系统，小到单兵作战武器；从参战的武器系统到后勤保障；从军事科学试验到军事装备工程;从战场作战到战略、战术指挥;从战争准备、战略决策到战争实施,遍及整个作战系统及战争的全过程。

3.1.4 传感器网络

单一点的传感器信息,不能体现一定区域内动态性、全局性、矢量性的特征。如果将传感器组网,就能够协作地实时监测、感知和采集网络分布区域内的各种环境或监测对象的信息,并对这些信息进行处理,获得详尽而准确的信息,传送到需要这些信息的用户。

从物体单一属性的采集走向复合属性的采集,从单点信息的采集走向多点信息的采集,从单一信息的理解走向多源信息的综合理解,传感技术就走向了系统化、智能化、网络化感知,于是出现了能够协作地感知、采集和处理一定地理区域中感知对象信息的传感器网络。

传感网节点之间通过(有线或者无线)通信联络组成网络,通过共同协作来监测各种物理量和事件。这种由大量传感器节点构成的传感器网络,是物联网感知层的基础技术之一。早期的传感器网络有分布式压力测算系统、热能抄表系统和测距系统等总线型传感器网络,它们属于有线传感器网络。现在谈到的传感网,一般指的是无线传感器网络(Wireless Sensor Network,WSN)。随着无线传感器网络的迅速发展,美国商业周刊和 MIT 技术评论的预测报告中都将其列为 21 世纪最有影响的 21 项技术和改变世界的十大技术之一,无线传感器网络受到了普遍的重视。

1. 无线传感器网络的构成

传感器网络一般由随机分布的节点通过自组织的方式构成网络,节点集成传感器、数据处理单元和通信模块,借助于形式多样的传感器测量周边环境中的热、红外、声纳、雷达和地震波等信号,从而探测包括光强度、信号强度、移动速度和方向等参数。在通信方式上,传感器网络可以采用有线、无线、红外和光等多种形式,但一般认为短距离的无线低功率通信技术最适合传感器网络使用,所以传感器网络一般就是指无线传感器网络。

无线传感器网络是一种全新的信息获取平台,能够将实时采集和监测的对象信息发送到网关节点,在网络分布区域内实现目标的检测与跟踪,有着广阔的应用前景。无线传感器网络与有线传感器网络相比,具有以下特点:安装位置不受任何限制,摆放灵活,且无须布线;不用电缆线,降低了成本,提高了系统可靠性;安装和维护非常简便等。

ITU 是最早进行传感网标准化的组织之一。ISO/IEC JTCl 正式成立传感网标准化工组(WG7)。我国成立了国家传感器网络标准化工作组,积极参与国际传感网标准化工作。近几年,随着蓝牙(Bluetooth)、6LoWPAN 、ZigBee 等各种短距离通信技术的发展,无线传感器网络逐步得到推广应用,推动了物联网中物与人、物与物、人与人的无障碍交流。我国从信息化发展新阶段的角度提出的传感网,其研究和探讨的重点并不是传感器本身,更侧重于通过各种低功耗、短距离、高可靠性无线技术构成的网络来传输数据。

传感器网络系统通常包括传感器节点(Sensor)、汇聚节点(Sink Node)和管理节点。大量传感器节点随机部署在监测区域(Sensor Field)内部或附近,能够通过自组织方式构成网络。传感器节点监测的数据沿着其他传感器节点逐跳地进行传输,在传输过程中监测数据可能被多个节点处理,经过多跳后路由到汇聚节点,最后通过互联网或卫星到达管理节点。用户通过管理节点对传感器网络进行配置和管理,发布监测任务以及收集监测数据。

传感器节点的组成包括如下四个基本单元:传感器模块(由传感器和模数转换功能模块组成)、处理器模块(由嵌入式系统构成,包括 CPU、存储器、嵌入式操作系统等)、无线通信模块以及能量供应模块。此外,可以选择的其他功能模块包括定位系统、运动系统以及发电装置等。

在无线传感器网络结构中,传感节点是一个嵌入式的微型系统,供其工作的电池能量有限,处理能力、存储能力和通信能力都不强,每个传感节点不但可以充当传统网络的终端还可以用做路由器,在收集本地信息和处理数据的同时,还需对其他节点的数据进行编解码并转发,并协作其他节点完成其他一些特定的任务。

汇聚(Sink)节点比传感器节点具有更多能量,数据的处理能力较强、存储的容量较大,它可以与传感节点、其他网络连接以及管理节点进行通信,起到了多种通信协议之间的"翻译"作用,将无线传感器网络和外部管理网络沟通起来。汇聚节点更关注于处理数据以及转换通信协议,不具备传感功能。

2. 无线传感器网络的特征

无线传感器网络的传感器节点可以投放在任何地方,它不受地理环境的限制,尤其在环境恶劣、无人看守的情况下有明显的优势;具有快速展开、抗毁性强、组网迅速和成本低、能耗小等特点,使其受到广泛关注。无线传感器网络主要有以下一些特征:

(1)节点数目众多。无线传感器网络系统是由传感器节点组成的,一般采用电池供电,通信半径小,在监测区域内放置数量可达成千上万,甚至更多。传感器分布范围也是多变的,既可以在较小的空间内部署密集节点,也可在诸如森林、平原、水域这些大的地理区域内部署大量节点。

(2)以数据为中心。无线传感器网络中,在某个监测区域内某个指标的数值通常是用户所关心的,对于某个具体的单一节点监测数据值并不关心,这就是无线传感器网络以数据为中心的特点。它能够将各个节点的信息快速而有效地组织并融合,从中提取出有用的信息直接传递给用户。同理,当用户通过传感器网络查询某个事件时,可以直接告诉网络自己所关心的事件,而不是告知给某个具体的节点。

(3)资源受限。随着通信距离的增加,能耗会迅速上升,为了节能,传感器的通信半径都比较小,一般只有几十米。传感器节点分布的区域可能比较复杂,受环境因素的影响,节点的通信能力受到较大的限制。传感器节点所携带的嵌入式存储模块的能力也有限。在通信、计算和存储资源受限的情况下,设计无线传感器网络及其节点是网络设计目标之一。同时,由于不同的应用所需要观测的物理量不同,资源受限程度也不同,系统对软、硬件系统平台和网络协议的设计要求必然有很大的差别。只有针对实际应用进行专门的设计,网络系统才能发挥更好的作用。

(4)动态的拓扑结构。无线传感器网络是一个动态的网络,外部环境的不断变化,例如由于能量耗尽或者是人为的因素,节点可能会失效,而导致节点的随时加入或离开,或者通信链路时断时续等事件,导致网络的拓扑结构可能随时都在变化,这对系统性能有较大的影响。所以网络系统要能够适应变化,并随时进行重新的配置。

(5)能量受限。网络中传感器节点体积较小,数量众多,可能工作在无人区,所以其供电电池不易或无法更换,故节点能量非常有限。能量主要消耗在信息的发送和接收上,一般而言1个比特信息传输距离为100m时所需的能量相当于3000条计算机指令所消耗的能量。这对网络的设计是一个考验,为了延长电池寿命,要考虑如何减少能源消耗,或者新能源技术。

3. 无线传感器网络的关键技术

无线传感器网络是多学科高度交叉的一个前沿热点领域,这些年发展迅速,有许多关键技术需要深入研究与解决。下面仅列举部分技术。

1）定位技术

定位是无线传感器网络的关键核心技术之一，也是网络完成特定任务的基础。在某个区域内监测发生的事件，位置信息在节点所采集的数据中是必不可少的。而无线传感器网络的节点大多数都是随机布放的，节点事先无法知道自己的位置，少数节点只有通过搭载 GPS 或者是使用其他技术手段获得自己的位置。因此节点在部署后需要通过某种机制获得自己的位置以满足应用的需求。

2）网络的拓扑控制

无线传感器网络能够自动生成网络拓扑的意义有两点：一是在满足了网络连通度的情况下，实现降低监测区域有效覆盖的代价；二是通过网络的拓扑控制可以使其生成较好的网络拓扑结构，而良好的网络拓扑结构可以提升全局的效率，包括提高链路层协议和路由协议的效率，为上层的数据融合等应用奠定基础，有利于整个网络的负载均衡，节省能量。

3）数据融合

无线传感器网络中节点采集和收集到的数据信息是存在冗余的，若把这些带有冗余数据的信息直接传送给用户，不但会产生庞大的网络流量，而且还会消耗大量的能量；此外，网络通信流量的分布是不均衡的，监测点附近的节点容易因为能量的快速消耗而失效。因此在收集信息的过程中本地节点可以进行适当而有效的数据融合，减少数据冗余信息，节省能量。但数据融合也会产生一些问题，例如增加了网络的平均延迟，降低网络的鲁棒性。

4）网络安全

无线传感器网络在军事上的一些应用，对网络的安全性有很高的要求。如何确保数据传输过程的安全也是无线传感器网络研究中重点考虑的问题之一。网络需要实现诸如完整性鉴别、消息验证、安全管理、水印技术等一些安全机制以保证任务部署和执行过程的机密性和安全性。因为传感器网络节点的计算、能量和通信能力都很有限，在考虑安全性的同时需要兼顾节点的能耗、计算量和通信开销，尽可能在安全性和计算量开销上保持一定的平衡。

5）时间同步技术

时间同步也是无线传感器网络重要的支撑技术之一。无线传感器网的通信协议和绝大多数的应用要求节点的时钟必须时刻保持同步，这样多个传感器的节点才能相互配合、协同工作完成监测任务；另外，节点的休眠和唤醒也要求时间同步。

6）新能源技术

传感器往往依靠自身电池或者太阳能来进行供电的，而太阳能电池的供电效率以及可靠性都无法满足要求，目前比较理想的途径是研究无线电能传输技术和高性能锂电池技术，定期对传感器进行远程充电，以大规模延长传感器的使用时间。据国外媒体 2012 年 11 月报道，苹果公司通过"近场磁共振"实现了无线电力传输的技术；苹果的专利文件中指出，这个技术能够实现无线充电的"近场"直径范围将达到 1m。

4. 移动传感器网络简介

移动传感器网络（Mobile Sensor Network，MSN）是具有可控机动能力的无线传感器网络。移动传感器网络由分散的移动节点组成，每个节点除了具有传统静态节点的传感、计算、通信能力外，还增加了一定的机动能力。这使移动传感器网络能够实现一些独特的功能，比如自主部署（self - deployment）、自修复、完成复杂任务等，特别适合于事故灾难现场紧急搜救、突发事件监测、有害物质检测和战场环境等危险场合。移动传感器网络是无线传感器网络的一种演化，但它涉及分布式机器人和无线传感器网络这两个研究领域的交叉。这种交叉性体现在：网络作为机器人的通信、感知和计算的承载工具，而机器人提供机动性，比如完成网络部署、修复等复杂任务。这种交叉还拓展出许多新的研究方向，比如采用 Mesh 网络通信的多移动节点编队协作控制方法的研究。

移动传感器网络无线传感器网络节点一般都被认为是静态的，或者是被动可移动的；当它们能够主动地动起来，这种移动节点自主改变位置的能力能够缓解或彻底解决许多静态无线传感器网络设计和实现上面临的问题。移动传感器网络的移动性与移动自组织网络(Mobile Ad-hoc Network)的移动性是有所不同的。移动自组织网络研究节点的移动对系统产生什么影响，并不试图去对这种移动进行主动控制。简言之，移动传感器网络比移动自组织网络更具基于主动移动的可控性，因而具备强大的军事潜力，可用于机器人群组的协同感知与控制。相比无线传感器网络，移动传感器网络具有以下优势：

（1）自主部署。移动传感器网络的可控机动性可以被用来把传感器安放在优化的监测位置。每个移动节点都可以自主调整自身位置以形成一种更有利于观测目标事件的网络拓扑。不论是全部为移动节点的传感器网络还是同时含有静态节点和动态节点的混杂网络，都可以通过相关的算法来实现其预期的部署。

（2）网络修复。随机部署的无线传感器网络并不能保证网络连接的完整性。已部署的无线传感器网络在工作过程当中也会产生节点失效等故障，从而使某部分网络连接中断。有一些移动节点加入网络，就可以自主移动到合适的位置来修复中断的连接。

（3）能量采集。无线传感器网络经常要工作相当长的时间，一些环境气候观测要持续数月甚至数年。如何维持节点的电力供应是关键。降低功耗以节约节点上有限的电力是一个常规的努力方向，也可以从周围环境寻找可持续能源，比如太阳能。可以利用移动节点采集太阳能来为电力濒临枯竭的静态节点充电，或能够自动找寻无线充电平台进行充电。移动传感器网络可以在有可持续能源获取时实现自给自足。

（4）主动检测。事件检测也是无线传感器网络的一个基本功能。但是目标事件在空间上往往是非均匀分布的或动态变化的。因此，最初部署的网络拓扑在经过一段时间后可能就会变得难以获得满意的检测效果。移动传感器网络可以主动搜索跟踪事件的变化，保持对事件高发区域的动态覆盖。

5. 无线传感器网络的应用

与现有网络的融合为无线传感器网络带来新的应用前景。比如说，在物联网的构建中，感知层中的无线传感器网络能够把感知和采集的信息作为基础设施融合进物联网。其中，传感器网络专注于监测和收集环境的信息，而复杂的数据处理与存储等服务则由物联网的网络层和应用层来完成。这将为大型的军事应用、商业交易、工业生产以及科研等领域提供一个集数据感知及采集、网络传输、海量存储和智能应用为一体的物联网。

传感器网络是由密集型、低成本、随机分布的节点组成的，自组织性和容错能力使其不会因为某些节点在恶意攻击中的损坏而导致整个网络的崩溃，这使得传感器网络非常适合应用于恶劣的战场环境中，包括监控战场兵力、装备和物资、监视冲突区、侦察敌方地形和布防、定位攻击目标、评估损失、侦察和探测核、生物和化学攻击等。

军事应用上，传感器网络是 C⁴ISRT(Command, Control, Communication, Computing, Intelligence, Surveillance, Reconnaissance and Targeting) 系统不可或缺的一部分。C⁴ISRT 系统是利用先进的高科技技术，集命令、控制、通信、计算、智能、监视、侦察和定位于一体的战场指挥系统，

在西方军事发达国家得到了普遍重视。

在战场,指挥员往往需要及时、准确地了解部队、武器装备和军用物资供给的情况,铺设的传感器将采集相应的信息,并通过汇聚节点将数据送至指挥所,再经网络转发到指挥部,最后融合来自各战场的数据形成完备的战区态势图。在战争中,对冲突区和军事要地的监视也是至关重要的,通过铺设传感器网络,以更隐蔽的方式近距离地观察敌方的布防;也可以通过飞机、火炮等平台直接将传感器节点撒向敌方阵地,在敌方还未来得及反应时迅速收集利于作战的信息。传感器网络也可以为火控和制导系统提供准确的目标定位信息。在生物和化学战中,利用传感器网络及时、准确地探测爆炸中心将会提供宝贵的反应时间,从而最大可能地减小伤亡。传感器网络也可避免核反应部队直接暴露在核辐射环境中。在军事应用中,传感器网络的潜在优势表现在以下几个方面:

(1)可以实现多角度和多方位信息的综合,有效地提高了信噪比;

(2)整个系统的实现成本低、冗余度高、容错能力较强;

(3)与探测目标的接触距离近,大大消除了环境噪声的影响;

(4)可以采用多种传感器节点的混合,有利于提高探测的性能指标;

(5)实时探测区域覆盖面积较大;

(6)通过具有移动能力的节点,可以实现网络拓扑结构的自调整,有效地消除探测区域内的阴影和盲点。

利用传感网络建立的战场战术感知系统,通常采用无人飞机或火炮抛掷方式,向敌方重点目标地域布撒声、光、电磁、震动、加速度等微型综合传感器,近距离侦察感知目标地区作战地形、敌军部署、装备特性及部队活动行踪、动向等;可与卫星、飞机、舰艇上的各类传感器有机融合,形成全方位、全频谱、全时域的全维侦察监视预警体系,从而提供准确的目标定位与效果评估。

美国陆军在诸军兵种联合作战中使用了"21世纪旅及旅以下作战指挥系统"(FBCB2)和战区作战指挥管理系统,其中传感网络的应用在战术和战役级大大加快了收集、处理各类作战和后勤保障信息的速度,取得了显著的效果。2004年,美国陆军为驻伊拉克部队的"斯特瑞克"轮式装甲车配备了新型车长头盔式显示器,采用"虚拟视网膜显示"技术,显示FBCB2作战管理系统的战场信息,将显示器在个域网中直接装备到眼前。美国Dust公司已经开始设计最终能够悬浮于空气中的"Smart Dust"传感器,直径只有5mm左右,计划在近期内最终设计出体积小于1mm的产品。美国国防部在这方面的投入尤为巨大,已累计开展了多个重大相关项目,如DARPA资助的分布式传感器网络项目,开发以网络为中心的作战系统和传感器信息技术项目,还有美国海军开发的协同作战能力(CEC)项目等。

由于无线传感器网络极具社会应用价值,目前国内外很多大学和研究机构都在大力开展无线传感器网络的研究。美国大学GIT的SensorNet项目,UCLA的GRANET项目,MIT的AMPS项目,Virginia大学的NEST项目,瑞士ETHZ大学的Smart-Its Project,英国Glasgow大学的Garnet项目,还有其他国家和地区,如芬兰、德国中国等国家的科研机构相继立项对这种无线传感网络进行了研究。

2002年,由Intel的研究小组和加州大学伯克利分校以及巴港大西洋大学的科学家把无线传感器网络技术应用于监视大鸭岛海鸟的栖息情况。位于缅因州海岸大鸭岛上的海燕由于环境恶劣,海燕又十分机警,研究人员无法采用通常方法进行跟踪观察。为此他们使用了包括光、湿度、气压计、红外传感器、摄像头在内的近10种传感器类型数百个节点,系统通过自组织无线网络,将数据传输到 300 英尺外的基站计算机内,再由此经卫星传输至加州的服务器。全球研究人员都可以通过互联网察看该地区各个节点的数据,掌握第一手资料。

三菱电机成功开发了一种用于家用安全的传感器网络的小型低耗电无线模块,能够使用特定小功率无线构筑对等(Ad-hoc)网络。目标是取代目前利用专线构筑的家用安全网络,实现智能家居。传感器网络中的无线模块与红外线传感器配合,检测是否有人;与加速度传感器配合,检测窗玻璃和家具的振动;与磁传感器配合,检测门的开关。

在旧金山,200 个联网微尘已被部署在金门大桥。这些微尘用于确定大桥从一边到另一边的摆动距离——可以精确到在强风中为几英尺。当微尘检测出移动距离时,它将把该信息通过微型计算机网络传递出去。信息最后到达一台更强大的计算机进行数据分析。任何与当前天气情况不吻合的异常读数都可能预示着大桥存在隐患。

在上海浦东机场,大量的红外传感器作为传感器网络中的智能节点,获取周边信息,与其他类型传感器采集得到的信息一起准确、及时地提供给中央处理系统进行信息融合,作为自动控制决策的依据。

总之,无线传感网络技术是典型的具有交叉学科性质的军民两用战略高技术,可以广泛应用于国防军事、国家安全、环境科学、交通管理、灾害预测、医疗卫生、制造业、城市信息化建设等领域。除了上述传感器网络典型应用之外,国际上有代表性和影响力的无线传感网络实用和研发项目有遥控战场传感器系统(Remote Battle field Sensor System,REMBASS,即伦巴斯)、网络中心战(NCW)及灵巧传感器网络(SSW)、Intel Mote 项目、SensIT、SeaWeb、英国国家网格等。尤其是近年新试制成功的低成本美军"狼群"地面无线传感器网络标志着电子战领域技战术的最新突破。美军在俄亥俄州开发了"沙地直线(A Line in the Sand)"无线传感器网络系统,这个系统能够散射电子绊网(Tripwires)到任何地方,以侦测运动的高金属含量目标。民用方面,世界各国在对该技术深入研究的同时不断走向应用。

3.2 标示与识别技术

3.2.1 自动识别技术

自动识别技术是以计算机技术和通信技术为基础的一门综合性科学技术,是数据编码、数据标识、数据采集、数据管理、数据传输的标准化手段。主要包括条形码识别技术、射频识别技术、磁识别技术和 IC 集成电路技术等。自动识别技术要素是标识与识读,物联网中用标识代表连接对象,具有唯一数字编码或可辨特征,识别分别是数据采集技术和特征提取技术,标识编码和特征的唯一性、统一性对物联网应用至关重要。

条形码是一种信息的图形化表示方法,可以把信息制作成条形码。能够用特定的扫描设备识读,转换成与计算机兼容的二进制和十进制信息,输入到计算机。条形码分为一维条形码和二维条形码。

一维条形码(barcode)只是在一个方向表达信息,是将宽度不等的多个黑条和空白,按一定的编码规则排列成平行线图案,用以表达一组信息的图形标识符。一维条形码可以标出物品的生产国、制造厂家、商品名称、生产日期以及图书分类号、邮件起止地点、类别、日期等信息,因此在商品流通、图书管理、邮政管理、银行系统等很多领域被广泛应用。条形码通常是对物品的标识,本身并不含有该产品的描述信息,扫描时需要后台的数据库来支持。一维条形码本身信息量受限,如数据量较小(30bit 左右)且只能包含字母和数字及一些特殊字符;一维条形码尺寸相对较大;遭到损坏后便不能阅读。随着现代高新技术的发展,迫切需要用条形码在有限的几何空间内表示更多的信息,于是二维条形码应运而生。

二维条形码(2 – Dimensional Barcode)是在二维空间的水平和竖直方向存储信息的条形码。它是用某种特定的几何图形按一定规律在平面(横向和纵向)分布的黑白相间的图形上记录数据符号信息的。通过图像输入设备或光电扫描设备自动识读以实现信息自动处理,具有对不同行的信息自动识别功能及处理图形旋转变化等特点。二维条形码可以表示字母、数字、ASCII 字符与二进制数,最大数据含量可达 1850bit;具有一定的校验功能,即使某个部分遭到一定程度的损坏,也可以通过存在于其他位置的纠错码将损失的信息还原出来。2009 年 12 月我国铁道部对火车票进行了升级改版,车票下方的一维条形码升级为二维防伪码,新版火车票的防伪功能有效地抑制了假票的使用。为了避免信息泄露,2012 年 12 月我国铁道部采用专门的强加密技术对火车票二维码中的所有信息(包括旅客身份信息)进行统一加密处理,具备较强的保密性,只有铁路专用的识读软件才能读取,防伪能力进一步提升。

除了条形码这种自动识别技术之外,日常生活中常用的还有磁卡和 IC 卡等卡类的接触型识别技术。磁卡(Magnetic Card)是一种卡片状的磁性记录介质,利用磁性载体记录字符与数字信息,用来识别身份或其他用途。IC 卡(Integrated Circuit Card)也叫做智能卡(Smart Card),它是通过在集成电路芯片上写的数据来进行识别的。这些卡、卡读写器,以及后台计算机管理系统组成了卡类的应用系统。条形码和其余常用的自动识别技术的特性分析比较如表 3 – 2 所示。

表 3 – 2 自动识别技术的特性分析

	一维条码	二维条码	磁条/卡	接触 IC 卡	射频签/卡
信息量	小	较小	较小	大	大
R/W	R	R	R/W	R/W	R/W
编码标准	有	有	自定义	自定义	有
标识成本	低	较低	较低	中	较低
识读成本	低	较高	较低	中	中
优点	低廉可靠	信息量有提高,标识成本较低廉	低廉可靠,可读写	成本适中,安全可靠	非接触识读,信息量大,读写速度快
缺点	信息量小,近距识读	信息量较小,近距识读,设备成本较高	信息量较小,近距识读,保密性一般	接触识读	远距识读成本高

从表 3 – 2 中可见,条形码(一维、二维条形码)和磁条/卡信息容量较小,本身无法提供更多的物品精确信息,如位置、状态等信息,防伪能力有限。而且条形码的识别采用光电识别技术,卡类的识别必须与读写器接触,无法做到远距离识读,给应用带来不便。

作为比较廉价实用的技术,条形码、磁条/卡、IC 卡在今后一段时期内还会在各个行业中得到一定的应用。然而,这些标识能够表示的信息依然很有限,在识别过程中需要近距离识读,这对于未来物联网中动态、快读、大数据量以及有一定距离要求的数据采集,自动身份识别等有很大的限制,因此需要采用基于无线技术的射频识别技术标签。

3.2.2 RFID 技术

RFID(Radio Frequency Identification)起源于第二次世界大战时期的飞机雷达探测技术。雷达应用电磁能量在空间的传播实现对物体的识别,最初利用雷达只能够探测到空中是否有飞机,但并不能识别出是英国飞机还是德国飞机。英军为了区别盟军和德军的飞机,首次提出在盟军的飞机上装备一个无线电收发器。战斗中控制塔上的探询器向空中的飞机发射一个询问信号,当飞机上的收发器接收到这个信号,回传一个信号给探询器,探询器根据接收的回传信号来识别敌友。这种最早采用射频识别技术区别发射信号的技术,至今已广为使用。

20 世纪 70 年代,RFID 技术逐渐进入应用阶段。进入 20 世纪 80 年代,集成电路、微处理器等技术的发展加速了 RFID 的发展,RFID 技术及产品进入商业应用阶段,出现了早期的规模化应用。20 世纪 90 年代以来,RFID 技术标准化问题日趋得到重视,RFID 产品得到广泛采用。尤其是 20 世纪 90 年代末以 RFID 广泛应用为技术基础的 EPC 的提出,逐渐使 RFID 产品成为人们生活中的一部分。

2003 年 11 月 5 日,年营业额占全球零售业两成、占美国零售业六成的沃尔玛(Wal - Mart)百货公司宣布,到 2007 年春,所有供应沃尔玛百货公司的商品包装箱上均要求安装有 RFID。2003 年 10 月 16 日,美国国防部宣布,在 2005 年 1 月前,其所有下属供应商必须在商品包装上安装 RFID。全球很多著名的研究性大学和知名企业都参与 RFID 的研发和市场推广。

在我国 RFID 市场的发展中,政府相关应用占据了 RFID 应用领域中最大的份额。第二代身价证是近年我国 RFID 市场规模得以迅速扩大的原因之一。除了身份证,政府在城市交通、铁路、网吧、危险物品管理等方面都推动了 RFID 的应用,主要是利用 RFID 读取的方便性和安全性。进入 21 世纪以后,RFID 产品种类更加丰富,有源、无源、半无源电子标签均得到发展,成本不断降低,应用规模持续扩大。单芯片电子标签、多电子标签识读、无线可读可写、无源电子标签和远距离识别、适应高速移动物体的 RFID 正日趋成熟。射频识别技术是众多自动识别技术中的一种,也是物联网的关键技术之一。

1. RFID 的系统组成与原理

RFID 俗称电子标签,是一种非接触式的自动识别技术,主要用来为各种物品建立唯一的身份标识。射频识别利用射频信号及其空间耦合的传输特性,实现对静止或移动物品的自动识别。典型的 RFID 系统由读写器(Reader)、电子标签(Tag)或应答器(Transponder),以及计算机网络系统组成。其中,电子标签也称为射频标签、射频卡或感应卡,是射频识别系统中存储数据信息的电子装置,由耦合元件(天线)及 RFID 芯片(包括控制模块和存储单元)组成,如图 3 -2 所示。

当读写器发射一特定频率的电磁信号给电子标签时,电磁信号用以驱动电子标签,读取应答器内部的 ID 码。电子标签有卡、钮扣、标签等多种样式,具有免接触、不怕脏污、安全性高、寿命长等特点,且芯片密码为世界唯一,无法复制。RFID 标签可以贴在或安装在不同物品上,由安装在不同地理位置的读写器读取存储于标签中的数据,实现对物品的自动识别。RFID 技术可识别高速运动物体并可同时识别多个标签,操作方便,应用广泛。

每个 RFID 芯片中都有一个全球唯一的编码,为物品贴上 RFID 标签之后,需要在系统服务器中建立该物品的相关描述信息,与 RFID 编码一一对应。如图 3 - 3 所示,当使用读写器对物品上的标签进行操作时,读写器天线向标签发出电磁信号,标签接收读写器发出的电磁信

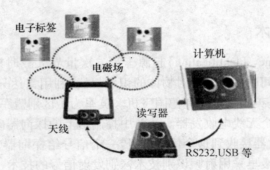

电子标签

电磁场

计算机

读写器

天线

RS232,USB 等

图 3-2　RFID 系统组成结构图

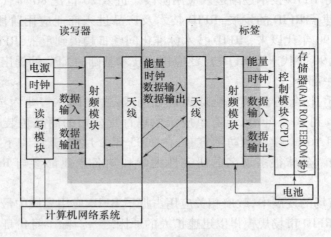

图 3-3　RFID 系统组成框图

号,凭借感应电流所获得的能量发送出存储在芯片中的产品信息(Passive Tag,无源标签或被动标签),或者主动发送某一频率的信号(Active Tag,有源标签或主动标签);阅读器读取信息并解码后,再与系统服务器进行对话,根据编码查询该物品的描述信息。

RFID 标签可以分为有源、半有源和无源标签。目前的实际应用中多采用无源标签,依靠从阅读器发射的电磁场中提取能量来供电,标签与阅读器的距离较短。

读写器是读取或写入标签数据和信息的设备,也可称为阅读器,可外接天线,用于发送和接收射频信号,分为手持式(便携式)或固定式两种。读写器既可以是单独的整体,也可以作为部件的形式嵌入到其他系统中。读写器可以单独具有读写、显示和数据处理等功能,也可与计算机或其他系统进行互联,完成对射频标签的相关操作。作为构成 RFID 系统的重要部件之一,由于能够将数据写到 RFID 标签中,因此称为读写器。由于标签是非接触式的,因此必须借助读写器来实现标签和应用系统之间的数据通信。

电子标签和 RFID 读写器实现系统的数据采集,信息采集是 RFID 的一项重要的基础性工作,其核心内容是将不同节点处的分布式读写器采集到的数据(电子标签中的数据信息)实时准确地获取,并根据业务的需求把所需要的数据传送至计算机网络系统。

计算机网络系统不仅用以对读写器读取到的标签信息和数据进行采集、存储和处理,而且要完成数据信息的存储管理以及对标签进行读写控制,是独立于 RFID 硬件之上的部分。计算机网络系统中的软件组件主要是为应用服务的,读写器与各种具体的应用系统之间的接口通常由软件组件来完成。

26

2. RFID 的分类

根据工作时标签获取电能的方式不同,分为被动式、主动式和半主动式。根据供电方式分为有源标签、半有源和无源标签。根据载波频率分为低频、中频、高频和微波射频识别。根据作用距离可分为密耦合标签、遥耦合标签和远距离耦合标签。根据标签的读写功能来划分,可将 RFID 标签分为只读标签、一次写入多次读标签和可读写标签。根据分装形式的不同,标签又可以分为信用卡标签、线形标签、纸状标签、玻璃管标签、圆形标签以及特殊用途的异形标签(SIM – RFID、Nano – SIM)等。在实际应用中,必须给电子标签供电它才能工作。下面以根据工作时标签获取电能的方式不同的分类为例来具体介绍。

1)主动式 RFID

主动式 RFID 系统在工作时,通过标签自带的内部电池进行供电,可以用自身的射频能量主动地发送数据给读写器。它包括微处理器、传感器、输入/输出端口和电源电路等,工作可靠性高,信号传输距离远,可达 30m 以上。随着标签内部电池能量的耗尽,数据传输距离越来越短,稳定性也会降低。主要用于有障碍物或对传输距离要求较高的应用中,由于寿命有限(取决于电池的供电时间)、体积较大、成本较相对较高,不适合在恶劣环境中工作,主要应用于对贵重物品的远距离检测等场合。

2)半主动式 RFID

在半主动式 RFID 系统里,虽然电子标签本身带有电池,但是标签并不通过自身能量主动发送数据给读写器,电池只负责对标签内部电路供电。标签需要被读写器的能量激活,然后才传送自身数据。当标签进入读写器的读取区域,受到读写器发出的射频信号激励而进入工作状态时,标签与读写器之间信息交换的能量支持以读写器供应的射频能量为主,标签内部电池的作用主要在于弥补标签所处位置的射频场强不足,标签内部电池的能量并不转换为射频能量。标签未进入工作状态前,一直处于休眠状态或低功耗状态,从而可以节省电池能量。在理想条件下,其读写器距离大约在 30 m 以内。

3)被动式 RFID

被动式 RFID 系统的电子标签的内部不带电池,所需能量由读写器所产生的电磁波提供。标签进入 RFID 系统工作区后,天线接收特定的电磁波,线圈产生感应电流供给标签工作。被动式电子标签与读写器之间的通信,总是由读写器发起,标签响应,然后由读写器接收标签发出的数据,被动式电子标签的读写距离小于主动式和半主动式标签。由于标签不带电池,其价格相对便宜;另外它的体积和易用性也决定了它是电子标签的主流。

电子标签的工作频率也就是射频识别系统的工作频率,工作频率不仅决定着射频识别系统的工作原理(电感耦合还是电磁耦合)、识别距离,还决定着电子标签及读写器实现的难易程度和设备的成本。工作在不同频段或频点上的电子标签具有不同的特点。射频识别应用占据的频段或频点在国际上有公认的划分,即位于 ISM 波段。典型的工作频率有:125 kHz、133 kHz、13.56 MHz、27.12 MHz、902MHz ~ 928 MHz、2.45 GHz、5.8 GHz 等。按照工作频率可分为低频、中频、高频和微波射频识别。详见表 3 – 3。

表 3 – 3　RFID 系统主要频段标准与特性

特　性	低　频	高　频	超高频	微　波
工作频率	(125 ~ 134) kHz	13.56 MHz	(868 ~ 915) MHz	(2.45 ~ 5.8) GHz
读取距离	1.2 m	1.2 m	4 m(美国)	15 m(美国)

特 性	低 频	高 频	超 高 频	微 波
速度	慢	较快	快	很快
潮湿环境	无影响	无影响	影响较大	影响较大
方向性	无	无	部分	有
全球适用频率	是	是	部分(欧盟和美国)	部分(美国)
现有 ISO 标准	11784/85,14223	14443,18000-3,15693	18000-6	18000-4/555
读写区域	小于1 m	1.2 m附近(最大读取距离为1.5 m)	典型情况为4m~7m	可达15m以上
应用范围	考勤系统、门禁系统等出入管理;固定资产管理和企业一卡通系统等	邮局、空运、医药、货运、图书馆、产品跟踪	移动车辆识别、仓储物流应用、遥控门锁控制器,货架、卡车、拖车跟踪	高速公路收费、ETC不停车收费等收费站,集装箱

3. RFID 的特点

RFID 技术的主要特点是通过电磁耦合方式来传送识别信息,可快速地进行物体跟踪和数据交换。由于 RFID 需要利用无线电频率资源,必须遵守无线电频率管理的诸多规范。与同期或早期的接触式识别技术相比较,RFID 还具有如下一些特点。

(1) 数据的读写功能。只要通过 RFID 读写器,不需要接触即可直接读取射频卡内的数据信息到数据库内,且一次可处理多个标签,也可以将处理的数据状态写入电子标签。具备标签的多目标识别、运动识别和远距离识别能力。

(2) 电子标签的小型化和多样化。RFID 在读取上并不受尺寸大小与形状的限制,不需要为了读取精确度而配合纸张的固定尺寸和印刷品质。此外,RFID 电子标签更可向小型化发展,便于嵌入到不同物品内。因此,可以更加灵活地控制物品的生产和控制,特别是在生产线上的应用。

(3) 耐环境性。可以非接触读写,具有抗潮湿、抗灰尘、抗烟雾等抗恶劣环境的特性,对水、油和药品等物质具有强力的抗污性。RFID 可以在黑暗或脏污的环境之中读取数据。即便是被纸张、木材和塑料等非金属、非透明材质包覆,也可以进行穿透性通信。但不能穿过铁质等金属物体进行通信。

(4) 可重复使用。由于 RFID 为电子数据,可以反复读写,因此可以回收标签重复使用,提高利用率,降低电子污染。

(5) 系统安全性。将产品数据从计算机中转存到标签,将为系统提供安全保障,提高系统的安全性。射频标签中数据的存储可以通过校验或循环冗余校验的方法来得到保证。

(6) 可与 SIM 卡复合。复合式 RFID-SIM 一卡通能使手机实现与自动售货机、POS 终端、考勤门禁消费等终端设备之间的通信,从而通过手机完成面对面的现场交易。

3.2.3 EPC 系统

随着全球经济一体化、信息网络化进程的加快,在技术革新迅猛发展的背景下,美国麻省理工大学 Auto ID 中心在美国统一代码委员会的支持下,提出了电子产品代码(Electronic Product Code,EPC)的概念,随后由国际物品编码协会和美国统一代码委员会主导,实现了全球统一标识系统中的全球贸易产品码(Global Trade Item Number,GTIN)编码体系与EPC概念的完美结合,EPC纳入了全球统一标识系统,从而确立了EPC在全球统一标识体系中的战略地位,使EPC成为一项真正具有革命性意义的新技术,受到了业界的高度重视。EPC被誉为全球物品编码工作的未来,将给人类社会生活带来巨大的变革。

1. EPC 简介

RFID技术的首个大规模商业应用实例是1984年美国通用汽车公司率先在其汽车生产线上采用RFID技术,此后,由于RFID具有可追踪和管理物理对象的这一特性,越来越多的零售商和制造商都在关心和支持这项技术的发展与应用。例如,美国的零售业巨头沃尔玛(Wal-Mart)公司对商品识别和管理的需求,美国国防部所属后勤局对从供应商采购商品提出安装RFID的要求。

采用RFID最大的好处在于可以对企业的供应链进行高效管理,以有效地降低成本。因此对于供应链管理应用而言,射频技术是一项非常适合的技术,但由于标准不统一等原因,该技术早期在市场中并未得到大规模的应用。国际物品编码协会(EAN/UCC)将全球统一标识编码体系植入EPC概念当中,从而使EPC纳入全球统一标识系统。目前,国际上由国际物品编码协会(EAN/UCC)成立的EPC Global负责EPC在全球的推广应用工作。EPC Global已在加拿大、日本、中国等国建立了分支机构,专门负责EPC码段在这些国家的分配与管理、EPC相关技术标准的制定、EPC相关技术在本国宣传普及以及推广应用等工作。目前存在三个主要的技术标准体系:EPC Global、ISO标准体系、日本的泛在中心(Ubiquitous ID Center,UIC)。

2. EPC 编码标准

EPC系统是在计算机互联网和射频技术RFID的基础上,利用全球统一标识系统编码技术给每一个实体对象一个唯一的代码,构造了一个实现全球物品信息实时共享的实物互联网。在物联网这一概念出现的早期,EPC系统甚至被当作物联网的代名词。EPC系统主要由7方面组成:EPC编码标准、EPC标签、EPC代码、读写器、Savant中间件(神经网络软件)、对象名解析服务(Object Naming Service,ONS)、EPC信息服务(EPC Information Service,EPCIS)。

EPC编码标准是EPC系统的重要组成部分,它是对实体及实体的相关信息进行代码化,通过统一并规范化的编码建立全球通用的信息交换语言。EPC编码是EAN/UCC在原有全球统一编码体系的基础上提出的新一代的全球统一标识的编码体系,是对现行编码体系的一个补充。EPC编码按其ID编码位长通常分为3类:64 bit、96 bit、256 bit。对不同的应用规定有不同的编码格式,最新的Gen2标准的EPC编码可兼容多种编码。这3类可继续分为7种类型,分别为EPC-64-I、EPC-64-II、EPC-64-III、EPC-96-I、EPC-256-I、EPC-256-II、EPC-256-III。以EPC-64为例,格式如下:

XX	XXX…XXX	XXX…XXX	XXX…XXX
2 位版本号	21 位 EPC 管理者	17 位对象分类	24 位对象编号

如上所示,EPC编码的4个字段分别为:

(1)版本号。用于标识编码的版本号,这样可使电子产品的编码采用不同的长度和类型。

(2)EPC管理者。即与此EPC相关的生产厂商信息。

(3)产品所属的对象类别。

(4)对象的唯一编号。

EPC编码不包含任何描述产品名称、位置、货架周期等产品信息。储存在EPC编码中的信息包括嵌入信息(Embedded Information)和参考信息(Reference Information)。嵌入信息可以包括货品重量、尺寸、有效期、目的地等，其基本思想是利用现有的计算机网络和当前的信息资源来存储数据，这样 EPC 就成了一个网络指针，拥有最小的信息量。参考信息其实是有关物品属性的网络信息，它克服了条形码无法识别单品、信息量小、近距识读、易破损丢失信息等缺点。

3. EPC 系统原理

EPC 系统的产生将为供应链管理提供近乎完美的解决方案，以 EPC 软硬件技术构建的物联网，可实现全球的万事万物于任何时间、任何地点彼此相连，将使产品的生产、仓储、采购、运输、销售及消费的全过程发生根本性变化。它是条码技术应用的延伸和扩展。EPC 的工作原理如图 3-4 所示，系统的逻辑结构由 EPC 标签、读写器、Savant 中间件、ONS 服务器、PML 等组成。

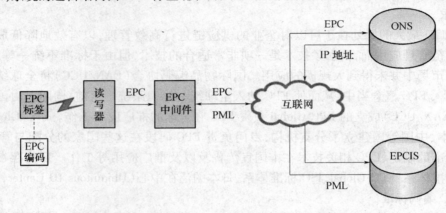

图 3-4　EPC 工作原理图

（1）EPC 编码标准。这在前面已经详述。基于 EPC 编码能够对物品进行信息检索。其中 Savant 中间件是连接 RFID 读写器和 Internet 的处理软件；EPCIS 是提供与 ID 相关联信息的服务器；ONS 服务器用来解析 EPC ID 与对应的 EPCIS 服务器，起到类似互联网中 DNS（Domain Name Server）的作用。其处理流程为：一旦 Savant 检测到特定的 ID 以后，便向 ONS 服务器查询相应于 ID 的 EPCIS 服务器的地址。然后，根据得到的地址去查询 EPCIS 服务器，便可得到 ID 所对应的物品的准确信息。

（2）EPC 标签。EPC 标签是 RFID 系统的标识和部分数据载体，EPC 标签由标签专用芯片和标签天线（耦合元件）组成，其工作原理同 RFID 系统。

（3）电子产品代码。EPC 唯一的信息载体是 EPC 标签，可以为全球每类产品的每个单品都能分配一个标识身份的唯一电子代码。EPC 的提出为每件物品都享有唯一的信息通信地址创造了条件，从而使得物理世界与信息连接起来。

（4）读写器。读写器是实现对 EPC 标签进行信息数据读取或写入的设备。读写器按照设置方式，可以分为手持移动读写器和固定读写器；按照读写功能可以分为阅读器、编程器。阅读器只具有从 EPC 标签中读取数据的功能。编程器只具有向 EPC 标签写入数据的功能。读写器兼具数据的读取和写入的功能。

EPC 标签与 RFID 读写器之间通过耦合元件实现射频信号的空间耦合。在耦合通道内，根据时序关系，实现能量的传递、数据的交换。手持移动读写器通过无线接入点（AP），固定读写器直接接入后台通信网络，然后与 Savant 系统相连。手持移动读写器支持 WiFi 或 ZigBee 等协议，就可以实现无缝通信。

（5）神经网络系统（Savant 中间件）。Savant 是一种分布式操作软件，负责管理和传送 EPC 码相关数据。它是处于读写器和局域网与 Internet 之间的中间件，负责数据缓存、数据过滤、数据处理等功能。EPC 数据经过 Savant 处理后，传送给局域网和 Internet，其分布式结构主要体现在以层次化进行组织和管理数据。每一层次上的 Savant 系统将收集、存储和处理信息，并与其他 Savant 系统进行信息交流，具有数据校对、读写器协调、选择数据传送、数据存储和任务管理的功能。

首先处于网络边缘的 Savant 系统，直接与读写器进行信息交换，对漏读或误读的信息进行校对，接着对多个读写器传输过来的同样的 EPC 码信息进行冗余过滤。对从读写器采集到的数据进行预处理后，会将这些数据缓存起来。Savant 会对特殊应用的供应链进行查询以了解需要将什么样的信息在供应链上、下进行传递，它将只传输必要的信息，对其他信息进行过滤，以减轻网络传输压力。Savant 的任务管理是指单个 Savant 系统实现的用户自定义的监控管理。比如，一个仓库的 Savant 系统可以通过独自编写程序实现当仓库中的某种商品数量降低到阈值时，会给仓库管理员发出告警提醒。

（6）对象名解析服务（ONS）。EPC 编码中有两种信息：嵌入式信息和物品的参考信息，物品的参考信息存储在厂家维护的 EPC 信息服务器中，Savant 读取到 EPC 码之后，需要在局域网或 Internet 上利用 ONS 服务器来找到对应物品的 EPC 信息服务器，然后利用物品 ID 在这个厂家维护的产品信息服务器中获取该件产品的参考信息，最后回传给 Savant 中间件。

（7）物理标记语言（PML）。物理标记语言（Physical Markup Language，PML）是一种以 XML 为基础的规范，用于说明物品信息格式。EPC 产品电子代码识别单品，但是所有关于产品有用的信息都用一种新型的标准计算机语言——PML 书写。

基于互联网和 RFID 的 EPC 系统构造了一个全球物品信息实时共享的网络。它将成为继条码技术之后，再次变革商品零售结算、物流配送以及产品跟踪管理模式的一项新技术。

3.3　特征识别技术

物联网的终端是形形色色的物品，人们的生活和工作都离不开周围成千上万的各种物品。但是，物联网最终是服务于人类的"工具"，在物联网中，不仅需要感知和识别物体，还需要感知和识别"人"。一方面，当需要确定人的身份的时候，人的与生俱来的特征就能够作为其独一无二的"自然编码"；另一方面，物体本身是有其所属性的，属于私人的物品，其感知信息并不能够面向公众，必须控制物品信息的"可知范围"，这就需要确定人的身份和权限。

随着信息技术的发展，身份识别的难度和重要性越来越突出。密码、IC 卡等传统的身份识别方法由于易忘记和丢失、易伪造、易破解等局限性，已不能满足当代社会的需要。基于生物特征的身份识别技术由于具有稳定、便捷、不易伪造等优点，近几年已成为身份识别的热点。

对于身份的识别，由来已久。在真实世界，基本方法可以分为三种：一是"你知道什么"，只要说出或者输入个人所知道的信息，比如密码或图形，就能够确认个人的身份；二是"你拥有什么"，只要个人展示只有你所拥有的东西，比如钥匙、IC 卡或令牌等实物，就能够证明个人的身份；三是"你是什么"，根据独一无二的个人生物特征锁定个人的身份。显然，前两种方法更容易被窃取或顶替，而第三种更安全。在高新科技的推动之下，第三种发展成为基于生物特征的电子身份识别 EID（Electrical Identification）。

基于生物特征的电子身份识别指通过对生物体（一般特指人）本身的生物特征来区分生

物体个体的电子身份识别技术。从计算机产生之初,使用口令来验证计算机使用者的身份是最早的 EID 应用。随着社会经济的发展,EID 应用逐渐扩展到电子政务和民生领域,负责市民、政府官员和移动终端的身份识别。与互联网相同,物联网能识别用户和物体的一切信息都是用一组特定的数据来表示的。这组特定的数据代表了数字身份,所有对用户和物体的授权也是针对数字身份的授权。如何保证以数字身份进行操作的使用者就是这个数字身份合法拥有者,也就是说保证使用者的物理身份与数字身份相对应,EID 服务就是为了解决这个问题。作为物联网的第一道关口,EID 服务的重要性不言而喻。

目前特征识别研究领域非常多,主要包括语音、脸、指纹、手掌纹、虹膜、视网膜、体形等生理特征识别;敲击键盘、签字等行为特征识别;还有基于生理特征和行为特征的复合生物识别。这些特征识别技术是实现电子身份识别最重要的手段之一。物联网应用领域内,生物识别技术广泛应用于电子银行、公共安全、国防军事、工业监控、城市管理、远程医疗、智能家居、智能交通和环境监测等各个行业。

3.3.1 生物特征识别简介

生物特征识别(Biometric Identification Technology)是利用人体生物特征进行身份认证。它的理论基础有两点:一是基于人的生物特征是不相同的;二是基于这些特征是可以通过测量或自动识别进行验证的。人的生物特征包括生理特征和行为特征。生理特征有指纹、手形、面部、虹膜、视网膜、脉搏、耳廓等;行为特征有签字、声音、按键力度、进行特定操作时的特征等。

生物特征识别的技术基础主要是计算机技术和图像处理技术。随着各种先进的计算机技术、图像处理技术和网络技术的广泛应用,基于数字信息技术的现代生物识别系统迅速发展起来。所有的生物识别系统都包括如下几个处理过程:采集、解码、比对和匹配。生物图像采集包括了高精度的扫描仪、摄像机等光学设备,以及基于电容、电场技术的晶体传感芯片,超声波扫描设备、红外线扫描设备等。在数字信息处理方面,高性能、低价格的数字信号处理器(DSP)已开始大量地应用于民用领域,其对于系统所采集的信息进行数字化处理的功能也越来越强。在比对和匹配技术方面,各种先进的算法技术不断地开发成功,大型数据库和分布式网络技术的发展,使得生物识别系统的应用得以顺利实现。

随着生物特征识别技术的不断发展,现在它已经成长为一个庞大的家族了。它在国防军事、公安、金融、保险、医疗卫生、计算机管理等领域均发挥了重要作用。出现了专业研制生产生物识别产品的公司,所开发的产品种类丰富,除传统的自动指纹识别系统(AFIS)及门禁系统外,还出现了指纹键盘、指纹鼠标、指纹手机、虹膜自动取款机、面部识别的支票兑付系统等。尤其是在物联网的身份认证、物体识别、安全等方面,有着广阔的应用前景。下面以较为成熟的指纹、手形、面部、虹膜等识别系统为例来介绍生物识别系统。

3.3.2 指纹和手形识别

指纹识别就是利用人的指纹特征对人体身份进行认证的技术。生物识别技术的发展主要起始于指纹研究,它亦是目前在所有的生物识别技术中技术最为成熟,应用最为广泛的生物识别技术。指纹是人与生俱来的身体特征,大约在 14 岁以后,每个人的指纹就已经定型。指纹具有固定性,不会因人的继续成长而改变。指纹也具有唯一性,不同的两个人不会具有相同的指纹。指纹识别发展到现在,已经完全实现了数字化。在检测时,只要将摄像头提取的指纹特征输入处理器,透过一系列复杂的指纹识别算法的计算,并与数据库中的数据相对照,很快就能完成身份识别过程。时至今日,通过识别人的指纹来作为身份认证的这门技术,广泛应用于指纹键盘、指纹鼠标、指纹手机、指纹锁、指纹考勤、指纹门禁等多个方面。

如图 3 - 5 所示,指纹鼠标可用于合法用户识别,使用者可以通过轻敲位于鼠标上端的指纹传感器,将指纹与已经被输入计算机系统的模块对比。一旦指纹被识别,使用者就可以启动计算机的操作系统。为了安全起见,如果长时间不动鼠标,它将自动启动屏幕保护程序,直到使用者再次触摸 ID 鼠标为止。指纹键盘与指纹鼠标类似,广泛应用于计算机用户识别。

如图 3 - 6 所示,指纹手机指的是指纹识别可用于手机的合法用户识别。步入物联网时代,新技术赋予了手机太多的内容:电话、上网、购物、缴费甚至是利用手机进行系统控制,所以仅靠手机本身的密码或者 SIM 卡锁,是不能保障用户的安全的,试想如果利用手机购物,可能你的个人资料和信用卡资料将保存在手机中,一旦手机丢失或者被盗用,后果将十分严重。所以不少手机厂商在集成各种功能的同时,也在手机安全性上大作文章,最新的技术是个人指纹识别。以指纹代替传统的数字密码,不仅可以增加手机银行操作的安全性,此外,手机更可凭指纹认证,上网作购物及收发电子邮件的通行许可,防止黑客攻击。

指纹支付依托不侵犯隐私的活体指纹识别技术为基础,客户在进行支付时,当手指在指纹支付终端的读头上按下去之后,终端设备会将用户的指纹数据信息(非图像信息)传至系统,经系统认证识别找到与该指纹信息相对应的付款账户,消费金额将自动从客户的银行账户划至商户,完成支付。目前苹果手机已经实现了指纹支付。

图 3 - 7 中的指纹锁可以应用于车、房锁等私人物品或场所的身份认证。根据不同用户,能够实现智能设置。指纹锁技术不仅能够使汽车的门锁装置不再需要钥匙,同时还具有根据指纹及预储的信息,根据指纹代表的个人信息,自动调整汽车驾驶员的座椅高度、前后距离,各个反光镜位置及自动接通车载电话等功能。

图 3 - 5　指纹鼠标　　　　图 3 - 6　指纹手机　　　　图 3 - 7　指纹锁和指纹保险箱

指纹考勤就是用指纹识别代替刷卡,记录员工的考勤情况,实现考勤登记和考勤管理的系统。这些指纹识别应用的技术基础都是自动指纹识别系统(Automated Fingerprint Identification System,AFIS),它是指计算机对输入的指纹图像进行处理,以实现指纹的分类、定位、提取形态和细节特征,然后根据所提取的特征进行指纹的比对和识别。系统设计主要着眼于一些需要高级安全保护的场合,比如银行、医疗保健,法律公司、军事部门等;目前正在扩大到物联网、电子商务和保险等许多领域,例如指纹支付。

手形识别技术和指纹识别非常的类似,如图 3 - 8 所示,手形识别通过使用红外线等方法扫描人手,从人手的基本结构提取特征,妥善保存这些特征用于个人身份鉴别。

图 3 - 8　手形识别示意图

3.3.3　面部识别

面部识别是根据人的面部特征来进行身份识别的技术,包括标准视频识别和热成像技术两种。标准视频识别是透过普通摄像头记录下被拍摄者眼睛、鼻子、嘴的形状及相对位置等面部特征,然后将其转换成数字信号,再利用计算机进行身份识别。视频面部识别是一种常见的身份识别方式,现已被广泛用于公共安全领域。

热成像技术是红外技术中的一种,主要通过分析面部血液产生的热辐射来产生面部图像。与视频识别不同的是,热成像技术不需要良好的光源,即使在黑暗情况下也能正常使用。面部识别的优势在于其自然性和不被被测个体察觉的特点。但面部识别技术难度很高,被认为是生物特征识别领域,甚至是人工智能领域最困难的研究课题之一。

美国南加州大学和德国宝深大学开发了一套称为"Mugshot"的电脑软件,它把要找的人的面貌先扫描并储存在电脑里,然后通过摄像机在流动的人群中,自动寻找并分析影像,从而辨认出那些已经储存在电脑中的人的脸孔。

澳大利亚科学及工业研究组织(CSIRO)的科学家研制出一套自动化脸孔辨认系统,可以从储存的智能卡或者电脑资料库中调出事先储存的人脸图像,和真人的脸孔进行比较,在半秒之内,辨认出这个人的身份。这套系统采用的只是普通的个人电脑和一个普通摄像机作为硬件。科学家指出,这套系统的精确度达95%,假如再加上一套声音辨认系统,可以把精确度提高至更高的水平。

一种新的面部识别技术正在英国伦敦的几家大型商场进行试用。这种面部识别技术通过摄像机扫描繁忙购物中心的人流,所有路过者的面部同时还被转换成数字图像,并由电脑进行处理。如果收集到的面部特征和电脑中事先存储的罪犯面部特征相吻合,警报声就会在控制中心响起并通知警方。

面部识别可以用在办公室大门和电梯中,它是企业级的解决方案。美国的佩罗尔先生牌支票兑付机装有面部识别系统,使用方便,台湾星创科技推出的"FACE ON 2000"面部识别系统,使用者可以结合个人电脑、摄影仪,自行制作专属的身份档案,而由于采用的是独特的特征识别技术,即使未来变胖、变瘦,换了发型,甚至戴上眼镜伪装,仍然能够被识别出来。

面部识别并不仅仅局限于2D的面部图像识别。美国专利商标局(US Patent and Trademark Office)2012年公布的一系列获批的苹果新专利,其中一项名为"3D 物体识别"(3D object recognition)的专利技术令人吃惊。据称,融入了3D技术的面部识别,坚决避免了拿着一张苹果手机所有者面部照片就能进入手机系统的尴尬局面。

随着面部特征识别技术的发展,它不仅仅只用于身份识别,还可以根据面部的表情和细微变化推断人的心理活动,美剧《Lie to me》(该剧灵感源于行为学专家 Paul Ekman 博士的研究及著作)中揭示了面部表情和心理活动之间的联系。如果这种联系能够用智能模式识别来分析,那么面部模式识别就可以用来测谎。

3.3.4 虹膜识别

21 世纪是一个信息产业爆发式增长的时代,更是一个由感知和网络组成的物联网时代。随着身份识别和认证技术的蓬勃发展,指纹、面部、DNA、虹膜等人体不可消除的生物特征,正逐步取代密码、钥匙,成为保护个人和组织信息安全,防止刑事、经济犯罪活动最有力的"精确识别"技术。

虹膜是瞳孔周围有颜色的肌肉组织。研究表明,人的眼虹膜上有很多微小的凹凸起伏和条状组织,其表面特征几乎是唯一的。虹膜识别的工作过程,与指纹识别有些类似。先要将扫描的高清虹膜特征图像转换为数字图像特征代码,存储到数据库中。当进行身份识别时,只需将扫描的待检测者的虹膜图像的图像特征代码与事先储存的图像特征代码相对照,即可判明身份。

虹膜识别技术最早由两名美国眼科医生于 1986 年提出。1991 年,世界上第一个虹膜特征提取技术专利由英国剑桥大学约翰·道格曼教授获得。他的研究证明:这项技术能够广泛适用于人类所有的民族、种族。在所有的生物识别技术里,虹膜识别是最适合大规模应用的身份识别技术。虹膜是眼睛中瞳孔和巩膜(眼睛白色部分)之间的环形区域。虹膜生物识别系统依赖于对虹膜纹理模式的检测和识别。虹膜的纹理特征是胎儿在子宫内发育过程中随机发展形成,并在生命的头两年稳固下来的。即使是同一个人,左右眼睛的虹膜也是不同的,同卵双胞胎儿的虹膜也是完全不同的。

在所有生物特征识别技术中,虹膜识别的错误率是当前应用的各种生物特征识别中最低的。虹膜识别技术以其高准确性、非接触式采集、易于使用等优点在国内得到了迅速发展。虹膜识别产品现在已被广泛应用于对安全性能有较高要求的国家保密机构的身份认证、军队的保密系统、反恐军事安全、出入境管理、金库门禁、银行柜员授权及保险箱、虹膜 ATM 机系统、网银及手机虹膜支付、生物护照及电子客票实名制身份验证、监狱门禁控制等领域。

阿联酋 UAE 是最早大规模启动虹膜边检的国家,每天虹膜比对高达 27 亿次;2012 年初墨西哥成为第一个正式启用虹膜居民身份证的国家,普及人口近 1.2 亿;印度也从 2009 年开始精心酝酿其全国虹膜边检计划,一旦实施将是世界上最大的虹膜识别应用项目。

虽然虹膜识别技术比其他生物认证技术的精确度高几个到几十个数量级,虹膜识别也存在缺点。使用者的眼睛必须对准摄像头,而且摄像头近距离扫描用户的眼睛,是一种侵入式识别方式,会造成一些用户的反感。但是,利用视网膜进行身份识别时的激光照射则对眼睛会带来一定健康损害。

虹膜成像技术采用基于商用 CCD、CMOS 成像传感器技术的数码相机来采集高清虹膜特征图像,因此不需要采集者和采集设备之间的直接身体接触。在目前所有的虹膜图像采集系统中,所使用的光源和成像平面镜都不会对人眼做扫描,在所有与眼睛相关的生物识别技术中,虹膜图像采集(虹膜成像)对眼睛的侵扰是最小的。

3.3.5 行为特征识别

行为特征识别中包括语音识别和签字识别等和人类言行相关的特征识别。语音识别主要是指利用人的声音特点进行身份识别的一门技术。它通过录音设备不断地测量、记录声音的波形和变化,将现场采集到的声音与登记过的声音模板进行匹配,从而确定用户的身份。

语音识别的优点在于它是一种非接触识别技术,容易为公众所接受。但声音会随音量、音速和音质的变化而影响。比如,一个人感冒时说话和平时说话就会有明显差异。再者,一个人也可有意识地对自己的声音进行伪装和控制,给鉴别带来一定困难。所以语音识别技术由于这些技术问题的困扰,识别精度不高。语音识别技术的延伸还包括嘴唇运动识别技术。

签字是一种传统身份认证手段。现代签字识别技术,主要是通过测量签字者的字形及不同笔画间的速度、顺序和压力特征,对签字者的身份进行鉴别。签字与声音识别一样,也是一种行为测定,因此,同样会受人为因素的影响。

作为行为特征识别中的"高端"识别技术,"认知轨迹"识别深受美国国防部高级研究计划局(DARPA)的重视。2012 年 1 月 15 日,美国国防部高级研究计划局的军事信息安全专家在弗吉尼亚州阿灵顿召开会议,将生物识别技术融入美国国防部军事赛博安全系统,无需安装新的硬件。其目的不仅节省时间和成本,而且还有助于加强国防部现有计算机的安全性,摆脱对冗长复杂类型密码的严重依赖。

在 DARPA 发布的一份关于主动认证(Active Authentication)项目初始阶段的广泛机构公告(DARPA – BAA – 12 – 06),将开发一种全新的行为特征识别技术,将使生物识别方法不仅在登录阶段可以验证识别国防部的计算机授权用户,还包括用户使用计算机操作的整个过程。这种基于"认知轨迹"捕捉和识别的主动认证项目旨在改变目前国防部赛博安全的主要身份验证方式,即通过用户密码和通用访问卡访问国防部计算机系统,重点开发新的行为特征识别技术而无需安装新的赛博安全软件。

"认知轨迹"包括用户在操作计算机时,浏览页面的视觉跟踪习惯、单个页面的浏览速度、电子邮件及其他通信的方法和结构、键盘敲击方式、用户信息搜索和筛选方式以及用户阅读素材的方式等。这些浏览时的行为特征综合起来,就可以创建一个用户的认知轨迹。使用这种认知轨迹来验证国防部计算机用户的身份将取代或扩展使用冗长复杂类型密码和通用访问卡。DARPA 官员说,目前的方法只能验证用户的身份登录,并不能验证正在使用系统的用户是否为最初验证的用户。因此,如果密码被破解或者最初通过身份验证的用户不采取适当措施,未经授权的用户可能非法访问信息系统资源。

3.3.6 复合生物识别

生物特征识别技术各有优缺点,为了在应用中扬长避短、相互补充,从而获得更高的总体识别性能,就出现了复合生物识别技术。既然生物特征包括生理特征和行为特征,那么复合生物识别技术在应用中包括生理特征或行为特征之间的复合。

复合生物识别既可以是生理特征之间的复合识别,也可以是生理特征和行为特征的复合识别。在电子身份识别服务中经常用到的分组复合识别方法,就是把生物识别集成起来,分成两组。一组是自然识别,包含面部识别、语音识别、脉搏识别和耳廓识别等;另外一组是精确识别,包含指纹识别、手形识别和虹膜(视网膜)识别等。电子身份识别服务系统通过配置,从这两组中分别选择 2 到 3 种组合进行识别。复合生物识别能够提高识别精度,同时改善用户友好度,增加系统的易用性。

在德国汉诺威举办的一次计算机博览会上,一种通过扫描人体脸部特征、嘴唇运动和分辨声音的准许进入系统引起了观众的极大兴趣。这一系统是由柏林一家名为"对话交流系统"的公司设计的。用户在一个摄像机镜头前亮相并自报家门,几秒钟之内,计算机将扫描进去的人的面部特征、嘴唇运动和声音进行处理,如果所有数据与预先存入的数据相吻合,计算机则放行,否则用户不能进入网络操作。这就是生理特征和行为特征复合的生物识别系统。

据美国生物智能识别公司网站(BI2 Technologies. com)近期报道,该公司开发的 MORIS(罪犯识别和鉴定移动系统)能够使智能手机变成功能强大的手持生物识别设备。该公司是一家位于美国马萨诸塞州普利茅斯的私人公司。MORIS 由重 70g 的硬件设备和配套软件组成,它能把智能手机变成功能强大的手持生物识别设备。它同时具备虹膜识别、指纹扫描和面部识别功能,让警员在几秒钟之内就能确定疑犯的身份,无需特意返回警局。在警员拍摄疑犯的面部照片、扫描虹膜或用 MORIS 内置的指纹扫描仪获取疑犯的指纹之后,手机通过无线方式将这些数据与数据库中已有的犯罪记录进行匹配。警方认为 MORIS 完全物有所值,目前已有不少警察局订购了这套售价 3000 美元的系统。

这种多模复合生物识别还体现在上述美国国防部高级研究计划局(DARPA)所重视的"认知轨迹"。基于"认知轨迹"的主动认证项目,分三个阶段进行。第一阶段的重点是开发使用行为特征识别技术来捕捉用户的"认知轨迹"。第二阶段的重点是开发一个解决方案,复合任何可行的生物识别技术,使用新认证部署在一台国防部标准的台式机或笔记本电脑。未来第三阶段的重点在于开发开放式应用编程接口(API),更利于"认知轨迹"识别和其他生物特征识别的技术复合。由此可见,多模复合生物识别是生物识别未来发展方向之一。

3.4 定 位 技 术

定位作为物联网中的位置感知技术,是物联网感知人和物体位置及其移动,进而研究人与人、人与物在一定环境中的地理位置、相对位置、空间位置关系的一门重要技术。无线通信技术的成熟与发展,推动了物联网时代的到来,与此同时,越来越多的应用领域都需要实现网络中的位置感知。定位技术广泛应用于军事、交通(汽车、船舶、飞机等)导航、大地测量、摄影测量、探险、搜救等领域,以及人们的日常生活(人和物的跟踪、休闲娱乐)。定位技术包括卫星定位、无线电波定位、传感器节点定位、RFID 定位、蜂窝网定位等。下面将介绍几种物联网常用的定位方式。

3.4.1 卫星定位技术简介

卫星定位技术有 GPS、GLONASS、北斗等。美国 GPS 技术比较成熟,且广泛应用。我国的北斗卫星导航定位系统也已经取得较大进展,中国北斗导航定位系统预计 2020 年前后覆盖全球,但目前北斗系统的并发容量、定位精度和终端成本还有待进一步改善。俄罗斯的 GLO-NASS 全球卫星定位导航系统也在重新布网,预计于 2015 年前后在轨卫星将增至 30 颗。

GPS(Global Positioning System)又称为全球定位系统,是目前世界上最常用的卫星导航系统,具有海、陆、空全方位实时三维导航与定位能力。GPS 计划开始于 1973 年,由美国国防部领导下的卫星导航定位联合技术局(JPO)主导进行研究。1989 年开始发射 GPS 工作卫星,1994 年卫星星座组网完成,GPS 投入使用。除美国的 GPS 外,目前已投入使用的卫星导航系统还有俄罗斯的 GLONASS 和我国的北斗一号区域性卫星导航系统。欧盟的伽利略定位导航系统目前正在部署中,预计将于 2014 正式投入使用。我国目前正在建设自主研发的北斗二号全球卫星导航系统,届时将可供全球范围的信号覆盖。

GPS 是由空间星座、地面控制和用户设备等三部分构成的。GPS 测量技术能够快速、高效、准确地提供点、线、面要素的精确三维坐标以及其他相关信息,具有全天候、高精度、自动化、高效益等显著特点。

1. 空间部分——GPS 卫星星座

GPS 系统的空间星座部分由 24 颗(21 颗正式运行,3 颗备份)工作卫星组成,最初设计将 24 颗卫星均匀分布到 3 个轨道平面上,每个平面 8 颗卫星,后改为采用 6 轨道平面,每个平面 4 颗星的设计。这保证了在地球上任何时间、地点均可看到 4 颗卫星,作为三维空间定位使用。

2. 地面控制部分——地面监控系统

以美国的 GPS 定位系统为例,其地面控制部分包括 1 个位于美国科罗拉多州的主控中心 (Master Control Station),4 个专用的地面天线,以及 6 个专用的监视站(Monitor Station)。此外还有一个紧急状况下备用的主控中心,位于马里兰州盖茨堡。监测到的卫星资料,立即送到美国科罗拉多州的 SPRINGS 主控制中心,经高速计算机算出每颗卫星轨道参数、修正指令等,将此结果经由雷达上连接到轨道上的卫星上,使卫星保持精确的状态,作为载体导航的依据。

3. 用户设备部分——GPS 信号接收机

要使用 GPS 系统,用户必须具备一个 GPS 专用接收机。接收机通常包括一个和卫星通信的专用天线,用于位置计算的处理器,以及一个高精度的时钟。只要天线不被干扰或遮蔽,同时能收到三颗以上卫星信号,就可显示坐标位置。

每颗卫星都在不断地向外发送信息,每条信息中都包含信息发出的时刻,以及卫星在该时刻的坐标。接收机会接收到这些信息,同时根据自己的时钟记录下接收到信息的时刻。用接收到信息的时刻减去信息发出的时刻,得到信息在空间中传播的时间。用这个时间乘上信息传播的速度,就得到了接收机到信息发出时的卫星坐标之间的距离。

GPS 定位虽然应用广泛,但也有其不可避免的缺陷。对时钟的精确度要求极高,造成成本过高,受限于成本,接收机上的时钟精确度低于卫星时钟,影响定位精度。理论上 3 颗卫星就可以定位,但在实际中用 GPS 定位至少要 4 颗卫星,这极大地制约了 GPS 的使用范围;当处室内时,由于电磁屏蔽效应,往往难以接收到 GPS 信号,因此 GPS 这种定位方式主要工作在室外。GPS 接收机启动较慢,因此定位速度也较慢。由于信号要经过大气层传播,容易受天气状况影响,定位不稳定。但是,GPS 作为能够覆盖全球的位置感知技术,可以连续不断地采集物体移动信息,更是物流智能化、可视化的重要技术,广泛应用于智能交通(车联网)和军事领域。

3.4.2 蜂窝定位技术简介

蜂窝定位技术主要应用于移动通信中广泛采用的蜂窝网络。北美地区的 E911 系统(Enhanced 911)是目前比较成熟的基于蜂窝定位技术的紧急电话定位系统(911 是北美地区的紧急电话号码,相当于我国的 119)。E911 系统需求起源于美国的一起绑架杀人案。1993 年,美国一个叫 Jennifer Koon 的 18 岁女孩遭绑架之后被杀害,在这个过程当中,受害女孩用手机拨打了 911 电话,但是 911 呼救中心无法通过手机信号确定她的位置。这个事件导致美国联邦通信委员会在 1996 年推出了要求强制性构建一个公众安全网络的行政性命令,即后来的 E911 系统。无论在任何时间和地点,E911 系统都能通过无线信号追踪到用户的位置,并要求运营商提供主叫用户所在位置能够精确到 50m ~ 300m 范围。

目前大部分的 GSM、CDMA、3G 等通信网络均采用蜂窝网络架构。在通信网络中,通信区域被划分为一个个蜂窝小区,通常每个小区有一个对应的基站。以 GSM 网络为例,当移动设备要进行通信时,先连接在蜂窝小区的基站,然后通过该基站接 GSM 网络进行通信。也就是说,在进行移动通信时,移动设备始终是和一个蜂窝基站联系起来,蜂窝基站定位就是利用这些基站来定位移动设备。中国移动在 2002 年 11 月首次开通位置服务,2003 年中国联通在其 CDMA 网上推出"定位之星"业务。运营商提供小区定位服务,主要就是基于蜂窝移动通信系统的小区定位技术。比如,智能手机中的地图和定位软件都使用的是蜂窝定位技术,定位精度与 GPS 有一定差距。蜂窝定位技术主要包括以下几种。

(1) COO 定位。COO(Cell of Origin)定位是最简单的一种定位方法,它是一种单基站定位。这种方法非常原始,就是将移动设备所属基站的坐标视为移动设备的坐标。这种定位方法的精度极低,其精度直接取决于基站覆盖的范围。如果基站覆盖范围半径为 50m,那么其误差就是 50m。上述 E-911 系统初建时采用的就是这种技术。

(2) ToA/TDoA 定位。要想得到比基站覆盖范围半径更精确的定位,就必须使用多个基站同时测得的数据。多基站定位方法中,最常用的就是 ToA/TDoA 定位。ToA(Time of Arrival)基站定位与 GPS 定位方法相似,不同之处是把卫星换成了基站。这种方法对时钟同步精度要求很高,而基站时钟精度远比不上 GPS 卫星的水平;此外,多径效应也会对测量结果产生误差。基于以上原因,人们在实际中用的更多的是 TDoA(Time Difference of Arrival)定位方法,不是直接用信号的发送和到达时间来确定位置,而是用信号到达不同基站的时间差来建立方程组求解位置,通过时间差抵消掉了一大部分时钟不同步带来的误差。

(3) AoA 定位。ToA 和 TDoA 测量法都至少需要三个基站才能进行定位,如果人们所在区域基站分布较稀疏,周围收到的基站信号只有两个,就无法定位。这种情况下,可以使用 AoA(Angle of Arrival)定位法。只要用天线阵列测得定位目标和两个基站间连线的方位,就可以利用两条射线的焦点确定出目标的位置。

虽然蜂窝基站定位的精度不高,但其定位速度快,在数秒之内便可以完成定位。蜂窝基站定位法的一个典型应用就是紧急电话定位,比如 E911 系统就在刑事案件的预防和侦破中大展身手。类似于蜂窝基站定位的技术还有基于无线接入点(AP,Access Point)的定位技术,比如 WiFi 定位技术。它与蜂窝基站的 COO 定位技术相似,通过 WiFi 接入点来确定目标的位置。原理就是各种 WiFi 设备寻找接入点时,所根据的是每个 AP 不断向外广播的信息,这信息中就包含有自己全球唯一的 MAC 地址。如果用一个数据库记录下全世界所有无线 AP 的 MAC 地址,以及该 AP 所在的位置,就可以通过查询数据库来得到附近 AP 的位置,再通过信号强度来估算出比较精确的位置。这种基于无线接入点和蜂窝基站合用的定位技术应用也较为广泛。

3.4.3 辅助 GPS 与差分 GPS

辅助 GPS 定位即 A-GPS(Assisted Global Positioning System),是一种 GPS 定位和移动接入定位技术的结合体。通过基于移动通信运营基站的移动接入定位技术可以快速地定位,广泛用于含有 GPS 功能的移动终端上。GPS 通过卫星发出的无线电信号来进行定位。当在很差的信号条件下,例如在一座城市,这些信号可能会被许多不规则的建筑物、墙壁或树木削弱。在这样的条件下,非 A-GPS 导航设备可能无法快速定位。如图 3-9 所示,A-GPS 系统可以先通过运营商基站信息来进行快速的初步定位,在初步定位中绕开了 GPS 覆盖的问题,可以在 GSM/GPRS、WCDMA 和 CDMA2000 等网络中使用。

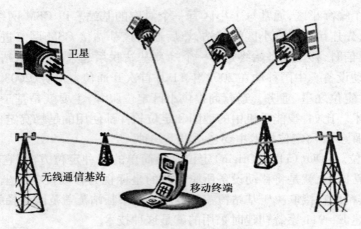

图 3 – 9 A – GPS 定位示意图

虽然该技术与 GPS 方案一样,需要在移动终端内增加 GPS 接收机模块,并改造移动终端天线,同时要在移动网络上加建位置服务器等设备;但是,使用 A – GPS 相比 GPS 的技术优势突出体现在如下两点。

(1) 可以降低首次定位时间。利用 A – GPS,移动终端接收器不必再下载和解码来自 GPS 卫星的导航数据,因此可以有更多的时间和处理能力来跟踪 GPS 信号,这样能降低首次定位时间,增加灵敏度以及具有最大的可用性。

由于移动终端本身并不对位置信息进行计算,而是将 GPS 的位置信息数据传给移动通信网络,由网络的定位服务器进行位置计算,同时移动网络按照 GPS 的参考网络所产生的辅助数据,如差分校正数据、卫星运行状态等传递给手机,并从数据库中查出手机的近似位置和小区所在的位置信息传给手机,这时手机可以很快捕捉到 GPS 信号,这样的首次捕获时间将大大减小,一般仅需几秒的时间。不需像 GPS 的首次捕获时间可能要 2min ~ 5min 时间。

(2) 可以提高定位精度。在室外等空旷地区,其精度在正常的 GPS 工作环境下,可达 10m 左右,堪称目前定位精度最高的一种定位技术。这一点就是 GPS 所望尘莫及的,由于现在的城市高楼林立,或者是由于天气的原因,导致接收到的 GPS 信号不稳定,从而造成或多或少的定位偏差,而这种偏差是不可避免的。不过 A – GPS 由于有基站辅助定位,定位的准确度大大提高,一般精度可以在 10m 以内,要高于 GPS 的测量精度。

另外,基于无线接入点 AP 的定位技术也可以和 GPS 合用,也就是说,A – GPS 中的辅助 GPS 的定位技术并不只局限于蜂窝网,也可以基于其他定位技术的辅助。基于 GPS 和无线通信网络的定位技术很多,除了基于 AP 和蜂窝、GPS 和蜂窝、AP 和 GPS 配合定位的技术之外,还有差分 GPS(Differential GPS,DGPS)。DGPS 是一种通过改善 GPS 的定位方式从而提高定位精度的定位系统。其工作方式为采用相对定位的原理,首先设定一个固定 GPS 参考站(Reference Station),地理位置已精密校准,再与 GPS 的接收机所定出的位置加以比较,即可找出该参考站的 GPS 定位误差,再将此误差实况广播给使用者,DGPS 精确度便可提高数十倍,而达到米级。

3.4.4　WSN 节点定位技术

节点定位指的是在无线网络中确定节点的相对位置或者绝对位置。节点定位技术就是指通过一定的方法或手段来确定和获取无线网络中节点位置信息的技术。节点既可以是无线传感器网络节点,也可以不是无线传感器网络节点,比如上述的 GPS 中的节点、蜂窝网中的节点或者其他无线网络中的节点。为了和上述的 GPS 和蜂窝定位区别开,本节所指的节点定位就是无线传感器网络节点定位。

作为无线传感器网络的关键技术之一,节点定位是特定无线传感器网络完成具体任务的基础。比如说,在某个区域内监测发生的事件,位置信息在节点所采集的数据中是必不可少的。而无线传感器网络的节点大多数都是随机布放的,节点事先无法知道自己的位置;如果缺少了采集节点的位置信息,那么感知到的数据很可能因此失去应用价值而变得毫无意义。例如,在用来监测敌对目标运动状态的 WSN 中,虽然传感器节点在布放时的初始位置是随机的、未知的,但是在对监测目标的跟踪中,监测节点感知到的运动目标的位置、速度是与监测节点所在的位置信息相关的。只有基于监测节点的位置,才可以测算目标的运动方向、运动路线。又如在火灾救援时,我们在接收到火灾的烟雾浓度超标的信号后,只有知道报警点的准确位置才能够顺利地及时展开救援。

虽然节点可以通过使用 GPS 和蜂窝定位,或者是使用其他技术手段获得自己的位置,但是由于无线传感器网络节点的微型化设计和电池供电的能力有限,低功耗是网络设计的一个重要目标,而 GPS 在成本价格、功耗、体积以及扩展性等方面都很难适用于大规模的无线传感器网络。卫星信号要经过大气层传播,容易受天气状况影响,定位不稳定,这极大地制约了 GPS 的使用范围。当处室内时,由于电磁屏蔽效应,往往难以接收到 GPS 信号,因此 GPS 这种定位方式主要工作在室外。而且传感器网络的节点也有可能工作在卫星信号和蜂窝网信号无法覆盖的地方,比如偏僻的岛礁或峭壁的底部。因此,针对无线传感器网络的密集型、节点计算、存储、能量和通信能力有限的特点,必须考虑更适合的自身定位算法。

根据定位过程中是否需要测量相邻节点之间的距离或角度信息,可将算法分为距离相关(Range – based)和距离无关(Range – free)定位算法。距离相关的算法需要节点直接测量距离或角度信息。节点利用 ToA、TDoA、AoA 或 RSSI(Received Signal Strength Indicator,基于接收信号强度指示)等测量方式获得信息,然后使用三边计算法或三角计算法得出自身的位置。该类算法要求节点加载专门的硬件测距设备或具有测距功能,需要复杂的硬件提供更为准确的距离或角度信息。典型的算法有 AHLos 算法、Two – stepLS 算法等。

近年来,相关学者提出了比较适合 WSN 的距离无关算法。距离无关算法是依靠节点间的通信间接获得的,根据网络连通性等信息便可实现定位。由于无需测量节点间的距离或角度等方位的信息,降低了节点的硬件要求,更适合于能量受限的无线传感器网络。虽然定位的精度不如距离相关算法,但已可以满足大多数的应用,性价比较高;缺点是此类算法依赖于高效的路由算法,且受到网络结构和参考节点位置的制约。典型的距离无关的算法有 DV – Hop 算法、质心算法、APIT 算法等。表 3 – 4 就是这几种典型算法的比较。

表 3 – 4　几种典型算法的比较

条件＼算法	质心算法	DV – Hop	APIT	AHLos
定位精度	一般	良好	良好	良好
参考节点密度	影响较大	影响不大	影响大	影响较大
节点密度	不受影响	影响较大	影响较小	影响较小

条件 ＼ 算法	质心算法	DV – Hop	APIT	AHLos
通信开销	较小	较大	小	大
是否额外硬件支持	否	否	否	是

还有一种较常见的算法是基于 AoA 的 APS 算法。它是利用两个超声波接收器测量节点之间的角度，然后再依据获取到的角度信息计算节点的估计位置，它也是一种基于测距的定位算法，属于超声波定位。

3.4.5 无线室内环境定位

在室内环境中，GPS 由于受到屏蔽和室内墙壁的遮挡，变得很难接收卫星信号；而基站定位的信号受到多径效应（波的反射和叠加原理产生的）的影响，定位效果也会大打折扣。现有大多数室内定位系统都基于信号强度（Radio Signal Strength，RSS），其优点在于不需要专门的定位设备，利用已有的铺设好的网络，如蓝牙、WiFi、ZigBee 传感网络等来进行定位。目前室内环境进行定位的方法主要有红外线定位、超声波定位、蓝牙定位、RFID、超宽带定位（UWB）、ZigBee 定位等。限于篇幅，这里仅对 ZigBee 定位做详细叙述。

ZigBee 定位是典型的 WSN 节点定位，通过在待定位区域布设大量的廉价参考节点，这些参考节点间通过无线通信的方式形成了一个大型的自组织网络系统，当需要对待定位区的节点进行定位时，在通信距离内的参考节点能快速地采集到这些节点信息，同时利用路由广播的方式把信息传递给其他参考节点，最终形成了一个信息传递链并经过信息的多级跳跃回传给终端计算机加以处理，从而实现对一定区域的长时间监控和定位。具体的计算方法如下。

节点首先读取计算节点位置的参数，然后将相关信息传送到中央数据采集点，对节点位置进行计算，最后，再将节点位置的相关参数传回至该节点。这种计算节点位置的方法只适用于小型的网络和有限的节点数量，因为进行相关计算所需的流量将随着节点数量的增加而呈指数级速度增加。

根据从距离最近的参考节点（其位置是已知的）接收到的信息，对节点进行本地计算，确定相关节点的位置。因此，网络流量的多少将由待测节点范围中节点的数量决定。另外，由于网络流量会随着待测节点数量的增加而成比例递增，因此，这种分布式定位计算方法还允许同一网络中存在大量的待测节点。

定位引擎根据无线网络中临近射频的接收信号强度指示（RSSI），计算所需定位的位置。在不同的环境中，两个射频之间的 RSSI 信号会发生明显的变化。例如，当两个射频之间有一位行人时，接收信号将会降低 30dBm。为了补偿这种差异，以及出于对定位结果精确性的考虑，定位引擎将根据来自多达 16 个射频的 RSSI 值，进行相关的定位计算。其依据的理论是：当采用大量的节点后，RSSI 的变化最终将达到平均值。

要求在参考节点和待测节点之间传输的唯一信息就是参考节点的 X 和 Y 坐标。定位引擎根据接收到的 X 和 Y 坐标，并结合根据参考节点的数据测量得出的 RSSI 值，计算定位位置。

定位引擎的覆盖范围为 64m×64m，然而，大多数的应用要求更大的覆盖范围。扩大定位引擎的覆盖范围可以通过在一个更大的范围布置参考节点，并利用最强的信号进行相关参考节点的定位计算。具体的工作原理是：

（1）网络中的待测节点发出广播信息，并从各相邻的参考节点采集数据，选择信号最强的参考节点的 X 和 Y 坐标。

（2）计算与参考节点相关的其他节点的坐标。

（3）对定位引擎中的数据进行处理，并考虑距离最近参考节点的偏移值，从而获得待测节点在大型网络中的实际位置。

定位引擎采用来自附近参考节点的 RSSI 测量值来计算待测节点的位置。RSSI 将随着天线设计、周围环境以及包括若干其他因素在内的其他附近 RF 源的变化而变化。定位引擎将数个参考节点的位置信息加以平均。增加参考节点的数量，则可降低对各节点具体测试结果的依赖性，同时全面提高精确度。无论在什么情况下设置参考节点，都会影响到定位的精确性，这主要是因为当参考节点设置在离相关表面很近的地方时，会产生天花板或地板的吸附作用。因此，应尽量使用在各方位都具备相同发射能力的全向天线。相比之下，这种基于标记的定位及其扩展算法在上述室内的情况下能够有不错的定位性能。如 AT&T Laboratories Cambridge 于 1992 年开发出室内定位系统 Active Badge。

上述的这种室内三维位置感知技术利用无线方式进行非接触式定位，可以说任何通过站点发射的无线通信技术都可以提供定位功能。这种技术作用距离短，一般最长为几十米。但它可以在几毫秒内得到厘米级定位精度的信息，且传输范围很大，成本较低。其余的室内定位方法可以基于如下几种技术。

（1）红外线室内定位技术。红外线室内定位技术定位的原理是，红外线 IR 标识发射调制的红外射线，通过安装在室内的光学传感器接收进行定位。虽然红外线具有相对较高的室内定位精度，但是由于光线不能穿过障碍物，使得红外射线仅能视距传播。直线视距和传输距离较短这两大主要缺点使其室内定位的效果很差。当标识放在口袋里或者有墙壁及其他遮挡时就不能正常工作，需要在每个房间、走廊安装接收天线，造价较高。因此，红外线只适合短距离传播，而且容易被荧光灯或者房间内的灯光干扰，在精确定位上有局限性。

（2）超声波定位技术。超声波测距主要采用反射式测距法，通过三角定位等算法确定物体的位置，即发射超声波并接收由被测物产生的回波，根据回波与发射波的时间差计算出待测距离，有的则采用单向测距法。超声波定位系统可由若干个应答器和一个主测距器组成，主测距器放置在被测物体上，在微机指令信号的作用下向位置固定的应答器发射同频率的无线电信号，应答器在收到无线电信号后同时向主测距器发射超声波信号，得到主测距器与各个应答器之间的距离。同时有 3 个或 3 个以上不在同一直线上的应答器做出回应时，可以根据相关计算确定出被测物体所在的二维坐标系下的位置。超声波定位整体定位精度较高，结构简单，但超声波受多径效应和非视距传播影响很大，需要大量底层硬件设施投资，成本太高。

（3）识别即定位。通过物联网感知层进行识别即定位。如利用 RFID 射频识别、车牌或集装箱图像识别、生物识别（人脸、指纹、虹膜）和视频监控等，在识别的同时记录物体或人的位置。如图 3-10 所示，在大型建筑复杂室内环境，通过 RFID 定位持有被感知标签的人或物。

（4）蓝牙定位。蓝牙技术通过测量信号强度进行定位。这是一种短距离低功耗的无线传输技术，在室内安装适当的蓝牙局域网接入点，把网络配置成基于多用户的基础网络连接模式，并保证蓝牙局域网接入点始终是这个微微网（Piconet）的主设备，就可以获得用户的位置信息。蓝牙技术主要应用于小范围定位，例如单层大厅或仓库。采用该技术作室内短距离定

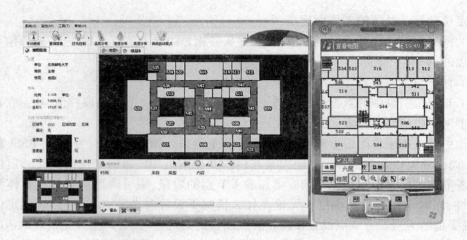

图 3 - 10　识别即定位示意图

位时容易发现设备且信号传输不受视距的影响。其不足在于蓝牙器件和设备的价格比较昂贵,而且对于复杂的空间环境,蓝牙系统的稳定性稍差,受噪声信号干扰大。

(5) 大气压传感器定位。压力传感器可以提供高度精确的压力和高度数据,大气压传感器可以实现 30cm 分辨率,使器件能够在较细的粒度测量海拔。例如可以检测用户在高层建筑或购物中心内所在的精确楼层,允许基于位置的服务更准确地反映周边环境。

(6) 军用仿生定位与导航。自然界中许多动物都具有定位与导航能力。经研究发现,鸟体的定位与导航系统只有几毫克,但精确度极高,探测误差小于 $0.03\mu W/m^2$。目前已有一些国家在利用生物技术手段模拟动物的定位与导航系统来简化军事定位与导航系统,以提高精度、缩小体积、减轻重量、降低成本,增强在复杂条件下的定位与导航能力。

除了以上提及的定位技术,还有基于计算机视觉的定位和光跟踪定位、磁场、信标定位,以及基于图像分析的定位技术等。目前很多技术还处于研究试验阶段,如基于磁场压力感应进行定位的技术。基于位置信息的物联网定位已广泛应用于诸多领域,LBS(基于位置的服务)、GIS 和车联网(智能交通)也使定位走向更广阔的应用领域。

3.5　智能交互技术

物联网可以理解为是以机器的智能交互为核心的,实现网络化应用与服务的一种"物物相连"的网络。其实物联网中机器和机器的通信、人和人的通信不是天然有界线的,机器和机器通信还是要受人为控制的,最终也是为人服务的;所以人机交互是物联网中必不可少的重要环节。物联网的智能特征也要求着更为智能化的交互方式,一方面是强调了终端的智能化,为了把机器的世界和人的世界结合起来,要增强机器对信息的智能收集和处理的能力,这样对终端的智能化就有所要求。因为这些信息的来源不仅仅局限于物,还可能是源自人或人的感官的信息。另一方面强调了交互的智能化,因为我们不会仅仅停留在鼠标、键盘这样的交互上,需要在更为融洽的人机环境中用触摸、语音、眼神、动作甚至心理感应,与机器交流人类的真实想法。所以说,人机的智能交互是物联网中人物之间联系的重要方面,智能交互也是物联网智能的重要体现之一。

44

3.5.1 人机交互概述

人机交互、人机互动(Human Computer Interaction 或 Human Machine Interaction),简称 HCI 或 HMI,是一门研究系统与用户之间交互关系的学问。这是一个跨学科的领域,是计算机科学、心理学、社会学、图形设计、工业设计等学科的综合,从广义上可理解为用户体验。20 世纪 80 年代初期,学术界相继出版了多本专著,对最新的人机交互研究成果进行了总结,人机交互学科逐渐形成了自己的理论体系和实践范畴架构。理论体系方面,从人机工程学独立出来,更加强调认知心理学以及行为学和社会学的某些人文科学的理论指导;实践范畴方面,从人机界面(人机接口)拓展开来,强调计算机对于人的反馈交互作用。人机界面一词被人机交互所取代。20 世纪 90 年代后期以来,随着高速处理芯片,多媒体技术和 Internet Web 技术的迅速发展和普及,人机交互的研究重点放在了智能化交互、多模态(多通道)、多媒体交互、虚拟交互以及人机协同交互等方面,也就是放在以人为中心的人机交互技术方面。

人机交互的发展历史,是从人适应计算机到计算机不断适应人的发展史,人机交互的发展经历了几个阶段:

(1) 早期的手工作业阶段;

(2) 作业控制语言及交互命令语言阶段;

(3) 图形用户界面(GUI)阶段;

(4) 网络用户界面的出现;

(5) 多通道、多媒体的智能人机交互阶段。

进入 21 世纪,随着物联网的蓬勃发展,人机交互也正步入物联网时代。基于五觉(眼、耳、口、鼻、舌)及其综合应用的多维协同感知与交互,将深刻影响着日常生活。物联网时代的智能交互可以根据人类感知外在世界的感觉器官的功能,分为视觉、听觉、触觉、嗅觉、味觉。本章接下来将根据人类感知的来源分别阐述物联网感知的"智慧"技术。

3.5.2 智能视觉技术

人类感知外在世界的五觉之中,视觉感知占据了绝大部分的信息来源。物联网视觉源自图像、视频等能够代替人眼功能的系统,这些系统能够实现视觉增强感知、视觉理解与交流等视觉功能。

1. 视觉增强技术

视觉增强属于 AR(Augmented Reality)增强现实中的一种,也有人称 AR 为混合现实。视觉增强就是借助计算机技术、可视化技术以及可以突破人类视觉限制的技术,比如夜视技术、3D 技术等,从而产生一些现实环境中不存在的虚拟对象,或者不能被人类肉眼发现的对象,通过传感技术将虚拟对象准确"放置"在真实环境中,借助显示设备将虚拟对象与真实环境融为一体,并呈现给使用者一个视觉感官效果真实的新环境。

简单地来说,视觉增强是虚拟世界和真实世界通过人类视觉融合的一种增强现实技术,属于视觉类人机交互技术。视觉增强将会是通过视觉融合突破人类视觉极限的技术之一。它的出现与下述几种技术密切相关:

(1) 计算机图形图像处理技术。视觉增强的实现,可以通过基于图形图像处理技术的融合,实现人眼所无法实现的广度和清晰度。透过视觉增强看到整个世界,在计算机处理生成图像之后,达到 360°范围可视、高像素可视。这种增强的视觉信息可以是在真实环境中与之共存的虚拟物体,也可以是实际存在的物体的非几何信息。如图3－11所示,来自林肯实验室的浸入式监控成像系统(ISIS),被喻为最可能发现非法闯入者的视频监控感知系统。

图3－11　集9个摄像头于一身的ISIS系统

在机场等重要公共场所都安装有大量的监控摄像头。当摄像头变焦时,画面分辨率就会降低,而且无法监控周围的情况。浸入式监控成像系统集9个摄像头于一身,解决了一般摄像头角度受限的问题。安装在天花板上的ISIS能在单个屏幕上生成360°范围、1亿像素的图像。用于拼接的图像处理软件能够整合多个视频,然后在一个屏幕上输出。系统还能让操作人员标记并跟踪目标,在入侵者闯入禁区时发出警报。2009年12月,ISIS系统在波士顿Logan国际机场投入使用。

(2) 3D技术。传统的3D技术使用户通过透明的护目镜,看到整个世界,连同计算机生成而投射到这一世界表面的图像,从而使物理世界的景象超出用户的日常经验之外。目前裸眼3D技术产品已经在市面出现。自2010年以来,3D开始进入国人生活,但是这里提到的3D,可能更多的还是让人想到电影院的红蓝眼镜。而未来,人们在家即可观看3D影片,实现裸眼3D视图,与千里之外的家人实现面对面交流,而且不需要借助任何媒介。

(3) 夜视技术和穿透技术。红外技术和微光夜视技术作为夜视技术中较为成熟的技术,突破了人类在黑暗无光的环境中无法看到的视力限制,广泛用于搜救和军事用途。美国军事部门DARPA最近正在开发一种可穿透墙壁、路障等视觉障碍物的可视技术。这种可以看到墙后物体的视觉穿透技术,被称为"生物识别技术AT－T距离"。根据DARPA的项目计划,不仅可以看到两个墙壁后面的范围,而且可以检测背后的墙壁人的心跳。这项技术可检测多达10人在一个房间里。其余的视觉增强技术应用还包括哈勃望远镜、电子显微镜等电子辅助感知系统,能够实现视觉穿透的雷达和卫星技术中常用的遥感应用。

视觉增强技术已经被用于医疗、军事、工业等多种领域。它可以通过图像传导使原先不可见的对象视觉化,可以让医生使用图像引导手术(美国麻省理工学院、新加坡南洋理工大学都致力于开发帮助外科医生观察病人体内情况的增强系统);可以研发和物理环境良好匹配、能由用户合作修改的交互性3D电子沙盘,供军队使用;可以为施工现场提供与特定地点相联系、包含了工程信息与指令的虚拟图景,供工人参考;可以举办有真人和虚拟人物同时参加的远程会议。当走进中国军事博物馆,就能看到《雪山忠魂》这个以红四方面军的真实故事为原型再现的3D场景,这正是利用视觉增强技术实现的。

2. 视觉理解与交流

眼睛是心灵的窗户,人类视觉的理解并不仅仅局限于能够看见,目光、眼神和视线的移动也能传达视觉信息。可以把独立于眼睛所看到的图像之外的视觉信息表达为视觉理解与视觉交流。

1）视线追踪

虹膜检测和瞳孔定位追踪技术的不断更新以及映射模型的逐步改善,促使非接触式视线追踪技术向着更精准、更高效和更廉价的趋势发展。视线追踪作为眼机接口技术,能够使老年人和残疾人更加方便地使用计算机进行信息交互,同时增加计算机对人类视觉信息的理解。对视线追踪技术的研究及其应用领域的不断拓宽,使非接触式视线追踪技术作为人机交互的主要手段得到了很大进步。其中,基于立体视觉的视线追踪能够使检测、追踪技术和视线映射算法结合,在提高系统实时性和计算精度方面取得了较好的效果。

2）眼姿辨别

眼姿辨别是讨论人机交互中各种眼姿势(眼睛运动模式)的辨别技术。眼姿势的准确辨识是成功实现新型的眼机接口的关键环节之一。根据眼电信号产生的生理机制和采集方法,分析各种眼姿势的特点,包括基本眼动模式(眼睛上移、下移、左移、右移)、眨眼模式、凝视模式等,并据此研究相应的辨识技术。应用眼姿辨别匹配等多种算法可将基本眼动模式、眨眼模式、凝视等各种眼姿势进行特征分类、准确辨识,为设计眼机接口、实现人机交互提供理论基础。

3）视觉交流

基于视线追踪、眼姿辨别等视觉理解技术最终能够通过眼机接口,实现目光对计算机的操作。比如,目光能够代替我们手指的部分功能,视线之下,一切跟着目光走。看书时,书本内容会随着目光的移动自动向上、向下移动,书本的翻页随着目光的自左而右或自右而左实现翻页。上网时,页面内容随着眼神的游走或聚焦而变换;看电视时,通过视觉交流实现换台和调节音量。

3. 智能视觉的应用

基于视觉的智能交互技术的发展,最终将作为物联网视觉感知与交互的组成部分,在交通领域实现"智能视觉物联网"。智能视觉物联网是指由智能视觉传感器、智能视觉信息传输、智能视觉信息处理和针对人、车、物三大类目标的物联网应用。它以机器视觉技术为基础,综合利用各类图像传感器,包括监控摄像机、手机、数码相机,获取人、车、物图像或视频,采用图像视频模式识别技术对视觉信息进行处理,提取视觉环境中人、车、物视觉标签。视觉标签作为智能视觉物联网的重要技术,是指图像和视频中内容所进行的识别、理解、分类。通过网络传输与视觉标签应用系统连接,能够提供便捷的监控、检索、管理与控制。

2010 年 4 月,中国科学院自动化研究所在中国物联网研究发展中心组织下,首次提出物联网视觉标签系统,对交通环境中的人、车、物提取身份识别视觉标签。智能视觉物联网中能够实现车牌识别和车辆行驶环境感知。2010 年 7 月,中国科学院自动化研究所与北京数字奥森组成的中科奥森团队,以"智能视觉物联网"创意参加"2010 中国物联网创意和应用设计大赛"并获奖。简言之,智能视觉物联网就是以视觉传感、信息传输、智能分析和理解识别为基础,在物联网中实现视觉标签的提取与利用。

智能视觉还可以被"打上"情感标签,2012 年颇具情感创意的 Ping lamp 异地感应 WiFi 台灯,可以使分居两地的亲人通过灯光表达彼此的思念。该款可以分合式设计的花蕾般模样的台灯,可以分成两个独立的"花瓣",每一部分都可以独立照明。分居两地的亲人可以各拿一瓣各自使用,这分开的两瓣台灯可以通过无线网络 WiFi 相连接,只要有一方打开了自己的台灯,另一瓣台灯也将会亮起来。当对方也开启台灯时,灯的亮度就会加强来回应你的思念。这款台灯显然扩大了视觉理解与交流的领域,虽然目前价格在 500 元左右,但当它能够以更便捷的方式接入家居物联网时,其成本也就降至台灯和物联网接入模块的价格。

智能视觉的军事应用体现之一为俄罗斯 DRS 技术公司推出的广角驾驶员视觉增强器。据俄罗斯《陆军指南》2012 年 2 月 23 日报道,DRS 技术公司侦察、监视和目标捕获分部开发了一种新型广角热像仪。该热像仪称为广角驾驶员视觉增强器(Driver's Vision Enhancer,DVE),它采用图像拼接技术可获得 107°×30°的视场。广角驾驶员视觉增强器可对现有的驾驶员视觉增强器(视场为 40°×30°)进行一对一传感器替换,具有向后兼容能力,非常便于部署和安装。该装置可与现有的显示控制监视器和电缆一起使用,无需重新对车辆进行升级改造和零配件调整,节约了成本。智能视觉的军事应用还体现在美国国防高级研究计划局正在研制的"士兵视觉增强系统"(SCENICC)。这种直接装备到眼睛上的隐形眼镜型传感器系统,不仅可以使佩戴者的视力增强,而且可以看到虚拟的现实增强图片,目的在于提高战场作战人员的感知能力、安全性和生存能力。

智能视觉物联网是基于视觉的大感知技术,不仅仅局限于上述的几个方面,还可以包括车辆行驶环境感知、生态环境感知、空间感知等。智能视觉物联网使人类视觉突破生理极限,借助机器视觉技术看得更远、更细、更准、更全。

3.5.3 智能听觉技术

基于听觉的人机交互,即通过人类的声音与机器进行的交互活动。这种交互包括语音理解、语音交互、语音合成等智能语音交互功能。早期基于听觉的人机交互侧重于通过声音对机器进行控制,比如声控灯、声控玩具汽车等,这时的机器只要能够听到就行。随着信息技术的发展,现在的机器不仅能够听到,已经能够"理解"人类的声音。可以设想,物联网时代中的某天早上,一觉醒来,在床上说些语音指令就可以控制家里的所有电器,接通电话,打开电视看新闻等,是何等惬意。当前智能听觉技术的研究与应用主要集中在以下几个方面。

1. 语音理解

语音理解是在研究用计算机模拟人的语音进行交互的过程中,为了使计算机能够理解和运用人类社会的自然语言(如汉语、英语等),实现人机之间通过自然语言的通信,以帮助人类查询资料、解答问题、摘录文献、汇编资料,以及一切有关自然语言信息的加工处理。

语音理解技术就是让机器(计算机)通过分析和理解的过程把语音信号转变为相应的文本或命令,从而使机器能够理解语音的技术。由于理解自然语音涉及对上下文背景知识的处理,同时需要根据这些知识进行一定的推理,因此实现功能较强的语音理解系统仍是一个比较艰巨的任务。

语音理解的前身是书面语言理解,目前已经进入广泛应用的阶段。它可以使计算机"看懂"文字符号。书面语言理解又叫做光学字符识别(Optical Character Recognition,OCR)技术。OCR 技术是指用扫描仪等电子设备获取纸上打印的字符,通过检测和字符比对的方法,翻译并显示在计算机屏幕上。书面语言理解的对象可以是印刷体或手写体。目前,OCR 技术已经成为作为计算机和手机等很多电子设备的识别方法,比如手机的名片识别功能。

语音理解的出现显著改变了人机互动的方式,在此领域处于领先地位的 Siri(iPhone 的语音交互功能)在语音识别技术的研究中,发现语音识别技术(Automatic Speech Recognition,ASR)在语音交互过程中只占到其中的一小部分,而真正重要的是在识别语音之后的"理解"。在语音理解过程中,为了让计算机能够"听懂"人类的语音,将语音中包含的文字信息"提取"出来,在基本原理上包括两个阶段:训练和识别,无论是训练还是识别,都要先对输入语音进行预处理,然后进行特征提取。

1)训练阶段

语音理解这种技术基于 Statistic Language Model(语言模型统计),需要大量的数据使计算机通过"自学习、自训练"来提高理解的准确率。这一阶段在语音理解中称为"训练阶段",其中通过输入若干次训练语音,系统经过上述预处理和特征提取后得到特征矢量参数,然后通过特征建模建立训练语音的参考模型库。

2)理解阶段

对于自然语言的理解,也需要大量的数据库数据,来进行语法的收集、对比、分析、理解。这一阶段在语音理解中称为"理解阶段",此阶段将输入语音的特征矢量参数和参考模型库中的参考模型进行相似性度量比较,将相似性最高的输入特征矢量作为识别结果输出。

语音理解在实际应用过程中根据不同分类准则可以有不同的分类。按对说话人的依赖程度分为非特定人语音识别系统和特定人语音识别系统。非特定人语音识别系统是针对多个用户的使用而设计的,不受说话人的限制,即无需通过语音说话人的练习就能进行语音识别,这种系统并不需要用户进行个人语音库的建立过程,只需预先把期待识别的词汇表输入到系统中。因此,非特定人语音识别系统具有更好的灵活性和通用性,在语音理解中成为主流。

2. 语音交互

语音交互是随着人机交互发展到基于多媒体技术的交互阶段时出现的。20 世纪 80 年代末出现的多媒体技术,使计算机产业出现了前所未有的繁荣。之后,人机交互的工具除了键盘和鼠标外,话筒、摄像机及喇叭等多媒体输入输出设备,也逐渐为人机交互所用;而人机交互的内容也变得更加丰富,特别是语音信号处理技术的发展,使得通过声音与计算机进行交互成为可能。多媒体技术使用户能以声、像、图、文等多种媒体信息与计算机进行信息交流,从而方便了计算机的使用,扩大了计算机的应用范围。另外,多媒体技术的发展,促进了信息处理技术特别是计算机听觉与计算机视觉的发展,从而使人机交互在朝着自然、和谐的方向上向前迈进了一大步。1984 年,苹果公司推出了采用图形用户界面的个人电脑 Macintosh(苹果机)。图形用户界面和鼠标的结合,让电脑首次成为一种"所见即所得"的视觉化设备,使用者不用面对一行行冰冷枯燥的字符即可操作,给人带来了全新的使用体验。

语音交互则是人机交互中最直接的一种方式,正在被越来越多的用户接受和使用,苹果、谷歌、微软等国际 IT 巨头都把语音作为新一代产品的重要竞争特性。苹果智能手机不断更新其智能操作系统,其中一大亮点就是推出了基于语音技术的 Siri 功能,它可以令 iPhone 变身为一台智能化设备,利用 Siri 用户可以通过手机读短信、介绍餐厅、询问天气、语音设置闹钟等。Siri 支持自然语言输入,并且可以调用系统自带的天气预报、日程安排、搜索资料等应用,还能够不断学习新的声音和语调,提供对话式的应答。

中国科学院自动化研究所模式识别国家重点实验室研究员陶建华指出:"虽然 Siri 所使用的语音交互技术在上个世纪 90 年代就不断有人尝试,但 Siri 还是在应用模式和商业模式上有很多新的突破。"

"计算机正在慢慢隐入后台,人可以以更自然的方式与其对话,甚至可以直接与一个智能空间进行交互。比如,当你说'能不能把灯光调暗一些?'的时候,后台的电脑就会根据这个指令控制灯光开关。"陶建华说,这里面很多技术的雏形已经实现并产生了实际应用,当然,完全自然的人机交互方式还需要很长的路要走。

在语音交互产品上,IBM 公司的 ViaVoice 产品已经具备相当好的实用性,同样微软公司也进行了很多卓有成效的工作。其 Microsoft Office 办公套件自 XP 版开始便集成了一个语音交互引擎,通过该引擎可以进行文字输入和发出语音命令操作 Office 套件。国内的语音交互产品,比如讯飞的语音输入法,能够进行语音输入的基本识别,能根据语速添加标点符号,说话结束自动关闭,虽然纠错能力还有待完善,部分语音识别不够准确,但也是一款不断实现技术创新的应用。

3. 语音合成

语音技术不仅能够使计算机"听懂"人类的语言,而且能够用文字或语音合成方式输出应答。这种技术称为语音合成,又称文语转换(Text to Speech,TTS)技术,能将任意文字信息实时转化为标准流畅的自然语音并朗读出来。TTS 所要解决的主要问题就是如何将文字信息转化为可听的声音信息,也即让机器像人一样开口说话;是实现人机语音双向交互的技术基础。

语音合成与传统的声音回放设备(系统)有着本质的区别。传统的声音回放设备(系统),如磁带录音机,是通过预先录制声音然后回放来实现"让机器说话"的。这种方式无论是在内容、存储、传输或者方便性、及时性等方面都存在很大的限制。而语音合成可以在任何时候将任意文本转换成具有高自然度的语音,从而真正实现让机器"像人一样开口说话"。

语音合成的基本原理由两部分组成:文本分析和韵律处理。文本分析模块在文语转换系统中起着重要的作用,主要模拟人对自然语言的理解过程,使计算机对输入的文本能完全理解并给出随后部分所需的各种发音提示。韵律处理为合成语音规划出音段特征,如音高、音长和音强等,使合成语音能正确表达语意,听起来更加自然;这是语音合成中最重要的一个部分。要使得合成的语音符合通常说出的话语,最关键的是提取语言中的韵律参数。语音生成根据前两部分处理结果的要求输出语音,即合成语音。

据国外媒体 2011 年 9 月 13 日报道,未来新闻报道将无人化。如图 3-12 所示,在未来,我们很可能不再需要真实的人类做电视主持,因为电脑技术完全可以代替人类完成这样的工作。名为"News at Seven(七点钟新闻)"的系统,展示了未来的新闻报道的原型。利用特制的软件,这套系统可以自动产生视频新闻报道内容,并且由电脑主持人实时进行报道。这套系统可以根据每位观众的不同喜好,为他们量身订做不同的新闻内容。如果将这样的理念用于远程教育物联网,就能够缓解我国偏远地区的教育难题。

图 3-12　未来的新闻报道

在国内,讯飞也在语音合成领域不断实现技术创新,近年的技术创新体现在提高声学参数生成的灵活性,提高合成语音的音质,改善参数语音合成器在合成语音音质上的不足等方面。这些技术创新使得语音合成系统在自然度、表现力、灵活性及多语种应用等方面的性能都有进一步的提升,并推动了语音合成技术在呼叫中心信息服务、移动嵌入式设备人机语音交互、智能语音教学等领域的广泛引用。

3.5.4　智能触觉技术

在语音交互发展的同时,触摸屏交互技术也在不断发展。特别是随着移动设备的日新月异,触摸技术已经从单点触摸发展到多点触摸。多点触摸技术应用最成功的当属 Apple 公司的 iPhone 系列,其多点触摸技术能够支持用户使用手势进行缩放图片、旋转图片等操作。最近,微软也推出了基于多点触摸技术的概念产品 Surface。它可以让用户在水平台面上使用手或者其他物体与计算机交互。

触觉感知是一种新兴的人机交互模式和信息传递方式。作为除视觉和听觉之外最重要的一种知觉形式,触觉是人体与生俱来的,但目前未被充分利用的信息传输通道。如何充分利用多种感知能力,使人能够全面快速地获取各种信息,已经成为当前人机交互领域研究的热点。触摸屏、手势交互、触觉再现等触觉型人机交互方式都已被提出和研究。

1. 触摸屏技术

随着计算机技术和人机交互技术的发展,人与电子设备的虚拟且自然的交互技术以及集成系统的应用在很大程度上帮助解决了个人操作电子设备中的许多实际问题。传统的互动方式主要用鼠标、键盘、按钮型遥控器进行交互,这些方式普遍存在操作繁杂、缺乏人性化的缺点,成为物联网智能交互普及的阻碍。当拿起触摸屏手机或平板电脑的一刻,带有触控效果的显示屏幕、触摸面板则能够让你体现触控的美妙。触摸型互动方式是一种新型的交互方式,有操作简便、人性化强的优点,广泛用于手机、平板电脑、智能机顶盒等家电的控制。

触摸屏技术是一种新型的人机交互输入方式,它改进了人机交互性能,减轻了用户依赖键盘、鼠标、按钮型遥控器的负担,极大地方便了用户操作计算机。"即触即用"操作使输入便捷、直观、高效,易于使用。在交互操作的精确性方面,从用户直观感知上选择功能菜单的设置,消除了用户的误操作,提升了交互速度。当需要进行输入性操作时,将输入设备完全集成到显示设备中节省了空间;手写输入文字时不会受到文本界面的妨碍。

触摸屏技术的原理并不复杂,主要由显示屏前面的检测部件和触摸屏控制器组成。触摸检测部件安装在显示屏前面,用于检测用户触摸位置,然后将相关信息传送至触摸屏控制器。触摸屏控制器的主要作用是从触摸点检测装置上接收触摸信息,并将它转换成触点坐标并传送给 CPU。在操作中,CPU 根据触摸屏控制器传来的一系列由接触操作引发的坐标变化信息,"翻译"成操作命令并加以执行。触摸屏技术根据传感器的类型大致可分为 4 种,即电阻式触摸屏、电容式触摸屏、红外线式触摸屏和表面声波式触摸屏。

触摸屏已经由单点触屏发展到多点触屏,多点触控(Multi－Touch)技术是采用人机交互与硬件设备共同实现的能够同时感知多个点的技术。在没有传统输入设备支持下获取并识别人手指在显示屏幕上的位置,并通过计算将手指在显示屏幕上的物理坐标转换为计算机屏幕的逻辑坐标及控制指令,实现用手指或其他自然物品在显示屏幕上的触摸选择,如打开界面、转换画面、信息查询等控制,进行计算机与人之间的交互操作的一种技术。苹果公司的产品之所以能够迅速占领市场,就是因为多点触控技术降低了人机交互中的操作复杂度,让 1 岁的小孩和 80 岁的老人都可以使用苹果公司的产品。

将这种触觉感知用于人机交互,就产生了触摸屏技术。将触觉感知、视觉增强技术应用于军事领域中的人机交互,可以实现触摸式 3D 虚拟沙盘。它可以为训练人员和指挥人员提供可视化的交互式训练虚拟环境,从而提高了训练效果。触摸式 3D 虚拟沙盘所形成的可视化、可交互的训练场景,能够为训练人员和指挥人员提供非常接近现实的训练虚拟平台。通过触摸屏技术将静态模型与触摸屏交互功能结合起来,在矢量地图数据管理与3D显示系统、多媒体信息管理系统的支持下,将触觉感知、视觉增强技术融入到训练环境仿真领域中,为认知地形环境、实战模拟供了一个3D、动态、实时交互的训练模拟地形环境。

2. 触觉再现

触觉再现(Virtual Haptic Rendering)正在人工仿真领域被用于研制人工触觉器。美国伊利诺斯大学的研究人员研制了一种像头发一样的触觉传感器。许多动物和昆虫都能用其毛发辨别许多不同事物,包括方向、平衡、速度、声音和压力等。这种人造毛发是利用性能很好的玻璃和多晶硅制造的,通过光刻工艺由硅基底刻蚀出来的。这种人造毛发的大型阵列可用于空间探测器,其探测周围环境的能力远远超出当今已有的任何系统,美国宇航局目前正积极参与这项研究。

这种为了更好地模拟人类触觉感知的传感器面临的最大挑战是产生的数据量太大。为避开这一问题,研究人员首先研究和模仿了人类自身触觉系统的工作。每个手指大约有200根神经,而且还有错综复杂的表皮纹理,所以它产生的数据量之多连大脑都难以处理。但是由于皮肤的弹性就像一个低通滤波器,能滤掉一些无关紧要的细枝末节,所以使大脑进行这项处理简化可行。研究者正利用仿生技术解决人造毛发数据量过大的问题。

如图3-13所示,日本研究人员采用伸缩性的材料覆盖到机器人的表面实现触觉感知。这种特殊材料是用一种低分子有机物压制而成的薄膜,薄膜上每隔2mm~3mm有一个压力传感器。如果在机器人的指尖覆盖这种人造电子皮肤,机器人就可以和人一样有很灵敏的触觉。如果将压力传感器换成温度传感器,机器人就能感知温度变化。研究人员计划在5年内将这种人造皮肤投入实际运用。

图3-13 触觉机器人Olano2和触觉仿生机器人手指Asimo

西班牙的科学家近期也开发出了一种类似的具有触觉仿生功能的机器人手指,该手指由聚合材料制作而成,能够感觉所拿物体的重量并能根据轻重调整所用的能量。

3. 非接触式交互

非接触式交互可以理解为不需要和机器界面直接接触,就可以通过手势、动作、头部运动、眼睛或面部肌肉的变化等肢体语言,向机器传递出个人意识表达或操作意图等信息的智能交互方式。

手势可以说是一种除了语言之外,人类最为常用的交流手段。在日常生活中人与人之间的交流通常会辅以手势来传达一些信息或表达某种特定的意图,有时,手势会成为跨越不同语种间语言障碍,或者聋哑人的表达方式。比如说,某些特殊人群或在特定环境下,交流几乎全部依赖于手势。随着计算机处理能力的提升和不仅仅以数值处理为目标的多样化计算任务的出现,手势在人机交互中的作用正得到越来越多的关注。

手不仅仅能够通过接触传递人的操作信息,而且能够完成人的绝大多数动作。如图3-14

图 3-14　动作手势示意图

所示,手势动作能够表达出相当的信息量。接下来以手势交互为例来阐述非接触式交互中的信息交互过程。

可以把手势定义为:手势是手或者手和臂结合所产生的各种姿势和动作,以表达或帮助表达想法、情绪或强调所说的话。

(1) 交流手势(手语)。交流手势是为了传递信息,如交谈中的伴随手势。交流手势具有语言描述的作用,比如说指示手势(如用食指的圆周运动来表示一个车轮)和语气手势(通过 V 字手型表示胜利,通过 OK 手型表示肯定)。交流手势最为成熟的应用就是应用于不同人群的手语。如聋哑人用的手语,交通指挥用的手语,舰船交通用的旗语和士兵执行任务时的手势语言。

比如,借助数据手套的识别用户手势系统,可识别中国手语字典中数百个词条。在能够获得充分的用户手势信息的条件下,最多能识别上万个单词的手语识别系统已经实现。

(2) 动作手势。在人机交互领域,根据手势的表达意义分为两种情况,一种是无意义的动作,一种是传递着用户意图的手势。因此在人机交互过程中,需要约定手势的含义,即定义交互的手势集,分清楚哪些手势动作需要机器理解,并做出相应回应,哪些手势动作不需要机器理解,是无意义的动作。这两者的界限是人为划分的,比如说美国连续剧《Lie to me》中,通过手势和肢体语言可以判断人的内心世界的真实想法。对于需要读懂动作手势的人来说,有些动作是有意义的;对于不需要的人来说,手势动作没有意义。

(3) 操作手势。操作手势是用来操控环境中的物体,如旋转、平移、放大、缩小、换屏等动作,在特定环境中手势的意图是非常具体的一类手势交互。在人机交互领域,这类操作手势在游戏操作的推动下,发展迅速。

在基于操作手势的互动游戏中,用户可以通过手势触发这些传感器,从而得到一系列的反馈,常见的如拳击游戏、跳舞游戏、体育运动游戏、棋盘类游戏等。演讲者用于演讲时通过手势遥控幻灯片操作的无线设备,更是有众多生产商提供功能相当完备的产品。美国洛杉矶市椭圆工业公司最新演示表明,人们使用手势便能控制计算机,无需键盘、触摸屏或者鼠标,而是仅在空中挥动手即可;同时,无需在计算机屏幕前进行控制,可以在墙壁前进行操作。这款最新手势系统要求用户佩戴一个特殊手套,手套上的感应点与房间内置的手势控制摄像机建立连接,这个感应系统不仅能够跟踪手的变化,还能跟踪手指。如图 3-15 所示,可以伸出拇指来控制屏幕上的鼠标,之后拇指向下移动进行选择,拇指和食指可以圈定目标进行"全选"操作指令。然后将选择目标从一个屏幕"投掷"到另一个屏幕,使数据资料可以存在于任何一个屏幕。人们可以基于这一系统浏览洛杉矶市中心交互式全景图,从影片剪辑中挑选片断,然后放置在另一个屏幕上,浏览全美国可视化飞行和交通实况。

非接触式触觉正引领着触觉技术从平面走向立体。也许有一天，非接触式触觉作为广义上的触觉类感知，通过人类的手势等动作的捕捉，完美地植入到日常生活中。它将作为触摸屏的 3D 升级技术实现人机交互。如图 3-16 所示，正是美国大片中的这种非接触式触觉概念示意图。通过这种人机交互界面，我们即可控制被授权的任何机器，不管他们是在身边还是在千里之外。

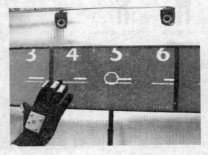
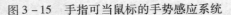

图 3-15　手指可当鼠标的手势感应系统　　　　图 3-16　3D 手势交互示意图

4. 体感交互

体感交互属于非接触式交互的一种，作为将手势延伸为身体动作交互的革命性力量，体感交互是在游戏交互需求的推动中出现的。比如，任天堂公司于 2006 年推出的 Wii 游戏机摒弃了传统的游戏摇杆，通过在控制器中植入多种传感器，玩家可以使用身体或者肢体的动作来控制游戏角色的动作。这种体感交互系统给玩家带来了前所未有的新体验，因此该游戏平台在商业上取得了极大的成功。

体感交互系统的理论基础是基于视觉的用户界面(Vision Based Interfaces, VBI)。这种视觉在物联网时代可以被延伸为广义的视觉，也就是说，系统将红外感知、超声波感知、微波感知等人体动作探测系统，像摄像头一样，作为一种输入媒介，使用户能够在真实环境中以更加自然和直觉的方式实现系统交互。

与传统的交互方式相比，VBI 能够充分利用用户的头部、手部、脚部或者身体的其他部位参与交互，从而提供给用户更大的交互空间、更多的交互自由度和更逼真的交互体验。同时，体感交互在虚拟/增强现实、普适计算、智能空间等技术的推动下，迅速成为国内外研究的热点，并广泛用于基于计算机的互动游戏。体感交互将在物联网的智能交互技术应用中占有一席之地。

2006 年 11 月推出的 Wii 游戏机，自从在美国上市就成为全球最受欢迎的游戏机。如今，任天堂 Wii、索尼 PS MOVE、微软 XBOX 360(Kinect)等主流产品均以体感游戏形式作为主要卖点，体感游戏已成为游戏机市场中的重头戏。Wii 推出之后，2010 年微软推出的 Kinect 游戏机使用了功能更为丰富的体感系统。Kinect 是 XBOX 360 的一款外设。它利用红外定位技术，使 Kinect 对整个房间能够进行立体定位。摄像头则可以借助红外线来识别人体的运动。除此之外，Kinect 通过体感传感器，捕捉人的动作，识别出人的骨骼位置，对人体的 48 个部位进行实时追踪，从而识别出全身的运动。

借助 Kinect，普通人不需要使用任何手柄、摇杆、鼠标或者其他遥控器，即可用身体直接控制游戏。比如你想玩乒乓球，你只需要像现实中那样，挥动手臂发球，完成接球、挑接、搓球、扣球等动作；又比如格斗，你只需要做出跟现实中一样的动作，与游戏中角色展开打、抓、投、摔、拆等对战。Kinect 还可以用于操作电脑、浏览网页、课件讲解、视频会议、空中涂鸦等。随着体

54

感交互的发展,将会实现人类动作与机器的无缝对接。可以畅想,未来体感交互的高级形式将发展为化身技术,系统可以将用户身体动作直接映射为化身的一系列动作,例如,通过身体移动驱动化身走路、跳跃、飞行等。

3.5.5 智能嗅觉与味觉

从原理来看,人类的嗅觉源自对被测的具有挥发性的气体分子的感受;人类的味觉源自对被测的液态中的非挥发性的离子和分子的感受。它们都是一种化学量和生物量的识别器官,相对于对物理量识别的视觉、听觉和触觉而言,研究手段更加复杂,研究进展较为缓慢。近十多年来,随着生命科学和人工智能的快速发展,特别是生命科学与生物化学传感器的相关研究的共同推进,使得嗅觉与味觉的深层理解与应用呈现了智能化的势头。比如在物联网中,智能嗅觉可用于监测大气污染的感知,智能味觉可用于水文感知。

1. 嗅觉和味觉的仿生技术

嗅觉源自气味物质分子对嗅觉感受器的刺激。对物质气味分子的识别过程如下:气味物质分子在鼻腔中,通过嗅黏膜上皮时,嗅细胞纤毛伸出表面,纤毛表面就像是鼻化学感受器,对气味物质分子产生感应的嗅觉信号,最后嗅觉信号经大脑产生相应的判断反应。

味觉源自液态物质分子和离子对味觉感受器的刺激。识别过程与嗅觉的识别过程非常相似,只不过味觉的感受器是味蕾。在哺乳动物中,味蕾主要分布于舌上皮口腔和咽部黏膜的表面。它们的识别过程都可以描述为:感受器产生信号——信号传递和预处理——大脑识别。

国际有关嗅觉和味觉的研究始于20世纪60年代。一方面,生物学家、神经生理学家以及化学家,在嗅觉和味觉的神经传导机理方面进行了长期的摸索和研究,提出众多的设想、模型和实验分析,如美国MIT大学的神经生理学家Freeman教授对嗅觉模型进行了几十年的研究。另一方面,从事分析化学、电子学、仪器科学等工程类的学者,广泛开展了有关气体和离子传感器的研究和仪器研制,在许多领域开发出了具有嗅觉和味觉部分功能的分析仪器。比如说,被称为电子鼻的人工嗅觉系统和电子舌的人工味觉系统。

味觉是重要的生理感觉,一般分为酸、甜、苦、咸、鲜、涩等基本味觉。通常,我们所说的各种味道均由这些基本味觉组合而成。某种味觉物质(即味质)溶解于唾液、作用于味觉细胞上的感受器后,经过细胞内信号转换、神经传递把味觉信号分级传送到大脑,进行整合分析,产生味觉。人的味蕾约有9000个,每个味蕾中包含有4060个味细胞。每一味蕾由支持细胞及5个~18个毛细胞构成,后者即为味觉感受器。每一感受器细胞有许多微绒毛突出于味孔,感受神经纤维的无髓鞘末梢紧密缠绕感受器细胞。每一味蕾约有50条神经纤维,而每一神经纤维平均接受5个味蕾的输入。

研究不同味觉刺激在味感受器细胞和传入神经纤维引起的电反应时得到的结果,使我们对味觉信息编码规律有较深入理解。在记录单条味觉传入纤维的传入冲动时发现,一条神经并不只对一种基本味觉刺激起反应。如对咸有反应的纤维对酸也有反应,对酸有反应的纤维对苦也有反应等。这说明一种味道并不是简单地由一条或一组只对这一味道起反应的纤维传向中枢的。

2. 电子鼻

随着仿生人工嗅觉的不断发展,出现了电子鼻(Artificial Olfactory System, AOS)技术。1989年在北大西洋公约组织的一次关于化学传感器信息处理会议上对电子鼻做了如下定义:"电子鼻是由多个性能彼此重叠的气敏传感器和适当的模式分类方法组成的具有识别单一和复杂气味能力的装置。"随后,于1990年举行了第一届电子鼻国际学术会议。为了促进电子鼻技术的交流和发展,国际上每年举行一次化学传感器国际学术会议。

电子鼻技术是探索如何模仿生物嗅觉机能的技术。其研究涉及材料、精密制造工艺、多传感器融合、计算机、应用数学以及各具体应用领域的科学与技术,具有重要的理论意义和应用前景。电子鼻模拟生物的嗅觉器官,工作原理与嗅觉形成相似,气味分子被电子鼻中的传感器阵列吸附,产生信号。生成的信号经各种方法处理加工与传输,将处理后的信号经模式识别系统做出判断。原理如图3-17所示,可归纳为:传感器阵列——信号预处理——神经网络和各种算法——计算机识别(气体定性定量分析)。从功能上讲,气体传感器阵列相当于生物嗅觉系统中的大量嗅感受器细胞,神经网络和计算机识别相当于生物的大脑,其余部分则相当于嗅神经信号传递系统。

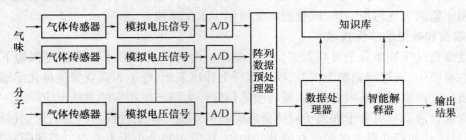

图3-17 电子鼻的嗅觉形成过程

电子鼻是利用气体传感器阵列的响应图案来识别气味的电子系统,它可以在几小时、几天甚至数月的时间内连续地、实时地监测特定位置的气味状况。电子鼻是生物传感器技术中的一种,主要由气味取样操作器、气体传感器阵列和信号处理系统三种功能器件组成。

电子鼻识别的主要机理是在阵列中的每个传感器对被测气体都有不同的灵敏度,例如,一号气体可在某个传感器上产生高响应,而对其他传感器则是低响应;同样,二号气体产生高响应的传感器对一号气体则不敏感,归根结底,整个传感器阵列对不同气体的响应图案是不同的,正是这种区别,才使系统能根据传感器的响应图案来识别气体。

单一传感器往往对被测环境中的各种气体敏感,但很难有选择地测量出某种气体的成分和含量。某一类型单个气体传感器仅能检测某一类型的气体。电子鼻技术把不同特性的单个气体传感器组合起来就构成了嗅觉传感器阵列,阵列中的各个气敏器件对复杂成分气体都有响应却又互不相同。嗅觉传感器阵列不仅检测范围更宽,而且灵敏度、可靠性都很高。

1982年,英国学者Persuad和Dodd用3个商品化的气体传感器模拟哺乳动物嗅觉系统中的多个嗅感受器细胞对戊基醋酸酯、乙醇、乙醚、戊酸、柠檬油、异茉莉酮等有机挥发气进行了类别分析,开电子鼻研究之先河。在电子鼻能够很好地模拟人类通过嗅觉感知外在环境的基础上,可以实现基于嗅觉的人机交互,即通过人类的嗅觉与机器进行的交互活动,包括气味合成、气味搜索、气味判断等智能交互功能。

比如我们可以把各种物体的气味植入气味库,然后通过嗅觉交互系统对气味物体进行辨别,比如通过气味辨别药材,通过气味辨别家人,通过气味开展学习等。使用嗅觉交互系统可以对任意用户感兴趣的气味进行捕捉、分析和对比。当然,这是比较初级的人机交互,也许有一天,根据每个人对应着的一种独特气味,可以通过气味展开搜索,不管她(他)身处何方,都可以被发现。下面是嗅觉交互的一个例子。

人们感知互联网的主要方式是通过视觉和听觉。英国明特数码技术公司(Mint Digital

Foundry)研发团队于 2012 年开发出网络嗅探器"奥利(Olly)",使用者通过味觉也可以感知互联网。"奥利"是个不大的白色立方体装置,可放在手掌上,上面有多个小孔,通过 USB 接口与电脑相连。"奥利"的构造并不复杂,包括一个风扇、一个芯片、一个外壳及拉伸式托盘。这个 Olly 后部的托盘专门用来放置有气味的东西,比如水果、薄荷、香精油或者其他喜欢的任何香料。使用者把"奥利"与电脑中的任意网络账户相连,设置好"奥利"散发气味的规则即可。这样,在使用者进行更新微博、进入邮箱等操作,或是社交网络中有人提到使用者的名字时,"奥利"都可嗅探到,并通过散发气味告知使用者。譬如,上班族早上上班查阅邮件时,可以闻到"奥利"散发出的薄荷香,让精神为之一振。美国一名餐馆老板使用"奥利"获知自己餐馆的知名度,每当有网民提到他餐馆的名字,"奥利"就会散发出墨西哥玉米饼的味道。

3. 电子舌

由于受生物感知、生化传感器研究的制约,电子舌(Artificial Taste System,ATS)提出来的时间不久。电子舌是在近二十年产生并发展的"年轻"概念。1995 年由俄罗斯的 Yu. G. Vlasov 教授等人提出,并列入了俄罗斯和意大利 Damico 教授的国际合作项目。简单地说,一个非选择性的味觉传感器阵列及其数字信号处理方法,可以作为人工味觉系统来模拟人和生物的电子舌。

由于受到以往的研究方法和手段限制,味觉研究一直落后于视觉、听觉、触觉和嗅觉的研究。近年来,随着运用微电极记录到动物单一味细胞上的味觉受体电位和膜片钳对单通道离子电流的记录,结合细胞生物学分子生物学方法及微电子芯片技术的运用,味觉研究取得了较大的进展。细胞芯片是生物芯片研究中的一个热点,它利用活细胞作为探测单元,直接将细胞培养在硅微器件上,可以监测细胞新陈代谢电生理信息等。细胞芯片敏感性高、选择性好、响应迅速,在生物医学环境监测和药物开发中有广泛的应用。随着半导体微细加工技术的发展,分析技术的微型化为细胞微环境分析提供了强有力的手段。味觉细胞芯片作为一种无损的实时传感技术手段,将在味觉传导机制的研究等方面发挥重要的作用。

电子舌的工作原理和电子鼻很相似,只不过电子舌是建立在模拟生物的味觉形成过程基础上的仿生过程。人工味觉传感器所测得的是整个所测物质味道的整体信息。研究得最多的是多通道类脂膜味觉传感器阵列,它能部分再现人的味觉对味觉物质的反应。目前应用人工味觉系统可以很容易地区分几种饮料,比如咖啡、啤酒和离子饮料。使用人工味觉系统的一大优点是不需要对食物进行任何预处理,把饮料倒入杯子里很快就可以测出味道。

4. 生物传感器技术

生物的基本特征之一就是能够对外界的各种刺激做出反应。之所以能够如此,首先是由于生物能感受外界的各类刺激信号,并将这些信号转换成体内信息处理系统所能接收并处理的信号。例如,上述的通过鼻、舌感觉器官将外界的化学和物理信号转换成人体内神经系统等信息处理系统能够接收和处理的信号。电子鼻和电子舌都是通过传感器将外界的各种信息接收下来并转换成信息系统中的信息处理单元(即计算机)能够接收和处理的信号。所以说,电子鼻和电子舌本身就属于具有某种特定功能的生物传感器系统。从有关嗅觉和味觉的研究时间上看,和生物传感器的设想的提出,同始于 20 世纪 60 年代。作为在生命科学和信息科学之间发展起来的一门交叉学科,生物传感器研究的全面展开是在 20 世纪 80 年代。30 多年来,生物传感器在发酵工艺、环境监测、临床医学和军事领域等方面得到了广泛应用。

生物传感器(biosensor)是对生物物质敏感并将其浓度转换为电信号进行检测的仪器。是由固定化的生物敏感材料作识别元件(包括酶、抗体、抗原、微生物、细胞、组织、核酸等生物活性物质)与适当的理化换能结构器(如氧电极、光敏管、场效应管、压电晶体等等)及信号放大装置构成的分析工具或系统。生物传感器由两个主要关键部分所构成:一是感受器,来自于生物体分子、组织部分或个体细胞的分子辨认组件,此一组件为生物传感器信号接收或产生部分;二是转换器,属于硬件仪器组件部分,主要为物理信号转换组件。

生物传感器可以根据其感受器中所采用的生命物质而分为组织传感器、细胞传感器、酶传感器等;也可根据所监测的物理量、化学量、生物量而分为热传感器、光传感器、胰岛素传感器等,还可根据其用途分为免疫传感器、药物传感器等。

生物传感器中的信号转换器,与传统的转换器并没有本质的区别。例如,可以利用电化学电极、场效应管、热敏器件、压电器件、光电器件等器件作为生物传感器中的信号转换器。依照信号转换器的不同,也可将生物传感器进行分类,如分为压电晶体生物传感器、场效应管生物传感器等。自1962年Clark和Lyon两人提出酶电极的观念以后,YSI公司于20世纪70年代即积极投入生物传感器的商品化开发与生产,于1979年投入医检市场,开启了第一代生物传感器的研发与应用。YSI公司的上市成功与80年代电子信息业的蓬勃发展有很密切的关系,并且一举带动了生物传感器的研发热潮。Medisense公司继续以研发第一代酶电极为主,于1988年由于成功地开发出调节(Mediator)分子来加速响应时间与增强测试灵敏度而声名大噪,并以笔型(Pen 2)及信用卡型(Companion 2)之便携式小型生物传感器产品为主,1988年上市后立即席卷70%以上的第一代产品市场,成为生物传感器业的盟主。

第二代的生物传感器定义为使用抗体或受体蛋白当作分子识别组件,换能器的选用更为多样化,诸如场效半导体(FET)、光纤(FOS)、压晶体管(PZ)、表面声波器(SAW)等。虽然,第二代的生物传感器自20世纪80年代中期即开始引起广泛的研发兴趣,但一般认为尚未达医检应用阶段。目前可称得上第二代的生物传感器产品为1991年上市的瑞典Pharmacia公司所推出的BIAcore与BIAlite两项产品。Pharmacia公司于1985年成功地开发出表面薄膜共振技术(Surface Plasma Resonance,SPR),利用此光学特性开发出可以于$10^{-6}g/mL \sim 10^{-11}g/mL$的低浓度下,进行生物分子间交互作用的实时侦测式生物感测仪器。第三代的生物传感器将更具携带式、自动化与实时测定功能。

进入21世纪,生物传感器正进入全面、深入研究开发时期,各种微型化、集成化、智能化、实用化的生物传感器与系统越来越多。一方面,随着易燃、易爆、有毒有害气体的大量出现,给社会和人们的安全带来了许多隐患;另一方面,随着环境和生物医学领域对气态和液态微量、痕量元素以及体味、体液快速分析检测的需要的增长,迫使人们对电子鼻和电子舌等生物传感器有了越来越广泛的需求。当前,生物传感器主要应用在以下领域。

1)食品安全控制

类型多种多样的生物传感器可以让食品更安全。生物传感器在食品安全控制的应用中包括食品成分、食品添加剂、有毒害物及食品鲜度等的测定分析。

(1)食品成分分析。在食品工业中,葡萄糖的含量是衡量水果成熟度和储藏寿命的一个重要指标。已开发的酶电极型生物传感器可用来分析白酒、苹果汁、果酱和蜂蜜中的葡萄糖等。

(2)食品添加剂的分析。亚硫酸盐通常用作食品工业的漂白剂和防腐剂,采用亚硫酸盐氧化酶为敏感材料制成的电流型二氧化硫酶电极可用于测定食品中的亚硫酸含量。此外,也有用生物传感器测定色素和乳化剂的报道。

(3)有毒害物及食品鲜度等的测定分析。如三聚氰胺等有毒物质的含量控制;地沟油中对人体健康有害物质的测定、分析;食品在保质期内的新鲜程度的测定和为了保鲜所使用保鲜剂的安全控制。

2）自然环境监测

由于环境污染问题日益严重,易燃、易爆、有毒有害气体大量出现,给社会和人们的安全带来了许多隐患,生物传感器可以满足人们对环境污染在线监测的要求。目前,已有相当部分的生物传感器应用于环境监测中。

（1）大气环境监测。二氧化硫是酸雨、酸雾形成的主要原因,传统的检测方法很复杂。Marty 等人将亚细胞类酯类固定在醋酸纤维膜上,和氧电极制成安培型生物传感器,对酸雨酸雾样品溶液进行检测。

（2）水文监测。水土的污染使人们迫切希望拥有一种能对污染物进行连续、快速、监测的仪器。在可疑的污染源附近和受污染地区,尤其是和居民生活密不可分的饮用水源的水文监测,可以保护生活环境。

（3）生态环境保护。利用生物传感器还可以检测气候变化,平衡生态环境保护,避免可能引发灾难的天候形成。

3）生物医学领域

生物医学领域对气态和液态微量、痕量元素以及体味、体液快速分析检测的需要的增长,使电子鼻和电子舌等生物传感器的需求越来越广泛。生物传感技术为基础医学研究及临床诊断提供了一种快速、简便、灵敏的新型方法。

在临床医学中,酶电极是最早研制且应用最多的一种传感器。利用具有不同生物特性的微生物代替酶,可制成微生物传感器。在军事医学中,对生物毒素的及时快速检测是防御生物武器的有效措施。生物传感器已应用于监测多种细菌、病毒及其毒素。

美国和意大利科学家合作,首次使用人的 DNA(脱氧核糖核酸)分子制造出纳米生物传感器,其能快速探测数千种不同的转录因子类蛋白质的活动,有望用于个性化癌症治疗并监控转录因子的活动。相关研究发表于《美国化学学会会刊》。

美国加州大学洛杉矶分校的研究人员通过近年的研究表示,他们首次发现了人体细胞生物传感器分子的机理,为复杂的细胞控制系统提出了新的阐述。人体细胞控制系统能够引发一系列的细胞活动,而生物传感器是人体细胞控制系统的重要组成部分。被称为"控制环"的传感器能够在细胞膜上打开特定的通道让钾离子流通过细胞膜,如同地铁入站口能够让人们进入站台的回转栏。钾离子参与了人体内关键活动,如血压、胰岛素分泌和大脑信号等的调整。然而,控制环传感器的生物物理功能过去一直不被人们所了解。

日本北陆尖端科学技术大学院近期宣布,该校研究人员研制出金银纳米粒子,它可用于制作高灵敏度生物传感器,以帮助医生检查患者的血液、尿液或者基因诊断等。

4）军事领域

生物传感器不仅可以用于军事医学方面,在战场环境保护和避免放射性、核生化威胁等方面也具有广阔的应用前景。

生物感知技术,把生物活性物质,如受体、酶、细胞等与信号转换电子装置结合成生物传感器,不但能准确识别各种生化剂,而且能探测到空气和水中的微量污染物。在战场环境中,对放射性、核生化武器威胁的感知,及其具体威胁物质的判断,可以及时、准确地提出最佳防护和治疗方案。

日本东京大学的研究人员近期开发了一种高灵敏度生物传感器。它是以检测空气微量污染物(如氨和二氧化硫)为主要功能。这种"电子鼻"以自然界嗅觉最灵敏的生物——昆虫为基础,将果蝇和蛾(它们的嗅觉细胞对化学物质高度敏感)的基因注射到未受精的青蛙卵细胞中,然后将它放到两个电极之间。经过基因改造的细胞能够检测出浓度低至十亿分之几的特定化学物质,并且能够区分非常相似的分子,错误率很低。

高灵敏度和高精度的生物传感器不仅可以探测空气中的污染物,还可通过测定炸药、火箭推进剂在空气中的降解情况来发现敌人库存的地雷、炮弹、炸弹、导弹等的数量和位置,它将成为实施战场侦察的有效手段。

总之,随着物联网对智能交互方式不断提出的新需求,人机交互技术在视觉、听觉、触觉、嗅觉和味觉领域的应用潜力已经开始展现。未来,人类将可以使用多模态方式与机器进行交流,即多种模态同时使用共同协作完成输入/输出功能。未来人机交互的模式有可能是现有模式的集大成者并逐步完善,实现智能化协同感知与交互的同时,将人与物紧紧地融合在物联网中。

参 考 文 献

[1] 张伟娟. 移动传感器网络的人机交互技术研究[D]. 东南大学硕士学位论文,2009.

[2] 薛林. 无线通信中的定位技术及其在 AD HOC 路由策略中的应用[D]. 山东师范大学博士学位论文,2010.

[3] 胡卫谊. 基于动态手势的人机交互系统研究[D]. 武汉理工大学硕士学位论文,2010.

[4] 车力军,孙峰. 3G 时代体感游戏的发展思考. 电信技术[J]. 2011,(11).

[5] 王俊,胡桂仙,于勇,周亦斌. 电子鼻与电子舌在食品检测中的应用研究进展. 农业工程学报[J]. 2004,(3).

第 4 章　网络层技术

"事物是普遍联系和永恒发展的。"物联网中的"物"是基础,"联"是中心,"网"是形式,这三者以联系为中心,在网络层中将"物与物"、"人与物"之间普遍联系起来,以更好地实现服务人类社会的目的。

如果从广义的角度来看,物联网的网络层可以理解为:面向一切物联网可连之"物"的"物—物"或者"物—人"(联系)的网络形式的总和。如果从狭义的角度来看,物联网网络层可以理解为:为了实现物联网的感知数据和控制信息的通信功能,将感知层获取的相关数据信息通过各种具体形式的网络,实现存储、分析、处理、传递、查询和管理等多种功能。

如果从发展的角度来看,物联网的网络层是一个比较宽泛的概念,它既可以随着各种形式的网络技术发展而不断地延伸;也可以根据物联网应用的丰富,在满足新需求的网络改进中不断发展;还可以摆脱现有网络形式的束缚,以其他更利于物联网发展的新网络形式出现。

现阶段,具体形式的物联网网络层主要包括有线、无线、卫星与互联网等形式的全球语音和数据网络。随着技术的发展,感知信息都将会被纳入到一个融合了现在和未来的各种网络,如固网、无线网络(包括移动通信网)、互联网、广电网和各种其他专网。在这些网络的无缝融合中把各种终端和人联系在一起。

4.1　物联网的网络层

从物联网的功能实现来看,物联网网络层综合源自感知层的多种多样的感知信息,实现大范围的信息沟通,用以支撑物联网形形色色的应用。如果说,物联网的感知层技术是物联网的基础技术,那么物联网的网络层技术就是物联网的主体技术,它以感知层技术为基础,承载着物联网形式多样的应用技术。

从目前物联网发展的初级阶段来看,物联网网络层主要借助已有的广域网通信系统和专用网(如 PSTN 网络、2G/3G/4G 移动网络、互联网、卫星网、军事专用网等),把感知层感知到的信息快速、可靠、安全地传送到各个地方,使物品能够进行远距离、大范围的通信,以实现在地球范围内感知信息的共享。有人形象地比喻:"没有出现飞机之前,人类的远程交通主要靠公路、火车等公众交通系统在地球范围内的交流;出现飞机之后,就可以借助飞机(甚至空天飞机)等交通系统满足特定人群在地球范围内交流的需要。"也就是说,当物联网发展到中高级阶段,是否会有更适合物联网的网络层承载形式来替代现有的广域网通信系统,要用发展的眼光来看待。

现有的公众网络是基于人的交流而设计和发展的,当物联网大规模发展之后,必然会根据物联网数据通信需求对现有的公众网络提出更适合自身发展的模式。但在物联网的初级阶段,借助已有公众网络进行物联网网络层通信也是必然的选择,如同生产力与生产关系的例子:当生产关系能够满足生产力发展时候,生产力就在现有的生产关系中发展;待到生产关系不能满足生产力发展时,生产力(物联网)就会对生产关系(现有公众网)产生革命性力量。

网络层主要实现信息的传递、路由和控制等,从接入方式来看,可分为有线接入和无线接入;从通信距离来看,可分为长距离通信和短距离通信;从依托方式来看,网络层既可依托公众网络,也可以依托专用网络。公众网包括电信网、互联网、有线电视网和国际互联网(Internet)等,行业专用通信网络包括移动通信网、卫星网、局域网、企业专网等。

从网络层的结构来看,物联网的网络层可以分为接入层、骨干承载层和支撑应用层等。从技术的角度来看,网络层所需要的关键技术包括长距离有线和无线通信技术、短距离有线和无线接入技术、IP 技术等网络技术。从功能的角度来看,又可以分为接入网和核心网。特别是当三网融合后,广电网络也能承担物联网网络层的功能,有利于物联网的加快推进。当然,随着公众网的发展,在公众网络实现了互联网、广电网络、通信网络的三网合一,或者向未来的下一代网络(Next Generation Network,NGN)前进过程中,如果充分地提前考虑了物联网的发展(发展中的需求与应用),这些公众网络可以持续作为物联网的网络层承载方式实现感知数据的传输、计算与共享。

物联网的网络层担负着极其重要的信息传递、交换和传输的重任,目前是通信、计算机和自动化等领域一个新兴的研究热点,它必须能够可靠地、实时地采集覆盖区中的各种信息并进行处理,处理后的信息可通过有线或无线方式发送给远端。众所周知,统一的技术标准加速了互联网的发展,这包括在全球范围进行传输的互联网通信协议——TCP/IP 协议、路由器协议、终端的构架与操作系统等。因此,我们可以在世界上的任何一个角落,使用任一台计算机连接到互联网中去,很方便地实现计算机互联。本章介绍的可用于网络层的技术标准主要分接入网技术和核心网技术两大部分。接入网的技术标准主要涉及 WSN、IEEE802.11、IEEE802.15等;核心网的技术标准主要涉及 IPv6(下一代互联网协议)技术和移动通信技术作为物联网承载层的相关技术(M2M 技术)。

4.2　网络层的接入技术

物联网网络层是在现有公众网(通信网、互联网)和各种专用网等网络的基础上建立起来的,综合使用各种短距离无线接入、2G/3G/4G 移动接入及固定宽带接入技术,实现有线与无线的结合、宽带与窄带的结合、传感网接入和网络承载的结合。通过这些异构接入方式与多种形式承载的融合,在网络层实现感知数据和控制信息可靠传递的目的。网络的接入终端可以采用多种形式,既可基于现有的手机、PC、Pad、PDA、机顶盒等终端进行,也可以通过 WSN 接入、EPC 系统接入、GPS 接入、M2M 接入。按照服务的内容还可以分为视频接入、控制信息接入、位置信息等。在接入层根据接入方式,主要可以分为有线接入和无线接入。

4.2.1　有线接入技术

物联网在发展的初级阶段,可以将互联网作为其网络层的承载网,当通过有线的方式接入物联网网络层时,就像需要考虑用户计算机的接入问题一样。对于互联网来说,任何一个家庭、机关、企业的计算机都必须首先连接到本地区的主干网中,才能通过地区主干网、国家级主干网与互联网连接。可以形象地将接入地区主干网的问题称为信息高速公路中的"最后一公里"问题。目前广泛使用的有线接入有如下几种方式。

1. 通信网接入

通信网是一种使用交换设备、传输设备,将地理上分散用户终端设备互连起来实现通信和信息交换的系统。通信最基本的形式是在点与点之间建立通信系统,但这不能称为通信网,只有将许多的通信系统(传输系统)通过交换系统按一定拓扑结构组合在一起才能称之为通信。就是说,有了交换系统才能使某一地区内任意两个终端用户相互接续,才能组成通信网。

以数字用户线 xDSL 接入技术为例,大多数电话公司倾向于推动数字用户线(Digital Subscriber Line,xDSL)的应用。数字用户线 xDSL 又称为数字用户环路,数字用户线是指从用户到本地电话交换中心的一对铜双绞线,本地电话交换中心又称为中心局。xDSL 是美国贝尔通信研究所于 1989 年为推动视频点播业务开发的基于用户电话铜双绞线的高速传输技术。电话网是唯一可以在几乎全球范围内向住宅和商业用户提供接入的网络。当以家庭住宅和社区为单位实现智能家居和智能建筑时,其优势得以体现。

2. 广电网络接入

广电网通常是各地有线电视网络公司(台)负责运营的,通过光纤同轴电缆混合网(Hybrid Fiber Coax,HFC)向用户提供宽带服务及电视服务网络,宽带可通过 Cable Modem 连接到计算机,理论到户最高速率 38Mb/s,实际速度要视网络情况而定。光纤同轴电缆混合网是新一代有线电视网络,它是一个双向传输系统。光纤节点将光纤干线和同轴分配线相互连接。光纤节点通过同轴电缆下引线可以为 500～2000 个用户服务。这些被连接在一起的用户共享同一根传输介质。用户可以按照传统的方式接收电视节目,同时又可以实现视频点播、IP 电话、发送 E – mail、浏览 Web 的双向服务功能。目前,我国的有线电视网的覆盖面非常广,通过有线电视网络改造后,可以为很多的家庭宽带接入互联网提供一种经济、便捷的方法。因此光纤同轴电缆混合网已成为一种极具竞争力的宽带接入技术。

3. 光纤接入技术

宽带城域网是以宽带光传输网为开放平台,以 TCP/IP 协议为基础,通过各种网络互联设备,实现语音、数据、图像、多媒体视频、IP 电话、IP 电视、IP 接入和各种增值业务,并与广域计算机网络、广播电视网、电话交换网实现互联互通的本地综合业务网络。现实意义上的城域网一定是能够提供高传输速率和保证服务质量的网络系统,理想的宽带接入网将是基于光纤的网络。无论是采用哪种接入技术,传输媒质铜缆的带宽的瓶颈问题是很难克服的。与双绞铜线、同轴电缆或无线接入技术相比,光纤的带宽容量几乎是无限的,光纤传输信号可经过很长的距离而无需中继。人们非常关注光纤接入网,已经出现了光纤到路边(Fiber To The Curb,FTTC)、光纤到小区(Fiber To The Zone,FTTZ)、光纤到大楼(Fiber To The Building,FTTB)、光纤到办公室(Fiber To The Office,FTTO)与光纤到户(Fiber To The Home,FTTH)等新的概念和接入方法。光纤接入直接向终端用户延伸的趋势已经明朗。

1998 年 ITU – T 提出了用"光传输网络"概念取代"全光网络"的概念,因为要在整个计算机网络环境中实现全光处理是困难的。2000 年以后,自动交换光网络(ASON),引入了很多智能控制方法去解决光网络的自动路由发现、分布式呼叫连接管理,以实现光网络的动态配置连接管理。光纤通信与光传输网技术无疑是物联网数据传输的"高速公路"。

4. PLC 接入

电力载波通信(Power Line Communication,PLC)是指利用现有电力线,通过载波方式将信号进行高速传输的技术。采取 PLC 方式进行物联网接入的建设不需要任何附加的通信线路,只要有电力线就能进行通信。相对于其他接入方式,具有费用低、绿色环保、可靠性高的优势,即没有隔墙信号减弱、强力电磁波伤人、破坏建筑重新布线等问题的存在。目前的 PLC 技术已经达到集成化、高性能化,适合家庭接入。

5. NGB 接入

中国下一代广播电视网(NGB)接入,是以有线电视数字化和移动多媒体广播(CMMB)的成果为基础,以自主创新的"高性能带宽信息网"核心技术为支撑,构建适合我国国情的、三网融合的、有线无线相结合的、全程全网的下一代广播电视网络。

4.2.2　无线接入技术

各国信息高速公路的建设促进了电信产业的结构调整,出现了大规模的企业重组和业务转移。在这样一个社会需求的驱动下,电信运营商纷纷把竞争的重点和大量的资金从广域网、骨干网的建设,转移到可移动、自由接入、支持大量用户接入和支持多业务的城域网、局域网的建设之中,比如上海市已经实现了居民每天免费无线上网 2 小时的无线接入环境,为信息产业的自由、普及发展打下了坚实的基础。

无线接入可以分为无线个域网接入、无线局域网接入、无线城域网接入等接入方式。无线个域网和局域网接入中,目前使用较广泛的近距无线通信技术是 IEEE802.11(WiFi)、ZigBee、近距离无线通信(NFC)、超宽带 UWB(Ultra Wide Band)等。它们都各自具有其应用上的特点,在传输速度、距离、耗电量等方面的要求不同,或着眼于功能的扩充性,或符合某些单一应用的特别要求,或建立竞争技术的差异化等。但是还没有一种技术可以完美到足以满足物联网的所有需求。无线城域网接入中,主要包括 IEEE802.16 标准。为了发展无线接入技术,IEEE802 委员会决定成立一个专门的工作组,研究宽带无线网络标准,该工作组于 1999 年 7 月开始工作。2005 年 IEEE 批准了宽带无线网络 802.16 标准。IEEE802.16 标准的全称是"固定带宽无线访问系统空间接口"WiMAX,也称为无线城域网(WMAN)标准。按 IEEE802.16 标准建设的无线网络需要在每个建筑物上建立基站。基站之间采用全双工、宽带通信方式工作,以满足固定节点以及火车、汽车等移动物体的无线通信需求。

除了 WiMAX 之外,移动通信网络还可以有其他的无线标准,比如 MBWA、3G/B3G 和 3G－LTE－4G 等,这些都可以作为物联网网络层的接入方式,表 4－1 是多种无线接入方式的比较。现阶段,移动通信作为物联网网络层的承载技术,主要是 M2M 技术。

表 4－1　无线接入技术比较

	WiFi	WiMAX	MBWA	3G/B3G
标准组织	IEEE 802.11	IEEE 802.16	IEEE 802.20	3GPP,3GPP2
多址方式	CCK,OFDM	OFDM,OFDMA	FLASH－OFDM,FH	CDMA
工作频段	2.4 GHz (免许可)	2～11 GHz (部分免许可)	<3.5 GHz	2 GHz 频段 (需要许可)
最高传输速率	>54 Mb/s	>70 Mb/s	3 Mb/s,16 Mb/s	2 Mb/s,14 Mb/s
覆盖范围	微蜂窝(<300 m)	宏蜂窝(<50 km)	宏蜂窝(<30 km)	宏蜂窝(<7 km)
信道带宽	22/20 MHz	>5 MHz	1.25 MHz	1.25～5 MHz
移动性	步行	120 km/h(802.16e)	250 km/h	高速移动
QoS 支持	不支持	支持	支持	支持
业务	语音、数据	语音、数据、视频	数据、IP 语音	语音、数据

在物联网体系架构中,无论有线接入还是无线接入,现阶段在网络层可以沿用现有的 IP 技术体系,采用 IP 技术来承载将有助于实现端到端的业务部署和管理。在 IETF 和 IPSO(IP for Smart Objects)产业联盟等机构的倡导下,无需协议转换即可实现在接入层与网络层 IP 承载的无缝连接,简化网络结构,比如 6LoWPAN 和 ROLL 等。从目前可用的技术来看,只有 IPv6 能够提供足够的地址资源,满足端到端的通信和管理需求,同时提供地址自动配置功能和移动性管理机制,便于端节点的部署和提供永久在线业务。

由于感知层节点低功耗、低存储容量、低运算能力的特性,以及受限于 MAC 层技术(IEEE802.15.4)特性,不能直接将 IPv6 标准协议直接架构在 IEEE802.15.4MAC 层之上,需要在 IPv6 协议层和 MAC 层之间引入适配层来消除两者之间的差异。这些问题都将在本章的 IEEE802.15.4 和 6LoWPAN 部分探讨,它们和 IEEE802.11,以及 WiMAX 分别是个域网、局域网、城域网的无线接入标准。

4.3 IEEE 802.11

无线通信以其灵活的接入方式以及不断成熟完善的技术等优势,成为物联网的网络层接入技术之一。而无线局域网(Wireless Local Area Networks,WLAN)经过多年的发展,技术不断改进和完善,可提供较高的传输速率以及良好的业务 QoS(Quality of Service)保障,各电信运营商也将 WLAN 作为 3G 网络的补充进行建设。WLAN 的加入可以弥补移动通信网络速率的不足的问题,也使得业务接入方式更加丰富,网络兼容性更好。无线局域网技术发展到今天,以其移动性强、组网灵活、成本低(设备价格低廉、频段免费)等优点,在日常生产、生活中得到了广泛的应用。现有设备的广泛支持以及无线网络的大规模部署也极大地促进了 WLAN 技术的发展,各种移动设备如笔记本电脑、手机、平板电脑都配置了无线网卡;企事业单位、学校、公共商业等场所都部署了 WLAN,方便人们接入网络。

4.3.1 IEEE 802.11 标准简介

WLAN 相关标准包括 IEEE 802.11、HiperLAN、Bluetooth 等,其中应用最广泛的是由 IEEE 发布的 IEEE 802.11 系列标准。该标准系列定义了无线通信的物理(Physical,PHY)层和媒体访问控制(Media Access Control,MAC)层的规范。该协议于 1997 年发布,是无线网络技术发展历史上的一个里程碑。随着用户需求的日益增长,IEEE 对 802.11 协议进行了相关改进,主要包括对传输速率及距离的改进,主要协议有 802.11a,802.11b,802.11g 和 802.11n 等;以及对业务 QoS 保障、安全性方面的改进,主要协议有 802.11e,802.11i 等。其中,部分标准之间的对比见表 4 - 2。

表 4 - 2 IEEE 802.11 标准

标准	IEEE 802.11	IEEE 802.11a	IEEE 802.11b	IEEE 802.11g
使用频段	2.4GHz	2.4GHz	5GHz	2.4GHz
最高速率	2Mb/s	54Mb/s	11Mb/s	54Mb/s
物理层	DSSS/FHSS/IR	OFDM	DSSS(CCK)	PBCC/CCK - OFDM
网络拓扑	Ad Hoc;Infrastructure			
LLC 协议	IEEE 802.11 LLC			

标准	IEEE 802.11	IEEE 802.11a	IEEE 802.11b	IEEE 802.11g
MAC 协议	IEEE802.11 MAC 协议（CSMA/CA）			
传输距离	100m	30m	100m	100m
信道带宽	FHSS：75 个，每个 1MHz；DSSS：14 个，每个 22MHz	14 个，每个 22MHz	14 个，每个 22MHz	14 个，每个 22MHz
优点	IEEE 最初制定的无线局域网标准	频率干扰小，传输速率高	成本较低、工作稳定、技术成熟	传输速率高
缺点	速率低	成本高	速率低、频率干扰大	频率干扰较大
使用情况	很少	未普及	广泛使用	广泛使用

4.3.2 IEEE 802.11 WLAN 的组成结构

无线局域网 WLAN 的拓扑结构包括集中式拓扑和分布式拓扑，如图 4－1 所示。

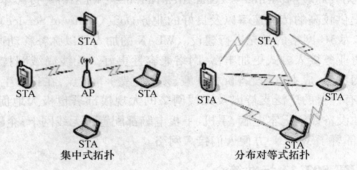

图 4－1 WLAN 两种拓扑结构示意图

1. 基础集中式拓扑（Infrastructure）

基础结构中至少要有一个接入点（Access Point，AP）或者基站（Base Station，BS）负责中继所有的通信，该中心站点既负责各移动台（STA）之间的通信，又具有桥接的作用，负责各 STA 与有线网络的链接。一个 AP 或 BS 与其控制的无线通信范围内所有 STA 组成一个基本服务集（Basic Service Set，BSS），AP 或 BS 对 BSS 内所有移动台集中控制。由于 AP 对网络进行集中控制，在较大的网络负载时网络 QoS 不会急剧变化，且该拓扑结构路由简单，这是其优点所在。但是正是由于 AP 的集中控制，一旦 AP 发生故障会导致整个网络瘫痪。

2. 分布对等式拓扑

该结构也称无线自组织网络（Ad hoc Network），在该拓扑结构中，所有 STA 之间关系是对等的。STA 之间可以直接进行连接通信而不需要 AP 或 BS 进行中继。对等式拓扑结构具有无中心节点、组网方便、拓扑结构灵活的特点，在临时组网、突发事件组网等方面应用广泛。

4.3.3 IEEE 802.11 MAC 层协议

MAC 层协议主要控制介质访问的方法，对有限的无线资源从全局的角度进行合理分配、调度,从而实现资源平等共享。为了实现对共享媒介访问的公平控制,802.11 MAC 子层定义了两种控制介质访问的方法。第一种称为分布式协调功能(Distributed Coordination Function, DCF),在该模式下各个站点 STA 通过竞争获取信道访问权;第二种为点协调功能(Point Coordination Function,PCF),该模式中 STA 不需要竞争信道,而由设置的中心站点通过对各个 STA 进行轮询来控制它们对介质的访问权限。

PCF 是在 DCF 之上定义的可选功能,由于 PCF 机制实现相对比较复杂,而且牺牲了无线网络分布式控制的优点,也无法适用于网络规模较大的情况,因此实际中应用的比较少。DCF 控制机制应用广泛,是 802.11 MAC 层控制数据传输的最基本方式。DCF 是基于载波监听多址接入/冲突避免(Carrier Sense Multiple Access/Collision Avoidance,CSMA/CA)的随机介质访问方法。站点在发送数据前要监听信道忙闲状态。

如果信道空闲且空闲时间维持了一个特定的时间(在规范中称为分散式帧间间隔 DIFS), 则这个 STA 获得信道的访问权,可以进行数据传输。否则,如果监听到信道上有数据在发送处于忙状态,该 STA 暂停当前的传输,并继续监听信道的忙闲状态。若再次监听到信道空闲了一个 DIFS 的时间,那么 STA 在竞争窗口范围内随机选取一个值作为退避时间保存在退避计数器中。然后每当监听到信道空闲一个时隙,退避时间计数器减1,直至计数器减到0,进行数据帧的发送。在退避时间内,如果监听到信道变忙,则计数器停止减 1 的过程,直到信道重新空闲一个 DIFS 时间后继续进行退避过程。如果退避结束传输数据时,发生碰撞或监听到信道仍忙,则意味着网络此时状态较差。STA 将竞争窗口值加倍,重新随机选择一个退避时间继续退避过程,这在一定程度上加大了退避时间。循环执行以上流程,直到数据成功发送;或者在指定的发送次数之后丢弃该数据帧。

DCF 介质访问控制设计了两种访问模式:基本信道访问模式和可选的 RTS/CTS(Request To Send/Clear To Send)信道访问模式。

1. 基本模式

若源 STA 检测到信道空闲并且持续一个 DIFS 的时间后,开始接入信道发送数据并启动 ACK(Acknowledgement)确认帧超时计时器。若数据帧在接收端被成功接收,目的 STA 返回一个 ACK 告诉源站点数据发送成功,完成发送。若在超时计时器溢出之前,源 STA 收到了 ACK,则此次发送过程成功;否则,超时计时器溢出,源 STA 认为数据发送失败,退避一段时间后重新发送数据。

2. RTS/CTS 模式

RTS/CTS 访问模式更进一步增强可靠性,使用了四次握手机制,减小了传输碰撞的概率, 很好地解决了隐藏终端的问题。由于 RTS/CTS 机制系统信令开销较大,因此该机制设置了 RTS/CTS 门限,当数据包大小大于该门限时启动该机制,只针对较大数据包执行该机制;而对于小于 RTS/CTS 门限的数据包,则采用基本模式。

如图 4 - 2 所示,首先,在发送数据前,A 站点通过 RTS 帧告知 B 站点自己有数据要发送。 B 收到 RTS 后,发送 CTS 广播信号,A 站点接收到 CTS 帧认为 B 已经准备好接收数据,B 范围内其他站点接收到该帧则停止发送数据,防止冲突碰撞的发生。即使有冲突发生,也只是在发送 RTS 时,有效减少了大数据帧碰撞造成的系统性能下降。若在 RTS/CTS 握手阶段,RTS 发生碰撞,由于站点未收到 CTS 回应,所以会启动退避机制重新发送 RTS,直至成功为止。

4.3.4 Ad hoc 网络

Ad hoc 网络是一种特殊用途的网络。IEEE802.11 标准委员会采用了"Ad hoc 网络"一词

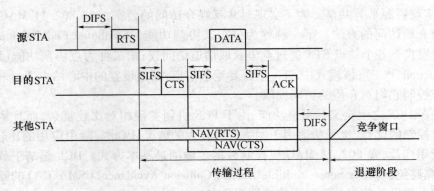

图 4-2　RTS/CTS 访问模式

来描述这种特殊的自组织、对等式、多跳移动网络。Ad hoc 网络的结构一般有以下两种。

1. 平面结构

Ad hoc 网络结构中,所有节点完全平等。组网完全不依赖其他通信手段,只依靠 WSN 节点之间的 Ad hoc 互联形成的"无中心、自组织、多跳路由、动态拓扑"的网络,这和传感器网络初期用于军事用途(战场监控)有关,WSN 的形成步骤如下:

(1)部署:WSN 节点可以根据被监控的环境需要灵活放置。

(2)唤醒和自检测:WSN 节点被唤醒,自动配置。

(3)自动识别和自组网:WSN 节点互相自动识别,通过学习相互的位置关系,自动组成 WSN。

(4)建立路由和开始通信:基于自动形成 WSN 网络拓扑和信道条件,自动建立路由和数据流向,并开始向外传送信息。

这种传统的 WSN 是针对最原始、最恶劣的部署环境和特殊用途设计的。也就是说,在部署的区域既无其他通信网络可以依靠,也无法人为地进行网络规划,假设 WSN 完全处于"孤立无援"的陌生环境,不得不完全"自配置、自识别、自组网、自路由"。这在某些特殊应用场景(如战场环境)是唯一可行的组网方式,但在常规应用场景,这种"无中心"的自组织网络势必是低效率的。因此目前采用的 WSN 都引入了一定的中心控制的概念,即分级结构。

2. 分级结构

分级结构中,簇头节点负责簇间信息的转发。附近的若干个 WSN 节点形成一个"簇",簇内各节点的信息汇聚到某一个节点——簇头节点,再通过簇头向上传送簇内收集到的信息。由于 WSN 节点的传输距离短,一个簇的规模不可能很大,而有线 IP 网络的覆盖又非常有限,因此很难保证在一个簇覆盖的范围内总能找到有线 IP 网络的接口。因此为了形成较大的 WSN,就必须在多个簇头之间再进行 Ad hoc 组网,这样就形成了分层的 WSN(见图 4-3)。美军在其战术互联网中应用近期数字电台(Near Term Digital Radio,NTDR)组网时使用的就是这种双频分级结构。上层的簇头互联后,信息汇聚到更高一层的簇头向上传递,以此类推,直至某一个簇头进入了有线 IP 网络的覆盖范围,这个簇头就可以成为 1 个"WSN 网关"(Sink 节点),将该 WSN 收集的所有信息回传到 IP 网络。

4.3.5　WSN 的接入方式

在上述的分层 WSN 结构的 Ad hoc 网络中,从理论上讲,只要逐层扩展就可以形成无限的

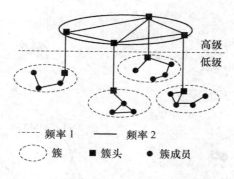

--- 频率1   —— 频率2

⬭ 簇   ■ 簇头   ● 簇成员

图4-3   分层的WSN结构

WSN的规模,构成"无所不在"的泛在网络。但实际上,由于WSN本身的局限性,只靠WSN本身很难形成真正"无所不在"的覆盖。这些局限性表现在:

(1)WSN层数增多带来的传输延迟的增大,不仅使每个簇头引入一定的处理时延,层和层之间由于共享相同的空中接口资源,很多情况下还必须采用时分复用的方式传输,更加剧了时延的扩大,使多层WSN很难处理实施监控信息。

(2)随着层数的增加,越来越多的信息汇聚到簇头,高层簇头的功耗和传输负载急剧增大,高层簇头的成本大大提高,电池寿命缩短。

(3)由于有线IP网络的分布是极不均匀的,很多需要布设WSN的地区和有线IP网络相距还很远,仅仅依靠无线多跳、Mesh和到达有线IP网络的边界是不现实的。

(4)如果大量使用多跳和Mesh组网,则路由算法会变得很复杂,系统复杂度无法控制。

为了降低时延、平衡负载、降低成本、简化路由,必须实现尽可能扁平的网络架构,减少层数,增加WSN网关(Sink),缩小每个Sink负担的范围。这又和WSN的覆盖范围相矛盾。因此单纯依靠WSN自身,WSN和有线IP网络之间的覆盖缺口是很难弥合的。

如图4-4所示,在WSN和有线IP网络之间插入一个中间层,这个层由双模的WSN网关(双模Sink)构成,这些双模Sink向下可以充当WSN顶层的簇头,收集WSN汇聚的信息,向上可以等效为无线接入系统的终端,通过无线通信系统将WSN信息回传到有线IP网络。实际上,绝大多数的WSN应用场景总是可以找到蜂窝系统、宽带无线接入系统等无线通信系统,没有必要只依靠WSN自身完成回传。

传统WSN完全依靠WSN节点自身的Ad hoc互联,形成多层汇聚的WSN网络。如图4-4所示,WSN还可以在汇聚Sink节点处通过无线的方式接入网络。近年来宽带无线接入和宽带移动通信技术的发展为WSN与无线通信网的结合创造了条件,WiMAX,HSPA,EDGE,LTE(长期演进)等多种通信制式均可提供WSN网关的回传路径。这种WSN架构相对传统的多层WSN架构具有如下优点:

(1)减少WSN层数,构建扁平网络,实现低延迟的实时监控。

(2)增加WSN网关数量,分散WSN网关负载,实现负载均衡。

(3)利用宽带无线通信全覆盖、高速率的强大回传能力,实现"无所不在"的泛在网络。

(4)控制多跳数量,尽量避免Mesh(网格)连接,简化路由算法。

如图4-5所示,基于移动通信系统的WSN网络可以灵活地支持各种规模的WSN网络;可以由WSN节点通过有限的分层汇聚构成一定规模的WSN网络后,通过具有移动终端功能的WSN网关回传到移动通信系统;也可以由移动基站直接连接具有移动终端能力的传感器,

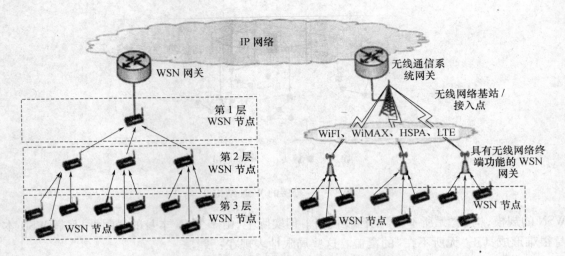

图 4 - 4 和无线通信网络结合的 WSN 与传统 WSN 的比较

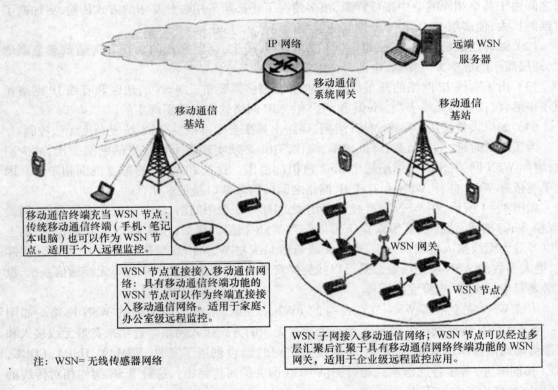

图 4 - 5   与移动通信网络结合的 WSN 网络

此时这些传感器既是 WSN 节点,也是 WSN 网关。这种结构完全不需要 WSN 节点之间的自组网,可以最大限度地降低传输延迟,支持对实时性要求很高的监控应用。另外,移动终端(如手机、笔记本电脑)本身如果具有传感器功能,也可以作为 WSN 节点和 WSN 网关使用,构建个域 WSN 网络。

为了满足泛在移动接入,也有其他的解决办法,比如 WiFi 能够像蜂窝网络一样实现终端漫游和 6LoWPAN 等技术,这将在本章接下来的部分详述。

70

4.3.6 WiFi 短距离无线通信技术

无线高保真(Wireless Fidelity,WiFi)是一种可以将个人电脑、手持设备(手机、PDA 等)终端以无线的方式互相连接的技术。它是一个无线网络通信技术的品牌,由 WiFi 联盟(WiFi Alliance)持有。WiFi 正式名称是 IEEE802.11b,属于当今广泛使用的一种短距离无线通信技术,短距离无线通信是指在较小的范围或者较小的区域内提供的无线传输通信技术。WiFi 主要是用于现代互联网的无线接入,是以太网的一种无线扩展。随着技术的发展,以及 IEEE802.11a 和 IEEE802.11g 等标准的出现,现在 IEEE802.11 这个标准已经被统称为 WiFi。

WiFi 理论上只要用户位于一个接入点四周的一定区域内,就能以最高的速率接入互联网。实际上,如果有多个用户同时通过一个点接入,则带宽将被多个用户分享。随着 WiFi 协议新版本的先后推出,WiFi 的应用将越来越广泛。从应用层面来说,要使用 WiFi,用户首先要有 WiFi 兼容的用户端装置。常见的就是 WiFi 无线路由器,在无线路由器电波覆盖的有效范围内都可以用 WiFi 连接方式联网,如果无线路由器以 ADSL 等方式上网,则又被称为"热点"。IEEE 802.11n 将传输速率由 802.11a 及 802.11g 提供的 54Mb/s、108Mb/s,提高到 300Mb/s 甚至高达 600Mb/s。

在环境十分恶劣的情况下,WiFi 可动态切换到较低的速率上以保证通信。虽然在数据安全性方面比蓝牙技术要差一些,在无线电波的覆盖范围方面却略胜一筹,WiFi 的作用范围大约 100m 左右(室内),但在室外可以达到 300m 左右。据悉,由 Vivato 公司推出的一款新型交换机能够把目前 WiFi 无线网络通信距离扩大到 6.5km。

WiFi 的应用优势在于 SOHO、家庭无线网络和机场、酒店、商场等不便安装电缆的建筑物或公共热点场所的无线接入。WiFi 技术可将 WiFi 与基于 XML 或 Java 的 Web 服务融合起来,可以大幅度减少企业的成本。例如企业选择在每一层楼或每一个部门配备 WiFi 接入点,可以节省大量铺设电缆所需花费的资金。随着技术的进步,WiFi 的漫游将进一步提升 WiFi 作为 WSN 接入的可用性。

4.3.7 WiFi 漫游走向现实

根据网界网 2012 年 4 月 1 日的报道,移动终端将能够在蜂窝与 WiFi 网络间畅游。移动运营商和 WiFi 热点提供商正在组成合作团队,考虑制定在两种网络设备之间自动迁移的细节。全球移动通信协会(GSMA)和无线宽带联盟(WBA)希望在未来 9 个月内能够为服务提供商制定一个架构,以设置在两种网络之间与蜂窝网络内相似的漫游系统。

许多移动运营商已经开始运营他们自己的 WiFi 网络,部分移动运营商还提供对第三方热点的访问权。但是在登录非签约运营商所运营的 WiFi 网络时,用户通常需要查看一下附近的网络列表,然后再输入自己的用户名和密码。实现漫游之后,人们希望 WiFi 能够与蜂窝一起在移动网络中发挥更大作用,为用户带来所需的更高容量和更高速度连接。两个产业团队设想让智能手机、平板电脑和其他移动设备能够在 WiFi 热点间实现顺畅漫游,就如同这些设备从一个蜂窝网络漫游到另外一个蜂窝网络一样平滑顺畅。他们的目标是消除移动用户在接入 WiFi 网络时的手动操作环节,在移动数据领域这并不是什么新的创意,但是 GSMA 和 WBA 希望能够实现这一漫游功能。

在实现漫游所需要做的工作上,例如网络选择、用户认证和计费等,WiFi 和蜂窝网有着不同的技术。GSMA 和 WBA 的代表在近日均表示,他们已经对比了这些规范之间的差异,并开始着手解决这些差异。在弥合了技术差异之后,他们将制定合约框架,使得移动运营商和热点提供商能够通过它们签订漫游协议。一旦这些工作完成了,服务提供商将可以通过花上3至6个月的时间进行部署技术,并签订漫游协议。届时,部署工作将逐步展开。Warren希望多数服务提供商能够在某一时刻就WiFi漫游达成一致,不过他没有预测上面提到的这一时刻具体会是什么时间点。Passpoint认证项目是要把这项技术的应用推向一个新的水平。用户将可以凭借一张SIM卡进行身份认证,且可以在国内外不同运营商的移动网络和WiFi热点间切换。WiFi联盟表示,该认证项目是WiFi技术发展的一个重要里程碑。

移动运营商和设备提供商已经开始展示蜂窝与基于Hotspot 2.0的WiFi网络之间的互操作性。Hotspot 2.0为WiFi联盟规范,旨在为GSMA和WBA的协作打下技术基础。在2012年移动通信世界大会(Mobile World Congress)上,WBA宣布对他们基于Hotspot 2.0的下一代热点技术进行测试,测试成员包括AT&T、中国移动以及全球其他移动运营商。另外,据WiFi联盟透露,预计2013年上半年将推出首批商用服务。

2012年8月在北京举办的"第六届移动互联网国际研讨会"中的数据显示,到2015年3G数据分流到WiFi上面达到30%。WiFi国际漫游已经全面开通,规模在逐渐增大。

作为国内首家推出WiFi国际漫游服务的运营商,中国电信已经在2012年伦敦奥运会期间把WiFi漫游服务扩展到33个国家和地区,包括英国、法国、德国、意大利、西班牙等,有超过28万个WiFi热点可以为客户提供多样化、方便快捷的漫游体验。仅在英国一地,客户可使用的热点就超过4000个,将使客户在奥运会期间的出行更便捷。

4.4   IEEE 802.15.4

为了满足低功耗、低成本、小范围的无线网络要求,IEEE标准委员会在2000年12月份正式批准并成立了802.15.4工作组,任务就是开发一个低速率的无线个域网WPAN(LR_PAN)标准,它具有复杂度低、成本极少、功耗很小的特点,能在低成本的设备之间进行低数据率的传输。IEEE802.15.4主要工作在2.4GHz和868/928MHz频段,是一种经济、高效、低数据速率(<250kb/s)的无线技术,主要用于个人区域网(WPAN)。

作为WSN实现的重要代表,ZigBee(IEEE802.15.4)技术在监测和控制方面的应用较为广泛。比起同属802.15的其他标准,起步较早,发展较快,应用较广。IEEE 802.15.4当前研究的是802.15.4e(MAC层改进)、802.15.4f(主动式RFID改进)、802.15.4g(电力应用物理层改进)等工作。

4.4.1   IEEE802.15.4简介

IEEE802.15.4标准体系结构如图4-6所示。IEEE 802.15.4定义的是PHY和MAC层,PHY子层包含射频(RF)模块和物理层控制机制;MAC子层提供物理信道的访问控制方式以及帧的封装。在MAC子层上面,提供与上层的接口,可以直接与网络层连接,或者通过中间子层——SSCS和LLC实现连接。

IEEE802.15.4定义了两个物理层标准,分别是2.4GHz物理层和868/915MHz物理层。两个物理层都基于直接序列扩频(DSSS),使用相同的物理层数据包格式,区别在于工作频率、调制技术、扩频码片长度和传输速率。2.4GHz频段为全球统一的无需申请的ISM频段,有助于低功耗无线设备的推广和生产成本的降低。2.4 GHz频段有16个信道,能够提供250 Kb/s

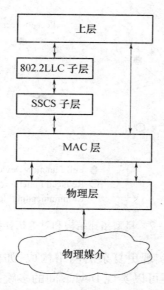

图 4 - 6　IEEE802.15.4 标准体系结构

的传输速率;868 MHz 是欧洲的 ISM 频段,915 MHz 是美国的 ISM 频段,这两个频段的引入避免了 2.4GHz 附近各种无线通信设备的相互干扰。868 MHz 频段只有一个信道,传输速率为20 kb/s;915 MHz 频段有 10 个信道,传输速率为 40 Kb/s。由于 868/915MHz 这两个频段上无线信号传播损耗较小,因此可以降低对接收机灵敏度的要求,获得较远的有效通信距离,从而可以用较少的设备覆盖给定的区域。

2.4GHz 频段物理层采用的是 O - QPSK 调制,868/915MHz 频段采用 BPSK 调制。另外MAC 层采用 CSMA - CA 机制,同时为需要固定带宽的通信业务预留了专用时隙(GTS),避免了发送数据时的竞争和冲突。这些都有效提高了传输的可靠性。

1. IEEE802.15.4 网络

一个符合 IEEE802.15.4 标准的系统由多个模块组成,其中最基本的就是 Device,即常见的终端或者终端节点。IEEE802.15.4 有两种类型的 Device:RFD(Reduced - Function Device)和 FFD(Full - Function Device)。多个在同一信道上的 Device 组成一个 WPAN,其中,一个WPAN 需要至少一个 FFD 来充当 PAN Coordinator 的角色。Coordinator 指一个经过特别配置的全功能设备(FFD)(典型的情况是一个簇状网络的簇首节点),该设备通过定期发送 Beacon——信标帧,来向其他终端设备提供同步服务。如果该 Coordinator 是一个 PAN 内的主控制器的话,该 Coordinator 就被称为 PAN Coordinator,即协调者(与常见局域网中的服务器类似)。

根据应用的不同,IEEE802.15.4 支持两种拓扑结构:单跳星型和多跳对等拓扑。星型拓扑由一个充当中央控制器的 PAN Coordinator 和一系列的 FFD、RFD 组成,其拓扑形状如图4 -7 左图所示。网络中的 Device 可以使用唯一的 64 位长地址也可以使用 PAN Coordinator 分配的 16 位短地址。在这种拓扑中,除了 PAN Coordinator 以外的 Device 大部分都由电池供电,且只与 PAN Coordinator 通信,星型拓扑实现较为简单,可以最大限度地节省 FFD 和 RFD 的能量消耗。

P2P 拓扑(也称对等拓扑或者点对点拓扑),如图 4 - 7 右图所示,这种拓扑也需要一个PAN Coordinator,但与星型拓扑不同的是,对等拓扑中的每个 Device 均可与在其范围内的其他

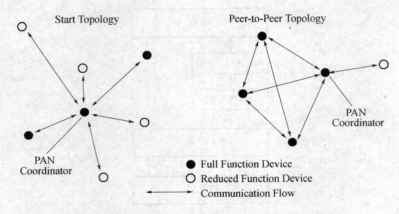

图 4 – 7　星型拓扑结构和对等拓扑结构

Device 进行通信。对等拓扑允许实现更复杂的网络构成,如树状拓扑、网状拓扑等。同时,在网络层支持的情况下,对等拓扑还可以实现 Device 间的多跳路由。

一个 LR – WPAN Device 遵循 OSI 的七层模型,IEEE802.15.4 标准定义了其中的两层,即物理层(PHY)和 MAC 子层。这两层以上部分 IEEE802.15.4 中并没有定义,用户可以使用各种技术来实现。接下来详述的 ZigBee 和 6LoWPAN 就是其上层应用规范的两种实现形式。

IEEE802.15.4 网络可以有两种不同的工作模式:Beacon – enabled(信标使能)模式和 Nonbeacon – enabled(无信标使能)模式。在 Beacon – enabled 模式中,Coordinator 定期广播 Beacon,以达到相关 Device 实现同步及其他目的。在 Nonbeacon – enabled 模式中,Coordinator 不采用定期广播 Beacon 的方式,而是在 Device 主动向它请求 Beacon 时再向它单播 Beacon。

在 IEEE802.15.4 中,有三种不同的数据传输流:从 Device 到 Coordinator;从 Coordinator 到 Device;在对等网络中从一方到另一方。为了实现低功耗,又把数据传输分为以下三种方式。

(1)直接数据传输:这适用于以上所有三种数据转移。采用非时隙 CSMA – CA(多路载波侦听 – 冲突避免)还是时隙 CSMA – CA 的数据传输方式,要视使用模式是 Beacon – enabled 模式还是 Nonbeacon – enabled 模式而定。

(2)间接数据传输:这仅适用于从 Coordinator 到 Device 的数据传输。在这种方式中,数据帧由 Coordinator 保存在事务处理队列中,等待相应的 Device 来提取。通过检查来自 Coordinator 的 Beacon 帧,Device 就能发现在事务处理队列中是否挂有一个属于它的数据分组。在确定有属于自己的数据时,Device 使用非时隙 CSMA – CA 或时隙 CSMA – CA 来进行数据传输。

(3)有保证时隙(GTS)数据传输:适用于 Device 与其 Coordinator 之间的数据传输。在 GTS 传输中不需要 CSMA – CA。低功耗方面,IEEE802.15.4 在数据传输过程中引入了多种延长 Device 电池寿命或节省功率的机制。多数机制是基于 Beacon – enabled 模式的,主要是限制 Device 或 Coordinator 收发器的开通时间,或者在无数据传输时使它们处于休眠状态。

IEEE802.15.4 基于安全性考虑,在数据传输中提供了三种安全模式。第一种是无安全性方式,这是考虑到某些安全性并不重要或者上层已经提供了安全保护的应用。当处于第二种安全模式时,器件可以使用访问控制列表(ACL)来防止外来节点非法获取数据,在这一级不采取加密措施。第三种安全模式在数据传输中使用高级加密标准(AES)进行对称加密保护。

2. IEEE802.15.4 的技术特点

IEEE802.15.4 标准的主要特点如下:

（1）低耗电量。一般运行802.15.4的节点都要求使用低功耗的硬件设备，一般使用电池供电。节点通常具有休眠模式。

（2）低速率。数据传输率低，对于2.4GHz、868MHz、915MHz三个频段，分别对应三种速率，即250kb/s(2.4GHz)、20kb/s(868MHz)、40kb/s(915MHz)。

（3）低成本。一般采用硬件资源非常有限的底端嵌入式设备或者更小的特殊设备。

（4）拓扑简单。网络拓扑结构丰富，支持星型拓扑和点对点拓扑两种基本拓扑结构，并支持两种基本拓扑的混合组网。例如星型网络、树状网络以及Mesh网络，可以在拓扑中进行多跳路由的操作。

（5）多设备类型。一般称为全功能设备（FFD）和有限功能（RFD）设备。FDF功能比较强大，适合星型拓扑和点对点拓扑，可与RDF和FDF直接通信；RFD用于星型拓扑，只能和FDF直接通信，功能简单，只需极少的计算和存储资源。

（6）允许传输的报文长度较短。MAC层允许的最大报文长度为127B，除去MAC头部25B后，仅剩下102B的MAC数据。如果在MAC加入安全机制，则另外需要最大21B的安全相关字段，因此提供给上层的报文长度将仅剩下81B。

（7）支持两种地址。长度为64bit的标准EUI－64长MAC地址以及长度仅为16bit的短MAC地址，可以视协议实现选用两种地址。

（8）低开销。通常无线节点上都会附着某些传感器（如温度传感器、湿度传感器等），而控制这类传感器所采用的MCU通常都是低速率的，内存空间也相当有限。

（9）多模式。MAC层定义了两种传输模式：一种是同步模式（即信标使能模式），另外一种是非同步模式（即信标不使能模式）。非同步模式简单来说就是直接使用CSMA－CA机制，避免传输碰撞；而同步模式则通过超帧结构进行同步，采用基于时隙的CSMA－CA机制，可使不工作的设备进入低功耗的睡眠状态，有效地节约电能。

4.4.2　ZigBee技术

1. ZigBee与IEEE802.15.4

ZigBee联盟是IEEE802.15.4协议的市场推广和兼容性认证组织。2002年8月，由美国摩托罗拉、英国Invensys公司和荷兰飞利浦等发起组成了ZigBee联盟。

ZigBee联盟/IEEE 802.15.4是国际上最早、最成熟的传感器网络标准，其中ZigBee联盟定义了无线传感器网络与应用层标准，IEEE 802.15.4定义了无线传感器网络的物理层和MAC层标准。Zigbee Alliance工作组包括协议栈规范、Stack Profile、ZigBee Cluster Library、Application Profile、测试规范、网关规范等。ZigBee与IEEE 802.15.4的关系如图4-8所示。

由于IEEE802.15.4标准并没有为网络层和应用层等高层通信协议建立标准，为了保证采用IEEE802.15.4标准的设备间的互操作性，必须对这些高层协议的行为做出规定。

ZigBee联盟的任务就是开发这些规范。ZigBee联盟是一个由芯片制造商、OEM厂商、服务提供商即无线传感器市场的客户组成的工业联盟，联盟中的大部分成员都曾经参加过IEEE802.15.4标准的开发。除了制定上层规范，联盟还负责基于IEEE802.15.4的产品的市场开发及兼容性管理，这与WiFi联盟同IEEE802.11 WLAN标准之间的关系类似。ZigBee网络规范的第1版于2004年上半年完成，它支持星型和点对点的网络拓扑结构，并提出了第一个应用原型。其第2版于2006年底推出，它进一步支持现在在工业领域应用非常广泛的(Mesh)网状网络，对第1版进行了全方位的改进和提高，在低功耗、高可靠性等方面，有了全

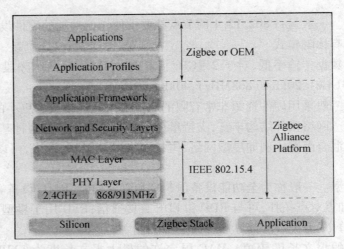

图 4 - 8 ZigBee 与 IEEE 802.15.4

面进步。随着无线传感器网络应用领域的不断发展,ZigBee 联盟也在不断改进,推出支持新功能的协议栈和应用原型。ZigBee 联盟也已将 IPv6 over ZigBee 列入了开发进程中。

2. ZigBee 的技术标准规范

ZigBee 是一种短距离、低功耗、低速率的无线网络技术,主要用于近距离无线连接,是一种介于蓝牙和无线标记之间的技术。ZigBee 是基于 IEEE 802.15.4 无线标准研制开发的,有关组网、安全和应用软件方面的技术,是 IEEE 无线个人区域网(Personal Area Network,PAN)工作组的一项标准。IEEE 802.15.4 仅处理 MAC 层和物理层协议,ZigBee 联盟对其网络层协议和 API 进行了标准化。如图 4 - 8 所示,由 ZigBee 联盟所主导的标准的 ZigBee,定义了网络层(Network Layer)、安全层(Security Layer)、应用层(Application Layer)以及各种应用产品的资料(Profile)。

ZigBee 在中国被译为"紫蜂",主要用于短距离范围、低数据传输速率的各种电子设备之间的无线通信技术,经过多年的发展,其技术体系已相对成熟,并已形成了一定的产业规模。ZigBee 拥有低传输速率、低功耗、协议简单、时延短、低成本和优良的网络拓扑能力等优点,而这些优点极大地支持了无线传感器网络。

在通信方面,它可以相互协调众多微小的传感器节点以实现通信,并且节点之间是通过多跳接力的方式来传送数据的,功耗很低,因此有着非常高的通信效率。

在标准方面,已发布 ZigBee 技术的第 3 个版本 V1.2;在芯片技术方面,已能够规模生产基于 IEEE 802.15.4 的网络射频芯片和新一代的 ZigBee 射频芯片(将单片机和射频芯片整合在一起)。

在网络方面,ZigBee 网络可由最多可达 65000 个无线数据传输模块组成,每一个 ZigBee 节点只需很少的能量,通过接力的方式完成网络组织和数据传输,其通信效率非常高;每一个 ZigBee 网络节点还可以和自身信号覆盖范围内的 254 个子节点联网。

3. ZigBee 的协议栈

Zigbee 采用直接序列扩频(DSSS)技术,以 IEEE 802.15.4 协议为基础,由应用层、网络层、MAC 层和物理层组成。ZigBee 的四层协议架构图如图 4 - 9 所示。物理层(PHY)定义了无线信道和 MAC 层之间的通信接口,定义了两个分别基于 2.4GHz 和 868/915MHz 频率范围的物理层标准,负责提供物理层数据服务和管理服务。数据服务在无线物理信道上收发数据,

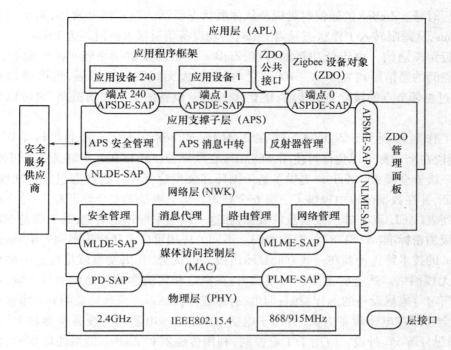

图 4 – 9　Zigbee 的四层协议架构图

管理服务负责维护由物理层相关数据组成的数据库。物理层的功能主要是在硬件驱动程序的基础上,实现数据的传输和信道的管理。

　　MAC 层又称媒体接入控制层,同逻辑链路控制层一起构成对应于 OSI 参考模型的数据链路层,负责提供数据服务和管理服务。数据服务保证 MAC 协议数据单元在物理层数据服务中的正确收发,管理服务从事 MAC 子层的管理活动和对信息数据库的维护。网络层(NWK)逻辑上包含数据服务实体(NLDE)和管理服务实体(NLME)两部分,提供一些必要的函数,确保对 MAC 层的正确操作,并为应用层提供合适的服务接口。应用层主要包括应用支持(Application Support, APS)子层、ZigBee 设备对象(ZigBee Device Object, ZDO)和制造商定义的应用对象。

　　ZigBee 安全管理体现在安全层使用可选的 AES – 128 对通信加密,保证数据的完整性。ZigBee 安全体系提供的安全管理主要是依靠相称性密钥保护、应用保护机制、合适的密码机制以及相关的保密措施。安全协议的执行(如密钥的建立)要以 ZigBee 整个协议栈正确运行且不遗漏任何一步为前提,MAC 层、NWK 层和 APS 层都有可靠的安全传输机制用于它们自己的数据帧。APS 层提供建立和维护安全联系的服务,ZDO 管理设备的安全策略和安全配置。

4. ZigBee 主要特点

　　ZigBee 网络具有自组织、自愈能力强的特点。自组织功能:无需人工干预,网络节点能够感知其他节点的存在,并确定连接关系,组成结构化的网络。自愈功能:增加或者删除一个节点、节点位置发生变动、节点发生故障等,网络都能够自我修复,并对网络拓扑结构进行相应的调整,无需人工干预,保证整个系统仍然能正常工作。除此之外,ZigBee 技术的主要特点有:

　　(1) 低成本。由于 ZigBee 协议栈相对蓝牙、WiFi 要简单得多(不到蓝牙的 1/10,具体参见后面协议栈介绍),降低了对通信控制器的要求,因此可以采用 8 位单片机和规模很小的存储器,大大降低了器件成本。

（2）短时延。ZigBee 的通信时延以及从休眠状态激活的时延都非常短,典型的搜索设备时延为 30ms,从睡眠转入工作状态只需 15ms,活动设备信道接入的时延为 15ms。

（3）近距离通信。由于低功耗的特点,ZigBee 设备的发射功率较小。一般相近的两个 ZigBee 节点间的通信距离在 10m ~ 100m 之内,在加大无线发射功率后,也可增加到 1km ~ 3km;但通过相邻节点的接续通信传输,建立起 ZigBee 设备的多跳通信链路,也可以再增大其通信距离。

（4）工作频段灵活。ZigBee 工作在 2.4GHz 或 868/915MHz 的工业科学医疗频段,2.4GHz 频段在全球都可以免许可使用,868MHz 在欧洲、915MHz 在北美都是免许可使用。

（5）三级安全模式。ZigBee 提供了基于循环冗余校验(CRC)的数据包完整性校验,支持鉴权和认证,并在数据传输中提供了三级安全处理。第 1 级是无安全设定方式;第 2 级是使用接入控制列表(ACL)防止非法设备获取数据,在这一级不采取加密措施;第 3 级是在数据传输中采用高级加密标准(AES128)的对称密码。不同的应用可以灵活使用不同安全处理方式。

ZigBee 的技术特点使其在一些方面显示出极大的优势,其出发点就是建立一种易布置的低成本的无线网络。适合的主要应用领域为:在家庭和建筑物的自动化控制领域,可用于照明、空调、窗帘等家居设备的远程控制;烟尘、有毒气体探测器等可自动监测异常事件的功能可以提高安全性。在电子设备方面,可用于电视、DVD 机等电器的无线遥控器和无线键盘、鼠标、游戏操纵杆等 PC 外设。应用于工业控制,利用传感器和 ZigBee 网络使数据的自动采集、分析和处理变得更加容易。在农业方面,可实现农田耕作、环境监测、水利水文监测的无线通信与组网。在军事方面,可实现战场监视和机器人控制等。

4.4.3　蓝牙技术

IEEE802.15 是在 2002 年初由 IEEE - SA 批准的,其最初版本 802.15.1 是由蓝牙规范发展起来的,并且与蓝牙 1.1 版本完全兼容。版本 802.15.1a 对应于蓝牙 1.2,它包括某些 QoS 增强功能,完全后向兼容。802.15.1 本质上只是蓝牙低层协议的一个正式标准化版本,大多数标准制定工作仍由蓝牙技术联盟(Bluetooth SIG)在做,其成果将由 IEEE 批准。蓝牙技术是一种能够支持设备短距离通信的无线电技术,无需实质线路便可将一定量的资料数据以无线传输方式完成,使用很广泛。蓝牙技术联盟成立于 1998 年,是由爱立信、英特尔、联想、微软、摩托罗拉、诺基亚及东芝等公司发起成立。总部设在美国柯克兰州,从建立之初到现在共有 13000 多个全球成员,成员间进行广泛的合作,为蓝牙技术的发展提供指导意见,推动蓝牙的发展。如今的蓝牙已不仅仅是作为一项技术而存在了,它还象征着一种概念,蓝牙所给予的承诺便是抛开传统连线而彻底享受无拘无束的乐趣。

1）蓝牙技术的优势

蓝牙设备工作在全球通用的 2.45GHz 的波段范围,即为蓝牙运用无线射频(RF)方式进行无线通信所使用的频带范围,使用该波段范围的工业、科学、医疗(ISM)甚至是微波炉等都无需申请许可证,这个无线电频带还是对全世界共同开放且不受法令限制的频带,这是一大优势所在。为了解决由于这个频带被广泛使用而造成正在进行通信的频带受到不可预测频带的干扰,蓝牙设计出了能够在一秒内进行 1600 次跳频动作的可跳频通信规格,这样的规格就能够避免其他通信所带来的干扰,其中还配有特别设计的快速确认方案,这样就能够确保链路的稳定。为了满足每秒 1600 次的快速跳频次数,使得蓝牙无线收发的数据封包不是太长,同时也使得其无线传输能在抗干扰的基础上更稳定地通信,这是它与其他工作在相同频段的系统相比具有的显著优势。

蓝牙还针对能够抑制长距离链路的随机噪声而使用了前向纠错(Forward Error Correction，FEC)，同时二进制调频(FM)技术的跳频收发器又被用来抑制干扰和防止衰落。如今蓝牙技术已经发布其第4个版本，广阔的市场前景使得全球业界奋力开发应用蓝牙技术的产品。而蓝牙射频模块对于节省开发时间和成本是非常重要的一项零组件，由此追加设计蓝牙功能在既有的用途装置上便能够使得蓝牙技术得到迅速普及。射频模块成本逐年降低，体积小巧且便宜，使得蓝牙电子设备更加普及，应用范围急速增大，几乎适用于所有的需求装置上。

2) 蓝牙4.0版本

蓝牙技术也在一步步改良提升，从最早期的1.1到如今的4.0核心规范，蓝牙4.0技术拥有着低耗能、更大的传输范围、支持拓扑结构等特性。蓝牙技术的不断演进将为物联网的发展提供前进的动力。作为蓝牙3.0的升级版，4.0除了具有传统蓝牙技术的先进性，同时也具有高速传输与低耗能的技术。在传输速率方面，它的每秒数据传输速率大约可以实现600Mb/s。新增了低能耗技术。新标准能够用于电量更低的设备，其中包括手表、秒表、智能电表和其他依赖纽扣电池提供电能的设备上。这使得传统的蓝牙技术在许多电子产品中得到了广泛的应用，也可以兼容很多其他的技术设备和电子产品。蓝牙4.0版本的低功耗特性让业界很多人看到了新的市场机会。无线产业分析公司WTRS在2010年7月初发布的一份报告中称，蓝牙4.0版本的最显著特点在于蓝牙低功耗技术拥有巨大的市场潜力。

3) 蓝牙的应用

蓝牙技术在设备中得到了空前广泛的应用，蓝牙技术低功耗、小体积以及低成本的芯片解决方案使得其可以应用于手机等通信设备上。蓝牙技术可以解决许多长期使人们困惑的问题，通常在数十米甚至数百米范围(典型范围在10m～100m内)，在包括移动电话、PDA、无线耳机、笔记本电脑、车用装置以及其他相关外设等众多设备之间进行无线信息交换。简单说就是直接利用蓝牙的高速数据传输率来传输语音、图像甚至是视频。就像通信技术领域非常关心"最后一公里"传输手段一样，蓝牙技术在解决电子设备现场应用的"最后100米"上将发挥不可替代的作用。蓝牙与IEEE802.11技术各有特色，IEEE802.11对能耗要求较高，通常用于Ad－hoc网络中；蓝牙协议因为兼容性的原因要求上层异常复杂；它们各自的覆盖范围有很大区别，可以互为补充。

4.4.4 超宽带技术 UWB

超宽带技术UWB(Ultra Wideband)是一种无线载波通信技术，它不采用正弦载波，而是利用纳秒级的非正弦波窄脉冲传输数据，通过在较宽的频谱上传送极低功率的信号，UWB能在10m左右的范围内实现数百Mb/s至数Gb/s的数据传输速率。

美国FCC对UWB的规定为：在3.1GHz～10.6GHz频段中占用500MHz以上的带宽。由于UWB可以利用低功耗、低复杂度发射机/接收机实现高速数据传输，在近年来得到了迅速发展。它在非常宽的频谱范围内采用低功率脉冲传送数据而不会对常规窄带无线通信系统造成大的干扰，并可充分利用频谱资源。基于UWB技术构建的高速率数据收发机有着广泛的用途。

UWB技术具有系统复杂度低、发射信号功率谱密度低、对信道衰落不敏感、低截获能力、定位精度高等优点，尤其适用于室内等密集多径场所的高速无线接入，非常适于建立一个高效的无线局域网(WLAN)或无线个域网(WPAN)。

UWB 主要应用在小范围,高分辨率,能够穿透墙壁、地面和身体的雷达和图像系统中。除此之外,这种新技术适用于对速率要求非常高(大于 100 Mb/s)的局域网(LAN)或个域网(PAN)。UWB 技术虽然具有适合组建家庭的高速信息网络的高速、窄覆盖的特点,并且对蓝牙技术有一定的冲击,但是不能对当前的移动技术及 WLAN 等技术构成实质性威胁,甚至可以说能构成为其良好的能力补充,这也就显示了它独特的速率优势。

UWB 最具特色的应用将是视频消费娱乐方面的无线个人局域网(WPAN)。现有的无线通信方式,802.11b 和蓝牙的速率太慢,不适合传输视频数据;54 Mb/s 速率的 802.11a 标准可以处理视频数据,但费用昂贵。而 UWB 有可能在 10 m 范围内,支持高达 110 Mb/s 的数据传输率,不需要压缩数据,可以快速、简单、经济地完成视频数据处理。WiMedia 联盟倾向于使用802.15.3a,它使用超宽带(UWB)的多频段 OFDM 联盟(MBOA)的物理层,速率高达480Mb/s。

具有一定相容性和高速、低成本、低功耗的优点使得 UWB 较适合家庭无线消费市场的需求:UWB 尤其适合近距离内高速传送大量多媒体数据以及可以穿透障碍物的突出优点,让很多商业公司将其看作是一种很有前途的无线通信技术,应用于诸如将视频信号从机顶盒无线传送到数字电视等家庭场合。当然,UWB 未来的前途还要取决于各种无线方案的技术发展、成本、用户使用习惯和市场成熟度等多方面的因素。

4.4.5 NFC 技术

近距离无线传输(Near Field Communication,NFC)早期是由 Philips、NOKIA 和 Sony 等公司主推的一种类似于 RFID(非接触式射频识别)的短距离无线通信技术标准。和 RFID 不同,NFC 采用了双向的识别和连接,在单一芯片上集成了非接触式读卡器、非接触式智能卡和点对点的功能,主要运行在 13.56MHz 的频率范围内,能在大约 10cm 范围内建立设备之间的连接,传输速率可为 106Kb/s、212Kb/s、424Kb/s,未来可提高到 848Kb/s 以上。

NFC 最初仅仅是遥控识别和网络技术的合并,现在已发展成无线连接技术。它能快速自动地建立无线网络,为蜂窝设备、蓝牙设备、WiFi 设备提供一个"虚拟连接",使电子设备可以在短距离范围进行通信。NFC 的短距离交互简化了整个认证识别过程,使电子设备间互相访问更直接、更安全。NFC 通过在单一设备上组合所有的身份识别应用和服务,帮助解决记忆多个密码的麻烦,同时也保证了数据的安全保护。有了 NFC,多个设备如数码相机、PDA、机顶盒、电脑、手机等之间的无线互连,彼此交换数据或服务都将有可能实现。

此外,NFC 还可以将其他类型无线通信(如 WiFi 和蓝牙)"加速",实现更快和更远距离的数据传输。每个电子设备都有自己的专用应用菜单,而 NFC 可以创建快速安全的连接,并且无需在众多接口的菜单中进行选择。与蓝牙等短距离无线通信标准不同的是,NFC 的作用距离进一步缩短且不像蓝牙那样需要有对应的加密设备。同样,构建 WiFi 无线网络需要具有无线网卡的电脑、打印机和其他设备,另外还需有一定技术的专业人员。而 NFC 被置入接入点之后,只要将其中两个靠近就可以实现交流,比配置 WiFi 连接容易得多。

NFC 不仅具有相互通信功能,并具有计算能力,在 Felica 标准中还含有加密逻辑电路,Mifare 的后期标准也追加了加密/解密模块(SAM)。NFC 标准兼容了 Sony 的 FeliCaTM 标准,以及 ISO 14443 A 和 B,也就是使用飞利浦的 Mifare 标准,在业界简称为 TypeA、TypeB 和 TypeF,其中 TypeA、TypeB 为 Mifare 标准,TypeF 为 Felica 标准。NFC 有三种应用类型:

(1)设备连接。除了无线局域网,NFC 也可以简化蓝牙连接。比如,手提电脑用户如果想在机场上网,他只需要走近一个 WiFi 热点即可实现。

(2) 实时预定。例如,海报或展览信息背后贴有特定芯片,利用含 NFC 协议的手机或 PDA,便能取得详细信息,或立即联机使用信用卡进行门票购买。而且,这些芯片无需独立的能源。

(3) 移动支付。飞利浦 Mifare 技术支持了世界上几个大型交通系统及在银行业为客户提供 Visa 卡等各种服务。索尼的 FeliCa 非接触智能卡技术产品在中国香港及深圳、新加坡、日本的市场占有率非常高,主要应用在交通及金融机构。

为了推动 NFC 的发展和普及,业界创建了一个非营利性的标准组织——NFC Forum,促进 NFC 技术的实施和标准化,确保设备和服务之间协同合作。目前,NFC Forum 在全球拥有数百个成员,包括 Philips、Sony、LG、摩托罗拉、NXP、NEC、三星、Intel 等,其中中国成员有中国移动、华为、中兴、上海同耀和台湾正隆等公司。

这项新技术正在改写无线网络连接的游戏规则,但 NFC 的目标并非是完全取代蓝牙、WiFi 等其他无线技术,而是在不同的场合、不同的领域起到相互补充的作用。在移动支付领域,由于其产业链非常长,涉及银行业、通信运营商、银联、第三方支付公司、芯片厂商、终端厂商、商户,移动支付行业标准的出台将对产业链产生深远影响。统一的标准有助于形成共力来推动移动支付的发展。2012 年 8 月,中国人民银行科技司组织了来自中国人民银行、工业和信息化部、中国通信标准化协会、国家密码管理局、国家质检总局、中国银联、银行卡检测中心、中国软件评测中心、各大银行及第三方支付公司的专家,对中国金融移动支付技术规范进行了一场内部评审会。12 月,正式发布中国金融移动支付系列技术标准,涵盖基础应用、安全保障、设备、支付应用、联网通用五大类 35 项标准,确立了由中国银联主导的 NFC(频率为 13.56MHz)成为移动近场支付标准。2013 年,我国将承办国际标准化组织金融服务技术委员会(ISO/TC68)年会,加深与国际标准化组织的沟通交流。

总而言之,随着物联网技术和应用的不断发展,短距离无线通信技术将会迎来前所未有的大发展,包括 IEEE802.15 家族在内的多种短距离无线通信技术的应用也将会随着实际需求而持续增长。集中攻关 WiFi、UWB、ZigBee、NFC、高频 RFID 等核心技术,研制相关接口、接入网关设备,着力形成短距离无线通信模块化产品,为物联网的泛在化接入打下坚实基础,并提供多样化接入方案,将是未来物联网网络层接入领域创新工作的重点。

4.5 6LoWPAN 简介

当前阶段,物联网网络层所要解决的关键问题之一是底层异构网络与互联网的相互融合。IEEE802.15.4 通信协议是短距离无线通信标准,相对于蓝牙技术而言,更适用于物联网底层异构网络设备间的通信。IPv6 是下一代互联网网络层的主导技术,在地址空间、报文格式、安全性方面具有较大的优势。

在感知层,从目前的技术发展来看,可以采用两种不同的技术路线,一种是非 IP 技术,如 ZigBee 产业联盟开发的 ZigBee 协议和基于 IEEE802.11 的 WSN – adHoc,只需在 Sink 节点处接入;另一种是 IETF 和 IPSO 产业联盟倡导的将 IP 技术向下延伸应用到感知延伸层。显然,采用 IP 技术路线,将有助于实现端到端的业务部署和管理,而且无需协议转换即可实现与网络层 IP 承载的无缝连接,简化网络结构,同时广泛基于 TCP/IP 协议栈开发的互联网应用也能够方便地移植,实现"感知即接入"。

在物联网感知层采用 IP 技术,要实现"一物一地址,万物皆在线",将需要大量的 IP 地址资源,就目前可用的 IPv4 地址资源来看,远远无法满足感知智能终端的联网需求,特别是在智能家电、视频监控、汽车通信等应用的规模普及之后,地址的需求会迅速增长。而从目前可用的技术来看,只有 IPv6 能够提供足够的地址资源,满足端到端的通信和管理需求,同时提供地址自动配置功能和移动性管理机制,便于端节点的部署和提供永久在线业务。

但是由于感知层节点低功耗、低存储容量、低运算能力的特性,以及受限于 MAC 层技术(IEEE802.15.4)的特性,而不能直接将 IPv6 标准协议直接架构在 IEEE802.15.4 的 MAC 层之上,需要在 IPv6 协议层和 MAC 层之间引入适配层来消除两者之间的差异。将 IPv6 技术应用于物联网感知层需要解决一些关键问题,包括以下几个方面。

(1)IPv6 报头需要压缩。IPv6 头部负载过重,必须采用分片技术将 IPv6 分组包适配到底层 MAC 帧中,并且为了提高传送的效率,需要引入头部压缩策略解决头部负载过重问题。

(2)地址转换。需要相应的地址转换机制来实现 IPv6 地址和 IEEE802.15.4 长、短 MAC 地址之间的转换。

(3)报文泛滥。必须调整 IPv6 的管理机制,以抑制 IPv6 网络大量的网络配置和管理报文,适应 IEEE802.15.4 低速率网络的需求。

(4)轻量化 IPv6 协议。应针对 IEEE802.15.4 的特性确定保留或者改进哪些 IPv6 协议栈功能,满足嵌入式 IPv6 对功能、体积、功耗和成本等的严格要求。

(5)路由机制。需要对 IPv6 路由机制进行优化改进,使其能够在能量、存储和带宽等资源受限的条件下,尽可能地延长网络的生存周期,重点研究网络拓扑控制技术、数据融合技术、多路径技术、能量节省机制等。

(6)组播支持。IEEE802.15.4 的 MAC 子层只支持单播和广播,不支持组播。而 IPv6 组播是 IPv6 的一个重要特性,在邻居发现和地址自动配置等机制中,都需要链路层支持组播。所以,需要制定从 IPv6 层组播地址到 MAC 地址的映射机制,即在 MAC 层用单播或者广播替代组播。

(7)网络配置和管理。由于网络规模大,而一些设备的分布地点又是人员所不能到达的,因此物联网感知层的设备应具有一定的自动配置功能,网络应该具有自愈能力,要求网络管理技术能够在很低的开销下管理高度密集分布的设备。

上述的这些技术对 IPv6 路由协议和应用协议进行轻量级裁剪,在协议实现上也需要特定的实现技术减小协议栈对节点计算和通信资源的消耗,这一系列技术总称为轻量级 IPv6 技术。面向物联网网络层接入的 IPv6 技术,致力于将 IPv6 的轻量级协议实现引入到物联网,以满足物联网器件的计算能力和能耗限制。物联网节点上实现 IPv6 协议面临的主要挑战是其有限的计算和通信能力。

4.5.1 6LoWPAN 概述

IETF 共有 3 个工作组在进行低功耗传感网络协议的研究。2004 年 11 月 IETF 成立了 6LoWPAN(IPv6 over low-power WPAN)工作组,目标是制定基于 IPv6 的以 IEEE 802.15.4 作为底层标准的低速无线个域网标准。2008 年 2 月 IETF 成立了 ROLL(Routing Over Low-power and Lossy network)工作组,目标是使得公共的、可互操作的第 3 层路由能够穿越任何数量的基本链路层协议和物理媒体层协议。2010 年 3 月 IETF 成立了 CORE(constrained restful environment)工作组,目标是研究资源受限物体的应用层协议。2011 年 3 月 IETF 成立了 Lwip （light - weight IP）工作组网，目标是在小设备实现轻量级 IP 协议栈。

6LoWPAN 工作组主要讨论如何把 IPv6 协议适配到 IEEE802.15.4 MAC 层和物理层上（图 4 - 10）。该工作组已完成两个 RFC：《在低功耗网络中运行 IPv6 协议的假设、问题和目标》（RFC4919）；《在 IEEE802.15.4 上传输 IPv6 报文》（RFC4944）。ROLL 工作组主要讨论低功耗网络中的 IPv6 路由协议，制定了各个场景的路由需求以及传感器网络的 RPL（Routing Protocol for LLN）路由协议。CORE 工作组主要讨论资源受限网络环境下的信息读取操控问题，旨在制定轻量级的应用层 CoAP 协议。

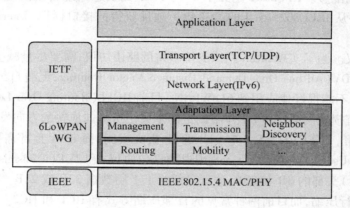

图 4 - 10   6LoWPAN 的适配层

IPSO 联盟，即 IP 智能物体产业联盟，是推动 IETF 所制定的轻量级 IPv6 协议相关应用的产业联盟，主要目的是推动智能 IP 解决方案的产业实施和实现智能 IP 解决方案的技术优势，是 IETF 物联网技术的主要推动者。

ZigBee 联盟成立了 IP - stack 工作组，专门制定 IPv6 协议在 ZigBee 规范中的应用方法。ZigBee Smart Energy2.0 应用也将采用 6LoWPAN 制定的 IPv6 协议栈，把对 6LoWPAN 的支持作为一种必选。在应用层，新的规范也支持轻量级的 CoAP 协议。

基于 IEEE 802.15.4 技术特性，实现 IPv6 over LoWPAN 时面对的一些问题如下：

（1）IP 连接。IPv6 巨大的地址空间和无状态地址自动配置技术使数量巨大的传感器节点可以方便地接入包括 Internet 在内的各种网络。但是，由于有报文长度和节点能量等方面的限制，标准的 IPv6 报文传输和地址前缀通告无法直接应用于 LoWPAN 网络。

（2）网络拓扑。IPv6 over LoWPAN 需要支持网络星型拓扑和 Mesh 拓扑，在 Mesh 拓扑中，基于 IPv6 的报文可能需要在多跳网络中进行路由，同样是由于报文长度和节点能量以及节点计算能力和存储的限制，LoWPAN 网络的路由协议应该尽量简化。

（3）报头长度。IEEE 802.15.4 要求 MAC 帧的长度最多为 102B，而 IPv6 要求（Maximum Transmission Unit，最大传输单元 MTU）最少为 1280B，显然 IEEE 802.15.4 不能满足这个要求。因此需要采取有效的方法将 IPv6 数据包简化并尽量减少 IEEE 802.15.4 的分片和重组。

（4）组播限制。IPv6 的很多协议（如邻居发现协议）都依赖于 IP 组播，而 IEEE 802.15.4 只提供有限的广播支持，不论在星型还是 Mesh 拓扑中，这种广播均不能保证所有的节点都能收到封装在其中的 IPv6 组播报文。

（5）网络管理。考虑到节点有限的计算能力和存储功能，如何保证 IEEE 802.15.4 网络协议采用最少的配置完成组网以及初始化也是一个需要深入考虑的问题。

（6）安全机制。不同层次的安全威胁都将被考虑到，6LoWPAN 需要提供将设备加入安全网络的解决方案。IEEE802.15.4 没有一个完整的密钥分配、管理等机制，需要上层提供合适的安全机制。

6LoWPAN 工作组针对上述问题提出了相应实现目标。这些目标各不相同，但归结起来都是为了降低四个方面的指标，即报文开销、带宽消耗、处理需求以及能量消耗，这四方面也是影响 6LoWPAN 网络性能的主要因素。

（1）地址自动配置。RFC2462 定义了 6LoWPAN 无状态地址自动配置机制，但实现该机制需要 6LoWPAN 从 IEEE802.15.4 的 EUI - 64 地址获得的接口标识（Interface Identifier，Ⅱ）方法。

（2）路由协议。为了实现 Mesh 网络支持多跳的路由协议，需要尽量减少路由开销和减小报文帧长。而 AODV（Ad hoc On - Demand Distance Vector Routing，无线自组网按需平面距离矢量路由协议）并不能很好地应用到 6LoWPAN，目前 ROLL（Routing Over Low power and Lossy networks，低功耗有损耗网络路由）工作组制定的草案正努力向成熟的方向发展。

（3）报头压缩。IEEE802.15.4 有 81B 的 IP 报文空间，而 IPv6 首部需要 40B 的空间，加上传输层的 UDP（User Datagram Protocol，用户数据包协议）和 TCP（Transmission Control Protocol，传输控制协议）头部的 8B 和 20B，这就只留给了上层数据 33B 或 21B。因此应该对 IPv6、UDP、TCP 报文进行压缩，而目前两种常见的首部压缩方式有 HC1 和 HC2。HC1 将 IPv6 首部的 40 个字节压缩到了 2B，HC2 将 UDP 的首部的 8B 压缩至 3B。

（4）组播支持。IEEE802.15.4 并不支持组播也不提供可靠的广播，6LoWPAN 需要提供额外的机制以支持 IPv6 在这方面的需要。

4.5.2 6LoWPAN 参考模型

6LoWPAN 在 IEEE802.15.4 的基础上引进 IPv6，该技术的物理层和 MAC 层同 ZigBee 技术一样，不同之处在于 6LoWPAN 的网络层使用的是 IPv6 协议栈。IEEE802.15.4 具有报文长度小、低带宽、低功耗、部署数量大等特性，直接将 IPv6 协议运用于 IEEE802.15.4 的 MAC 层将受到 6LoWPAN 网络设备资源极大的限制。

IPv6 中，MAC 支持的载荷长度远远大于 6LoWPAN 的底层所能提供的载荷长度。为了实现 IPv6 在 IEEE802.15.4 上的应用，6LoWPAN 在 IP 层与 MAC 层之间加入适配层，用来完成报头压缩、分片与重组以及网状路由转发等工作，从而屏蔽掉硬件对 IP 层的限制。该层主要实现 IP 报文的头部压缩、分片和重组、路由协议和地址分配等功能，屏蔽掉不一致的 MAC 层接口，为 IP 层提供标准的接口。

6LoWPAN 协议栈的参考模型如图 4 - 11 所示。6LoWPAN 技术通过在网络层和数据链路层之间引入适配层，实现基于 IEEE802.15.4 通信协议的底层网络与基于 IPv6 协议的互联网的相互融合，适配层主要完成接入过程中的以下功能：

（1）为了高效传输，对 IPv6 数据包进行分片与重组。

（2）网络地址自动配置。

（3）为了降低 IPv6 开销，对 IPv6 分组进行报头压缩。

（4）有效路由算法。

其中，网络地址自动配置以及 IPv6 报头压缩两类功能，能够使接入物联网的每个终端节点间相互进行资源共享和信息交换。

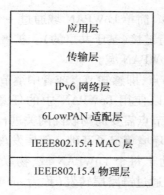

| 应用层 |
| 传输层 |
| IPv6 网络层 |
| 6LowPAN 适配层 |
| IEEE802.15.4 MAC 层 |
| IEEE802.15.4 物理层 |

图 4 - 11   6LoWPAN 协议栈参考模型

在 6LoWPAN 适配层的基础上,实现了物联网中基于 IEEE802.15.4 通信协议的底层异构网络与基于 IPv6 协议的互联网的统一寻址,保证了网络层向传输层提供灵活简单、无连接、满足 QoS 需求的数据报服务。

4.5.3   6LoWPAN 架构

如图 4 - 12 所示,6LoWPAN 网络由多个 IPv6 末端网络(6LoWPAN 域)组成,6LoWPAN 网络可由三种 LoWPAN 域组成:简单 LoWPAN 域,扩展 LoWPAN 域以及自组织 LoWPAN 域,除此之外,还包括其他感知网络域以及一些 RFID 外围设备。

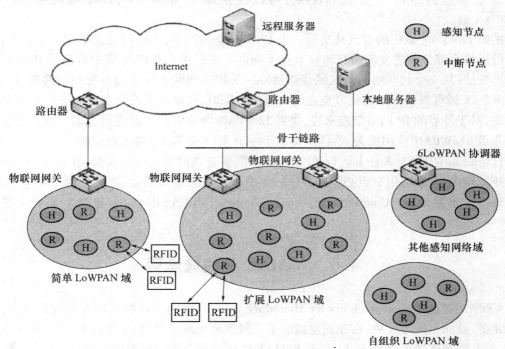

图 4 - 12   6LoWPAN 网络架构

每个域由共享同一 IPv6 地址前缀(前 64 位)的 6LoWPAN 节点组成,无论节点处于域中的何种位置,其 IP 地址保持不变。自组织 LoWPAN 域不与 Internet 连接,它可以独立运作而不需要其他网络基础设施的支持。简单 LoWPAN 域通过一个物联网网关与另一个 IP 网络连接,同样也可以采用骨干链路进行链接(基于共享的)。扩展 LoWPAN 域包含由同一骨干链路上的多个物联网网关器连接的 LoWPAN 域。

一个 LoWPAN 域包含若干节点,即感知节点或者中继节点。这些节点共享相同的 IPv6 前缀(由物联网网关分发)并且可以使用 LoWPAN 中的任意路由节点进行路由。为了提高 6LoWPAN 的网络运行效能,每个节点需要向物联网网关进行注册,同时,这也是邻居发现的一部分,为构造一个完整 IPv6 网络环境奠定了基础。邻居发现机制决定了同一链路层中的主机或路由如何交互。节点自由移动于每个 LoWPAN 域、物联网网关间甚至 LoWPAN 域之间。LoWPAN 域内的多跳网状拓扑可通过链路层转发(称为 mesh – under)实现,也可通过 IP 路由(称为 route – over)实现。

与普通的 IP 节点一样,LoWPAN 节点与其他网络中的 IP 节点间以端到端的方式进行通信。每一个 LoWPAN 节点都拥有一个唯一的 IPv6 地址,并且可以发送和接收 IPv6 数据包。一个典型的 LoWPAN 节点支持 ICMPv6 协议(如 ping)、UDP 协议,简单 LoWPAN 域和扩展 LoWPAN 域中的节点可以通过物联网网关与任意服务器进行通信。

简单 LoWPAN 域与扩展 LoWPAN 域的主要区别是:扩展 LoWPAN 域拥有多个物联网网关,并且共享同一个 IPv6 前缀和骨干链路;而简单 LoWPAN 域只拥有一个物联网网关。多重简单 LoWPAN 域是可以互相重叠的,当节点从一个 LoWPAN 域移动至另外一个 LoWPAN 域的时候,节点的 IPv6 地址将会发生改变。如果对 LoWPAN 网络没有高移动性需求,或当前应用并不要求节点的 IPv6 地址保持不变,可以使用多个简单 6LoWPAN 域代替一个扩展 6LoWPAN 域。

扩展 LoWPAN 域中的节点共享同一个 IPv6 前缀,多个物联网网关共享同一条骨干链路,这样可以将大部分邻居发现消息转移至骨干网上。在扩展 LoWPAN 域中节点的 IPv6 地址是固定不变的,从一个物联网网关区域移动到另一个物联网网关区域的过程相当简单,因此,扩展 LoWPAN 域可以极大地简化节点之间的操作。同时,物联网网关代表节点进行 IPv6 数据包的转发,对于外界的 IP 网络节点来说,扩展 LoWPAN 中的节点永远是可达的。这让建立大型的企业级 6LoWPAN 应用成为了可能,类似于一个 WLAN(WiFi)接入点设施。

自组织 LoWPAN(Ad – hoc LoWPAN)域不需要基础网络设施的支持,在自组织 LoWPAN 的拓扑结构中,一个路由节点必须配置成一个简化的边缘路由器,实现以下两个基本功能:生成本地唯一单播地址(Unique Local Unicast Address,ULUA)以及 6LoWPAN 邻居发现注册功能。

4.6　WiMAX 无线城域网

WiMAX(World interoperability for Microwave Access)即为全球微波接入互操作系统,它不仅在北美、欧洲迅猛地发展,在亚洲也掀起了一股潮流风波。WiMAX 又称为 802.16 无线城域网,它的互联网连接信号远于 WiFi,而 WiMAX 在成本等各方面所展现出来的优势使得业内人士将其看作是一项打破旧格局开创新格局的新技术。WiMAX 还组织了以促进 IEEE802.16 的应用为目标的联盟。作为新一代的宽带无线城域网接入技术,与其他无线技术相比,WiMAX 具有诸多优势:

(1)实现更远的传输距离。WiMAX 所能实现的无线信号传输距离是无线局域网所不能比拟的,其典型应用的覆盖范围是 6~10km,单个基站覆盖范围最大可达到 48km。WiMAX 每个基站最多可以划分成 6 个扇区,每个扇区可以提供 70M 带宽,并且基站的覆盖范围是 3G 基站的 10 倍,只需要少数的基站就能实现较大范围的网络覆盖,这样就使得无线网络应用的范围大大扩展。

(2)提供更高速的宽带接入。固定的 WiMAX 所能提供的最高接入速度是 75Mb/s(在 20MHz 信道宽度上),移动 WiMAX 可以提供的最高传输速率是 20Mb/s,远远高于 3G 网络的最高传输速率。这对于无线网络来说是一个惊人的数字和进步,在网络应用对带宽需求飞速增长的今天无疑具有极大的吸引力。

(3)提供优良的"最后一公里"网络接入服务。WiMAX 能应用于很多领域,包括"最后一公里"接入热点蜂窝回程技术以及商业用户的企业级连接。作为一种无线城域网技术,可以将无线局域网(WiFi)热点提供回程通道连接到互联网,也可作为 DSL、FTTH、FTTB 等有线接入方式的无线扩展,实现"最后一公里"的宽带网络接入。尤其是在农村和城郊等偏远、用户不够集中、不便于铺设传统宽带接入技术的地方,WiMAX 则成为了一种理想的选择。

(4)具备提供各种多媒体通信服务的能力。由于 WiMAX 较之 WiFi 具有更好的可扩展性、QoS 保障和安全性,从而能够实现电信级的多媒体通信服务。如在语音和视频服务中,对时延非常敏感,但是对差错就不那么敏感,而数据服务则正好相反,对时延不敏感,对差错非常敏感,WiMAX 可以根据上层应用不同提供不同等级的服务质量保障,提高网络吞吐容量和服务能力。

4.6.1　IEEE 802.16 标准体系

WiMAX 技术目前主要应用的频段有 2.5GHz、3.5GHz 和 5.8GHz,通常 2.5GHz 频段作为移动接入应用,3.5GHz 和 5.8GHz 频段作为固定接入应用。WiMAX 标准包括 802.16、802.16a~802.16m 等协议。802.16 协议系列成为全 IP 无线城域网技术的代表,与传统无线蜂窝网技术相辅相成。以 802.16e 协议为基础的 WiMAX 技术因其出色的表现在社会生活中得到了广泛的应用,并和 WCDMA 一样成为 ITU 认可的 3G 技术之一。802.16 工作组由 IEEE 标准委员会于 1999 年创立,已经研究和发布了多个版本的无线城域网协议。这些协议主要集中在 MAC 层和物理层。最初的协议版本 802.16d 发布于 2004 年,该协议版本不支持移动性。次年,802.16e 协议发布,该协议增加了对移动台移动性的支持,使得以 802.16e 协议为基础的 WiMAX 技术在市场上迅速发展起来。

802.16 工作组定义了物理层和 MAC 层的链路操作,但是上层的信令交互以及网络结构等问题在协议中并未提及,而且未对物理层和 MAC 层管理面的操作进行说明,如果交由各个运营商和厂商自行定义,可能会造成各厂商设备的兼容性问题。WiMAX 论坛正是为实现 802.16 协议的商业化和社会化而出现的,它成立于 2003 年,旨在推动 WiMAX 技术的标准化进程,对将上市的新技术进行测试,保证各厂商设备的兼容性,提供有指导意义的技术参数。WiMAX 论坛提出了多个有关 WiMAX 系统的网络架构模型,以适应不同厂商的应用需求,解决与其他网络技术兼容性问题。

作为下一代无线通信技术的候选方案之一,WiMAX 面临着其他技术标准的挑战。802.11n 作为无线局域网技术标准的最新成果,在系统性能上有很大提升。但是其协议中涉及到的一些专利问题可能并不会使运营商感到满意。另外,作为与 802.16 协议相互弥补的一项技术,其应用前景和 WiMAX 可以在不冲突的前提下同时应用。802.20 协议在很多方面和

802.16 协议相似,但是其应用普遍程度不如 802.16,这使得更多的运营商会选择相对应用更广泛的 WiMAX 技术。作为 WiMAX 最大的市场竞争者,LTE 技术的推出是对 WiMAX 最大的威胁。LTE 拥有更好的覆盖范围、更高的系统吞吐率、更大的系统容量和更小的延迟性要求。由于 LTE 系统中的基站可以相互直接通信,因此切换决定也可以在 LTE 基站系统内部进行,这是与 WiMAX 系统基站明显不同的地方。同时 LTE 支持宏分集软切换,使得其可以支持 350~500km/h 速度下的数据传输。LTE 和 WiMAX 在未来的发展更像是一种融合的关系,而不是一种竞争的关系,毕竟两者所采用的通信技术是相近的,它们都支持高移动性、高吞吐率、更大的带宽等。在 802.16m 版本的 WiMAX 也会看到 LTE 中某些技术的应用。所以两种技术标准在市场中各自应用的同时,相互的兼容性才是最关键的因素。表 4-3 展示了 WiMAX 与 LTE 参数对比情况。

表 4-3 展示了 WiMAX 与 LTE 参数对比

参数	WiMAX	LTE
支持的切换类型	硬切换和软切换	软切换
移动性	802.16e:120km/h;802.16m:350km/h 以上	350~500km/h
网络结构	全 IP 网络结构	支持 IP,传统蜂窝电话网络结构
服务	报文数据和 VoIP	报文数据和 VoIP
接入技术	OFDMA	上链路:OFDMA;下链路:SC-FDMA
预期的切换延迟	802.16e:35~50ms;802.16m:小于 30ms	小于 50ms
向下兼容性	完全兼容	完全兼容
漫游支持	WiMAX 区域系统之间	全球漫游
小区半径	2~7km	5km
切换启动方	移动台和服务基站	eNB

目前 802.16 协议系列中最新的版本为 802.16m。该版本于 2011 年发布,作为 802.16 协议系列中表现最为优越的协议,该协议将应用于最新版本的 WiMAX 系统中。但是就 LTE 技术最近发展的态势来看,802.16m 在无线蜂窝城域网的应用前景尚未明朗。现在市场中广泛应用的还是以 802.16e 为基础的第一代 WiMAX 系统。

4.6.2 WiMAX 技术的应用场景

WiMAX 技术是无线城域网接入技术,通过接入核心网络向目标用户提供服务,核心网往往采用基于 IP 协议的网络。利用 802.16 技术,在提供数据服务方面具有很明显的优势,主要表现在:802.16 支持频分双工(FDD)和时分双工(TDD)方式,当其工作在 TDD 方式之下时,能够根据上下行数据流量灵活地分配带宽,这样使得那种上下行不对称业务需求具有较高的资源利用率;WiMAX 采用的 OFDM(正交频分复用)/OFDMA(正交频分多址)方式,具有较高的抗干扰能力和频谱利用率,可以提供更高的带宽;WiMAX 采用的按需分配带宽等资源的方式,更加适应数据业务采用的包交换的方式。由于 WiMAX 技术的技术特性,可以支持不同等级的业务需求,如:

(1)实时而速率固定的服务,如语音数据服务等,可以采取 UGS 这种带宽调度的方式。

(2)实时速率可变的服务,如视频业务等,可以采取 rtPS 这种带宽调度的方式。ertPS 是 rtPS 的扩展类型,效率比 rtPS 高,可用于有静音压缩的 VoIP。

（3）非实时速率可变的服务，如信息下载等业务，可以采取 nrtPS 这种带宽调度方式。

（4）尽力而为（best effort）的服务，如网页浏览等，可以采取 BE 这种带宽调度的方式。

基于以上特点，WiMAX 论坛给出 WiMAX 技术的 5 种应用场景定义，即固定、游牧、便携、简单移动和全移动。其中固定和游牧接入都发生在固定状态中，除固定应用场景外，其他场景需要核心网络侧增加漫游地用户认证和计费以支持用户的漫游。

（1）固定场景。目标固定接入业务是 WiMAX 运营网络服务中最基本的业务模型，包括用户 Internet 接入、传输数据承载业务、视频数据及 WiFi 热点等。

（2）游牧场景。游牧式业务是作为固定接入方式发展的下一阶段。移动终端可以从相异的接入点链接到一个网络运营商的网络中；在每个会话连接的时候，用户终端只能做站点式的接入；在两次不同网络的接入服务中，用户传输的数据将不被保留。在游牧式及其以后的场景中均支持漫游，并同时具有终端电源管理的能力。

（3）便携场景。在便携应用场景之下，用户可以以较低移动速度连接到网络，这种业务下，服务目标的移动速率较低，连接会稳定保持，当然除了进行小区切换。便携式应用业务是在游牧式业务的基础上发展而来的，从这个阶段开始，终端可以在不同的两个基站之间进行切换。当终端静止不动或移动速率较低时，便携式业务的应用模型与固定式业务和游牧式业务都是一样的。当终端进行小区切换时，用户将会有短时间（最长间隔为 2s）的业务中断或者感觉到有些延迟。切换过程结束后，TCP/IP 应用对当前 IP 地址进行刷新，或者重新分配 IP 地址给移动终端。

（4）简单移动场景。在这种情况下，终端用户在使用宽带无线接入业务的时候可以步行或乘坐交通工具等，如果当用户的移动速度达到 60～120km/h 时，数据传输速度将会有一定程度的下降，当然并不会影响通信质量。这就是可以在相邻基站间进行切换的场景。在切换的时候，数据包的丢失率将被控制在一定范围之内，最不理想的情况下，TCP/IP 连接也不会中断，但应用层业务可能有一定的中断，切换过程完成后，QoS 将重新建立到初始级别。

简单移动场景和全移动场景网络需要休眠模式、空闲模式和寻呼模式等功能。移动数据业务是移动场景（包括简单移动和全移动）的主要应用，包括目前被业界广泛看好的移动 E-mail、流媒体、可视电话、移动游戏 MVoIP 等业务，这些业务占用的无线资源较多。

（5）全移动场景。在本情景下，用户终端可以在高速移动的情况下（大于等于 120km/h）无中断地使用宽带接入服务，如果没有网络连接，用户终端将处于低功耗模式之下，为用户更好地省电。

4.6.3 WiMAX 核心技术

802.16 协议定义了物理层和 MAC 层，下面简单介绍其所涉及的一些关键技术。

1. OFDM/OFDMA

正交频分复用（OFDM）技术是一种基于高速数据基带传输技术，在 WiMAX 技术系统当中，OFDM 有两种应用形式：OFDMA（正交频分多址）和 OFDM。OFDM 由单一用户产生正交载波集，并且为单一用户提供并行传送数据流。OFDMA 则采取多址接入的方式，可以支持子载波长度为 2048、1024、512 和 128 的 FFT 点数。往往向下的数据流被分成逻辑数据流，可以采取不同的调制方式和编码方式以及用不同的信号功率接入不同信道特征的用户终端。

2. HARQ

即快速物理层重传技术，结合 ARQ（自动重复检测技术）和 FEC（前向纠错）的优点来提高数据传输的可靠性和系统容量,相较以往的 ARQ 技术,其主要优点是接收端可以合并历史报文和当前接收到的报文,从而增加其分集增益。

3. AMC

即自适应调制和编码技术,根据通信信道的质量状况,自动选择最合适的调制和编码方式,可以产生不同的传输速率,从而使处于较好信道中的终端可以获得更高的速率,系统的平均传输速率也可得到提高,从而避免了通过增加发射功率的途径来提高系统性能、降低干扰性能等,这样可以有效降低系统能力损耗。

4. 多输入多输出系统(MIMO)

这是一种多天线技术,是通过在收发两端增加天线个数及相应的信号处理功能模块建立起来的复杂的三维传输结构,在不增加带宽的情况下,提高通信系统容量、频谱利用率、数据传输速率。利用各发射接收天线间的通道响应独立,创造出多个并行空信道,空时编码形成多个信息子流,经多个信道在同一频带发送时可以成倍地增加系统容量。通过理论分析得知,在独立同分布的高斯信道条件下,当接收天线数大于发射天线数时,多入多出 MIMO 系统的容量随发射天线数近似成线性增长。

5. QoS 机制

在 WiMAX 标准中,MAC 层定义了比较完善的 QoS 机制。MAC 层针对每个连接分别设置了不同的 QoS 参数,包括数据速率、数据包延时等指标。

6. 省电模式

在 WiMAX 系列协议中,802.16e 为适应移动通信的特点,增加了两种终端省电模式:休眠(Sleep)和空闲(Idle)。Sleep 模式的作用在于减少移动终端的能量损耗并减少对服务基站(ServingBS)无线资源的使用。Idle 模式则为终端设备提供了一种比 Sleep 模式更为省电的模式。

7. HO(handover)切换

802.16e 标准规定了一种必选的切换模式,实际上就是人们通常所说的硬切换。除此以外还提供了两种可供选择的切换方式:MDHO(宏分集切换)和 FBSS(快速基站切换)。

4.6.4 WiMAX 协议结构

IEEE 802.16e 协议包括物理层和 MAC 层两层协议。物理层的协议根据所使用频段的不同而有所不同。本书的研究主要关注 MAC 层协议。MAC 层包含三个子层,即服务汇聚子层、公共子层、加密子层。服务汇聚子层提供对在服务汇聚子层接入点接收到的上层外部网络数据的转换和映射。其包括把外部网络的数据分类,然后把它们关联到对应的服务流标识和连接标识上。服务汇聚子层也包括对载荷头压缩的功能。公共子层提供系统接入、带宽分配、连接建立和保持等 MAC 层核心功能。它从服务汇聚子层接收数据,把数据映射到对应的 MAC 层连接上。加密子层具有认证、密钥交换、加密等功能。

IEEE 802.16e 将协议标准横向分为两个独立的面,参见图 4-13 中的数据/控制面和管理面。其中数据/控制面是协议标准范围内的,而管理面是由网络管理实体组成的,区别于协议标准。数据/控制面包含了协议中提到的数据处理、带宽分配、竞争处理等关键环节,管理面则主要由开发商和运营商自行定义和规定,包括计费、核算、加密等功能的实现。

1. 物理层

WiMAX 技术系统可以工作在频分双工(FDD)或时分双工(TDD)方式下。FDD 需要具有成对的频率,TDD 则不需要成对的频率,而且还可以很方便地实现上下行带宽动态调整达到

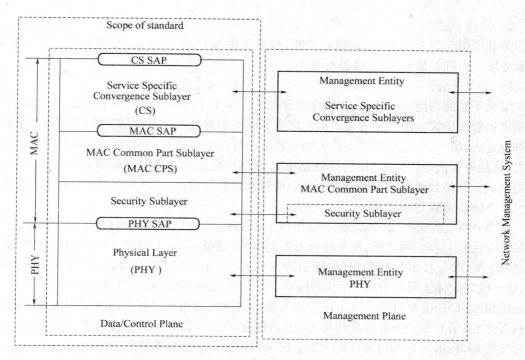

图 4-13　IEEE 802.16e 协议结构图

资源的优化。在 WiMAX 技术系统中,还规定了终端可以采用半频分双工(H-FDD)的通信方式,这样就降低了对终端收发器的硬件要求,从而降低了终端造价成本。

　　WiMAX 技术并没有规定具体的载波通信带宽,系统可以选取从 1.25~20MHz 之间的任意带宽。考虑每个国家已经具有固定无线接入系统的载波带宽划分方法,WiMAX 规定了几个系列带宽,1.25MHz 的整数倍和 1.75MHz 的整数倍。比如 1.25MHz 系列有 1.25MHz/2.5MHz/5MHz/10MHz/20MHz 等。1.75MHz 系列包括 1.75MHz/3.5MHz/7MHz/14MHz 等。对于 10~66GHz 的固定无线接入通信系统,还可以采用 28MHz 载波带宽,以便提供更高的宽带接入速率。WMAN_SC 定义了在该频段所采取单载波调制手段,具体方式有 QPSK 和16QAM,也可以选择支持 64QAM 方式。WMAN_Sca 则可以采取的调制手段较多,它支持BPSK(二进制相移键控)、QPSK(四进制相移键控)、16QAM(正交幅度调制)和 64QAM,甚至也可以选择支持 256QAM。WMAN_OFDM 的每一个子载波的调制方式可以支持 BPSK、QPSK、16QAM 和 64QAM,其中 64QAM 对于免许可证频段是可以自由选择的。

　　2. MAC 层

　　IEEE 802.16e 的 MAC 层可以细分为三个子层:服务汇聚子层、公共子层、加密子层。数据从外部网络进入服务汇聚子层,服务汇聚子层将数据映射到公共子层的相应连接上,公共子层处理完成后由加密子层处理,最后数据交由物理层处理。

　　1) 服务汇聚子层

　　这层的功能是将所有从汇聚层服务接入点接收到的外部网络数据转化/映射成 MAC 服务数据单元,通过 MAC 服务接入点发送给 MAC 公共子层。服务汇聚子层的功能包括:分类外部网络的服务数据,把这些服务数据关联到正确的 MAC 服务流(SFID)及连接(CID)上;负荷头压缩功能(PHS)。服务汇聚子层有两种:ATM 汇聚子层及包汇聚子层。

2）公共子层

公共子层包含了 MAC 层的核心功能，包括连接维护、带宽请求、连接建立。该层从 MAC 层服务接入点接收数据，按连接进行分类。

3）安全子层

安全子层的功能包括认证、密钥交换及加密。安全子层主要包括两个协议，即加密封装协议和密钥管理协议。加密封装协议对固定宽带网络中的数据包进行加密处理。其实现由以下两部分完成：第一，一组双方都支持的加密算法组件，也就是双方的数据加密算法和鉴权算法；第二，将加密算法运用到 MAC 协议数据单元（PDU）负荷的规则。密钥管理协议针对密钥数据提供了从基站到终端的安全分发机制。通过密钥管理协议，基站和终端可以同步密钥参数。

3. MAC 层的 QoS 机制

在 WiMAX 系统中，单个基站（BS）和单个（或多个）用户站之间可以构成一个网络单元。基站位于用户与核心网之间，用于将业务数据流接入到核心骨干网内，用户位于用户终端与基站之间。WiMAX 技术标准在 MAC 层引入了完整的 QoS 机制，其通过优先级来实施 QoS 保证，QoS 机制大体上可以分成三个部分：第一是初始化和鉴权，这个是 WiMAX 技术标准非常重要的组成部分，这个过程定义了用户接入通信网络时对用户进行身份识别以及对 QoS 合同鉴权等过程；第二是业务数据流的管理，包括创建业务数据流并对业务数据流的 QoS 参数进行配置管理等；第三是在通信过程中对上层来的数据包进行分类映射，并依据业务流的类别进行区分优先级的调度。

4.7 IPv6 技术

目前，物联网的承载网是以互联网、电信网等公众网为主的公共网络，辅以各个行业的专用网络（国家电网、交通网等）。现阶段，在这些网络中沿用现有成熟的 IP 技术体系的优势显而易见，IP 技术的承载有助于实现端到端的业务部署和管理。在 IETF 和 IPSO 产业联盟等机构的倡导下，无需协议转换即可实现在接入层与网络层 IP 承载的无缝连接，简化网络结构。与此同时，IPv6 在网络中的应用也是大势所趋，应用 IPv6 技术实现"感知即接入"的 6LoWPAN 标准已在前文介绍。

近年来，我国致力于物联网和 IPv6 融合的标准研发和应用，国内的物联网 IPv6 项目组结合标准化、产业推动、原型系统研发等多方面的力量推动了物联网 IPv6 产业和产品的发展。首先，推动物联网 IPv6 的标准化工作。在互联网最重要的标准化组织 IETF 中发起了轻量级协议实现工作组 LWIG，并在 CCSA TC10 完成了《适用于 6LoWPAN 网络的轻量级 IPv6 协议》立项，这些标准化工作旨在规范化物联网轻量级 IPv6 协议的实现，促进不同实现之间的互通，将制定 TCP/IP 协议轻量级实现的指导性标准，把互联网推到了物体等微小环境下，扩展了互联网的服务范围；另外一方面，使得物体可以接入互联网，使用互联网提供的服务和业务。其次，推动 IPv6 物联网产业链条的完善。终端芯片方面，经过推动目前已有多款 TD 基础通信芯片支持 IPv6，可以在物联网模组中使用来支持物联网业务；网络方面，完成了核心网 PS 域设备、CMNET 承载网和 IP 专网设备支持 IPv6 情况的调研，为物联网 IPv6 的需求做好充分的准备；业务平台方面，已经在物联网总体架构企标规范中加入了 IPv6 的支持。最后，为了验证 IPv6 物联网产品设备的可行性，在仅有 10KB 内存的节点上开发出一套轻量级 IPv6 的传感器系统，嵌入了温湿度传感器并且与浏览器、社交网络等应用集成，显示了 IPv6 支持物联网端到端的可行性和优越性。

物联网网络层承载技术的核心主要涉及 IPv6 技术和移动通信作为物联网承载层的相关技术(M2M 等)。在物联网现阶段发展中,承载网将沿着专用和民用两个方面发展,专用网络的发展就是希望在未来能够发展成为物联网提供服务的各个行业的专有网络;以移动通信为代表的专用网络,在现阶段承载物联网的技术就是 M2M。民用主要就是适合大众使用的网络,涉及范围广,类似 Internet 等形式的公众网络。对于物联网来说 IPv6 技术就是大势所趋。本节主要介绍 IPv6 与 IPv4 之间的主要区别、物联网的地址困境和 IPv6 应用于物联网的优势。下一节将详细介绍 M2M。

4.7.1　IPv4 和 IPv6 的主要区别

IETF 于 1994 年正式提出的 Internet 协议第 6 版作为下一代网络协议。IPv6 相较于 IPv4 有很多优点,在许多性能上比 IPv4 更为强大、高效。IPv6 相较于 IPv4,新增了很多功能,这些功能主要是:

(1) IPv6 提供巨大的地址空间。IPv6 提供的地址长度由 IPv4 的 32bit 扩展到 128bit,据预测,即使所有的移动电话和手表都分配一个 IP 地址并联入国际互联网,IPv6 提供的地址空间仍可以在 2020 年之前满足互联网的增长。

(2) IPv6 具有与网络适配的层次地址。IPv6 采用类似 CIDR 的地址聚类机制层次的地址结构。为支持更多的地址层次,网络前缀可以分为多个层次,其中包括 13bit 的 TLA – ID、24bit 的 NLA – ID 和 16bit 的 SLA – ID。一般来说,IPv6 的管理机构对 TLA 的分配进行严格管理,只将其分配给大型骨干网的 ISP,然后骨干网 ISP 就可以灵活地为各个地区中、小 ISP 分配 NLA,最后用户从中、小 ISP 获得地址。这样不仅可以定义非常灵活的地址层次结构,而且,同一层次上的多个网络在上层路由器中表示为一个统一的网络前缀,明显减少了路由器必须维护的路由表项。

(3) 可靠的安全功能保障。IETF 研制的用于保护 IP 通信的 IP 安全的 IPSec(IP Security)协议,已经成为 IPv6 的有机组成部分,所有的 IPv6 网络节点必须强制实现这套协议。IPSec 提供了三种安全机制:加密、认证和完整性。加密是通过对数据进行编码来保证数据的机密性,以防数据在传输过程中被他人截获而失密;认证使得 IP 通信的数据接收方能够确认数据发送方的真实身份以及数据在传输过程中是否遭到改动;完整性能够可靠地确定数据在从源到目的地传送的过程中没有被修改。所以,一个 IPv6 端到端的传送在理论上至少是安全的,其数据加密以及身份认证的机制使得敏感数据可以在 IPv6 网络上安全地传递,并且避免了 NAT(网络地址转换)的弊病。

(4) 提供更高的服务质量保证。IPv6 数据包的格式包含一个 8bit 的业务流类别(Traffic Class)和一个新的 20bit 的流标签(Flow Label)。它的目的是允许发送业务流的源节点和转发业务流的路由器在数据包上加上标记,并进行除默认处理之外的不同处理。一般来说,在所选择的链路上,可以根据开销、带宽、延时或其他特性对数据包进行特殊的处理。

(5) 即插即用(Plug Play)功能。在大规模的 IPv4 网络中,管理员为各个主机手工配置 IP。在 IPv6 中,端点设备可以将路由器发来的网络前缀和本身的链路地址(即网卡地址)综合,自动生成自己的 IP 地址,用户不需要任何专业知识,只要将设备接入互联网即可接受服务,这就是即插即用,它对基于 IP 的第三代移动通信和未来家电上网提供了巨大的方便。

(6) 移动性能的改进。设备接入网络时,通过自动配置可以自动获取 IP 地址和必要的参数,实现"即插即用",简化了网络管理,易于支持移动节点。此外,IPv6 不仅从 IPv4 中借鉴了许多概念和思路,而且还定义了许多移动 IPv6 所需要的新功能,可以将其统称为邻居节点的搜索,可以直接为移动 IPv6 提供所需的功能。

IP 协议作为互联网的统一标准,肩负着保障物联网长期可持续发展的历史使命,成为了物联网标准研究和技术应用的一种方向。IPv6 的诸多特性表明,它将为未来物联网的大规模应用提供基础。物联网的 IPv6 技术不断地推陈出新、自我完善,期待着未来会有越来越多的网络应用采用 IPv6 协议。

4.7.2 物联网的网络困境

整个物联网的概念涵盖了从终端到网络、从数据采集处理到智能控制、从应用到服务、从人到物、从固定到移动通信的方方面面,涉及众多的技术与节点。从长远来看,物联网很有希望成为一个超越目前互联网产业规模的新兴产业,国际相关机构预测未来其规模将超过现有互联网规模的 30 倍以上。物联网丰富的应用和庞大的节点规模既带来了商业上的巨大潜力,同时也带来了技术上的挑战。

1. 地址空间面临枯竭的困境

物联网由众多的节点连接构成,无论是异构子网内的自组织方式,还是采用现有的公众网进行连接,这些节点之间的通信必然牵涉到寻址问题。现阶段正在使用寻址方式的包括 IPv4、IPv6、E. 164、IMSI、MAC 等,目前物联网的寻址系统主要采用基于 E. 164 电话号码编址和 IPv4 地址。

一种方式是采用基于 E. 164 电话号码编址的寻址方式,但由于目前多数物联网应用的网络通信协议都采用 IP 协议,电话号码编址的方式必然需要对电话号码与 IP 地址进行转换。这提高了技术实现的难度,并增加了成本;同时由于 E. 164 编址体系本身的地址空间较小,也无法满足大量节点的地址需求。

另一种方式是直接采用 IPv4 地址的寻址体系来进行物联网节点的寻址。随着互联网本身的快速发展,IPv4 的地址已经日渐匮乏。从目前的地址消耗速度来看,IPv4 地址空间已经很难再满足物联网对网络地址的庞大需求。从另一方面来看,物联网对海量地址的需求,也对地址分配方式提出了要求。海量地址的分配无法使用手工分配,使用传统 DHCP 的分配方式对网络中的 DHCP 服务器也提出了极高的性能和可靠性要求,可能造成 DHCP 服务器性能不足,成为网络应用的一个瓶颈。

在 3GPP 的 M2M 业务分析中,暂时考虑终端仍旧使用 IMEI(IMSI、MSISDN)地址作为设备标识的资源。以 IMSI 为例,IMSI 号码为 15 位,由 3 位 MCC 国家码、3 位 MNC 网络标识码、9 位设备标识码组成。其资源对于 H2H 终端目前来看应该是足够的,但如果资源与 M2M 终端共用,就非常紧张。庞大数量的物联网终端设备采用现有的资源肯定是远远不够的。目前 3GPP 考虑的内外部标识转换、对地址基于群组优化和标识资源扩展方案也仅仅是权宜之计。在我国,三大电信运营商均开始申请13 位的物联网专用号段,其前 5 位是固定的,后 8 位能够分别为三大电信运营商各自带来 1 亿个地址空间。

无论上述哪种寻址方式,都满足不了由于末端通信设备的大规模增加,带来的对 IP 地址、码号等标识资源需求的大规模增加。近年来全球 M2M 业务发展迅猛,使得 E. 164 号码方面出现紧张,各国纷纷加强对码号的规划和管理。IPv4 地址严重不足,美国等一些发达国家已经开始在物联网中采用 IPv6。

2. IPv4 节点移动性不足造成了物联网移动能力的瓶颈

IPv4 协议在设计之初并没有充分考虑到节点移动性带来的路由问题。即当一个节点离开了它原有的网络,如何再保证这个节点访问可达性的问题。由于 IP 网络路由的聚合特性,在网络路由器中路由条目都是按子网来进行汇聚的。

当节点离开原有网络,其原来的 IP 地址离开了该子网,而节点移动到目的子网后,网络路由器设备的路由表中并没有该节点的路由信息(为了不破坏全网路由的汇聚,也不允许目的子网中存在移动节点的路由),会导致外部节点无法找到移动后的节点。因此如何支持节点的移动能力是需要通过特殊机制实现的。在 IPv4 中 IETF 提出了 MIPv4(移动 IP)的机制来支持节点的移动。但这样的机制引入了著名的三角路由问题。对于少量节点的移动,该问题引起的网络资源损耗较小。而对于大量节点的移动,特别是物联网中特有的节点群移动和层移动,会导致网络资源被迅速耗尽,使网络处于瘫痪的状态。

3. IPv4 没有考虑轻量级简协议

智能物体接入物联网给标识提出了新要求。以无线传感器网络为代表的智能物体近距离无线通信网络对通信标识提出了降低电源、带宽、处理能力消耗的新要求。目前应用较广 Zig-Bee 在子网内部允许采用 16 位短地址。而传统互联网厂商在推动简化 IPv6 协议,并成立了 IPSO 联盟推广 IPv6 的使用,IETF 成立了 6LoWPAN、ROLL 等课题进行相关研究和标准化。在本章上一节已经详述。

物联网的互联对象尽管数不胜数,但却可分为主要两类:一类是体积小、能量低、存储容量小、运算能力弱的智能小物体,如传感器节点;另一类是没有上述约束的智能终端,如无线 POS 机、智能家电、视频监控等。

这两类互联对象,从终端侧向通信网络提出了特定的需求,而支持巨大的号码/地址空间、网络可扩展、传递可靠等显然是共性需求。通信网络不仅要能提供足够多的地址空间来满足互联对象对地址的需求;而且网络容量足够大,能满足大量智能终端、智能小物体之间的通信需求。值得注意的是,智能小物体由于尺寸与复杂度的限制而决定了其能量、存储、计算速度与带宽是受限的,因而要求通信网络能够提供轻量级的通信协议、可靠的低速率传输,网络同时要具备自组织能力。

4. IPv4 网络质量保证

网络质量保证也是物联网发展过程中必须解决的问题。目前 IPv4 网络中实现 QoS 有两种技术,其一采用资源预留(interServ)的方式,利用 RSVP 等协议为数据流保留一定的网络资源,在数据包传送过程中保证其传输的质量;其二采用 DiffsServ 技术,由 IP 包自身携带优先级标记,网络设备根据这些优先级标记来决定包的转发优先策略。目前 IPv4 网络中服务质量的划分基本是从流的类型出发,使用 Diffserv 来实现端到端服务质量保证,例如视频业务有对丢包、时延、抖动的要求,就给它分配较高的服务质量等级;数据业务对丢包、时延、抖动不敏感,就分配较低的服务质量等级,这样的分配方式仅考虑了业务的网络侧质量需求,没有考虑业务的应用侧的质量需求,例如,一个普通视频业务对服务质量的需求可能比一个基于物联网传感的视频应用对服务质量的需求要低。因此物联网中的服务质量保障必须与具体的应用相结合。

5. IPv4 的安全性和可靠性

物联网节点的安全性和可靠性也需要重新考虑。由于物联网节点限于成本约束很多都是基于简单硬件的,不可能处理复杂的应用层加密算法,同时单节点的可靠性也不可能做得很高,其可靠性主要还是依靠多节点冗余来保证。因此,靠传统的应用层加密技术和网络冗余技术很难满足物联网的需求。

如上所述,越来越多的智能物体(包括人们日常生活中的各种事物)将要按照各自的类别进入物联网世界。物联网将要联系的对象其数量之庞大是现有的互联网节点数量所不能比拟的,为了实现这些事物之间的有效通信,物联网必须为每个接入的对象设定唯一的标识并提供统一的通信平台。为了解决大规模节点的标识和寻址,将 IPv6 技术融入物联网中,不仅解决了物联网节点寻址问题,同时还能解决大规模物联网地址不足、缺乏应有的安全机制等问题。

4.7.3 IPv6 协议简述

下面简要介绍 IPv6 协议的相关部分内容。

1. IPv6 的报头

IPv6 将报头长度变为固定的 40B,称为基本报头。由于将不必要的功能取消了,虽然报头长度增大了一倍,但是报头的变量总数减少到 8 个。此外,还取消了报头的校验和字段,这样就加快了路由器处理数据报的速度。将 IPv4 选项中的功能放在可选扩展报头中,而路由器不处理扩展报头,因而提高了路由器的处理效率。IPv6 允许对网络资源的预分配,支持实时视频等要求,保证一定的带宽和时延的应用。IPv6 数据报在基本报头后面允许有零个或多个扩展报头,再后面才是负载数据,见图 4 – 14。

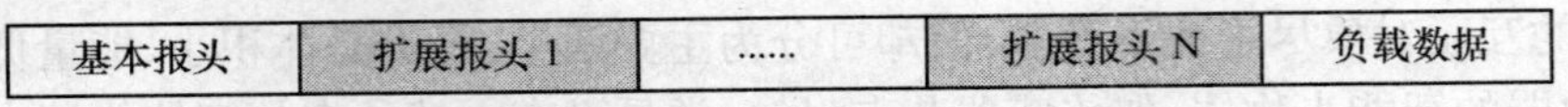

基本报头	扩展报头 1	……	扩展报头 N	负载数据

图 4 – 14　IPv6 数据报

每个 IPv6 数据报都从基本报头开始,在基本报头后面是有效荷载,它包括高层的数据和可能选用的扩展报头。IPv6 的基本报头见图 4 – 15。

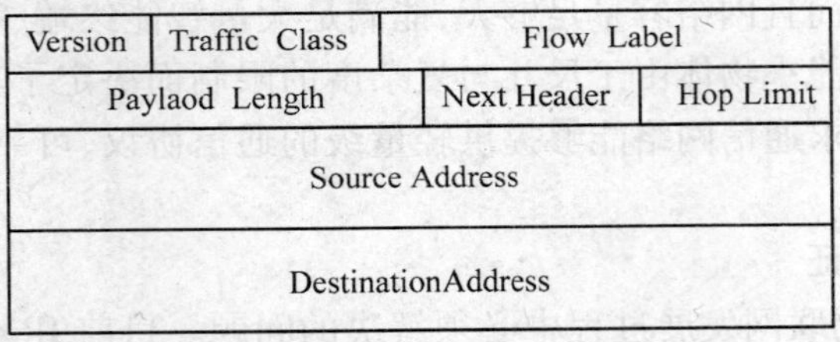

Version	Traffic Class	Flow Label		
Paylaod Length		Next Header	Hop Limit
Source Address				
DestinationAddress				

图 4 – 15　IPv6 的基本报头组成

(1) Version(版本号,4 位)。IPv6 协议的版本值为 6。

(2) Traffic Class(通信量等级,8 位)。IPv6 报头中的通信量等级域使得源节点或进行包转发路由器能够识别和区分 IPv6 信息包的不同等级或优先权。

(3) Flow Label(流标记,20 位)。IPv6 报头中的流标记是为了用来标记那些需要 IPv6 路由器特殊处理的信息包的顺序,这些特殊处理包括非默认质量的服务或"实时"(real time)服务。不支持流标记域功能的主机或路由器在产生一个信息包的时候将该域置 0。

(4) Payload Length(有效负载长度,16 位)。有效负载长度是使用 16 位无符号整数表示的,代表信息包中除 IPv6 报头之外其余部分的长度,IPv6 信息包的有效负载长度是 64KB。扩展报头都被认为是有效负载的一部分。

(5) Next Header(下一个报头,8 位)。这是一个 8 位的选择器,当 IPv6 数据报没有扩展报头时,下一个报头字段的作用和 IPv4 的协议字段一样。当出现扩展报头时,下一个报头字段的值就标识后面第一个扩展报头的类型。

(6) HoP Limit(跳数限制,8 位)。用来防止数据报在网络中无限制地存在。该域用 8 位无符号整数表示,当被转发的信息包经过一个节点时,该值将减 1,当减到 0 时,则丢弃该信息包。

(7) Source Address(源地址,128 位)。即信息包的发送站的 IP 地址。

(8) Destination Address(目的地址,128 位)。即信息包的预期接收站的 IP 地址。如果有路由报头,该地址可能不是该信息包最终接收者的地址。

2. IPv6 地址类型

众所周知,目前的 IPv4 地址有 3 种类型:单播(Unicast)地址、多播(Multicast)地址、广播(Broadcast)地址。而 IPv6 地址虽然也是 3 种类型,但是已经有所改变,分别为:单播(unicast)地址、任播(anycast)地址、多播(multicast)地址。

单播地址:这种类型的地址是单个接口的地址。发送到一个单点传送地址的信息包只会送到地址为这个地址的接口。

任播地址:这种类型的地址是一组接口的地址,发送到一个任意点传送地址的信息包只会发送到这组地址中的一个(根据路由距离的远近来选择)。

多播地址:这种类型的地址是一组接口的地址,发送到一个多点传送地址的信息包会发送到属于这个组的全部接口。

在 IPv6 中去掉了广播地址,主要是考虑到网络中由于大量广播包的存在,容易造成网络的阻塞。而且由于网络中各节点都要对这些大部分与自己无关的广播包进行处理,对网络节点的性能也造成影响。IPv6 将广播看作是多播的一个特例。

3. IPv6 地址表达方式

在 IPv4 中,一般有二进制和点分十进制两种格式的地址表示方法。二进制是 IPv4 地址体系的基础,是实际运作的真实 IP 地址的表示方法。十进制是由二进制编译过来的,采用十进制是为了便于使用和比较。对于 IPv6 来说,采用二进制表示方法来表示相应的 IP 地址就显得更加的不便和容易出错。RFC3513 规定的标准语法建议把 IPv6 地址的 128 位(16 个字节)写成 8 个 16 位的无符号整数,每个整数用 4 个十六进制位表示,这些数之间用冒号“:”分开,例如:3ffe:3201:1401:1:280:c8ff:fe4d:db39。

从上面的例子我们看到了手工管理 IPv6 地址的难度,也看到了 DHCP 和 DNS 的必要性。为了进一步简化 IPv6 的地址表示,可以用 0 来表示 0000,用 1 来表示 0001,用 20 来表示 0020,用 300 来表示 0300,只要保证数值不变,就可以将前面的 0 省略。比如下面这个 IPv6 地址:

1080:0000:0000:0000:0008:0800:200C:417A:0000:0000:0000:0000:0000:0000:0A00:0001
就可以简写为:1080:0:0:0:8:800:200C:417A:0:0:0:0:0:0:A00:1

另外,还规定可以用符号“::”表示一系列的 0。那么上面的地址又可以简化为:
1080::0:8:800:200C:417A::A00:1

在 IPv6 协议应用的初始阶段,IPv4 和 IPv6 地址必将大量共存,于是,我们采用 IPv4 和 IM 地址的混合表示方法:x:x:x:x:x:x:d.d.d.d,其中,x 仍然表示地址中 6 个高阶 16 位段的十六进制值,d 则是地址中 4 个低阶 8 位段的十进制值(标准 IPv4 表示)。例如,地址 0:0:0:0:0:0:0:12.6.6.9 就是一个合法的 IPv4 地址,该地址也可以表示成“::12.6.6.90”,前缀是地址的一部分,指出属于网络标识的地址位,类似于 IPv4 中的子网掩码的作用。IPv6 路由和子网标识的前缀,与 IPv4 的"无类别域中路由"(CIDR)表达法的表达方式一样。IPv6 前缀用 address/prefix - length 表达法书写。例如"21DA:D3::/48",前缀表示地址的前 48 位为网络标识,具体的网络号为"21DA:D3:0:"。IPv4 实现通常用带句点的十进制表示作子网掩码的网络前缀。IPv6 中不使用子网掩码,只支持前缀长度表达法。

4. 邻居发现(Neighbor Discovery,ND)

邻居发现协议是 IPv6 协议的一个基本的组成部分,它实现了在 IPv4 中的地址解析协议(ARP)、控制报文协议(ICMP)中的路由发现部分,以及重定向(Redirection)协议的所有功能,并具有邻居不可达检测机制。邻居发现协议实现了路由器和前缀发现、地址解析、下一跳地址确定、重定向、邻居不可达检测、重复地址检测等功能,可选择实现链路层地址变化、输入负载均衡、泛播地址和代理通告等功能。IPv6 通过邻居发现协议能为主机自动配置接口地址和缺省路由器信息,使得从互联网到最终用户之间的连接不经过用户干预就能够快速建立起来。

邻居发现协议采用 5 种类型的 IPv6 控制信息报文(ICMPv6)来实现邻居发现协议的各种功能。这 5 种类型消息如下:

(1)路由器请求(Router Solicitation)。当接口工作时,主机发送路由器请求消息,要求路由器立即产生路由器通告消息,而不必等待下一个预定时间。

(2)路由器通告(Router Advertisement)。路由器周期性地通告它的存在以及配置的链路和网络参数,或者对路由器请求消息做出响应。路由器通告消息包含在连接(on - link)确定、地址配置的前缀和跳数限制值等。

(3)邻居请求(Neighbor Solicitation)。节点发送邻居请求消息来请求邻居的链路层地址,以验证它先前所获得并保存在缓存中的邻居链路层地址的可达性,或者验证它自己的地址在本地链路上是否是唯一的。

(4)邻居通告(Neighbor Advertisement)。邻居请求消息的响应。节点也可以发送非请求邻居通告来指示链路层地址的变化。

(5)重定向(Redirect)。路由器通过重定向消息通知主机。对于特定的目的地址,如果不是最佳的路由,则通知主机到达目的地的最佳下一跳。

5. IPv6 的安全机制

作为安全网络的长期方向,IPSec 通过端对端的安全性来提供主动的保护以防止 VPN 与互联网的相互攻击。IPSec 在 IPv4 中为可选项,而在 IPv6 协议族中则是强制的一部分。IPv6 内置的安全扩展包头使网络层的数据传输、加密解密变得更加容易。IPv6 通过提供全球唯一地址与嵌入式安全,无论从宏观还是微观的角度,都在提供了安全服务的同时,又顾全了网络性能。IPv6 安全机制加强了网络层对安全的责任,从网络层保障物联网通道的安全性,同时协议栈中的安全体系为 VPN 等安全应用提高了互操作性。此外,IPv6 的网络层可实现数据拒绝服务攻击、抗击重发攻击、防止数据被动或主动偷听、防止数据会话窃取攻击等功能,极大地增强了网络的安全性。IPv6 在 QoS 服务质量保证、移动 IP 等方面也有明显改进。

4.7.4　IPv4、IPv6 的过渡技术

由于 Internet 的规模以及目前网络中数量庞大的 IPv4 用户和设备,IPv4 到 Ipv6 的过渡不可能一次性实现。而且,目前许多企业和用户的日常工作越来越依赖于 Internet,它们无法容忍在协议过渡过程中出现的问题。所以 IPv4 到 IPv6 的过渡必须是一个循序渐进的过程,在

体验 IPv6 带来的好处的同时仍能与网络中其余的 IPv4 用户通信。能否顺利地实现从 IPv4 到 IPv6 的过渡也是 IPv6 能否取得成功的一个重要因素。

实际上,IPv6 在设计的过程中就已经考虑到了 IPv4 到 IPv6 的过渡问题,并提供了一些特性使过渡过程简化。例如,IPv6 地址可以使用 IPv4 兼容地址,自动由 IPv4 地址产生;也可以在 IPv4 的网络上构建隧道,连接 IPv6 孤岛。目前针对 IPv4 – v6 过渡问题已经提出了许多机制,它们的实现原理和应用环境各有侧重,这里将对 IPv4 – v6 过渡的基本策略和机制做一个系统性的介绍。

1. 过程中应该遵循的原则和目标

(1) 保证 IPv4 和 IPv6 主机之间的互通。

(2) 在更新过程中避免设备之间的依赖性(即某个设备的更新不依赖于其他设备的更新)。

(3) 对于网络管理者和终端用户来说,过渡过程易于理解和实现。

(4) 过渡可以逐个进行。

(5) 用户、运营商可以自己决定何时过渡以及如何过渡。

主要分三个方面:IP 层的过渡策略与技术、链路层对 IPv6 的支持、IPv6 对上层的影响。

对于 IPv4 向 IPv6 技术的演进策略,业界提出了许多解决方案。特别是 IETF 组织专门成立了一个研究此演变的研究小组 NGTRANS,已提交了各种演进策略草案,并力图使之成为标准。

2. 双栈策略(DUAL STACK)

双栈是指同时支持 IPv4 协议栈和 IPv6 协议栈。实现 IPv6 节点与 IPv4 节点互通的最直接的方式是在 IPv6 节点中加入 IPv4 协议栈。具有双协议栈的节点称作"IPv6/v4 节点",这些节点既可以收发 IPv4 分组,也可以收发 IPv6 分组。它们可以使用 IPv4 与 IPv4 节点互通,也可以直接使用 IPv6 与 IPv6 节点互通。双栈技术不需要构造隧道,但后文介绍的隧道技术中要用到双栈。IPv6/v4 节点可以只支持手工配置隧道,也可以既支持手工配置也支持自动隧道。

3. 隧道技术(Tunneling)

在 IPv6 发展初期,必然有许多局部的纯 IPv6 网络,这些 IPv6 网络被 IPv4 骨干网络隔离开来,为了使这些孤立的"IPv6 岛"互通,就采取隧道技术的方式来解决。利用穿越现存 IPv4 因特网的隧道技术将许多个"IPv6 孤岛"连接起来,逐步扩大 IPv6 的实现范围,这就是目前国际 IPv6 试验床 6Bone 的计划。

工作机理为,在 IPv6 网络与 IPv4 网络间的隧道入口处,路由器将 IPv6 的数据分组封装入 IPv4 中,IPv4 分组的源地址和目的地址分别是隧道入口和出口的 IPv4 地址。在隧道的出口处再将 IPv6 分组取出转发给目的节点。

隧道技术在实践中有四种具体形式:构造隧道、自动配置隧道、组播隧道以及 6to4。

对于独立的 IPv6 用户,要通过现有的 IPv4 网络连接 IPv6 网络上,必须使用隧道技术。但是手工配置隧道的扩展性很差,隧道代理(Tunnel Broker,TB)的主要目的就是简化隧道的配置,提供自动的配置手段。对于已经建立起 IPv6 的 ISP 来说,使用 TB 技术为网络用户的扩展提供了一个方便的手段。从这个意义上说,TB 可以看作是一个虚拟的 IPv6 ISP,它为已经连接到 IPv4 网络上的用户提供连接到 IPv6 网络的手段,而连接到 IPv4 网络上的用户就是 TB 的客户。

现有 IPv4 网络传送 IPv6 数据包的方法,通过将 IPv6 数据包封装在 IPv4 数据包中,实现在 IPv4 网络中的数据传送。同样,IPv4 也可封装在 IPv6 包中,通过 IPv6 网络传递到对端的 IPv4 主机。通过 MPLS、隧道代理、手工配置等多种方式实现。

隧道技术在部署中,代理方式和手工配置方式的后期维护复杂;成对隧道部署的要求大大限制了实际的部署范围和部署能力,也就是说,网络规模不能扩大。IPv4 与 IPv6 包的转换极大地限制了传输的性能,虽然通过彼此的网络到达彼此端的主机,但是业务之间还是彼此区分的。

4. 双栈转换机制(DSTM)

DSTM 的目标是实现新的 IPv6 网络与现有的 IPv4 网络之间的互通。使用 DSTM,IPv6 网络中的双栈节点与一个 IPv4 网络中的 IPv4 主机可以互相通信。DSTM 的基本组成部分包括:

(1) DHCPv6 服务器。为 IPv6 网络中的双栈主机分配一个临时的 IPv4 全网唯一地址,同时保留这个临时分配的 IPv4 地址与主机 IPv6 永久地址之间的映射关系,此外提供 IPv6 隧道的隧道末端(TEP)信息。

(2) 动态隧道端口 DTI。每个 DSTM 主机上都有一个 IPv4 端口,用于将 IPv4 报文打包到 IPv6 报文里。

(3) DSTM Deamon。与 DHCPv6 客户端协同工作,实现 IPv6 地址与 IPv4 地址之间的解析。

5. 无状态 IP/ICMP 翻译技术(SIIT)

无状态 IP/ICMP 翻译技术(Stateless IP/ICM PTranslation,SIIT),用于对 IP 和 ICMP 报文进行协议转换,这种转换不记录流的状态,只根据单个报文将一个 IPv6 报文头转换为 IPv4 报文头,或将 IPv4 报文头转换为 IPv6 报文头。SIIT 不需要 IPv6 主机获取一个 IPv4 地址,但对于 SIIT 设备 来说,每一个 IPv6 主机有一个虚拟的临时 IPv4 地址。SIIT 技术使用特定的地址空间来完成 IPv4 地址与 IPv6 地址的转换。SIIT 是静态转换,只是替换地址,遇到报文加密就无法替换。全局 IPv4 地址池规模有限,网络规模不能扩大。

6. 带协议转换的网络地址转换(NAT – PT)

在位于 IPv4 和 IPv6 网络边界部署设备在 IPv4 报文与 IPv6 报文之间进行翻译转换。NAT – PT 把 SIIT 协议转换技术和 IPv4 网络中动态地址转换技术(NAT)结合在一起,它利用了 SIIT 技术的工作机制,同时又利用传统的 IPv4 下的 NAT 技术来动态地给访问 IPv4 节点的 IPv6 节点分配 IPv4 地址,很好地解决了 SIIT 技术中全局 IPv4 地址池规模有限的问题。同时,通过传输层端口转换技术使多个 IPv6 主机共用一个 IPv4 地址。

NAT – PT 虽然能解决 IPv4 节点与 IPv6 节点互通的问题,但是不能支持所有的应用。这些应用层程序包括:① 应用层协议中如果包含有 IP 地址、端口等信息的应用程序,若不将高层报文中的 IP 地址进行变换,则这些应用程序就无法工作,如 FTP、STMP 等。②在应用层进行认证、加密的应用程序无法在此协议转换中工作。

现有的程序多数是 IPv4,数据包无法在纯 IPv6 的环境中路由到网关,NAT – PT 无法发挥作用,只有极少数支持双栈的应用程序才能使用 NAT – PT 功能。多数应用需要逐一开发应用层网关(ALG)配合才能工作。

7. IVI 的解决方法

IVI 是基于路由前缀的无状态 IPv4/IPv6 翻译技术,IVI 方案可以进行自动地址映射,支持多媒体业务穿越公网和内网,只需在用户端和骨干网之间加入一个网关设备即可。

在罗马字母中 IV 是 4，VI 是 6，IVI 代表 4 和 6 之间要打通。通过这种翻译技术，IPv6 用户可以透明地访问 IPv4 网，IPv4 用户也可以访问 IPv6 网。IVI 既高效地解决了 IPv6 网对 IPv4 网现有海量资源的利用难题，又大大减少了双栈网的维护费用。

IVI 技术是对 SIIT（无状态 IP/ICMP 翻译技术）和 NAT – PT 技术进行的改进。IVI 通过用一段特殊的 IPv6 地址与 IPv4 地址进行唯一映射，可以实现这部分地址的无状态地址转换，能够同时支持 IPv4 和 IPv6 发起的通信；对于这段特殊地址之外的 IPv6 地址，支持 1:N 的有状态地址转换，可以实现 IPv4 地址的复用和 IPv6 对 IPv4 的单向通信。IVI 网关不需要通过 DNS 来查找 IPv4、IPv6 的对应关系，而是能够通过一对一的映射直接找到对应的地址，从而大大减轻网关设备的负担和效率。另外，IVI 技术可以直接支持指定源模式（PIM – SSM）的组播，支持逆向路径转发（RPF）机制，也支持 PIM – SM 的 ALG，因此能够完全实现 IPv6 节点与 IPv4 节点间的组播应用。

8. SOCKS64

一个是在客户端里引入 SOCKS 库，这个过程称为"SOCKS 化"（socksifying），它处在应用层和 socket 之间，对应用层的 socket API 和 DNS 名字解析 API 进行替换。另一个是 SOCKS 网关，它安装在 IPv6/v4 双栈节点上，是一个增强型的 SOCKS 服务器，能实现客户端 C 和目的端 D 之间任何协议组合的中继。当 C 上的 SOCKS 库发起一个请求后，由网关产生一个相应的线程负责对连接进行中继。SOCKS 库与网关之间通过 SOCKS（SOCKSv5）协议通信，因此它们之间的连接是"SOCKS 化"的连接，不仅包括业务数据也包括控制信息；而 G 和 D 之间的连接未作改动，属于正常连接。D 上的应用程序并不知道 C 的存在，它认为通信对端是 G。

9. 传输层中继（Transport Relay）

与 SOCKS64 的工作机理相似，只不过是在传输层中继器进行传输层的"协议翻译"，而 SOCKS64 是在网络层进行协议翻译。它相对于 SOCKS64，可以避免"IP 分组分片"和"ICMP 报文转换"带来的问题，因为每个连接都是真正的 IPv4 或 IPv6 连接。但同样无法解决网络应用程序数据中含有网络地址信息所带来的地址无法转换的问题。

10. 应用层代理网关（ALG）

ALG 是 Application Level Gateway 的简称，与 SOCKS64、传输层中继等技术一样，都是在 IPv4 与 IPv6 间提供一个双栈网关，提供"协议翻译"的功能，只不过 ALG 是在应用层级进行协议翻译。这样可以有效解决应用程序中带有网络地址的问题，但 ALG 必须针对每个业务编写单独的 ALG 代理，同时还需要客户端应用也在不同程序上支持 ALG 代理，灵活性很差。显然，此技术必须与其他过渡技术综合使用，才有推广意义。

从以上过渡策略技术可见，由不同的组织或个人提出的 IPv4 向 IPv6 平滑过渡策略技术很多，它们都各有自己的优势和缺陷。由于应用环境不同，不同的过渡策略各有优劣。网络的演进过程将是多种过渡技术的综合，应该根据运营商具体的网络情况进行分析。最好的解决方案是综合其中的几种过渡技术，互相取长补短，实现平滑过渡。

4.7.5　IPv6 的物联网技术解决方案

IPv6 协议作为下一代互联网协议，是针对 IPv4 面临的问题而提出的。IPv6 的地址空间、服务质量、网络安全和移动性等优势已经在主流设备中受到广泛关注和支持。IPv6 的诸多特性表明，它能够为未来物联网的大规模应用提供基础。

1. IPv6 地址技术

IPv6 的诞生与 IPv4 的耗竭有直接关系。IPv6 拥有巨大的地址空间,同时 128 位的 IPv6 的地址被划分成两部分,即地址前缀和接口地址。与 IPv4 地址划分不同的是,IPv6 地址的划分严格按照地址的位数来进行,而不采用 IPv4 中的子网掩码来区分网络号和主机号。IPv6 地址的前 64 位被定义为地址前缀。地址前缀用来表示该地址所属的子网络,即地址前缀用来在整个 IPv6 网中进行路由。而地址的后 64 位被定义为接口地址,接口地址用来在子网络中标识节点。在物联网应用中可以使用 IPv6 地址中的接口地址来标识节点。在同一子网络下,可以标识 264 个节点。这个标识空间约有 185 亿亿个地址空间,几乎可以不受限制地提供 IP 地址,解决 IP 地址耗尽危机,使每件物品都可以直接编址,从而确保了端到端连接的可能性。

另一方面,IPv6 采用了无状态地址分配的方案来解决高效率海量地址分配的问题。其基本思想是网络侧不管理 IPv6 地址的状态,包括节点应该使用什么样的地址、地址的有效期有多长,且基本不参与地址的分配过程。节点设备连接到网络中后,将自动选择接口地址(通过算法生成 IPv6 地址的后 64 位),并加上 FE80 的前缀地址,作为节点的本地链路地址,本地链路地址只在节点与邻居之间的通信中有效,路由器设备将不路由以该地址为源地址的数据包。在生成本地链路地址后,节点将进行 DAD(地址冲突检测),检测该 El 地址是否有邻居节点已经使用,如果节点发现地址冲突,则无状态地址分配过程将终止,节点将等待手工配置 IPv6 地址。如果在检测定时器超时后仍没有发现地址冲突,则节点认为该接入地址可以使用,此时终端将发送路由器前缀通告请求,寻找网络中的路由设备。当网络中配置的路由设备接收到该请求,则将发送地址前缀通告响应,将节点应该配置的 IPv6 地址前 64 位的地址前缀通告给网络节点。网络节点将地址前缀与接口地址组合,构成节点自身的全球 IPv6 地址。

采用无状态地址分配之后,网络侧不再需要保存节点的地址状态,维护地址的更新周期,这大大简化了地址分配的过程。网络可以以很低的资源消耗来达到海量地址分配的目的。

2. IPv6 的报头压缩技术

IPv6 提供了远远大于 64KB 的数据包容量,并简化了报头定长结构,采用了较之以前更加合理的分段方式,这样就能大大地提高路由器转发数据的效率。不仅如此,轻装的 IPv6 数据包封装还可以在低消耗的同时传输更多的数据,从而减少感知层的感知设备的数量,降低开销和能耗。IPv6 的报头结构简单得多,它只有 6 个域和 2 个地址空间,删除了 IPv4 中不常用的域,放入了可选域和报头扩展。并且报头长度固定,所以内存容量不必消耗过多,提高了数据吞吐量。IPv6 报头由一个基本报头和扩展报头组成。不同于 IPv4 的是,IPv6 的扩展头是可以灵活扩充的,以便日后扩充新增选项。

IPv6 报头中新增的流标记是为了用来标记特定的用户数据流或通信量类型,使用流标记可以和任意的流关联,需要标识不同的流时,只需对流标记做相应改动;流标记在 IPv6 报文头部,使用 IPSec 时对转发路由器可见,因此转发路由器在使用 IPv6 报文 IPSec 时仍然可通过流标签、源地址、目的地址针对特定的流进行 QoS 处理。

3. IPv6 的移动性技术

IPv6 协议设计之初就充分考虑了对移动性的支持。针对移动 IPv4 网络中的三角路由问题,移动 IPv6 提出了相应的解决方案。

首先,从终端角度 IPv6 提出了 IP 地址绑定缓冲的概念,即 IPv6 协议栈在转发数据包之前需要查询 IPv6 数据包目的地址的绑定地址。如果查询到绑定缓冲中目的 IPv6 地址存在绑定的转交地址,则直接使用这个转交地址为数据包的目的地址。这样发送的数据流量就不会再经过移动节点的家乡代理,而直接转发到移动节点本身。

其次,MIPv6 引入了探测节点移动的特殊方法,即某一区域的接入路由器以一定时间进行路由器接口的前缀地址通告。当移动节点发现路由器前缀通告发生变化,则表明节点已经移动到新的接入区域。与此同时根据移动节点获得的通告,节点又可以生成新的转交地址,并将其注册到家乡代理上。

最后,MIPv6 的数据流量可以直接发送到移动节点,而 MIPv4 流量必须经过家乡代理的转发。在物联网应用中,传感器有可能密集地部署在一个移动物体上。例如为了监控地铁的运行参数等,需要在地铁车厢内部署许多传感器。从整体上来看,地铁的移动就等同于一群传感器的移动,在移动过程中必然发生传感器的群体切换,在 MIPv4 的情况下,每个传感器都需要建立到家乡代理的隧道连接,这样对网络资源的消耗非常大,很容易导致网络资源耗尽而瘫痪。在 MIPv6 的网络中,传感器进行群切换时只需要向家乡代理注册。之后的通信完全由传感器和数据采集的设备之间直接进行,这样就可以使网络资源消耗的压力大大下降。因此,在大规模部署物联网应用,特别是移动物联网应用时,MIPv6 是一项关键技术。

4. IPv6 的服务质量技术

在网络服务质量保障方面,IPv6 在其数据包结构中定义了流量类别字段和流标签字段。流量类别字段有 8 位,和 IPv4 的服务类型(ToS)字段功能相同,用于对报文的业务类别进行标识;流标签字段有 20 位,用于标识属于同一业务流的包。流标签和源、目的地址一起,唯一标识了一个业务流。同一个流中的所有包具有相同的流标签,以便对有同样 QoS 要求的流进行快速、相同的处理。

目前,IPv6 的流标签定义还未完善。但从其定义的规范框架来看,IPv6 流标签提出的支持服务质量保证的最低要求是标记流,即给流打标签。流标签应该由流的发起者信源节点赋予一个流,同时要求在通信的路径上的节点都能够识别该流的标签,并根据流标签来调度流的转发优先级算法。这样的定义可以使物联网节点上的特定应用有更大的调整自身数据流的自由度,节点可以只在必要的时候选择符合应用需要的服务质量等级,并为该数据流打上一致的标记。在重要数据转发完成后,即使通信没有结束,节点也可以释放该流标记,这样的机制再结合动态服务质量申请和认证、计费的机制,就可以做到使网络按应用的需要来分配服务质量。同时,为了防止节点在释放流标签后又误用该流标签,造成计费上的问题,信源节点必须保证在 120 s 内不再使用释放了的流标签。

在物联网应用中普遍存在节点数量多、通信流量突发性强的特点。与 IPv4 相比,由于 IPv6 的流标签有 20 b,足够标记大量节点的数据流。同时与 IPv4 中通过五元组(源、目的 IP 地址,源、目的端口、协议号)不同,IPv6 可以在一个通信过程中(五元组没有变化),只在必要的时候数据包才携带流标签,即在节点发送重要数据时,动态提高应用的服务质量等级,做到对服务质量的精细化控制。

IPv6 的 QoS 特性并不完善,由于使用的流标签位于 IPv6 报头,容易被伪造,产生服务盗用的安全问题。因此,在 IPv6 中流标签的应用需要开发相应的认证加密机制。同时为了避免流标签使用过程中发生冲突,还要增加源节点的流标签使用控制机制,保证在流标签使用过程中不会被误用。

5. IPv6 的安全性与可靠性技术

首先,在物联网的安全保障方面,由于物联网应用中节点部署的方式比较复杂,节点可能通过有线方式或无线方式连接到网络,因此节点的安全保障的情况也比较复杂。在使用 IPv4

的场景中一个黑客可能通过在网络中扫描主机 IPv4 地址的方式来发现节点,并寻找相应的漏洞。而在 IPv6 场景中,由于同一个子网支持的节点数量极大(达到百亿亿数量级),黑客通过扫描的方式找到主机难度大大增加。在基础协议栈的设计方面,IPv6 将 IPsec 协议嵌入到基础的协议栈中。通信的两端可以启用 IPSec 加密通信的信息和通信的过程。网络中的黑客将不能采用中间人攻击的方法对通信过程进行破坏或劫持。即使黑客截取了节点的通信数据包,也会因为无法解码而不能窃取通信节点的信息。

其次,由于 IP 地址的分段设计,将用户信息与网络信息分离,使用户在网络中的实时定位很容易,这也保证了在网络中可以对黑客行为进行实时的监控,提升了网络的监控能力。

再次,物联网应用中由于成本限制,节点通常比较简单,节点的可靠性也不可能做得太高,因此,物联网的可靠性要靠节点之间的互相冗余来实现。又因为节点不可能实现较复杂的冗余算法,因此一种较理想的冗余实现方式是采用网络侧的任播技术来实现节点之间的冗余。采用 IPv6 的任播技术后,多个节点采用相同的 IPv6 任播地址(任播地址在 IPv6 中有特殊定义)。在通信过程中发往任播地址的数据包将被发往由该地址标识的"最近"的一个网络接口,其中"最近"的含义指的是在路由器中该节点的路由矢量计算值最小的节点。当一个"最近"节点发生故障时,网络侧的路由设备将会发现该节点的路由矢量不再是"最近"的,从而会将后续的通信流量转发到其他的节点。这样物联网的节点之间就自动实现了冗余保护的功能。而节点上基本不需要增加算法,只需要应答路由设备的路由查询,并返回简单信息给路由设备即可。

总之,IPv6 作为下一代 IP 网络协议,支持动态路由机制,可以满足物联网对网络通信在地址、网络自组织以及扩展性方面的要求,具有很多适合物联网大规模应用的特性,但目前也存在一些技术问题需要解决。例如,无状态地址分配中的安全性问题,移动 IPv6 中的绑定缓冲安全更新问题,流标签的安全防护,全球任播技术的研究等。另外,由于 IPv6 协议栈过于庞大复杂,不能直接应用到传感器设备中,需要对 IPv6 协议栈和路由机制作相应的精简,才能满足低功耗、低存储容量和低传送速率的要求;IPv6 可为每一个传感器分配一个独立的 IP 地址,但传感器网需要和外网之间进行一次转换,起到 IP 地址压缩和简化翻译的功能。虽然 IPv6 还有众多的技术细节需要完善,但从整体来看,使用 IPv6 不仅能够满足物联网的地址需求,同时还能满足物联网对节点移动性、节点冗余、基于流的服务质量保障的需求。尤其是在市场需求的推动下,物联网和 IPv6 技术不断寻求新的结合点;诸如 6LoWPAN 之类的标准不断地推陈出新,将使 IPv6 成为物联网应用的基础网络技术。

4.8 M2M 技 术

机器对机器的通信(Machine to Machine,M2M)正在随着 3G 通信技术的发展和应用,打破了传统意义上通信网络、互联网和设备之间的物理隔膜,不仅包括人,还可以使机器自由地接入该通信网络,方便地从网络中获取所需信息。同时,M2M 网络中的设备可以在不需要人的干涉的条件下,自行进行通信。网络中的设备可具有各种不同的功能,适用于各种场合,满足人与机器、机器之间各种关系的通信需要。

各种通信技术是 M2M 发展的基础,虽然 M2M 这一理念的提出距今已有 20 年的历史,但是,2000 年前后移动通信技术的发展,使机器设备的联网成为可能。随后十几年,在众多通信设备商和电信运营商的推动之下,越来越多的机器设备直接或者间接地为人类提供着不同种类的服务。从现阶段物联网的发展来看,M2M 主要体现为一种物联网在网络层能够实现机器通信的各种技术。这些技术能增强机器设备之间的通信和网络能力,侧重于在网络层对于机器的接入、互联和集控管理,尤其是通过无线接入能力的提升可以更方便地实现多种应用服务。M2M 业务可以通过移动通信网、有线网络(有线局域网)、无线专用网等多种网络承载。

根据 IDATE 咨询研究公司调研,2010 年全球 M2M 相关应用产值已达 2200 亿欧元;据 J'son&Partners 公司的数据显示,2011 年全球 M2M 服务市场规模达到了 1.08 亿美元。预计到 2015 年,这一数字将达到 3.592 亿美元,移动运营商 6% 的用户将进入 M2M 市场,目前,美国的 AT&T 公司部署了超过 1300 万个终端,是推动 M2M 最为积极的运营商。法国 Orange 公司、挪威 Telenor 公司、美国 Verizon 公司和西班牙电信等国际通信业巨头也在不断拓展 M2M。在我国,各大通信运营商投入大量精力开展 M2M 应用的建设,已经部署了超过 500 万的 M2M 终端。广阔的市场前景使 M2M 受到了极大青睐,对信息产业的发展有重要意义。

4.8.1 M2M 概述

1. M2M 的概念

M2M 狭义上指机器对机器的通信方式,是基于特定行业终端,以 GPRS/SMS/USSD/MMS/CDMA 等为接入手段,为客户提供机器到机器的解决方案,满足客户对生产过程监控、指挥调度、远程数据采集和测量、远程诊断等方面的信息化需求。广义上,M2M 中的 M 可以是人(Man)、机器(Machine)和移动网络(Mobile)的简称,M2M 可以解释为机器到机器、人到机器、机器到人、人到人、移动网络到人或机器之间的通信。

M2M 早期仅指机器到机器的通信,逐渐演变为广义的 M2M,涵盖了在人、机器之间建立的所有连接技术和手段,这当然也就包括了移动网络(Mobile)作为其 M 之一。也就是说,广义来讲,M2M 涵盖了在人、机器之间建立的包括移动网络在内的所有连接技术和手段。广义的 M2M 根据其应用服务内容可以分为人—人、机器之间、人—机通信三大类。

(1)人—人通信。人与人之间的沟通很多也是通过机器实现的,例如通过手机、电话、计算机、传真机等机器设备之间的通信来实现人与人之间的沟通。比如,目前针对人—人通信设计的移动通信网,会对不同用户申请的业务进行设置,从而进行相应的控制。将这种通信模式推广到机器,就需要相应的改变。

(2)机器之间的通信。专为机器和机器建立通信由来已久,如许多智能化仪器仪表都带有 RS-232、RS-485、RS-422、TTL 接口和 GPIB 通信接口,增强了仪器与仪器之间,仪器与计算机之间的通信能力。目前,绝大多数的机器和传感器不具备本地或者远程的通信和联网能力。现有的机器数量是人的数倍,它们之间潜在的通信需求非常大。

(3)人—机通信。主要是指通过"通信网络"传递信息,从而实现人对机器的数据交换,也就是通过通信网络实现人—机器之间的互联、互通。在这种互联互通的基础上,直接或者间接地实现数据采集、测量、诊断等环境的感知与控制。

如果说物联网强调的是物体和人之间的连接能力,那么 M2M 强调的是把网络延伸至机器来实现机器通信的应用。主要包括机器对机器以及机器和人之间的通信,是现阶段 M2M 的主要应用形式。M2M 应用遍及电力、水利、石油、公共交通、智能工业控制、环境监测、金融等多个行业。M2M 产业链不断发展,终端设备不断丰富,越来越多的机器支持网络接入与智能控制;M2M 承载网络越来越完善,移动通信网络向 3G、LTE、4G 不断发展,提供平稳、高速的数据传输,IPv6 技术也正在全球范围内开始部署;同时,M2M 业务也越来越丰富,电力抄表、智能家居、水质监测等越来越多的应用的投入极大地开拓了 M2M 市场。M2M 将极大地方便、改善人类生活,改变人类的生活方式,对人类社会的发展有重要意义;同时也可提高工业生产过程的效率、利润,带来巨大的经济效益。

2. 移动通信网络作为承载 M2M 服务的优势

移动通信和无线通信的概念略有不同,一般来讲后者包括前者,移动通信指的是利用蜂窝网实现的伪长距离无线通信。无线通信可分为长距离无线通信和短距离无线通信,蓝牙、WiFi、ZigBee 技术有一个共同的特点,都属于短距离无线通信。这些短距离无线通信已经在本章详述。蓝牙的通信距离一般在 10m 内,比较典型的被当作一种短距离有线传输的替代方案。WiFi 在 WLAN 环境中,指的是一种无线联网技术,使得互联网用户终端无需网线即可与某一无线路由器相联。只有通过已连接了上网线路的路由器(热点),WiFi 用户才能连接入互联网。ZigBee 较为适合固定不动或活动性较低的设备,不能为快速移动中的设备,或距离较远的设备提供良好的通信服务。它们的覆盖范围如图 4 – 16 所示,相比这些短距离无线通信技术,移动通信网络具有支持长距离通信、覆盖率高、移动性支持好、数据通信安全的特点。

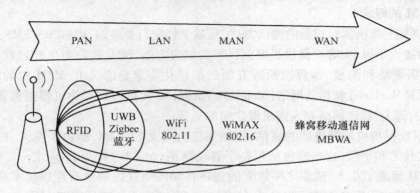

图 4 – 16 无线通信技术对比示意图

首先,移动通信网络已经覆盖了全球大部分地区,在任意地点的网络终端,在自身条件允许的条件下,都可接入移动通信网络。同时,具有移动通信网络通信能力的 MTC 通信硬件的实现较为成熟。作为 M2M 硬件的一种,嵌入式硬件能够实现支持 GSM/GPRS、CDMA 等无线通信网络的无线嵌入数据模块。LTE 网络采用正交频分复用技术(Orthogonal Frequency Division Multiplexing,OFDM)作为其物理层的传输方案。相应的 MTC 通信芯片也已经投入使用。

其次,移动通信网络能够提供优良的数据通信服务,可以满足 M2M 网络中数据通信的需求。移动通信网络对不同网络的兼容能力也不断地增强,即使由于移动通信网络的更新换代,如由 LTE 网络替代现有的 3G 网络,新一代的移动通信网络也能够很好地兼容原有的 3G 网络中的服务。对于那些需要长期野外工作的 M2M 设备来说,不必担心技术的更新换代会影响现有设备的使用。除此之外,移动通信网络服务提供商也十分重视 M2M 网络的应用,积极推动 M2M 网络应用,比如英国的 Vodafone,德国的 T – Mobile,日本的 NTT – DoCoMo 等,以及国内的三大电信运营商为 M2M 网络发展提供有利的条件。

再次,3GPP 组织已经认识到 M2M 网络巨大的应用前景,已成立专门的工作组来为 MTC 制定相应的标准规范以使移动通信网络能更好地服务于 M2M 网络。对于网络的优化方案将在接下来讨论。3GPP 组织积极地在 LTE 及 LTE – Advanced 计划中对标准规范进行调整,以更好地适应 M2M 网络的特点。移动通信技术近 10 年来的研发重点放在获得更高带宽、更快数据率和更强业务能力上,3G 和 4G 为代表的技术研发已取得了重大的进展,随着 M2M 应用需求的指数级增长,及其 M2M 终端向社会生活的各个领域的渗透,以移动通信手段承载 M2M 业务,将成为无线机器间通信的一种很具吸引力的实现方式。

最后,现有移动通信系统从其最根本的设计需求上讲是解决人与人(H2H)通信的问题,尽管随着技术的发展其自身在不断地完善和演进,但如果没有针对 M2M 通信特点进行优化,仍难以完全适应 M2M 业务复杂的应用环境,无法满足海量 M2M 接入的需要。因此为了适应 M2M 业务的需求,既需要标准化,还需要优化。

4.8.2　M2M 的标准化

各种各样的机器逐渐充满着人们的生活,某些 IT 类设备,如移动电话、Pad、计算机等,能够在有人参与和控制的条件下与其他设备进行通信。但是大多数设备都不具备通信能力。人们希望周围的机器设备都可在没有人参与的情况下主动通信,于是,这种在无人干涉情况下的通信,主要包含基于电信运营商的移动通信网络提供的机器类的服务。这种早期的机器类通信也就是狭义的 M2M,由能够自行通信的机器组成的网络被称为 M2M 网络。M2M 通过网络化智能终端的信息交互为社会提供各种应用和服务。各种具有通信能力的机器设备可组成各种 M2M 网络,以方便人们的生活。MTC 设备的应用前景十分广阔,可被广泛应用于追踪与监控、安全、测量、健康医疗、远程控制等领域。

随着物联网的快速发展,国际上各大标准化组织中 M2M 相关研究和标准制定工作也在不断推进。几大主要标准化组织按照各自的工作职能范围,从不同角度开展了针对性研究。欧洲电信标准化协会(ETSI)从典型物联网业务用例,例如,从智能医疗、电子商务、自动化城市、智能抄表和智能电网的相关研究入手,完成对物联网业务需求的分析、支持物联网业务的概要层体系结构设计以及相关数据模型、接口和过程的定义。第三代合作伙伴计划(3GPP/3GPP2)以移动通信技术为工作核心,重点研究 3G,LTE/CDMA 网络针对物联网业务提供需要实施的网络优化相关技术,研究涉及业务需求、核心网和无线网优化、安全等领域。CCSA 在 2009 年完成了 M2M 的业务研究报告,与 M2M 相关的其他研究工作已经展开。

1. ETSI

ETSI 是国际上较早系统地开展 M2M 相关研究的标准化组织,ETSI 在 2008 年 11 月成立了 M2M 技术委员会。主要职责首先就是收集和定义了 M2M 的需求,然后为 M2M 的应用开发了端到端的整体架构(M2M overall high level),并与 ETSI 内 NGN 的研究及 3GPP 已有的研究进行协同工作。主要工作领域包括 M2M 设备标识、名址体系;QoS 和安全隐私、计费、管理、应用接口、硬件接口、互操作等。M2M – TC 相关的项目针对智能仪表、电子健康、电子消费等各种各样的 M2M 应用都做了研究,这些对于需求研究的详细文件是研究 M2M 的业务应用和网络技术优化的基础。

ETSI 对 M2M 需求做的研究非常充分,作为参加 3GPP 的重要组成力量,本身定位跟 3GPP 是共通的。虽然具体技术规范不再定义,但是针对各种需求做了深入的研究,从需求中提炼一些共有的特性,在现有的移动通信规范基础上实现 M2M 的业务。其研究范围可以分为两个层面,第一个层面是针对 M2M 应用用例的收集和分析;第二个层面是在用例研究的基础上,开展应用无关的统一 M2M 解决方案的业务需求分析,网络体系架构定义和数据模型、接口和过程设计等工作。

2012 年 2 月,ETSI 发布了第一版 M2M 标准——ETSI M2M 标准 Release 1。它允许多种

M2M 技术之间通过一个可管理平台进行整合,对 M2M 设备、接口网关、应用、接入技术及 M2M 服务能力层进行了定义,同时提供了安全、流量管理、设备发现及生命周期管理特性。

图 4-17 是 ETSI TS 102 690 V1.1.1 技术规范中定义的 M2M 结构,主要由网络域、终端和网关域组成,其中网络域部分的作用类似于 M2M 平台的作用,由 M2M 应用、M2M 服务能力、核心网、接入网、M2M 管理功能和网络管理功能模块组成。

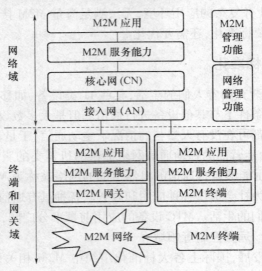

图 4-17 ETSI M2M 功能体系结构图

接入网的作用是实现 M2M 终端和网关域与核心网的通信;接入网包括(但不限于)xDSL, HFC,satellite,GERAN,UTRAN,eUTRAN,WiFi 和 WiMAX。核心网提供的功能包括 IP 连接、服务和网络控制功能、与其他网络互联、漫游等;核心网包括(但不限于)3G PPCNs,ETSI TISPAN CN 和 3GPP2 CN。M2M 服务能力模块提供由不同应用共享的 M2M 功能,并通过一组开放接口公开功能;该模块使用核心网功能,通过隐藏网络特征简化并优化应用开发和部署。M2M 应用通过一个开放接口使用 M2M 服务能力。网络管理功能模块实现用于管理接入网和核心网所需的所有功能,如运行、管理、维护、预置和故障管理等。M2M 管理功能模块包括实现对网络域 M2M 服务能力进行管理的所有功能,如安全管理等,该模块是 M2M 平台的主要部分。

从图 4-1 中可以看出,M2M 技术涉及到了通信网络中从终端到网络再到应用的各个层面,M2M 的承载网络包括了 3GPP,TISPAN 以及 IETF 定义的多种类型的通信网络。以上是在 ETSI 中对 M2M 的标准化的定义和工作。

2. 3GPP

3GPP(Third Generation Partnership Project)是一个领先的 3G 技术的国际标准化组织,由欧洲的 ETSI、日本的 ARIB 和 TTC、韩国的 TTA 和美国的 T1 于 1998 年底发起成立,旨在研究制定并推广基于演进的 GSM 核心网络的 3G 标准,包括 WCDMA、TD-CDMA、EDGE 等技术标准。LTE(Long Time Evolution)及 LTE-Advanced 等蜂窝移动通信标准也由这一组织制定。中国无线通信标准组(CWTS)也在 1999 年加入 3GPP。

3GPP 最早于 2005 年就开展了移动通信系统支持机器类通信的可行性研究,正式研究于 2008 年的 R10 阶段启动。3GPP 规范不断添加新特性来应对发展中的市场需求。3GPP 使用并行版本体制,其技术规范的系统版本截至目前包括 Release1 ~ Release11。

M2M 在 3GPP 内对应的名称为机器类型通信(Machine – Type Communication, MTC)。3GPP 并不研究所有的机器通信,只研究那些具有蜂窝通信模块、通过蜂窝网络进行数据传输的机器通信,也就是 MTC。3GPP 并行设立了多个工作项目(Work Item)或研究项目(Study Item),由不同工作组按照其领域,并行展开针对 MTC 的研究。3GPP 对于 M2M 的研究主要从移动网络出发,研究 M2M 应用对网络的影响,各个工作组对 M2M 的研究范围和重点各有不同,它们通过分工合作来实现对 M2M 技术的需求、功能、架构、安全、信令流程等的研究和标准制定。3GPP 在组织架构上可主要分为两个小组,分别为项目协作组(Project Coordination Group, PCG)和技术规范制定组(Technical Specification Groups, TSG)。其中技术规范制定组负责讨论、解决 3GPP 网络中各种技术问题。技术规范制定组每年定期举行一些会议来讨论这些技术问题,并把讨论的结果写成规范,放在 3GPP 网站上。

技术规范组又可分为四个小的工作组,分别为无线接入网(Radio Access Network, RAN),核心网与终端(Core Networks & Terminals)、服务与系统(Service & Systems Aspects, SA)和 GSM EDGE 无线接入网(GSM EDGE Radio Access Network, GERAN)。无线接入网,即通信终端到基站的无线通信网络部分,主要负责 UTRA/E – UTRA 这两种无线网络接口中各种功能、要求与接口的定义。无线接入网有 FDD 和 TDD 两种信号利用模式。核心网与终端主要负责网络终端的逻辑与物理接口的规范、终端的性能和 3GPP 系统的核心部分。服务与系统部分主要负责系统的整体架构与系统的服务能力,以及与技术规范制定组中其他小组的合作沟通。GSM EDGE 无线接入网主要负责采用 GSM/EDGE 技术的无线接入网的标准规范。目前,GSM/WCDMA 网络占据着全球 70% 以上的市场份额。

下面按照项目的分类简述 3GPP 在 MTC 领域相关研究工作的进展情况。

1. FS＿M2M

这个项目是 3GPP 针对 M2M 通信进行的可行性研究报告,由 SA1 负责相关研究工作。研究报告《3GPP 系统中支持 M2M 通信的可行性研究》于 2005 年 9 月立项,2007 年 3 月完成。

2. NIMTC 相关课题

重点研究支持机器类型通信对移动通信网络的增强要求,包括对 GSM、UTRAN、EUTRAN 的增强要求,以及对 GPRS、EPC 等核心网络的增强要求,主要的项目包括:

(1) FS＿NIMTC＿GERAN。该项目于 2010 年 5 月启动,重点研究 GERAN 系统针对机器类型通信的增强。

(2) FS＿NIMTC＿RAN。该项目于 2009 年 8 月启动,重点研究支持机器类型通信对 3G 的无线网络和 LTE 无线网络的增强要求。

(3) NIMTC。这一研究项目是机器类型通信的重点研究课题,负责研究支持机器类型终端与位于运营商网络内、专网内或互联网上的物联网应用服务器之间通信的网络增强技术。由 SA1, SA2, SA3 和 CT1, CT3, CT4 工作组负责其所属部分的工作。

3GPP SA1 工作组主要负责 M2M 业务需求和特性的分析,于 2009 年初启动技术规范,将 MTC 对通信网络的功能需求划分为共性和特性两类可优化的方向。

3GPP SA2 工作组负责支持机器类型通信的移动核心网络体系结构和优化技术的研究,包括基本网络架构、主要功能和基本流程等,于 2009 年底正式启动研究报告《支持机器类型通信的系统增强》。报告针对第一阶段需求中给出共性技术点和特性技术点给出解决方案。

3GPP SA3 工作组主要负责分析 M2M 通信潜在的安全威胁及安全需求,并提供可行的解决方案;CT 工作组主要基于 SA2 的架构和功能设计,进行终端及核心网方面 M2M 各种优化技术的具体实现;TSGGE 和 TSGRAN 中各工作组负责 M2M 通信在无线接入网络中的优化。

3GPP SA3 于 2007 年启动了《远程控制及修改 M2M 终端签约信息的可行性研究》报告,研究 M2M 应用在 UICC 中存储时,M2M 设备的远程签约管理,包括远程签约的可信任模式、安全要求及其对应的解决方案等。2009 年启动的《M2M 通信的安全特征》研究报告,计划在 SA2 工作的基础上,研究支持 MTC 通信对移动网络的安全特征和要求。

3. FS_MTCe

支持机器类型通信的增强研究是计划在 R11 阶段立项的研究项目。主要负责研究支持位于不同 PLMN 域的 MTC 设备之间的通信的网络优化技术。此项目的研究需要与 ETSI TC M2M 中的相关研究保持协同。

4. FS_AMTC

项目旨在寻找 E.164 的替代,用于标识机器类型终端以及终端之间的路由消息,是 R11 阶段立项的研究课题,于 2010 年 2 月启动。

5. SIMTC

支持机器类型通信的系统增强研究,此为 R11 阶段的研究课题。在 FS_MTCe 项目的基础上,研究 R10 阶段 NIMTC 的解决方案的增强型版本。

3GPP 支持机器类型通信的网络增强研究课题在 R10 阶段的核心工作为 SA2 工作组进行的 MTC 体系结构增强的研究,其中重点述及的支持 MTC 通信的网络优化技术包括:

(1)体系架构。研究报告提出了对 NIMTC 体系结构的修改,其中包括增加 MTC-IWF 功能实体以实现运营商网络与位于专网或公网上的 M2M 服务器进行数据和控制信令的交互,同时要求修改后的体系结构需要提供 MTC 终端漫游场景的支持。

(2)拥塞和过载控制。由于 MTC 终端数量可能达到现有手机终端数量的几个数量级以上,所以这是由于大量 MTC 终端同时附着或发起业务请求造成的网络拥塞和过载时移动网络运营商面对的最急迫的问题。研究报告在这一方面进行了重点研究,讨论了多种的拥塞和过载场景要求网络能够精确定位拥塞发生的位置和造成拥塞的物联网应用,针对不同的拥塞场景和类型,给出了接入层阻止广播、低接入优先级指示、重置周期性位置更新时间等多种解决方案。

(3)签约控制。研究报告分析了 MTC 签约控制的相关问题,提出 SGSN/MME 具备根据 MTC 设备能力、网络能力、运营商策略和 MTC 签约信息来决定启用或禁用某些 MTC 特性的能力。同时也指出了需要进一步研究的问题,例如网络获取 MTC 设备能力的方法,MTC 设备的漫游场景等。

(4)标识和寻址。MTC 通信的标识问题已经另外立项进行详细研究。本报告主要研究了 MT 过程中 MTC 终端的寻址方法,按照 MTC 服务器部署位置的不同,报告详细分析了寻址功能的需求,给出了 NATTT 和微端口转发技术寻址两种解决方案。

(5)时间控制特性。时间受控特性适用于那些可以在预设时间段内完成数据收发的物联网应用。报告指出,归属网络运营商应分别预设 MTC 终端的许可时间段和服务禁止时间段。服务网络运营商可以根据本地策略修改许可时间段,设置 MTC 终端的通信窗口等。

(6)MTC 监控特性。MTC 监控是运营商网络为物联网签约用户提供的针对 MTC 终端行为的监控服务。包括监控事件签约、监控事件侦测、事件报告和后续行动触发等完整的解决方案。

3. 3GPP2

3GPP2(The 3rd Generation Partnership Project 2)于 1999 年 1 月成立,由美国 TIA、日本的 ARIB 和 TTC、韩国的 TTA 四个标准化组织发起,中国无线通信标准研究组(CWTS)于 1999 年 6 月在韩国正式签字加入 3GPP2,成为这个当前主要负责第三代移动通信 CDMA2000 技术的标准组织的伙伴。中国通信标准化协会(CCSA)成立后,CWTS 将 3GPP2 的组织名称更名为 CCSA。3GPP2 主要工作是制定以 ANSI-41 核心网为基础,CDMA2000 为无线接口的移动通信技术规范。研究的重点在于 CDMA2000 网络如何支持 M2M 通信,具体内容包括 3GPP2 体系结构增强、无线网络增强和分组数据核心网络增强。

3GPP2 下设 4 个技术规范工作组即 TSG-A、TSG-C、TSG-S、和 TSG-X,分别负责发布各自领域的标准。TSG-A 主要负责接入网部分的标准化工作。TSG-C 主要负责采用 CDMA2000 技术(CDMA20001x、1xEV-DO、1xEV-DV)的空中接口的标准化工作,标准涉及到物理层、媒体接入控制层(MAC)、信令链路接入控制层(LAC)以及高层信令部分。TSG-C 发布的标准技术规范主要与无线专业相关,其中高层信令部分涉及到较多的网络侧技术。TSG-S主要负责业务能力需求的开发,以及协调不同 TSG 之间的系统要求,如网络安全、网络管理等。TSG-X 主要负责核心网相关标准的制定,内容主要包括支持语音以及多媒体的 IP 技术、核心网的传输承载、核心网内部接口的信令、核心网的演进等。

4. M2M 在 CCSA 的进展概况

M2M 相关的标准化工作在中国通信标准化协会中主要在移动通信工作委员会(TC5)和泛在网技术工作委员会(TC10)进行。主要工作内容如下:

(1)TC5 WG7 完成了移动 M2M 业务研究报告,描述了 M2M 的典型应用,分析了 M2M 的商业模式、业务特征以及流量模型,给出了 M2M 业务标准化的建议。

(2)TC5 WG9 于 2010 年立项的支持 M2M 通信的移动网络技术研究,任务是跟踪 3GPP 的研究进展,结合国内需求,研究 M2M 通信对 RAN 和核心网络的影响及其优化方案等。

(3)TC10 WG2 M2M 业务总体技术要求,定义 M2M 业务概念,描述 M2M 场景和业务需求、系统架构、接口以及计费认证等要求。

(4)TC10 WG2 M2M 通信应用协议技术要求,规定 M2M 通信系统中端到端的协议技术要求。

总之,从通信行业角度而言,物联网相关的标准组织主要聚焦在 3GPP 和 ETSI 这两大标准组织上。3GPP 侧重 M2M 移动网络的优化方面,重点是通过 3 个 Release 完成标准化工作,R11 对应 M2M 有一定数量,网络需要一定升级以适应 M2M 应用,R12 及以后则对应 M2M 数量激增,网络主要围绕 M2M 特点进行设计,考虑新的物理层设计。目前,3GPP 在移动网络优化技术方面已经有了阶段性的研究成果。

ETSI 旨在填补当前 M2M 标准空白加速市场的快速发展,协调现有的 M2M 技术提供端到端解决方案,其优势是成员中 59% 的公司来自于设备制造商,26% 的公司为运营商,集中了主要的电信领域大公司,定位为全球范围内的协调组织。ETSI 根据多种行业应用需求的研究,成果向应用的移植过程比较平稳,同时这两个标准化组织注意保持两个研究体系间的协同和兼容,国内的标准化工作也正在进行。标准化是物联网发展过程中的重要一环,研究和制定 M2M 的标准化工作对物联网的发展有着重要的意义,对我国物联网技术发展,乃至对通信业与物联网应用行业间的融合有着重要的借鉴价值和指导意义。

5. 新的全球化组织 oneM2M

2012 年 7 月 24 日,7 家全球领先的信息和通信技术(ICT)标准制定组织(SDO)启动了一个新的全球化组织以确保实现最高效地部署机器到机器(M2M)通信系统。新的组织名为oneM2M,这些标准组织包括中国通信标准化协会(CCSA)、日本的无线工业及贸易联合会(ARIB)和电信技术委员会(TTC)、美国的电信工业解决方案联盟(ATIS)和通信工业协会(TIA)、欧洲电信标准化协会(ETSI)以及韩国的电信技术协会(TTA)。

据 oneM2M 网站消息称,其负责制定确保 M2M 全球功能的相关规范,帮助相关行业充分利用发挥这一新兴技术的优势。oneM2M 成员将致力于制定确保 M2M 设备能够在全球范围内实现互通的技术规范和相关报告。

全球 M2M 连接正在呈指数级增长,预计到 2020 年这个数字将高达 500 亿。这些连接几乎存在于每个主要市场类型之中,从医疗健康到交通,从能源到农业,oneM2M 在确保这些行业能够获益于 M2M 通信所呈现的经济增长和创新机会方面发挥至关重要的作用。目前,通信服务提供商已经开始配置各自的网络以便利用对 M2M 服务日益增长的需求。oneM2M 所制定的规范将为通信服务提供商提供一个通用平台,用于支持像智能电网、互联汽车、电子医疗和远程医疗、企业供应链、家庭自动化和能源管理、公共安全等多样的应用和服务。

oneM2M 的最初目标是面对通用 M2M 业务层的关键需求,其特点是很容易地嵌入到不同的硬件和软件中,并且依托于连接到全球 M2M 应用服务器上的无数设备。借助独有的端到端服务视角,oneM2M 还将使用跨越多重 M2M 应用的常见使用案例和架构原则制定全球一致的 M2M 端到端规范。最终,oneM2M 的工作将推动多个行业实现降低运营和资本消耗、缩短上市时间、创造畅销的规模经济、简化应用的开发、扩大并加速全球商业机会以及避免标准化的重叠等目标。

4.8.3 3GPP 的 MTC 业务分析

表面上每种 M2M 类业务和针对人—人通信设计的承载网络的需求都具有很大的不同,各自有其特性,同类业务有非常强的规律性,而不同类之间的业务特性的差异性又非常大。3GPP 在早期将机器类通信分为两类,随着研究的深入,3GPP 做了更为细化的规范。3GPP 研究的 M2M 业务称为 MTC(Machine Type Communication)。考虑到 MTC 业务的多样性以及与应用结合紧密的特点,MTC 需求划分为一般服务需求和特定服务需求。一般服务需求独立于MTC 应用具体特征,从宏观角度归纳定义了移动通信网络为支持 MTC 业务所应具备的基本功能,包括通用需求、MTC 设备触发、寻址、标识、计费、安全以及 MTC 设备远程管理等。其中,MTC 设备触发和远程管理是 M2M 所特有的,而其他需求在 H2H 通信中就已经存在,只是由于 MTC 终端数量的庞大以及 MTC 业务的多样使其呈现出有别于 H2H 通信的新特征。比如在地址和编号方面,需要考虑的是地址空间受限,受限的编号涉及到 IMSI,MSISDN 和 IPv4地址;编号要能够唯一标识一个 MTC 设备,能够唯一标识一个 MTC 设备组;计费方面,能够对一个 MTC 组进行计费,能够对特定的时间段执行特殊费率、能够对特定的事件进行计费;安全方面,至少能够提供与 H2H 相同的安全级别。

在特定服务需求方面,具体定义了 16 类 MTC 业务特性,业务特性及其说明详见表 4-4。

表 4-4　MTC 业务特性

序号	业务特性	特征简要说明
1	Low Mobility	终端低移动性,即不移动、不经常移动或只在特定区域移动。低移动管理可以延长移动性管理周期,降低设备对系统资源的占用。需对分组域移动性管理设备(PDSN/MSC)和用户数据库(AAA/HSS/HLR)进行增强(HLR:归属位置寄存器)
2	Time Controlled	业务和时间相关,即在规定时间段内收、发数据,而在规定时间段外避免不必要的信令,例如抄表。网络应能够控制终端接入网络的时间,也能够控制同一个用户下的不同终端在不同时间段的接入或一个用户下的 M2M 设备在时间段内的随机接入,避免同时接入导致的拥塞。超出接入时间,网络侧可以拒绝终端的接入请求。将 M2M 设备从网络侧分离,或者拒绝 M2M 设备发起任何数据或者信令请求。 　　需要对分组域移动性管理设备(PDSN/AAA)和用户数据库(HSS/HLR)进行增强,允许设备接入时间段作为签约数据存储在 AAA
3	Time Tolerant	对时间不敏感,可以容许适当延迟。网络应能够进行时间控制或接入速率控制。如接入速率超过配置速率则拒绝接入请求。需要对用户平面设备和用户数据库进行增强
4	Packet Swiched(PS) Only	只通过 PS 域提供业务。对核心网无影响
5	Online Small Data Transmission	永远在线的少量数据传输。对于经常发送数据的终端设备,为了减少信令对网络的影响,这些终端设备应保留注册在网络中。对控制面和用户面核心网设备可能都有影响
6	Offline Small Data Transmission	离线少量数据传输,在少量数据传输之外的时间,终端可以去激活。对于很长时间才发送一次数据的终端设备,网络侧应在设备发完数据后将终端设备从网络侧中分离。对于小流量业务基于连接时长或流量的计费都是不合适的,需要考虑基于连接数计费、基于信令数计费和基于群组计费(基于 M2M 用户下的所有 M2M 设备的流量、接入时长进行计费)
7	Mobile Originated(MO) Only	仅由 MO 终端发起业务。可以去掉寻呼或位置更新,甚至处于断开状态。只当用户接入时才进行移动性管理
8	Infrequent Mobile Terminated(MT)	偶尔由 MO 终端发起业务(Push)
9	MTC Monitoring	需要网络侧对监控终端状态(行为异常、地点改变、连接丢失等)检测并采取相应措施(向用户、服务器发出告警或限制终端业务)
10	Offline Indication	MTC Server 感知终端离线。需要网络侧在终端脱网时向用户、服务器发出告警
11	Jamming Indication	MTC Server 感知终端被干扰。在终端已经被干扰或正受到干扰时,网络要向 Server 发出告警
12	Priority Alarm Message (PAM)	网络需要保证 PAM 消息优先传送。核心设备需要配置不同消息的优先级别,保证 PAM 消息的优先传送。实现此功能对终端设备也有相应要求。此类业务具有较高的优先级,如火灾告警,需要及时将信息传递给消防系统
13	Low Power Consumption	终端低功耗保证。降低终端功耗可以通过简化移动性管理、定时唤醒终端等措施实现

113

序号	业务特性	特征简要说明
14	Secure Connection	终端和服务器之间安全地连接。安全连接可以通过数据加密、认证等机制完成，对核心网影响较小
15	Location Specific Trigger	网络根据位置触发终端发起业务。核心网设备需要配置特定位置的触发信息，触发终端业务或将位置信息通知 Serve；或在没有附着到网络或移动性管理减少时触发终端
16	Group Based MTC Features	针对群组管理的特性，例如群组 QoS、群组计费、群组寻址等，需要考虑新的计费、寻址等能力。群组特性是应用于一组 MTC 终端的 MTC 特性，有 Group Based Policing 和 Group Based Addressing 两种。前者对一组终端执行联合的群组 QoS 策略；后者对一组终端进行寻址从而优化网络传输的数据量

特定服务需求结合 MTC 具体应用特征从不同角度定义了若干 MTC 特性，并对每种特性描述了移动通信网络所应满足的功能要求。这样做的好处在于：系统在实现 MTC 一般服务需求的基础之上，只需综合调用一种或多种 MTC 特性就可实现对多种多样 MTC 应用的支持。上述这些特征基本为数据业务特征，要使网络能对这些特征进行控制，网络必须具备两个条件：了解 MTC 终端所需的业务特性和具备对不同特性的控制能力，从而根据业务特性对网络做必要的优化。

MTC 类业务主要为数据业务，而数据业务只有有权和无权之分。对于有权用户，用户等级是一样的，网络只对信息进行尽力而为的处理，因为网络不能针对业务特性进行有效的控制。当大量终端接入后，网络运行效率将大为降低，这将阻碍电信运营商发展 M2M 业务。3GPP 的机器类通信研究是基于现有的网络进行了改进，不希望系统没有必要地做出更多的工作，过载是 3GPP 在 R10 阶段研究的重要内容。

4.8.4　面向 M2M 的优化

随着 M2M 通信业务的快速发展，移动通信网络凭借 M2M 承载网络的优势，发挥了覆盖广、可靠性高、传输延迟小等特点。但是，传统移动通信技术毕竟是面向人与人（H2H）通信业务设计的，适应 H2H 的业务需求。而 M2M 终端无论是从传输特性、QoS 要求、移动性，还是从终端的分布密度方面都与 H2H 终端有很大不同。如果没有针对机器间（M2M）通信特点进行优化，难以适应 M2M 业务复杂的应用环境和海量的用户容量。接下来根据上述 M2M 的需求分析和 3GPP 的特定业务分类，对 M2M 业务的移动通信优化技术进行探讨，同时对 3GPP 在 M2M 优化技术方面的研究工作做了简单介绍。总体来说，3GPP 和 3GPP2 都做了一些网络优化的工作，在不同层面的优化工作有如下几个侧重点。

1. 针对 MTC 的 3GPP 网络增强架构

物联网终端通过 UTRAN、E - UTRAN、GERAN、I - WLAN 等不同的接入网接入 3GPP 网络。在网络层，M2M 结构上做了改进来支持在网络中大规模设备部署服务的需求。基于 MTC 设备和一个或者多个 MTC 服务器之间的端到端的应用使用的是 3GPP 系统提供服务，3GPP 系统提供针对 MTC 优化的传输和通信服务，包括 3GPP 承载、SMS、IMS。

图 4 - 18 是 R11 阶段 3G PPMTC 网络增强最新架构，其中的接口定义如下：

MTCsp：负责 MTC 功能模块（图 4 - 18 中的 MTC - IWF）和 MTC 的信令交互；MTCi：通过 ip 方式和 MTC 服务器连接；MTCsms：通过网络短信方式与 MTC 服务器连接。MTCsms、Gi/SGi

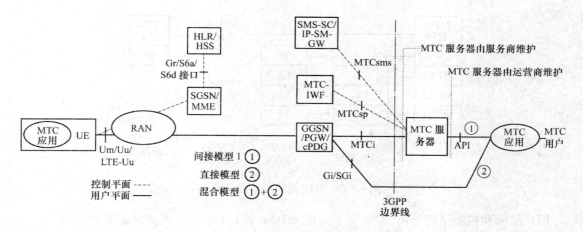

图 4-18 3GPP 网络增强架构

是服务器与 3GPP 网络之间的用户面接口,用于数据传输。MTCsms 接口用于与短信网关之间的互通,通过短消息进行数据配置、发送命令等。

MTC 分成 3 类模型:

(1)间接模型(Indirect Model)。分为两种情况:MTC 服务器不在运营商域内,由第三方 MTC 服务提供商提供 MTC 通信,MTCi、MTCsp 和 MTCsms 是运营商网络的外部接口;MTC 服务器在运营商域内,MTCi、MTCsp 和 MTCsms 是运营商网络内部接口。

(2)直接模型(Direct Model)。MTC 应用直接连接到运营商网络,不需要 MTC 服务器。

(3)混合模型(Hybrid Model)。直接模型和间接模型同时使用。典型例子就是用户平面采用直接模型,而控制平面采用间接模型。

为了支持 MTC 的间接模型和混合模型,3GPP 定义了 MTC 交互功能模块(MTC - IWF,MTC - InterWorking Function),MTC - IWF 功能主要包括终结 MTCsp 等接口,进行接口协议转换;在传输建立之前,提供 MTC 服务鉴权;对来自 MTC 服务器的控制平面请求进行授权,具体的请求消息种类还需要进一步研究;收发来自 MTC 服务器的终端激活请求及应答消息,同时还能传送激活成功或者失败的报告;选择最优的终端激活传送机制;为 3GPP 网络和 MTC 服务器之间的安全通信提供支持;还有需要进一步扩展的其他功能。

通常情况下,MTC 服务器位于外部网络,需要通过 MTC - IWF 接入运营商网络,MTC - IWF 具有网关的功能,可以屏蔽网络内部拓扑结构和接口,转换 MTC 服务器与网络之间的接口协议。MTC - IWF 可以是单独网元,或者是其他网元中的一个功能模块。由于只是研究报告,而不是最终的规范,后期可能会根据需要增加新的网元。即使对于已有的网元如 HLR/HSS、SGSN/MME 和 GGSN/PGW(网关 GPRS 支持节点/分组数据网网关)等,都需要增加支持 MTC 通信的功能模块。并且此框架还没有考虑漫游情况。

3GPP 网络增强架构中的实线连接是用户平面。图 4-19 中,MTC 接入部分继续沿用已有协议,只是到了 MTC 服务器就改成新的 MTCi 接口。用户平面功能模块(MTC UP Function)不是一个必需的模块,只是表示如果系统出现此类模块,应该包含在 MTC 服务器中。

3GPP 网络增强架构中的虚线连接是控制平面。其中包含 MTCsp 和 MTCsms 的协议栈结构。对于 MTCsp 协议栈,MTC - IWF 到 3GPP 其他网元接口还没有最后定论,MTC - IWF 协议栈在 MTC 直接模式和间接模式的不同情况下也有待研究。

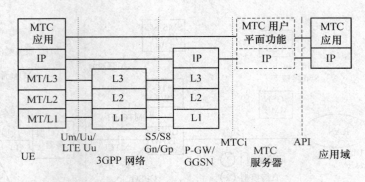

图 4-19　MTC 用户平面协议栈

用户平面和控制平面分离,并定义了新的 MTCsp 接口,可实现更灵活高效的组网。现在的 MTC 架构还只是一个技术报告,而不是一个标准的技术规范,已有的网元的 MTC 功能扩展还没有完成定义。3GPP 需要将其逐步转化为标准。

2. 接入能力的优化

在核心网接入方面的优化,3GPP 在 R10 阶段优先考虑:过载控制,处理大量 MTC 设备同时接入网络、传输数据带来的拥塞问题。还有低优先级和比如低功率、低移动性等其他功能方面的考虑。2011 年 9 月,RAN 全会决定在 R11 成立一个关于 MTC 的 Work Item (WI):"RAN overload control for Machine - Type Communications",此 WI 作为前期 SI 的延续,在仿真评估 RAN 网络拥塞的基础上,提出解决避免大量 MTC 设备接入导致拥塞的具体优化方案。截至 2012 年 3 月,3GPP 已基本完成了对 MTC 设备接入拥塞相关优化方案的讨论。

在 3GPP 随机接入拥塞解决方案的讨论中,首先统一了 LTE 及 UMTS 系统的随机接入拥塞的仿真评估。评估认为,有必要对 M2M 终端的随机接入控制方案进行优化,以解决海量 M2M 应用同时接入引起的随机接入拥塞问题。另外,TR 37.868 还收录了对智能抄表类 MTC 应用、车队管理类 MTC 应用以及地震监测类 MTC 应用的随机接入分析。

针对 M2M 终端的接入控制优化方案,3GPP 决定采用 ACB 和 EAB 结合的双层控制机制。在 LTE 中,普通终端的接入控制是由 Access Class Barring(ACB)功能实现的,用来抑制过多的流量,避免拥塞。当终端要求建立一个连接时,终端应当首先执行 ACB 检查。如果检查成功,终端就会发送 RACH 前导,开始 RRC 连接建立过程。LTE 执行 ACB 的方法是:通过小区广播一个 barring 因子和 AC barring time。当终端启动层 3 接入时,终端抽取一个随机数,将这个随机数和 baring 因子做比较。如果这个随机数小于 baring 因子,终端开始随机接入过程,否则,终端会在 AC barring time 内被阻止接入。

在 LTE 中,M2M 终端在进行 ACB 检查前,首先要进行 EAB 检查。EAB 方案的原理为:将能容忍较大接入时延的 M2M 终端设定为 0 ~ 9 共 10 个常规接入等级中的某种,网络可以根据当前的拥塞状况拒绝具有某个接入等级的终端启动随机接入。具体的工作流程为:首先由 NAS 层向 AS 层提供必要的信息,基站在系统信息广播中包含目前针对 M2M 终端的接入限制等级信息,终端从广播中获得该信息并结合自身的接入等级决定是否发起随机接入。此外,为了减小对普通终端的影响,将定义一个新的系统信息块(System Information Block,SIB)来包含相关的 EAB 信息。

值得注意的是,3GPP 在讨论过程中将接入控制优化方案扩展为不仅针对 M2M 终端,还采用了"延迟容忍"的概念,包括能容忍较大接入时延的 M2M 终端和某些普通终端,这一定义的主要目的是考虑到未来网络中使用某些业务的终端可能在一定时间内具有和 M2M 终端类似的特性,因此可以使目前对 M2M 设备所做的优化工作具有更好的扩展性。基于以上原因,3GPP 为终端引入一个"delay tolerant"指示,当终端使用此指示时,表明其可以在网络拥塞时忍受较长的延迟。

此外,M2M 应用也千差万别,并不是所有的 M2M 应用都可以忍受较长的延迟,比如,用于地震预警的传感网络,即使在网络拥塞时,也必须尽快地让其接入并传送数据。因此是否将 M2M 应用映射到"delay tolerant"上,由运营商在 NAS 层配置。对于具有"延迟容忍"属性的终端,网络配置它们需进行 EAB 检查,如判定为可以接入需进一步进行 ACB 检查。

由于网络在广播信息中将 EAB 设置信息发送给 MTCUE,而广播消息的更新是以周期为单位的,其可选的取值范围为 640ms ~ 40s。考虑到 UE 在节能方面的设计,通常将广播的更新周期设置为 5s ~ 10s,在这种情况下当网络判断可能会有大量 MTC 设备将要接入时,最早也要在下一个更新周期修改 EAB 的设置,这会导致潜在的拥塞。因此,需要通过某种方式使 UE 提前获知 EAB 信息已改变并获得该信息,也就是说,需要建立 EAB 的信息更新机制。

考虑到引入 EAB 机制的初始目的是为了缓解随机接入的拥塞以获得最高的接入成功率,同时需要最小化对现有标准的影响,3GPP 在 2012 年 3 月的 RAN2 – 77Bis 会议上决定对 EAB 系统信息更新机制采用如下方案:

当终端收到包含 EAB 信息更新指示符的寻呼消息时立即读取相关系统信息块的内容。其思路为:当 EAB 信息更新后由网络侧通过寻呼消息告知终端,类似标准中已经定义的 ETWS 方案。当被配置了 EAB 的终端从寻呼消息中获得了 EAB 更新指示信息后,在相应的系统信息块中获取新的 EAB 信息。此方案的优点是能以最快的速度获知更新后的 EAB 信息,但需对现有的寻呼机制进行修改,并且会使不打算发起随机接入的终端也去阅读相应系统信息而导致部分额外的功率开销。

3. 标识与地址方面的考虑

现在 H2H(Human to Human)终端采用 IMEI、IMSI、MSISDN、IPv4 地址作为设备标识的资源,以 IMSI 为例。IMSI 号码为 15 位,由 3 位 MCC 国家码、3 位 MNC 网络标识码、9 位设备标识码组成。其资源对于 H2H 终端目前来看应该是足够的,但如果资源与 M2M 终端共用,就非常紧张。庞大数量的 MTC 设备采用现有的资源肯定是远远不够的。

MTC 设备标识应能唯一标识一个 M2M 终端,可采用 IMEI、IMSI、MSISDN、IP address(IPv4 和 IPv6)、IMPU/IMPI 等。在现阶段,需要考虑运营商网络内部与外部标识之间的关系、基于组的优化、地址扩展等。

1)标识

唯一能够识别 MTC 设备。对于标识的研究,主要研究使用什么样的内部标识和外部标识,内外部标识在什么地方进行映射以及内部标识如何与外部标识进行映射。对于内部标识,3GPP 认为在 R11 阶段 IMSI 应能满足需求,因此将 IMSI 作为内部标识,并要求网络支持 IMSI 与外部标识的映射。在 SA2#87 次会议上,对外部标识中应该具有的功能和应包含哪些信息达成了初步的共识:

(1)应支持一个或多个外部标识向同一个内部标识的映射。

(2)标识 MTC 终端的外部标识应全球唯一,并可全球可达。

(3)应支持运营商制定特定外部标识,这种标识仅在运营商网络内部可达。

基于这些功能需求,MTC 的外部标识应由两部分组成,即 Local – identifier 和 MNO – identifier。Local – identifier 主要在运营商网络内部标识终端设备,在运营商网络内唯一;而MNO – identifier 主要用来标识网络运营商,以便 MTC – IWF 用来选择 HL/HSS。外部标识为 External Identifier = < Local – Identifier > < MNO – Identifier >。

2）群组

大量的终端数据业务的类型是类似的,可以考虑以组为单位来对一类终端进行管理和控制。这种方法的思想是将终端分成若干组,每个终端组采用一个终端组 ID,一个终端组内部的终端再采用终端 ID 来进一步区分。这样既可以节省 ID,又节省寻址复杂度。对于组类型的用户和业务管理要新增组 ID 标识,MTC 上下文中的标识需要扩展,网络同时还需要识别 M2M 设备组的标识。可对 M2M 终端进行远程管理、软件升级、配置参数等。

当 MTC 设备数量很大时,为了避免大规模数据通信对网络的冲击,基于组的优化策略可以节省网络资源。计费也可以考虑按组进行计费,为属于同一组的 MTC 设备提供更方便、更灵活的计费机制。这样就可以提供一种简单的模式来对一组设备进行管理/升级/计费。尤其是当网络需要支持海量的小数据率终端的资源分配和接入时,分组不需要对系统设计做很大改动。分组可以按照区域、设备特性、设备的从属来划分,或者是将保持相同状态的 MTC 终端分为一组,分组方式可以很灵活。本章的参考文献[1]中详细描述了基于这种分组方式的终端 ID 的接入和资源分配流程。

3）地址

地址是为了在 MTC 服务器(公有地址)和 MTC 设备(私有地址)间正确传递消息。M2M 的通信特征是 MTC 设备与一个或者多个 MTC 服务器进行通信,3GPP 网络作为 MTC 设备与服务器之间传递信息的承载通道。由于地址空间受限,编号要能够唯一标识一个 MTC 设备,或者能够唯一标识一个 MTC 设备组。

需要为各种物联网通信终端和网关、各种接入网络、物联网应用平台等提供有效、安全和可信任的编号和寻址环境。如果 IP 地址扩展到 IPv6,需要改造核心网网元支持扩展的 IP 地址,以便外网使用公有 IP 地址的 M2M 应用服务器能向有些私有地址 M2M 终端发送消息。

由于地址空间的受限,3GPP 的 SA2 中首先推荐使用 IPv6 作为 IP 地址紧张的主要解决方案。目前 IPv4 网络仍是主流且在将来也长时期存在,因此需要研究基于 IPv6 的过渡方案。目前来看,过渡方案包括 NAT 以及各种衍生版本的 NAT,如 Managed – NAT 和 Non – Managed – NAT 等解决方案。

4）标识资源扩展

大量 M2M 终端的引入造成网络号码资源的短缺,包括 IMSI/IMEI/IPv4 地址等多种网络标识,而 MSISDN 标识短缺对现网的影响尤其突出。

对于 MSISDN 号码的短缺,因为 M2M 终端没有 CS 呼叫与语音功能,MSISDN 号码只用于 SMS 业务,因此现阶段的 MSISDN 号码扩展方式可以考虑以下几种方法。

（1）对于同属一个 M2M 应用服务器管理的 M2M 终端群,可采用同一个 MSISDN 的 M2M 应用服务器向 M2M 终端发送 SMS 消息时,在 SMS 消息中携带 M2M 终端标识 MD_id,网络将共享的 MSISDN 的 SMS 消息路由到一个专用的短消息网关,解析出短消息中携带的 MD_id,并向映射服务器查询 MD_id 与 IMSI 的映射关系,最终采用 IMSI 完成在网络中的 SMS 消息传递。

（2）采用 HSS 动态分配 MSISDN。在 HSS 维护一个 M2M 终端使用 MSISDN 使用的地址池,当 M2M 终端接入到网络且需要使用 MSISDN 业务时,就给该终端分配一个池中的 MSISDN

号码,分配的 MSISDN 号码就一直归该 M2M 终端使用,直至该 M2M 终端释放分配的 MSISDN 号码。该方法对于现有网络没有影响,收发 SMS 消息采用现有技术就可以满足。

(3) 不使用 MSISDN 号码。在网络增强的架构中,SMS 消息包可以通过 MTCs 接口发给 M2M GW,信令中需要携带 MD _ id 标识。M2M GW 附着查找 MD _ id 对应的 IMSI,并构建新的 SMS 消息发给终端。但需要占用较多的 MSISDN 资源,各个网络根据实际情况可灵活运用。在 PS 网络中,MSISDN 号码也可考虑用 IPv4/IPv6 的地址取代。

4. 安全

随着 M2M 终端的日益增多,M2M 终端通信安全问题也引起各运营商的重视。对于 M2M 系统优化的通信安全性应至少达到 H2H 通信的安全水平,除此之外,还要多方面考虑 M2M 的通信安全,如端到端连接安全、组认证安全、终端接入鉴权安全、数据安全等多方面。

1)鉴权

核心网应支持业务层、网络层及各种物联网终端设备的鉴权和授权。在终端接入鉴权安全方面,需要防止 M2M 终端接入认证信息被恶意盗用,如 H2H 终端盗用 M2M 终端的 USIM 接入到核心网,影响与远程 MTC 服务器的数据通信安全。

2)特性监测

研究支持 MTC 通信对移动网络的安全特性和要求。比如,需要监测 M2M 终端行为特性是否符合签约内容,应能及时监测到 M2M 终端被非正常入侵或移动,并能检测 M2M 终端链路的故障。

3)端到端通信

端到端通信链路安全方面,现有的机制很多,如采用类似 VPN 的机制建立 IPsec 隧道等方式。在归属域,M2M 终端与 M2M 应用服务器之间的端到端安全通过归属网络信任域进行保证,但当 M2M 终端漫游到其他运营商的网络时,终端与服务器通过运营商网络的非信任域进行通信,端到端安全无法保证,需要制定相应的安全机制。

5. 异构网络融合

考虑物联网复杂的应用场景,需要为物联网提供多种接入方式,不仅能够通过 3GPP 网络接入,也可以通过非 3GPP 网络接入。现在运营商部署的非 3GPP 接入方式主要为 WLAN,各运营商为了分流宏网数据压力,都在大规模建设 WLAN,如何充分利用 WLAN 等非 3GPP 接入网络资源,实现网络协同,使物联网更加便捷地接入移动通信网是需要运营商重点考虑的问题。3GPP 已经制定了非 3GPP 接入与 3GPP 接入的融合解决方案,通过 WLAN、EPC 架构下的融合方案,二者不但能够实现统一的认证和业务体验,远期还能够支持两种接入网之间的无缝业务体验。大多物联网终端已经部署了 WiFi 接入模块,或者能够很快速地部署 WiFi 模块,而运营商大规模部署的优质 WLAN 网络,将保证物联网终端高速、快捷地接入运营商网络。异构网络的融合不但能够充分发挥非 3GPP 接入网络的资源,而且能够在快速发展物联网业务的同时,分流物联网的大量用户数据,降低对宏网的数据压力。

总之,对面向 MTC 的移动通信系统优化技术的研究才刚开始,由于这些优化技术不可避免地会改变现有移动通信标准,3GPP 对这些技术方案的态度都是十分谨慎的,这是因为目前 MTC 业务还不是移动运营商的核心业务。随着 MTC 业务在运营商营收中的比例提高,产业界会给予这些优化技术更多的重视,移动通信技术也终将会迎来更大的变革。

4.8.5 M2M 的发展

目前认为,M2M 是现阶段物联网的普遍模式。在 M2M 和物联网的比较中可以看到,M2M 主要强调了机器与机器的通信,而物联网强调了万事万物的连接。现阶段,物联网实现的核心集中在机器的互联互通及其所凭借的网络承载能力,而目前的大多数机器设备都不具备联网和通信能力,例如仪表、家电、车辆、工业设备等。M2M 的主要任务是解决设备互联互通的"最后一米",也就是说,如何将设备连入到网络中,实现设备信息的传递和共享。这项任务的实现需要解决以下 5 个问题:

(1)智能机器。机器具备智能化,就是使机器能够对感知信息进行加工(计算能力),并具备一定的通信能力。解决的方法有增加嵌入式 M2M 硬件,对已有机器改装使其具备通信和联网能力。

(2)M2M 硬件。M2M 硬件进行信息的提取,从各种机器/设备/环境中获取数据,并传送到通信网络。M2M 模块要能够方便地嵌入到各种物联网终端产品中,休眠模式下功耗与瞬间功耗不宜太大,适应高温、高湿、电磁干扰等恶劣的工作环境。符合各种国际认证标准,具有一定灵敏度,内置 TCP/IP 协议栈,并具有丰富的外部接口。

(3)通信网络。通信网络要能够安全可靠地将信息传送到目的地。随着物联网技术的深入,数以亿计的非 IT 类设备加入到网络中来,各种各样的移动网、广域网、局域网在整个 M2M 技术框架中起着核心的作用。

(4)M2M 中间件。主要的功能是完成不同通信协议之间的转换,在通信网络和应用系统间起连接作用。M2M 中间件包括两部分:M2M 网关、数据收集/集成部件。网关是 M2M 系统中的"翻译员",它获取来自通信网络的数据,将数据传送给信息处理系统。主要的功能是完成不同通信协议之间的转换。数据收集/集成部件是为了将数据转换成有价值的信息,对原始数据进行加工和处理,并将结果呈现给需要这些信息的观察者和决策者。这些中间件包括:数据分析和商业智能部件;异常情况报告和工作流程部件;数据仓库和存储部件等。

(5)应用层。数据收集/集成部件是为了将数据变成有价值的信息,对获得的原始数据进行相应的加工和处理,为决策和控制提供依据。

M2M 这样的网络能力不仅可以植入到机器,将来还可以进入动物、植物甚至万事万物中,进行信息的感知和传送。对应的感知能力方面也会有很大的增强,尤其是感知层的无线传感器网络,让我们的信息收集的神经末梢更加发达。M2M 技术的最终目标,是使所有存在联网价值和意义的终端,打破人、机器、物的限制及其三者之间的隔阂,都具备联网和通信能力。最终体现为网络一切(Network Everything)的理念。

当前,M2M 作为所有增强机器设备通信和网络能力的技术的总称,既提供了设备实时数据在系统之间、远程设备之间以及与个人之间建立无线连接的简单手段,又涵盖了数据采集、远程监控、业务流程自动化等技术。M2M 的实现平台可为安全监测、自动读取停车表、机械服务和维修业务、自动售货机、公共交通系统、车队管理、工业流程自动化、电动机械、城市信息化等领域提供广泛的应用和解决方案。

M2M 技术具有非常重要的意义,有着广阔的市场和应用,推动着社会生产和生活方式新一轮的变革。物联网远大的战略目标是不能一蹴而就的,是需要每个阶段来进行谋划和实施的。移动通信网的 M2M 业务发展可以分为三个阶段。

前期 M2M 设施只提供信息传输通道。该阶段处于物联网业务发展初期,接入终端较少,终端围绕数据采集开展应用,服务对象主要是一些专业行业。此阶段属于小规模设备联网阶段,利用现有网络基础的闲置能力就可以满足信息传输要求,移动通信网不需要区分人与物的不同通信需求。

中期为网络增强阶段。在该阶段应用得到扩展,从行业性应用扩展到个人,联网设备大为增加,现有网络基础设施已不能满足。移动通信网需要根据 M2M 业务需求进行优化。

后期为全面发展阶段。该阶段主要增加了人与物、物与物通信的能力,依托各种数据监测、远程控制和信息采集等 M2M 的组合应用大量涌现,需要海量 M2M 终端满足大规模的人与人、人与物、物与物的应用需求。

当前正处于初期和中期的转换阶段,网络要适应物联网业务的发展就必须进行有效的增强。除此之外,还需注意以下几点:一是合理预测下一阶段的可能需求,根据预测使服务框架明确化。在框架中运营商需要部署自有的物联网能力平台,整合网络资源和能力,提供统一的外部接口,在整合产业的同时,降低业务部署的复杂。二是为了降低物联网对通信网的影响,运营商需要提高网络的智能化,使网络具备可控、可管、可用的物联网业务的承载能力。三是鼓励中间件的发展。作为通信运营商和应用的连接层,中间件的发展是能否支撑起物联网业务的中坚力量。

参 考 文 献

[1] 沈嘉,刘思扬. 面向 M2M 的移动通信系统优化技术研究. 电信网技术[J],2011,(9).

[2] 陈晓贝,刘思扬. 3GPP 对 M2M 优化技术的研究进展. 电信网技术[J],2012,(6).

[3] 杜加懂. M2M 在 3GPPSA2 的研究进展. 电信网技术[J],2011,(11).

[4] 王义君,钱志鸿,王雪,等. 基于 6LoWPAN 的物联网寻址策略研究. 电子与信息学报[J],2012,(4).

[5] 马瑞涛,符刚,王陆军. 物联网对移动通信网影响的分析与研究. 邮电设计技术[J],2012,(6).

[6] 吴险峰,王寅峰. 基于移动网络的机器通讯研究. 通信技术[J],2012,3.

[7] 沈嘉,张国全. 基于移动通信和传感网融合的移动物联网. 电信网技术[J],2011,(11).

[8] 肖青. 物联网标准体系介绍. 电信工程技术与标准化[J],2012,6.

[9] 黄峻岗. 现代通信技术之蓝牙技术应用的新思考. 计算机光盘软件与应用[J],2012,(6).

[10] 张恒升. 一物一地址 万物皆在线:IPv6 在物联网中的应用. 人民邮电报,2011,(5).

[11] 赵坤. WLAN 中基于 TCP 的短持续 M2M 业务建模及优化[D].吉林大学硕士学位论文,2012,6.

[12] 3GPP TS 22.368. Service Requirements for Machine – Type Communications[S]. 2010.

第 5 章　应用层技术

物联网应用层是实现以数据为中心的物联网的核心技术,应用层不仅包括对源自感知层数据的处理、存储、查询、分析,基于感知信息的决策、控制和实施,还包括中间件、SOA 等符合物联网结构特点的软件组织与实施的方法。在应用层还能够借助普适计算、云计算、数据挖掘等能够体现物联网智能的运算处理平台来处理信息和辅助决策。物联网应用层中除了包括上述支撑应用的理论、方法和平台之外,还包括为给用户提供丰富的特定服务而形成的行业服务支撑技术平台,比如 EPC、LBS 和车联网等。这些具体的行业有智能交通、智能家居、供应链管理、工业控制等。

物联网应用层是物联网发展的根本目的。物联网应用层利用经过分析处理的感知数据,支撑着各个平台和系统实现数据的互通、协同、共享和跨行业、跨应用的功能。物联网在数据、网络与应用融合的基础上,为行业应用和用户提供丰富、自由、可选的服务,最终实现人、自然、社会和谐发展的美好愿景。

5.1　中间件技术

由于计算机技术的飞速发展,各种各样的应用软件要不断升级,并且需要在各种平台之间进行移植。在这样的过程中,既为了使软、硬件平台和应用系统之间能够可靠、高效地实现数据传递或转换,保证系统的协同性;又为了使不同时期、不同操作系统、不同的数据库管理系统上开发应用软件集成起来,保证系统的兼容性。这些都需要一种构建于软、硬件平台之上,对上一层的应用软件提供支持的软件系统,中间件(middieware)在此环境下应运而生。

物联网中间件既可以屏蔽感知设备、操作系统、分布式数据采集和数据库管理系统的复杂性,使物联网工程师面对一个简单统一的开发环境,减少程序设计的复杂性,将注意力集中在业务上;还可以不必再为物联网应用程序在不同的系统上移植而重复工作,从而大大减少了技术开发上的成本。对物联网企业来说,在面向各种不同网络、系统的应用软件上投入的劳动成果仍然可以作为一类物联网应用的基础,可以减少信息应用系统大部分的建设成本。IBM、Oracle 和 Microsoft 等公司都是引领中间件潮流的生产商,国内一些知名企业资源规划(ERP)应用软件公司也都有中间件相关部门。欧盟的 Hydra 是一个研发物联网中间件和"网络化嵌入式系统软件"的组织,值得国内物联网中间件发展借鉴。

在国内,如果仅依赖移动通信运营商来研发适合自己的中间件技术,可能会缺乏通用性的支撑力量。作为能够包容下层网络或系统的异构特点,为上层应用提供支撑的中坚力量,中间件技术能否像"腰板"一样坚挺起来将会影响我国物联网战略的均衡发展。

5.1.1　中间件概述

为解决分布异构问题,人们提出了中间件的概念。中间件是位于平台(硬件和操作系统)

和应用之间的通用服务,这些服务具有标准的程序接口和协议。针对不同的操作系统和硬件平台,它们可以有符合接口和协议规范的多种实现。具体地说,中间件屏蔽了底层操作系统的复杂性,使程序开发人员面对一个简单而统一的开发环境,减少程序设计的复杂性,将注意力集中在自己的业务上,不必再为程序在不同系统软件上的移植而重复工作,从而大大减少了技术上的负担。

1. 中间件的概念

中间件属于可复用软件的范畴。顾名思义,中间件在操作系统、网络和数据库等系统软件之上,应用软件的下层,总的作用是为处于自己上层的应用软件提供运行与开发的环境,帮助用户灵活、高效地开发和集成复杂的应用软件。在众多定义中,比较普遍被接受的是 1998 年IDC 公司表述的:中间件是一种独立的系统软件或服务程序,分布式应用软件借助这种软件在不同的技术之间共享资源,中间件位于客户机服务器的操作系统之上,管理计算资源和网络通信。IDC 公司对于中间件的定义表明,中间件是一类软件,而非一种软件;中间件不仅仅实现互连,还要实现应用之间的互操作;中间件是基于分布式处理的软件,最突出的特点是其网络通信功能。

尽管中间件的概念很早就已经产生,但中间件技术的广泛运用却是在最近 10 年之中。最早具有中间件技术思想及功能的软件是 IBM 的 CICS,但由于 CICS 不是分布式环境的产物,因此人们一般把 Tuxedo 作为第一个严格意义上的中间件产品。Tuxedo 是 1984 年在当时属于AT&T 的贝尔实验室开发完成的,当时由于分布式处理并没有在商业应用上获得像今天一样的成功,Tuxedo 被 Novell 收购。经过 Novell 并不成功的商业推广之后,1995 年被现在的 BEA公司收购,此后 BEA 公司才成为一个真正的中间件厂商。IBM 的中间件 MQSeries 也是 20 世纪 90 年代的产品,其他许多中间件产品也都是最近几年才成熟起来。国内在中间件领域的起步阶段,正是整个世界范围内中间件的初创时期。东方通科技早在 1992 年就开始中间件的研究与开发,1993 年推出第一个产品 TongLINK/Q。而中科院软件所、国防科技大学等研究机构也对中间件技术进行了同步研究。

一般说来,中间件有两层含义。从狭义的角度,中间件意指 Middleware,它是表示网络环境下处于操作系统等系统软件和应用软件之间的,一种起连接作用的分布式软件;通过 API 的形式提供一组软件服务,使得网络环境下的若干进程、程序或应用可以方便地交流信息和有效地进行交互与协同。简言之,中间件主要解决异构网络环境下分布式应用软件的通信、互操作和协同问题,它可屏蔽并发控制、事务管理和网络通信等各种实现细节,提高应用系统的易移植性、适应性和可靠性。从广义的角度,中间件在某种意义上可以理解为中间层软件,通常是指处于系统软件和应用软件之间的中间层次的软件,其主要目的是对应用软件的开发提供更为直接和有效的支撑。

2. 中间件的主要分类

中间件所包括的范围十分广泛,针对不同的应用需求涌现出多种各具特色的中间件产品。至今中间件还没有一个比较精确的定义,其所处环境如图 5-1 所示。但在不同的角度或层次上,对中间件的分类也会有所不同。

中间件可向上提供不同形式的通信服务,包括同步、排队、订阅发布、广播等,在这些基本的通信平台之上,可构筑各种框架,为应用程序提供不同领域内的服务,如事务处理监控器、分布数据访问、对象事务管理器 OTM 等。平台为上层应用屏蔽了异构平台的差异,而其上的框架又定义了相应领域内应用的系统结构、标准的服务组件等,用户只需告诉框架所关心的事

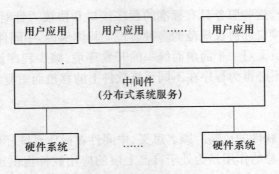

图 5-1　中间件示意图

件,然后提供处理这些事件的代码。当事件发生时,框架则会调用用户的代码。用户代码不用调用框架,用户程序也不必关心框架结构、执行流程、对系统级 API 的调用等,所有这些由框架负责完成。因此,基于中间件开发的应用具有良好的可扩充性、易管理性、高可用性和可移植性。

由于中间件需要屏蔽分布环境中异构的操作系统和网络协议,它必须能够提供分布环境下的通信服务,可以将这种通信服务称之为平台。基于目的和实现机制的不同,一般将平台分为以下主要几类。

1)数据访问中间件

数据访问中间件是在系统中建立数据应用资源互操作的模式,实现异构环境下的数据库连接或文件系统连接的中间件,从而为在网络中虚拟缓冲存取、格式转换、解压等带来方便。数据访问中间件在所有的中间件中是应用最广泛、技术最成熟的一种。不过在数据访问中间件处理模型中,数据库是信息存储的核心单元,而中间件完成通信的功能。这种方式虽然灵活,但是并不适合于一些要求高性能处理的场合,因为其中需要进行大量的数据通信,而且当网络发生故障时,系统将不能正常工作。

2)远程过程调用中间件

远程过程调用是一种广泛使用的分布式应用程序处理方法。一个应用程序使用 RPC 来"远程"执行一个位于不同地址空间里的过程,并且从效果上看和执行本地调用相同。事实上,一个 RPC 应用分为两个部分:Server 和 Client。Server 提供一个或多个远程过程;Client 向 Server 发出远程调用。Server 和 Client 可以位于同一台计算机,也可以位于不同的计算机,甚至运行在不同的操作系统之上。当一个应用程序 A 需要与远程的另一个应用程序 B 交换信息或要求 B 提供协助时,A 在本地产生一个请求,通过通信链路通知 B 接收信息或提供相应服务,B 完成相关处理后将信息或结果返回 A。

在 RPC 模型中,Client 和 Server 只要具备了相应的 RPC 接口,并且具有 RPC 运行支持,就可以完成相应的互操作,而不必限制于特定的 Server。因此,RPC 为 Client/Server 分布式计算提供了有力的支持。同时,远程过程调用 RPC 所提供的是基于过程的服务访问,Client 与 Server 进行直接连接,没有中间机构来处理请求,因此也具有一定的局限性。比如,RPC 通常需要一些网络细节以定位 Server;在 Client 发出请求的同时,要求 Server 必须处于工作状态,等等。

3)面向对象中间件

面向对象中间件(Object Oriented Middleware,OOM)将编程模型从面向过程升级为面向对

124

象,对象之间的方法调用通过对象请求代理(Object Request Broker,ORB)转发。ORB 能够为应用提供位置透明性和平台无关性,接口定义语言(Interface Definition Language,IDL)还可能提供语言无关性。此外,该类中间件还为分布式应用环境提供多种基本服务,如名录服务、事件服务、生命周期服务、安全服务和事务服务等。这类中间件的代表有 CORBA、DCOM 和 Java RMI。

4)基于事件的中间件

大规模分布式系统拥有数量众多的用户和联网设备,没有中心控制点,系统需对环境、信息和进程状态的变化作出响应。此时传统的一对一请求/应答模式已不再适合,而基于事件的系统以事件作为主要交互手段,允许对象之间异步、对等的交互,特别适合广域分布式系统对松散、异步交互模式的要求。基于事件的中间件(Event – Based Middleware,EBM)关注为建立基于事件的系统所需的服务和组件的概念、设计、实现和应用问题。它提供了面向事件的编程模型,支持异步通信机制,与面向对象的中间件相比有更好的可扩展性。

5)面向消息的中间件

面向消息的中间件(MOM)指的是利用高效可靠的消息传递机制进行平台无关的数据交流,并基于数据通信来进行分布式系统的集成。通过提供消息传递和消息排队模型,它可在分布环境下扩展进程间的通信,并支持多通信协议、语言、应用程序、硬件和软件平台。目前流行的 MOM 中间件产品有 IBM 的 MQSeries、BEA 的 MessageQ 等。MOM 中间件主要有以下几个特点:

(1)多种通信方式。消息中间件不仅提供了一对一的通信方式,还提供了一对多、多对一甚至多对多的通信方式。

(2)异步通信。请求程序把消息发给消息中间件后不必等待返回结果便可以继续执行后续任务;而目标程序也不必立即处理这个消息,它可以在某个空闲的时候从消息队列中取出这条消息,然后处理完又发给消息中间件,请求程序再在某个时候从消息队列中取回应答消息。整个通信过程是异步的。

(3)多平台多传输协议。能够屏蔽操作系统的特性,甚至能够支持不同的协议,使消息能够在不同平台甚至不同协议之间通信。

(4)可靠的消息传输。如果有需要,消息可以存储在硬盘上,这样应用程序任何时候都能够从硬盘上直接读取消息,甚至在重新启动之后,消息不会丢失。

6)对象请求代理中间件

随着对象技术与分布式计算技术的发展,两者相互结合形成了分布对象计算,并发展为当今软件技术的主流方向。1990 年底,对象管理集团 OMG 首次推出对象管理结构(Object Management Architecture,OMA),对象请求代理(Object Request Broker,ORB)是这个模型的核心组件,它的作用在于提供一个通信框架,透明地在异构的分布计算环境中传递对象请求。CORBA 规范包括了 ORB 的所有标准接口。

ORB 在 CORBA 规范中处于核心地位,定义异构环境下对象透明地发送请求和接收响应的基本机制,建立对象之间的 Client/Server 关系。ORB 使得对象可以透明地向其他对象发出请求或接收其他对象的响应,这些对象可以位于本地也可以位于远程机器。ORB 拦截请求调用,并负责找到可以实现请求的对象、传送参数、调用相应的方法、返回结果等。Client 对象并不知道同 Server 对象通信、激活或存储 Server 对象的机制,也不必知道 Server 对象位于何处、它是用何种语言实现的、使用什么操作系统或其他不属于对象接口的系统成分。值得指出的是,Client 和 Server 角色只是用来协调对象之间的相互作用,根据相应的场合,ORB 上的对象可以是 Client,也可以是 Server,甚至兼有两者。当对象发出一个请求时,它是处于 Client 角色;当它在接收请求时,它就处于 Server 角色。大部分的对象都是既扮演 Client 角色又扮演 Server 角色。另外由于 ORB 负责对象请求的传送和 Server 的管理,Client 和 Server 之间并不直接连接,因此,与 RPC 所支持的单纯的 Client/Server 结构相比,ORB 可以支持更加复杂的结构。

7）事务处理监控中间件

事务处理监控(Transaction Processing Monitors)最早出现在大型机上,为其提供支持大规模事务处理的可靠运行环境。随着分布计算技术的发展,分布应用系统对大规模的事务处理提出了需求,比如商业活动中大量的关键事务处理。事务处理监控界于 Client 和 Server 之间,进行事务管理与协调、负载平衡、失败恢复等,以提高系统的整体性能。它可以被看作是事务处理应用程序的"操作系统"。总体上来说,事务处理监控有以下功能:

（1）进程管理,包括启动 Server 进程、为其分配任务、监控其执行并对负载进行平衡。

（2）事务管理,即保证在其监控下的事务处理的原子性、一致性、独立性和持久性。

（3）通信管理为 Client 和 Server 之间提供了多种通信机制,包括请求响应、会话、排队、订阅发布和广播等。

事务处理监控能够为大量的 Client 提供服务,比如飞机订票系统。如果 Server 为每一个 Client 都分配其所需要的资源的话,Server 将不堪重负。但实际上,在同一时刻并不是所有的 Client 都需要请求服务,而一旦某个 Client 请求了服务,它希望得到快速的响应。事务处理监控在操作系统之上提供一组服务,对 Client 请求进行管理并为其分配相应的服务进程,使 Server 在有限的系统资源下能够高效地为大规模的客户提供服务。

3. 中间件的特点

中间件应满足大量应用的需要,运行于多种硬件和 OS 平台;支持分布计算,提供跨网络、硬件和 OS 平台的透明性的应用或服务的交互;支持标准的协议;支持标准的接口。由于标准接口对于可移植性以及标准协议对于互操作性的重要性,中间件已成为许多标准化工作的主要部分。对于应用软件开发,中间件远比操作系统和网络服务更为重要,中间件提供的程序接口定义了一个相对稳定的高层应用环境,不管底层的计算机硬件和系统软件怎样更新换代,只要将中间件升级更新,并保持中间件对外的接口定义不变,应用软件几乎不需任何修改,从而保护了企业在应用软件开发和维护中的重大投资。世界著名的咨询机构 The Standish Group 在一份研究报告中归纳了中间件的十大优越性:

（1）应用开发。The Standish Group 分析了 100 个关键应用系统中的业务逻辑程序、应用逻辑程序及基础程序所占的比例;业务逻辑程序和应用逻辑程序仅占总程序量的 30%,而基础程序占了 70%,使用传统意义上的中间件一项就可以节省 25% ~60% 的应用开发费用。如果是以新一代的中间件系列产品来组合应用,同时配合以可复用的商务对象构件,则应用开发费用可节省至 80%。

（2）系统运行。没有使用中间件的应用系统,其初期的资金及运行费用的投入要比同规模的使用中间件的应用系统多一倍。

（3）开发周期。基础软件的开发是一件耗时的工作,若使用标准商业中间件则可缩短开发周期 50% ~75%。

（4）减少项目开发风险。研究表明,没有使用标准商业中间件的关键应用系统开发项目

126

的失败率高于90%。企业自己开发内置的基础(中间件)软件是得不偿失的,项目总的开支至少要翻一倍,甚至会十几倍。

(5) 合理运用资金。借助标准的商业中间件,企业可以很容易地在现有或遗留系统之上或之外增加新的功能模块,并将它们与原有系统无缝集合。依靠标准的中间件,可以将老的系统改头换面成新潮的 Internet/Intranet 应用系统。

(6) 应用集合。依靠标准的中间件可以将现有的应用、新的应用和购买的商务构件融合在一起进行应用集合。

(7) 系统维护。需要一提的是,基础(中间件)软件的自我开发是要付出很高代价的,此外,每年维护自我开发的基础(中间件)软件的开支则需要当初开发费用的15% ~25%,每年应用程序的维护开支也还需要当初项目总费用的10% ~20%。而在一般情况下,购买标准商业中间件每年只需付出产品价格的15% ~20% 的维护费,当然,中间件产品的具体价格要依据产品购买数量及哪一家厂商而定。

(8) 质量。基于企业自我建造的基础(中间件)软件平台上的应用系统,每增加一个新的模块,就要相应地在基础(中间件)软件之上进行改动。而标准的中间件在接口方面都是清晰和规范的。标准中间件的规范化模块可以有效地保证应用系统质量及减少新旧系统维护开支。

(9) 技术革新。企业对自我建造的基础(中间件)软件平台的频繁革新是极不容易实现的(不实际的)。而购买标准的商业中间件,则对技术的发展与变化可以放心,中间件厂商会责无旁贷地把握技术方向和进行技术革新。

(10) 增加产品吸引力。不同的商业中间件提供不同的功能模型,合理使用,可以让你的应用更容易增添新的表现形式与新的服务项目。从另一个角度看,可靠的商业中间件也使得企业的应用系统更完善、更出众。

中间件带给应用系统的不只是开发的简单、开发周期的缩短,也减少了系统维护、运行和管理的工作量,还减少了计算机总体费用的投入。在网络经济大发展、电子商务大发展的今天,从中间件获得利益的不只是 IT 厂商,IT 用户同样是赢家,并且是更有把握的赢家。

中间件作为新层次的基础软件,其重要作用是将不同时期、在不同操作系统上开发应用软件集成起来,彼此像一个天衣无缝的整体协调工作,这是操作系统、数据库管理系统本身做不了的。中间件的这一作用,在技术不断发展之后,使以往在应用软件上的劳动成果仍然物有所用,节约了大量的人力、财力投入。

5.1.2　物联网中间件

物联网中间件(IoT-Middleware)这一概念是美国最早提出的,美国的一些企业在实施RFID 项目改造的过程中发现最耗费时间和体力、复杂度最高的问题是如何将 RFID 数据正确导入企业管理系统。这些企业多方研究、论证和实验后找到了解决这一问题的方法,就是采用中间件技术。如果把软件看做物联网应用的灵魂,中间件(Middleware)就是这个灵魂的核心。中间件与操作系统和数据库并列作为三足鼎立的"基础软件"的理念已经被国内业界和政府主管部门认可。除操作系统、数据库和直接面向用户的客户端软件以外,凡是能批量生产,高度可复用的软件都可以算是中间件。根据物联网具体应用的不同,物联网中间件有嵌入式中间件、M2M 中间件、RFID 中间件和 EPC 中间件等多种形式。

1. 物联网中间件概述

物联网中间件处于物联网的集成服务器端和感知层、传输层的嵌入式设备中。服务器端中间件称为物联网业务基础中间件，一般都是基于传统的中间件（应用服务器，ESB/MQ 等）构建，加入设备连接和图形化组态展示等模块（如同方的 ezM2M 物联网业务中间件）。嵌入式中间件是一些支持不同通信协议的模块和运行环境。

中间件的特点是它能够固化很多通用功能，但在具体应用中多半需要"二次开发"来实现个性化的行业业务需求，因此所有物联网中间件都要提供快速开发（RAD）工具。在物联网概念被大众理解和接受以后，上万亿的末端"智能物件"和各种应用子系统早已经存在于工业和日常生活中。物联网产业发展的关键在于把现有的智能物件和子系统链接起来，实现应用的大集成（Grand Integration）和"管控营一体化"，为实现"高效、节能、安全、环保"的和谐社会服务，要做到这一点，软件（包括嵌入式软件）和中间件将作为核心和灵魂起至关重要的作用。这并不是说发展传感器等末端不重要，在大集成工程中，系统变得更加智能化和网络化，反过来会对末端设备和传感器提出更高的要求，如此循环螺旋上升推动整个产业链的发展。因此，要占领物联网制高点，软件和中间件的作用至关重要，应该得到国家层面决策和扶持政策的高度重视。在包括物联网软件在内的软件领域，美国长期引领潮流，基本上垄断了世界市场，欧盟早已看到了软件和中间件在物联网产业链中的重要性，从 2005 年开始资助了 HYDRA 项目，这是一个研发物联网中间件和"网络化嵌入式系统软件"的组织，已取得一些成果。

物联网中间件从基本功能上来说，既是平台又是通信。它要为上层服务提供应用的支撑平台，同时，要连接操作系统，保持系统正常运行状态。中间件还要支持各种标准的协议和接口，比如基于 RFID 的 EPC 应用中，要支持和配套设备的信息交互和管理，同时，还要屏蔽前端的复杂性。这两大功能也限定了只有用于分布式系统中才能称为中间件，同时还可以把它与系统软件和应用软件区分开来。物联网中的中间件主要有如下两大类。

（1）信息采集中间件。在感知层中的信息采集中间件与应用层中的应用支撑中间件不同，即如传感器、RFID 等数据传输节点与采集设备之间连接时的通信服务，信息采集中间件主要应用于整个物联网末端的信息采集中。采集设备与传输节点之间存在接口标准不同的问题，比如传感器等感知设备的接入，以及为了屏蔽前端硬件的复杂性，特别是像 RFID 读写器的复杂性。

在感知层中，通过信息采集中间件技术，将采集到的信息传输到网络节点上，它通过标准的程序接口的协议，针对不同的操作设备和硬件接收平台，可以有多种符合接口的协议规范在中间件实现。通过这样的中间件，感知层中采集的信息就能被准确无误地传输到网络节点中。

（2）应用支撑中间件。一般的中间件是屏蔽了系统软件的复杂性，而物联网的应用支撑中间件独立于架构，支持数据流的控制、传输和处理。在此基础上向上层应用提供开放的接口，应用支撑平台起着承上启下的作用，向下可以屏蔽不同接入的差异。提供通用的管理业务，比如 QoS 控制、寻址、管理、标识、路由、安全性、业务控制与触发、计费等功能。物联网的应用由于需要处理的业务数据可能跨多个行业，需考虑到需求不同的各个行业应用，所以，应用支撑中间件的引入，能够使各个行业的个性化应用得到实现。目前来看，EPC 系统是最为成熟的物联网中的一类体系架构，以 EPC 系统为例，下面重点介绍 EPC 系统中应用的中间件技术。

2. RFID 中间件

EPC 系统是在计算机互联网和射频技术 RFID 的基础上，利用全球统一标识系统编码技术给每个实体对象一个唯一的代码,构造了一个实现全球物品信息实时共享的实物互联网。在物联网这一概念出现的早期,EPC 系统甚至被当做物联网的代名词。

　　EPC 系统的中间件技术主要分为两类:基于信息采集的中间件和面向互联网应用的中间件。前者又称为 RFID 中间件或者 Savant,后者又称为 EPC 中间件。它们的共同点是都是为了解决分布式系统的问题。前者面对的是 RFID 设备的分布,位于物联网的感知层;后者面对的是 EPC 系统在互联网中的分布,位于网络层和应用层之间。

　　如果在每件产品都加上 RFID 标签之后,在产品的生产、运输和销售过程中,读写器将不断收到一连串的产品电子编码。整个过程中最为重要,同时也是最困难的环节是如何传送和管理这些数据。为了管理这些巨大的数据流,自动识别产品技术中心(Auto ID Center)推出了一种分层、模块化的 RFID 中间件(Savant)。

　　RFID 中间件是实现 RFID 硬件设备与应用系统之间数据传输、过滤、数据格式转换的一种中间程序,将 RFID 读写器读取的各种数据信息,经过中间件提取、解密、过滤、格式转换、导入企业的管理信息系统,并通过应用系统反映在程序界面上,供操作者浏览、选择、修改、查询。中间件技术也降低了应用开发的难度,使开发者不需要直接面对底层架构,而通过中间件进行调用。

　　RFID 中间件是一种消息导向的软件中间件,信息是以消息的形式从一个程序模块传递到另一个或多个程序模块。消息可以非同步的方式传送,所以传送者不必等待回应。RFID 中间件在原有的企业应用中间件发展的基础之上,结合自身应用特性进一步扩展并深化了中间件在企业中的应用。其主要特点是:

　　(1)独立性。RFID 中间件独立并介于 RFID 读写器与后端应用程序之间,不依赖于某个 RFID 系统和应用系统,并且能够与多个 RFID 读写器以及多个后端应用程序连接,以减轻架构及其维护的复杂性。

　　(2)数据流。它是 RFID 中间件最重要的组成部分,它的主要任务在于将实体对象格式转换为信息环境下的虚拟对象,因此数据处理是 RFID 最重要的功能。RFID 中间件具有数据的采集、过滤、整合与传递等特性,以便将正确的对象信息传到企业后端的应用系统。

　　(3)处理流。RFID 中间件是一个消息中间件,功能是提供顺序的消息流,具有数据流设计与管理的能力。在系统中需要维护数据的传输路径、数据路由和数据分发规则。同时在数据传输中对数据的安全性进行管理,包括数据的一致性,保证接收方收到的数据和发送方一致。同时还要保证数据传输中的安全性。

　　RFID 中间件在物联网中处于读写器和企业应用程序之间,相当于该网络的神经系统。Savant 系统采用分布式的结构,以层次化进行组织、管理数据流,具有数据的收集、过滤、整合与传递等功能,因此能将有用的信息传送到企业后端的应用系统或者其他 Savant 系统中。各个 Savant 系统分布在供应链的各个层次节点上,如生产车间、仓库、配送中心以及零售店,甚至在运输工具上。每一个层次上的 Savan 系统都将收集、存储和处理信息,并与其他的 Savant 系统进行交流。例如:一个运行在商店的 Savant 系统可能要通知分销中心还需要其他产品,在分销中心的 Savant 系统则通知一批货物已经于一个具体的时间出货了。由于读写器异常或者标签之间的相互干扰,有时采集到的 EPC 数据可能是不完整的或是错误的,甚至出现漏读的情况。因此,Savant 要对 Reader 读取到的 EPC 数据流进行平滑处理,平滑处理可以清除其不完整和错误的数据,将漏读的可能性降至最低。读写器可以标识读取范围内的所有标签,但是不对数据进行处理。RFID 设备读取的数据并不一定只由某一个应用程序来使用,它可能被多个应用程序使用(包括企业内部各个应用系统甚至是企业商业伙伴的应用系统),每个应用系统还可能需要许多数据的不同集合。因此,Savant 需要对数据进行相应的处理。这里主要讨论三个关键问题:数据过滤、数据聚合和信息传递。

1) 数据过滤

Savant 接收来自读写器的 EPC 数据,这些数据存在大量的冗余信息和错读信息。所以要对数据进行过滤,消除冗余数据,以便将"有用"信息传送给应用程序或上级 Savant。冗余数据包括:在短期内同一台读写器对同一个数据进行重复上报。如在仓储管理中,对固定不动的货物重复上报,在进货出货的过程中,重复检测到相同物品。

多台临近的读写器对相同数据都进行上报。读写器存在一定的漏检率,这和阅读器天线的摆放位置、物品离阅读器远近、物品的质地都有关系。通常为了保证读取率,可能会在同一个地方相邻摆放多台阅读器。这样多台读写器将监测到的物品上报时,可能会出现重复。

除了上面的问题外,很多情况下用户可能还希望得到某些特定货物的信息、新出现的货物信息、消失的货物信息或者只是某些地方的读写器读到的货物信息。用户在使用数据时,希望最小化冗余,尽量得到靠近需求的准确数据,这就要靠 Savant 来解决。

对于冗余信息的解决办法是设置各种过滤器处理。可用的过滤器有很多种,典型的过滤器有四种:产品过滤器、时间过滤器、EPC 码过滤器和平滑过滤器。产品过滤器只发送与某一产品或制造商相关的产品信息,也就是说,过滤器只发送某一范围或方式的 EPC 数据。时间过滤器可以根据时间记录来过滤事件,例如,一个时间过滤器可能只发送最近 10 分钟内的事件。EPC 码过滤器可以只发送符合某个规则的 EPC 码。平滑过滤器负责处理那些出错的情况,包括漏读和读错。

根据实际需要过滤器可以像拼装玩具一样被一个接一个地拼接起来,以获得期望的事件。例如,一个平滑过滤器可以和一个产品过滤器结合,将反盗窃应用程序感兴趣的事件分离出来。

2) 数据聚合

从读写器接收的原始 RFID 数据流都是些简单零散的单一信息,为了给应用程序或者其他 RFID 中间件提供有意义的信息,需要对 RFID 数据进行聚合处理。可以采用复杂事件处理 CEP(Complex Event Processing)技术来对 RFID 数据进行处理,以得到有意义的事件信息。复杂事件处理是一个新兴的技术领域,用于处理大量的简单事件,并从其中整理出有价值的事件,可帮助人们通过分析诸如此类的简单事件,并通过推断得出复杂事件,把简单事件转化为有价值的事件,从中获取可操作的信息。在这里,利用数据聚合将原始的 RFID 数据流简化成更有意义的复杂事件,如一个标签在读写器识读范围内的首次出现及它随后的消失。通过分析一定数量的简单数据就可以判断标签进入事件和离开事件。聚合可以用来解决临时错误读取所带来的问题从而实现数据平滑。

3) 信息传递

经过过滤和聚合处理后的 RFID 数据需要传递给那些对它感兴趣的实体,如企业应用程序、EPC 信息服务系统或者其他 RFID 中间件。这里采用消息服务机制来传递 RFID 信息。

RFID 中间件是一种面向消息的中间件(MOM),信息以消息的形式从一个程序传送到另一个或多个程序。信息可以以异步的方式传送,所以传送者不必等待回应。面向消息的中间件包含的功能不仅是传递信息,还必须包括解释数据、安全性、数据广播、错误恢复、定位网络资源、找出符合成本的路径、消息与要求的优先次序以及延伸的除错工具等服务。

通过 J2EE 平台中的 Java 消息服务(JMS)实现 RFID 中间件与企业应用程序或者其他 Savant 的消息传递结构。这里采用 JMS 的发布/订阅模式,RFID 中间件发布给一个主题发布消息,企业应用程序和其他的一个或者多个 Savant 都可以订购该主题消息。其中的消息是物联网的专用语言——物理标示语言 PML 格式。这样一来,即使存储 RFID 标签信息的数据库软件或增加后端应用程序或改由其他软件取代,或者增加 RFID 读写器种类等情况发生,应用端都不需要修改也能进行数据的处理,省去了多对多连接的维护复杂性问题。

3. EPC 中间件

EPC 系统是一个非常先进的、综合性的系统。其最终目标是为每一单品建立全球的、开放的标识标准。它由全球产品电子代码(EPC)体系、射频识别系统及信息网络系统三大部分组成。EPC 体系详见在第 3 章的 EPC 编码标准,射频识别系统中的中间件技术已经详述,RFID 中间件(Savant)负责收集和储存 RFID 读写器发出的 EPC 信息并采取相应行动。

信息网络系统中,如图 5 - 2 所示的 EPCglobal 网络是目前较为成型的分布式网络集成框架,在全球供应链中以 RFID 技术应用为基础。该网络主要针对物流领域,目的是增加供应链的可视性和可控性。RFID 电子标签和识读器传递电子产品编码的数据,然后以 Internet 为纽带在授权用户之间进行相关信息的共享。其中的 EPC 中间件,主要包括 ONS、PML 和 EPCIS。

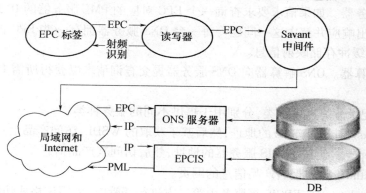

图 5 - 2   EPCglobal 框架

1) 对象命名服务

对象域名服务(Object Name Service,ONS)类似于互联网络环境下的域名服务(Domain Name Service,DNS),提供 EPC 码的位置信息。作为 EPC 系统组成的重要一环,ONS 的作用就是通过电子产品码,获取 EPC 数据访问信息。此外,其记录存储是授权的,只有电子产品码的拥有者可以对其进行更新、添加或删除等操作。每个 ONS 服务器中都含有一个巨大的地址列表,当客户端进行查询时,将优先查询当地所在的地址列表。

在 EPC 系统中,读写器识别标签中的 EPC 编码,而实体对象可以通过自带的 EPC 标签与网络服务模式相关联。网络服务模式是一种基于 Internet 或者 VPN 专线的远程服务模式,可以提供与存储指定对象的相关信息。典型的网络服务模式可以提供特定对象的产品信息。ONS 架构可以帮助识读器或识读器信息处理软件定位这些服务。

当前,ONS 服务被用来定位特定 EPC 对应的 PML 服务器。ONS 服务是联系前台的 Savant 中间件和后台 PML 服务器的网络枢纽,并且 ONS 设计与架构都以因特网 DNA(Domain Name Service 域名解析服务,简称 DNS)为基础。因此,可以使整个 EPC 网络以因特网为依托,迅速架构并顺利延伸到世界各地。因此,ONS 实现技术是 EPC 中间件的主要技术之一。ONS 开发需求如下：

（1）ONS 架构应当允许映射信息的分层管理。

（2）ONS 系统架构应允许 ONS 服务器中的映射信息在其他 ONS 缓冲存储器里进行缓存。

（3）ONS 架构应当允许相同的映射信息存储在多台 ONS 服务器里。

（4）ONS 架构应当允许相同 EPC 信息映射到多台 PML 服务器。

（5）ONS 架构应当允许其软硬件组件对不同版本的 EPC 编码具有兼容性。

根据以上需求，ONS 开发主要有两个方面的技术，即产品信息的域名解析技术和分布式 ONS 系统开发技术。

ONS 域名解析算法的过程如下：①把 EPC 代码转换成 URL 格式；②去掉 urn:epc 头；③去掉系列号；④逆转剩余部分；⑤追加根域 Onsroot. org；⑥按类型码 35 作 DNS 查询，并记录该地址。

ONS 的分布式系统架构主要由以下几部分组成：

（1）映射信息。映射信息分布式地存储在不同层次的 ONS 服务器里，这类信息便于管理。

（2）ONS 服务器。如果请求要求查询一个 EPC 对应的 PML 服务器的 IP 地址，则 ONS 服务器可以对此作出响应并解决这一问题。每一台 ONS 服务器拥有一些 EPC 的权威映射信息和另一些 EPC 的缓冲存储映射信息。

（3）ONS 解算器。ONS 解算器向 ONS 服务器提交查询请求以获得所需 PML 服务器的网络位置。

当前，ONS 记录分为以下 4 类，分别用于提供不同的服务种类。

（1）EPC + ws。定位 WSDL 的地址，然后基于获取的 WSDL，访问产品信息。

（2）EPC + epcis。定位 EPCIS 服务器的地址，然后访问其产品信息。

（3）EPC + html。定位报名产品信息的网页。

（4）EPC + xmlrpc。在 EPCIS 等服务由第三方进行托管时，使用该格式访问其产品信息。

2）PML

PML 物理标记语言由 XML 扩展而来，PML 适合在 EPC 系统中进行数据的通信，由 PML 核和 PML 扩展两部分组成。PML 核用来记录从底层设备获取到的物品信息，比如位置信息、成分信息和其他感知信息。PML 扩展用于记录其他各种附加信息。PML 扩展包括多样的编排和流程标准，使数据交换在组织内部和组织之间发生。

PML 语言采用的方法是首先使用现有标准来规范语法和数据传输。比如，可扩展标识语言（XML）、超文本传输协议（HTTP）、传输控制协议和因特网协议（TCP/IP）就提供了一个功能集，并且可利用现有工具来设计和编制 PML 应用程序。PML 提供一种简单的规范。通过一种通用、默认的方案（比如超文本标记语言 HTML），避免了方案之间的转换。此外，一种专一的规范会促使阅读器、编辑工具和其他应用程序等第三方软件的发展。

PML 将力争为所有的数据元素提供一种单一的表示方法。当有多个对数据类型编码的方法，PML 将会选择其中一种。举例来说，对日期编码的多种方法中，PML 将只会选择其中的一种。当编码或查看事件进行时，数据传输才发生，而不是发生在数据交换时。

PML 提供了一个描述自然物体、过程和环境的标准，并可供工业和商业中的软件开发、数据存储和分析工具之用。它将提供一种动态的环境，使与物体相关的静态的、暂时的、动态的和统计加工过的数据可以互相交换。因为它将会成为描述所有自然物体、过程和环境的统一标准,PML 的应用将会非常广泛,并且进入到所有行业。

EPC 信息服务器(EPCIS)由产品制造商来维护,内部存放了产品制造商生产的所有物品相关数据信息的 PML"文件",用于 PML 数据的存储和管理。但是并非必须就用此种数据格式来实际地存储数据。因为 PML 只是一种用在信息发送时对信息区分的方法,实际的内容可以任意格式存放在服务器中(比如,一个 SQL 数据库、数据表或一个平面文件)。换句话说,一个企业不必以 PML 格式存储信息的方式来使用 PML 语言。企业将以现有的格式和现有的程序来维护数据。举例来说,一个 applet(Java 小程序)可以从 Internet 上通过对象名称解析服务(ONS)来选取必需的数据,为了便于传输,这些数据将按 PML 规范重新格式化。这个过程与动态 HTML 语言(DHTML)相似,它也是按照用户的输入将一个 HTML 页面重定格式。此外,一个 PML"文件"可以是来自不同来源的多个文件和传送过程的集合。因为物理环境所固有的分布式特点,PML"文件"可以在实际使用中从不同的位置整合多个 PML 小片断。因此,一个 PML"文件"可能只存在于传送过程中。它所承载的数据可能是仅存在于短暂时间内,并在使用完毕后丢弃。

3) EPCIS

EPCIS(EPC Information Service,EPC 信息服务)的目的在于应用 EPC 相关数据的共享来平衡企业内外不同的应用。EPC 相关数据包括 EPC 标签和读写器所获取的相关信息,以及一些商业上必需的附加数据。EPCIS 的主要任务如下:

(1) 标签授权。标签授权是标签对象生命周期中至关重要的一步。假如一个 EPC 标签已经被安装到商品上,但是没有被写入数据。标签授权的作用就是将必需的信息写入标签,这些数据包括公司名称、商品的信息等。

(2) 打包与解包策略。打包与解包操作对于捕获分层信息中每一层的信息是非常重要的。因此,如何包装与解析这些数据,就成为标签对象生命周期中非常重要的一步。

(3) 观测。观测对于一个标签来说,用户最简单的操作就是对它进行读取。EPCIS 在这个过程中的作用,不仅仅是读取相关的信息,更重要的是观测到标签对象的整个运动过程。

(4) 反观测。反观测这个操作与观测相反。它不是记录所有相关的动作信息,因为人们不需要得到一些重复的信息,但需要数据的更改信息。反观测就是记录下那些被删除或者不再有效的数据。

建立 EPCIS 的目的在于调整相关数据,平衡该系统内部与外部不同的应用对数据形式的需要,为各种查询提供合适的数据,即通过实现 EPC 相关数据的共享来平衡企业内外不同的应用。EPC 系统的相关数据包括标签信息、读写器获取的其他相关信息,以及实际应用所必需的信息。

EPCIS 的主要作用是提供一个接口去存储、管理 EPC 捕获的信息。EPCIS 位于整个 EPC 网络架构的最高层,它不仅是原始 EPC 观测资料的上层数据,而且也是过滤和整理后的观测资料的上层数据。EPCIS 接口为定义、存储和管理 EPC 标识的物理对象的所有数据提供了一个框架,EPCIS 层的数据用于驱动不同企业应用。EPCIS 提供一个模块化、可扩展的数据和服务的标准接口,使得 EPC 系统的相关数据可以在企业内部或者企业之间共享。EPCIS 能充当供应商和客户的服务的主机网关,融合从仓库管理系统和企业资源规划平台传来的信息,广泛应用于存货跟踪、自动传来事务、供应链管理、机械控制和物—物通信方面。

建立 EPCIS 的关键就是用 PML 来组建 EPCIS 服务器,完成 EPCIS 的工作。PML 由 PML

Core 和 PML Extension 两部分构成。PML Core 主要应用于读写器、传感器、EPC 中间件和 EP-CIS 之间的信息交换；PML Extension 主要应用于整合非自动识别的信息和其他来源信息。

在 RFID 产品信息发布中，从生产线开始在产品的适当部位贴上标签，由专用设备写标签代码，由安装在产品物流过程中各关键部分的读写器读取信息，通过网络传送给 EPCIS 服务器，进行处理和存储。在查询时，用户使用读写器读取标签代码，凭借此代码到 EPCIS 服务器上进行查询。EPCIS 根据标签代码和用户权限提供相关的信息，在用户使用的客户端计算机、带显示设备的读写器或者手机等专用设备上进行显示。EPCIS 系统设计主要包括数据库设计、文件结构设计和程序流程设计三部分。

4. LBS 中间件

位置服务（Location Based Service，LBS）原本是一种计算机程序级服务类，它主要提供对具体位置和时间的数据信息在计算机程序中的控制功能。而如今我们所说的 LBS，它是一种基于地理位置信息的服务，主要通过 GSM/GPRS/CDMA 等电信运营商的移动网络，或者卫星定位等定位方式，获取移动终端的位置信息，并综合利用地理信息系统（Geographic Information System，GIS）等和位置相关的信息系统，所提供的一种用户服务业务。

位置服务作为物联网应用的主要功能之一，会发挥越来越重要的作用，也可能会产生"意想不到"的商机。例如 locationary.com 等位置服务网站已受到业界的广泛关注，Foursquare 是 SNS 和 LBS 应用的融合，发展势头堪比 Facebook 和 Twitter。LBS 它所涉及的技术和应用横跨物联网的感知层和网络层，一个 LBS 位置服务系统生态链中包括设备、定位、通信网络、服务与内容提供商。在 LBS 系统开发中的中间件技术不仅能够有效减少底层定位技术的复杂性、异构性和耦合性，而且能够提高整个 LBS 系统的可扩展性和可伸缩性。接下来将通过一个基于 LBS 的车辆位置服务系统实例来介绍 LBS 中间件。这个实例将在本章中的 LBS 一节详述。

随着位置信息服务的开发需求和应用特点，位置服务的中间件随之出现，LBS 中间件不仅继承了传统中间件良好的可扩展性、易管理性等特点，而且展现出自己定位位置透明和消息传输透明的不同特点。LBS 中间件是位于用户应用程序层与位置定位层之间的中间服务层。应用程序层主要包括一些运行在 LBS 提供商和 LBS 用户服务器上的应用服务程序和客户端的组件。位置定位层主要包括 Cell – ID、A – GPS 等在感知层详述了的定位技术。

LBS 中间件一方面具有能够自我管理的服务功能，更重要的一方面它提供了对用户应用程序及其核心业务的控制、执行和维护等功能。LBS 中间件能够为用户提供包括地理查询、导航和距离计算等多种位置信息的一些核心服务。LBS 中间件在与应用程序层之间设计了一些公共调用接口，通过这些接口来向上层用户提供最为重要地理位置信息服务。而中间件向上层用户的提供的服务都是建立在下面透明定位层的基本服务之上的，定位层首先借助多种定位方法来获取用户终端位置信息，然后通过 GIS 来进行信息的存储和处理，最后将具体结果提供给不同的用户。LBS 中间件与定位层的相互通信是通过不同移动终端协议来传输的，这些协议都是根据 LBS 提供商与电信运营商共同的协议接口规范而产生的。

图 5 – 3 所示的是一个基于 LBS 的车辆位置服务系统中的 LBS 中间件结构图。图中 LBS 中间件系统是车载定位监控系统中数据交换子系统的实现，它是一个面向消息传输高性能通信中间件，主要用于接收来自 GPS 或北斗终端的定位数据，并把数据处理结果传输给后台监控用户，同时与监控用户交互，通过该平台把用户的控制指令传递给具体的用户终端。

图 5 – 3 描绘的面向 LBS 数据通信中间件系统，主要基于车辆信息监控系统中面向消息通信中间件，在结合了终端 TCP 连接的高并发性和长效性，数据信息量的安全性、时效性和波

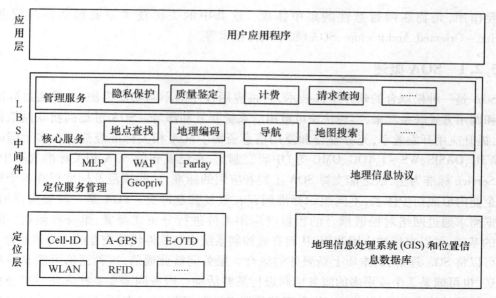

应用层 | 用户应用程序

L B S 中间件

管理服务 | 隐私保护 | 质量鉴定 | 计费 | 请求查询 | ……

核心服务 | 地点查找 | 地理编码 | 导航 | 地图搜索 | ……

定位服务管理 | MLP | WAP | Parlay | Geopriv | 地理信息协议

定位层 | Cell-ID | A-GPS | E-OTD | WLAN | RFID | …… | 地理信息处理系统(GIS)和位置信息数据库

图 5 - 3　LBS 中间件结构图

动性等特点的同时,致力于提供一个可扩展并合理利用网络带宽的通信框架,使得业务层的开发可以从复杂的底层网络通信中解放出来,从而为整个系统提供稳定、高效的信息通信服务。具体的目标含义包括以下几个方面:

(1)可扩展性。系统主要采用面向对象和模式框架思想去架构设计,将公共功能模块组件化,增加模块的可复用性。这样能够使得我们的注意力转移到更广阔、更为战略性的问题上来,尤其可以避免一些低级的 OS 细节问题。此外,由于 GPS 终端产品众多且变化快、各厂商终端产品协议不同,并且本系统需要兼容考虑北斗卫星导航系统终端,因此,在系统开发中需要能够将不同的终端协议数据转换为本系统自定义的内部协议。

(2)高性能。根据整个监控系统的用户需求和自身特点,系统需要至少支持 5000 个终端连接同时并发在线,并能够保证及时响应新的终端的连接请求。系统不仅需要通过有效的并发控制手段来保证每个终端连接的响应时间,还要高效、可靠地传输大量终端数据到后台监控中心。当终端连接量很大时,系统的并发连接数和数据缓存传输量也在不断增加,因此,系统必须具有很高的处理效率,以保证整个系统正常运转。

(3)可靠性。整个监控系统数据交换平台是要工作在中国联通后台网络通信服务器上的,因此,整个系统需要满足电信级运行的可靠性,并需要具有一定的容灾和恢复能力。

(4)易维护性和可扩展性。对于整个监控系统来说,可能会由于车载终端、终端协议、具体运行环境等因素的变化而引起系统的变化。因此,系统在设计和实现中需要提供良好的维护接口来适应外部应用环境的变化,在最小化系统架构变化的同时保证系统的整体服务质量。

(5)异构环境的支持。目前整个系统的部署平台和环境可能根据不同应用客户而不同,这就要求系统需要能够具有跨平台性。系统主要的应用平台是 Unix 和 Linux 系统。

5.2　SOA

对于物联网来讲,最为基础的就是基于感知层采集数据的信息处理和应用集成,从而获取价值性信息来指导物理世界更加高效运转。软件和算法在物联网的信息处理和应用集成中发挥重要作用,是物联网智慧性的集中体现。这其中的关键技术主要包括面向服务架构(Service – Oriented Architecture,SOA)和中间件技术等。

5.2.1 SOA 概述

SOA 是一种松耦合的软件组件技术,它将应用程序的不同功能模块化,并通过标准化的接口和调用方式联系起来,实现快速可重用的系统开发和部署。SOA 可提高物联网架构的扩展性,提升应用开发效率,充分整合和复用信息资源。SOA 相关标准规范正在多个国际组织(如 W3C、OASIS、WS – I、TOG、OMG 等)中研究制定,在已发布的 SOA 相关标准规范中,尚以 Web Service 标准为主,缺乏能支撑 SOA 工程和应用的标准,这些规范及标准仅在各个标准组织或企业内形成初步体系,不同组织标准间存在重复甚至冲突。SOA 是一种架构模型,它可以根据需求通过网络对松散耦合的粗粒度应用组件进行分布式部署、组合和使用。服务是 SOA 的基础,可以直接被应用调用,从而有效控制系统中与软件代理交互的人为依赖性。

可以将 SOA 理解为:本质上是服务的集合。服务间彼此通信,这种通信可能是简单的数据传送,也可能是 2 个或更多的服务协调进行某些活动。服务间需要某些方法进行连接。所谓服务就是精确定义、封装完善、独立于其他服务所处环境和状态的函数。SOA 的关键特性是:它是一种粗粒度、松散耦合服务架构,服务之间通过简单、精确定义接口进行通信,不涉及底层编程接口和通信模型。SOA 既不是一个产品,又不是一种现成的技术,而是一种架构和组织 IT 基础结构及业务功能的方法。

SOA 的核心技术是 Web service,它是一种网络化的信息资源,依赖于 URI,HTTP 和 HTML等。Web 服务可以执行从简单的请求到复杂的商务处理的任何功能,是 SOA 实现的核心。Web 服务中还有一些规范也非常重要,它的用途是实现企业间通过 Web 实现数据交换,这些规范是 XML、SOAP、UDDI 和 WSDL。

XML(Extensible Markup Language)通过提供更灵活和更容易被接收的信息标识方法来改进 Web 的功能。XML 被称为可扩展的标注语言,它不像 HTML 是一种单一的、预先定义的语言,XML 是一种用于描述其他语言的语言,使用 XML,可以定义自己的、不受到类型限制的、其他类型的文档。

SOAP(Simple Object Access Protocol)是一种轻量级规程,用于在没有控制中心、分布式的环境中交换信息。它以 XML 为基础,由 4 个部分组成:一个信封,定义了是什么信息和如何对它进行处理的框架;一组编码规则,用于描述应用定义的数据类型的表示示例;一组表示远程过程调用和应答的规则方式;一组捆绑方式,这种方式用于使用低层通信规程交换信息。SOAP 具有与其他规则相结合的可能性。

UDDI(Universal Description, Discovery and Integration)是一个规范,这个规范用于 Web 服务以分布式、以 Web 为基础的信息的注册。UDDI 同时也是一个实现公用可接入集合的规范,这个规范是某个企业的 Web 服务所能提供的内容用登记信息的方式提供出来,以便其他企业可以发现这些服务。Web 服务是 Web 技术的下一步发展方向,它可以允许可编程的被放置在 Web 上,其他方可以使用分布式的方式进行存取。

WSDL(Web Service Description Language)是一组包含面向文档或面向过程消息的端点操作信息的 xml 格式网络服务描述;操作和消息首先被抽象地描述,然后捆绑到具体的网络规程和消息格式中,以便定义端点,相关的具体端点被组合进抽象的端点中(服务)。WSDL 可以捆绑描述与 SOAP、HTTP GET/POST 和 MIME 相关。

5.2.2 SOA 的基础结构

从网络结构看,物联网是通过网络承载各种从感知层采集的信息,并在一定网络范围内实现应用的分布式系统。物联网的感知层包括各种 RFID、WSN、GPS(LBS)等分布式的信息来源,应用系统能够提供的服务甚至能够覆盖全球的每个角落。

对各类服务进行整合,并且提供给企业或个人更为人性化的服务,是物联网最终取得成功应用的关键。SOA 的核心是实现服务和技术的完全分离,从而达到服务的可重用性。拥有服务后,用户可以通过编配这些服务给企业或个人的业务流程带来更持久的生命力。SOA 的主要组成部分涉及 3 个方面,分别是服务提供者、服务注册(或服务注册中心、服务注册机构等)和服务请求者(或称客户端),并且它们对应于体系结构中的相应模块。以物联网中的 RFID为例,它既是 SOA 应用中天然的服务提供者也是 SOA 体系中天然的服务请求者。将 SOA 整合到物联网的服务应用中,可以对松散耦合的粗粒度应用组件进行分布式部署、组合和使用,实现了服务提供和服务具体使用方式的分离,从而实现对各种粗粒度松耦合服务的集成,为处理企业应用中的复杂性问题提供有效的解决方案。

SOA 是一种在计算环境中设计、开发、部署和管理离散逻辑单元(服务)的模型。在物联网的条件下,各种原本封闭的资源也将以服务的形式开放出来,Internet 上的原有资源和新出现的资源已经或者正在以服务的形式存在,因此,研究基于 SOA 的融合物联网应用技术是很有价值的。传统企业控制过程系统,如生产、物流等,企业内部通常汇集了多种不同的商业软件系统,它们利用不同的数据标准和通信平台,这无疑增加了企业运营和管理成本。为了获得业务灵活性,许多企业都在向面向服务架构迁移。该架构能提供可重复使用、共享且高可用的关键业务流程服务。图 5-4 显示了 SOA 的基础逻辑部件。

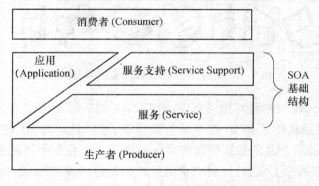

图 5-4 SOA 的基础结构

对于图 5-4 中 5 个部分,在 SOA 中的具体意义如下:

(1)消费者(Consumer)。利用生产者提供服务的实体,如移动终端、Web 客户等。

(2)应用(Application)。提供应用接口或不同程度的松散耦合服务,如移动应用、Web 应用、富客户端等。

(3)服务(Service)。执行涉及特定任务的实体,如数据中心、企业信息中心等。

(4)服务支持(Service Support)。为 SOA 特定的应用背景提供支持功能,如安全、管理、语义解析等。

(5)生产者(Producer)。提供特定服务或者功能的实体。

5.2.3 基于 SOA 的 RFID 应用框架

实际生产实践过程中通常包含不同硬件和软件类型,数据格式和通信协议通常也存在多种标准兼容性的问题,物联网为这些基础设备提供了信息标识,这些带有 RFID 的嵌入式设备可以作为生产者同时也可以作为消费者出现。但对于服务的整合、兼容各类数据和协议还需要借助面向服务架构。基于 SOA 的物联网应用基础框架如图 5-5 所示。

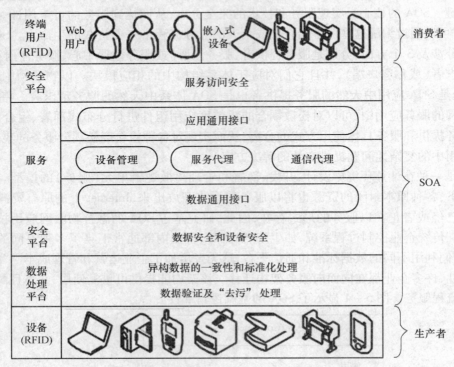

图 5-5 基于 SOA 的物联网应用基础框架

从图 5-5 中将 SOA 与物联网相结合,将原有 SOA 的 3 层架构细分为 6 层体系。服务提供者,即生产者,可以是利用了 RFID 技术的各类设备,可以是产品、计划以及生产设备,具备了 RFID 功能的设备或者产品的数据信息将在企业规定的产品生命周期内被全程跟踪。数据处理平台是 SOA 框架的第 1 层,这层将负责海量数据信息的安全验证,对受"污染"的数据进行排除和过滤,保证数据的完整性和安全性。为了对数据进行统一调用,需要利用 XML 和元数据技术对海量异构数据进行一致性和标准化处理,为数据的统一利用提供可能。安全平台是服务平台和数据平台之间的安全屏障,对设备和数据的安全负责。服务层主要是提供通用接口和代理服务,数据通用接口负责解析各层的数据调用指令,屏蔽不同的数据库和数据格式,同时有利用于各种数据库的分布式部署。

应用通用接口可以与上层消费者联系,其主要目的是对不同类型的用户使用的通信协议进行解析,实现各种通信协议的兼容。服务层的关键部分是设备管理服务、服务代理和通信代理,构成数据处理和上层应用之间的桥梁。服务层还将面对物联网应用过程中遇到的网络连接资源受限以及应用平台不同等问题。由于物联网的底层设备极其丰富,SOA 体系提供网络服务的过程中需要考虑发送延迟以及资源调度的问题,在网络服务中需要提供多种路由或者使用延迟容忍网络技术来应对。同时,SOA 体系还需要相应的均衡调度算法均衡网络资源。不同的应用平台要求 SOA 体系有更通用的设计模式,首先会考虑不同 RFID 设备之间的标准,其次是上层用户之间不同的访问平台。

在整个应用基础框架中包括 2 个安全平台,安全管理是企业应用正常运行的基础保障,尤其针对数据安全、用户身份和访问控制的管理。

身份管理采用 LDAP 目录服务器认证管理。它可使新的应用程序利用现有基础架构进行用户管理,从而缩短了部署和管理新应用程序的时间。采用访问策略管理要求提供严密的权限逻辑。采用角色驱动的访问控制策略,根据用户的不同角色,按访问者的权限、定制的页面内容以及访问者使用的终端等个性化的参数向访问者推送其定制的内容,对不同报表或主题分配相应的内容访问权限和操作权限,加强对敏感数据、密级数据的严密隔离和控制,保证数据和访问的安全。从图 5 - 5 的 SOA 应用基础框架可以看出,整个框架的基础是由 RFID 网络构成的数据流,从底层的基础数据到上层的服务请求数据都是带有 RFID 的,在中间的 SOA 架构中,这些海量的 RFID 数据构成了整个应用的基础。

物联网的出现为企业生产的全过程监控提供了可能,利用 RFID 技术可以有效地解决该问题。面向服务架构可以有效地对各类服务进行整合,提高企业整合的高效性,降低重复工作带来的损耗。因此,基于 SOA 的 RFID 应用框架研究对于物联网中间件建设具有重要意义。

5.2.4 物联网网格

在研究物联网中间件和 SOA 的基础上,这里提出一种"物联网网格"的理念。是一种描述"物"及其所在物联网环境之间关系的概念。物联网网格空间包含物体、关系集、服务。在一个物联网网格中,物体作为网格中的实体要素,在这个相对独立的网格空间中形成关系集合。关系集包括物之间的关系、物和服务之间的关系以及在这个网格空间中能够衍生的叠加关系(物 + "物和服务")。通过网格中心对物体空间进行规范、管理和使用,从而提供服务(包括网格内服务和对外的服务接口)。物体、关系集、服务作为物联网网格的三要素,分别对应物联网的感知、网络、应用。可以尝试将存在关联关系的三要素定义为物联网网格,物联网网格可以作为物联网的细胞存在于物联网中。物联网网格的特点可以体现在以下几个方面:

1. 异构性

物的多样性不可避免地带来物联网网格的异构性。不仅不同的网格会有不同类型的结构,同一个网格中也会有各种不同的关系集表征方式。比如在家居网格中为了实现对家庭的智能感知,需要处理各种不同类型的对象,如探测器建立的各种安防关系,家电管理所需的关系集,家居网格向小区局域网或互联网提供的煤气泄漏等警报关系等。为了构建完整准确的网格,必须综合考虑这些不同类型的网格要素及其空间结构来定义信息(语言)结构、传递信息、实现服务。进一步要考虑异构性引发的网格之间的兼容、开放、互操作问题。

2. 有限性

物联网网格构造的目的,就是使将海量的"物"转化为网格中有限个要素,以便于研究和建立标准,这是一个化无限为有限的思路。虽然物联网中各个对象都能够普遍联系,每个对象都可能在变化。但在一个网格中,物的数量、特征、关系等的变化是相对有限的。在网格中如何有效地探索新的技术和方法来高效地管理和处理这些"物、关系、服务",以及网格之间的交互、融合接口,是将"细胞"进化为"器官"并更具智能(融合、推理、判断和决策)的关键。

3. 透明性

"物"的透明访问是物联网网格中定义和获取服务的重点问题之一,也就是说,我们并不需要了解物(设备)的构造和组成,只需了解如何获得服务。以家电为例,传统的"人机接口"是家电说明书,学习说明书中的操作规则就可以依照规则获取服务。同样,当"物"在家居网格中心注册时,也需要将具有一定结构、内容、服务提供方式用通用的定义规范"告诉"网格中心。这种定义相当复杂,既要考虑具备不同智能层次的物体,又要考虑同一类物体的个体化差异,还要考虑一个物体能够提供的不同种类的服务。当然,网格中物和物的透明互访能力,以及网格对外在环境所能够提供的服务也在进一步考虑之列。

4. 层次性

不同种类的物联网网格中的"物"的层次将会被划分得更细。物的作用和交互活动必将受到物品自身功能和能力的限制(如它们的计算处理能力、网络连通性、可使用的电源,等等),还会受到所处环境与情况的影响(如时间、空间,等等)。所以根据物品参与物联网中互相影响、互相交互的各种流程和活动的行为、参与方式以及它们自身的某些属性,可以借鉴欧盟 2009 在《物联网研究战略路线图》中暂将物和物联网网格这个特殊的物归纳为以下 5 种层次:

(1)基础属性。"物"拥有标识,可以是"实体事物",也可以是"虚拟事物";"物"将是环境安全的;"物"(以及其虚拟表示)将尊重与它们相交互的其他"物"或者人的隐私,保护它们的机密信息,保障它们的安全。这些可以理解为"物权"。"物"能够互相通信,并参与现实的物质世界和数字的虚拟世界之间的信息交换。

(2)基础属性。"物"使用服务的形式作为它与其他"物"相交互的接口;"物"将在可选择的原则下与其他"物"竞争资源、服务和相应的主题内容;"物"可以附加传感器和探测设备,这样将使得它们可以与所处的环境交互,并且与环境互相影响和作用。

(3)社会化物品的属性。"物"可以与其他"物"、计算设备和人进行通信。"物"可以一起协作,共同创建物联网网格。"物"可以自主地发起通信和交互。

这之前的两点更适合物联网网格中的"物",此第三点可以作为网格属性的分界点:网格中的"物"可以彼此交流或者通过服务和人交互;这些"物"及其关系集、服务可以作为构成物联网网格的要素,网格之间也能够彼此交流或者通过服务和人交互。此后的两点更适合物联网网格的属性。

(4)物联网网格的的属性。"物"可以自己做很多事情,自动地完成很多任务。"物"可以了解、适应和改善自身所处的环境。"物"可以从环境中分析和提取既有的模式,或从其他"物"处学习到各种模式的数据、知识以及经验。"物品"可以运用其推理能力做出决策。"物"可以有选择地丰富信息,并且可以主动地传播信息。

(5)高级别类型的物联网网格。具有自我复制和自我管理能力的物的属性,"物"可以创建、管理并销毁其他"物"。

5. 智能性

服务在网格中心能够通过关系集找到能够提供服务的物,同样,网格中物的升级、进化和替换也能够同步更新关系集与服务。这就是物联网网格的内省(Introspection)和调整(Intercession)能力,也就是支持反射机制。物联网网格的智能性还体现在自治能力,表现在:

(1)能够自我标识,被搜索与发现,提供交互接口。

(2)能够在不同的条件下自我配置或重配置。

（3）能够自我调整达到最优性能。

（4）能够自我复原。

（5）能够自我保护（保护网格的"物权"）。

（6）知道网格的内部环境和外部环境并能够做出相应动作（比如自适应,提出和接受交互请求）。

（7）网格运行在开放环境中。

（8）对于外部环境能够隐藏自身复杂性,同时根据外部环境自我预优化。简言之,网格是动态、自主、自适应、能够自学习、自治、支持反射、可重构、可伸缩、可进化的。网格将从第3层,逐步向高层次（第4、5层）进化。

6. 开放性

考虑到物联网的开放架构来最大限度地满足不同系统和资源之间的互操作性,同时也给研究带来相应的复杂性。在一个相对狭小的网格环境中,定义其中的要素,进而研究其抽象数据模型、接口、协议,并将这些绑定在各种开放的技术（XML、Web 服务等）,以简化物联网架构,是一个化繁为简、化整为零的思路。要充分考虑物联网网格的通用性、独立性、可互访性,便于向整个物联网架构扩展或进化。网格中心的定义也是基于此考虑。

每个物联网网格都只有一个中心。以一个家居网格为例,当一台带有遥控器的电视作为家庭的一份子被主人买回家,电视即向家居网格中心注册加入家居网格,在注册中明确"我（电视）是谁,现在属于哪个家庭,能为您做些什么?"等电视作为家居网格中"物"的种种属性,主要目的是为了说明电视能够提供的服务。然后通过遥控器选看电视这一服务就属于家庭成员。选看服务可以在家居网格中任意控制平台实现,除了遥控器之外,手机、Pad、电脑都可以通过家居网格的控制接口实现选看;这是因为这些网格中的"物"在注册"入户"时已经向家居网格中心明确了自身的功能等属性。网格中心统一管理着家居网格中所有的"物"、关系集、服务。无论身处何方,用何种方式向家居网格表明自己的主人身份,都可以通过网络向网格中心发号施令,控制家电提供服务。

网格之间可以融合。网格能够提供的每一种服务,都有相应的接口定义。网格之间能够按照标准接口拼接成更大一级的网格,还能够在同一网格中叠加成立体网格。也就是说,融合既可以是拼接式平面联合叠加,也可以是图层式立体重合叠加。当你在一个社区消费网格中,把其中餐馆和图书馆视为已在该消费网格中注册过的"物",社区中所有餐馆属于社区餐馆网格 A,所有图书馆属于图书馆网格 B,相邻社区所有餐馆属于社区餐馆网格 C。当你能够既能点网格 A 的餐,又能点网格 C 的餐,就是基于相同服务的联合叠加（A＋C）。当你在一家餐馆吃饭时就能够网上借阅图书馆的书,就是基于相同环境的重合叠加（A∪B）,环境不仅局限于地域。当需要考虑到网格的相对独立性时,网格之间以松耦合的形式叠加。

网格之间的融合方法还包括:网格可以作为上一级网格中的"物",在定义了网格间融合的关系集、服务之后,网格就具备作为"物"进入上一级网格的能力。比如,车辆网格和行人网格、交通网格构成车联网。网格之间的关系集、服务需要结合网格接口重新定义。

这里仅仅是在中间件和 SOA 的基础上提出"物联网网格"的想法。初衷是将 EPC 中的思想推广,将物联网网格化,对于每个网格结构化、标签化,并通过网络实现其间的联合（融合）,在尊重"物权"的基础上,引发物联网阶段性发展形式的思考,更多工作有待于进一步研究。

5.3　普适计算技术

普适计算致力于将计算设备融入人们的工作、生活空间,形成一个"无处不在、无时不在且不可见"的计算环境。它强调以人为中心,目的在于"建立一个充满计算和通信能力的环境,同时使这个环境与人们逐渐地融合在一起"。普适计算给服务提出了两个本质性的要求:"随时随地"和"透明"。"随时随地"是指人们在获取服务时不应该受到空间和时间因素的制约,可以随时随地访问信息和获得服务。而"透明"是指可以在用户不觉察的情况下进行计算、通信,提供各种服务,不需要花费很多的注意力,服务的交互方式是轻松自然的。简言之,普适计算是将普适设备嵌入到人们生活、工作的环境中去,无论何时何地,只要用户需要,就能够通过一些设备访问到所需信息。

5.3.1　普适计算的基本概念

1991 年,美国 Xeroxp APC 实验室的 Mark Weiser 在《Scientific American》上发表文章《The Computer for the 21st Century》,正式提出了普适计算(Pervasive Computing,或 Ubiquitous Computing)的概念。1999 年,欧洲研究团体 ISTAG 提出了环境智能(Ambient Intelligence)的概念。环境智能与普适计算的概念类似,研究的方向也比较一致。

理解普适计算概念需要注意以下几个问题:

(1)普适计算体现出信息空间与物理空间的融合。普适计算是一种建立在分布式计算、通信网络、移动计算、嵌入式系统、传感器等技术基础上的新型计算模式,它反映出人类对于信息服务需求的提高,具有随时、随地享受计算资源、信息资源与信息服务的能力,以实现人类生活的物理空间与计算机提供的信息空间的融合。

(2)普适计算的核心是"以人为本",而不是以计算机为本。普适计算强调把计算机嵌入到环境与日常工具中去,让计算机本身从人们的视线中"消失",从而将人们的注意力拉回到要完成的任务本身。人类活动是普适计算空间中实现信息空间与物理空间融合的纽带,而实现普适计算的关键是"智能"。

(3)普适计算的重点在于提供面向用户的、统一的、自适应的网络服务。普适计算的网络环境包括互联网、移动网络、电话网、电视网和各种无线网络;普适计算设备包括计算机、手机、传感器、汽车、家电等能够联网的设备;普适计算服务内容包括计算、管理、控制、信息浏览等。

5.3.2　普适计算的发展

普适计算是在经历以下两种计算技术后应运而生的。

1. 分布式计算(Distributed Computing)

早期的计算是在单处理器上执行的,单处理器,或单机计算,采用单个中央处理单元来执行每个应用中的一个或多个程序。分布式系统指通过网络互连,可协作执行某个任务的独立计算机集合。不共享内存或程序执行空间的一系列计算机被认为是相互独立的,相对紧耦合计算机系统而言,这些计算机称作松耦合计算机。分布式计算研究如何把一个需要强大计算能力才能解决的问题分解成诸多小的部分,然后将其分配给多个计算机进行处理,最后把这些处理结果综合起来得到最终的结果。它利用网络把多台计算机连接起来,逻辑上组成一台虚拟的超级计算机,以完成单台计算机无法完成的超大规模的问题求解。

分布式计算包括在通过网络互连的多台计算机上执行的计算,每台计算机都有自己的处理器及其他资源,用户可以通过工作站完全使用与其互连的计算机上的资源。此外,通过与本地计算机及远程计算机交互,用户可访问远程计算机上的资源。分布式计算研究主要集中在分布式操作系统研究和分布式计算环境研究两方面。大量的分布式计算技术,如中间件技术、网格技术、移动 Agent 技术以及 Web Service 技术等,都为普适计算的出现奠定了基础。

2. 移动计算(Mobile Computing)

移动计算从蜂窝技术与 Web 的集成发展而来,移动设备的体积大小和价格每天都在下降,这使得 Mark Weiser 设想的在任何用户环境中普适设备都要达到英寸级大小的可能性成为了现实。移动计算的目标是"任何时候、任何地点"都可以接入服务网络,同时,它也为普适计算的"无时无刻,无处不在"做好了前期准备,可以说普适计算是移动计算的超集。除了移动计算之外,普适计算还需要对互操作性、可伸缩性、智能性和不可见性的支持,这样,普适计算就能保证用户在需要的时候无缝地接入并进行计算。

5.3.3 普适计算研究的主要问题

普适计算最终的目标是实现物理空间与信息空间的完全融合,这一点是和物联网非常相似的。因此,了解普适计算需要研究的问题,对于理解物联网的研究领域有很大的帮助。已经有很多学者开展了对普适计算的研究工作,研究的方向主要集中在以下几个方面:

1. 理论模型

普适计算是建立在多个研究领域基础上的全新计算模式,因此它具有前所未有的复杂性与多样性。要解决普适计算系统的规划、设计、部署、评估,保证系统的可用性、可扩展性、可维护性与安全性,就必须研究适应于普适计算"无处不在"的时空特性、"自然透明"的人机交互特性的工作模型。

普适计算理论模型的研究目前主要集中在两个方面:层次结构模型、智能影子模型。层次结构模型主要参考计算机网络的开放系统互连(OSI)参考模型,分为环境层、物理层、资源层、抽象层与意图层5层。也有的学者将模型的层次分为基件层、集成层与普适世界层3层。智能影子模型是借鉴物理场的概念,将普适计算环境中的每一个人都作为一个独立的场源,建立对应的体验场,对人与环境状态的变化进行描述。

2. 自然透明的人机交互

普适计算设计的核心是"以人为本",这就意味着普适计算系统对人具有自然和透明交互以及感知(意识)能力。普适计算系统应该具有人机关系的和谐性、交互途径的隐含性、感知通道的多样性等特点。在普适计算环境中,交互方式从原来的用户必须面对计算机,扩展到用户生活的三维空间。交互方式要符合人的习惯,并且要尽可能地不分散人对工作本身的注意力。

自然人机交互的研究主要集中在笔式交互、基于语音的交互、基于视觉的交互。研究涉及用户存在位置的判断、用户身份的识别、用户视线的跟踪,以及用户姿态、行为、表情的识别等问题。关于人机交互自然性与和谐性的研究也正在逐步深入。

3. 无缝的应用迁移

为了在普适计算环境中为用户提供"随时随地"的"透明的"数字化服务,必须解决无缝的应用迁移的问题。随着用户的移动,伴随发生的任务计算必须一方面保持持续进行,另一方面任务计算应该可以灵活、无干扰地移动。无缝的移动要在移动计算的基础上,着重从软件体系的角度去解决计算用户的移动所带来的软件流动问题。

无缝的应用迁移的研究主要集中在服务自主发现、资源动态绑定、运行现场重构等方面。资源动态绑定包括资源直接移动、资源复制移动、资源远程引用、重新资源绑定等几种情况。

4. 上下文感知

普适计算环境必须具有自适应、自配置、自进化能力,所提供的服务能够和谐地辅助人的工作,尽可能地减少对用户工作的干扰,减少用户对自己的行为方式和对周围环境的关注,将注意力集中于工作本身。上下文感知计算就是要根据上下文的变化,自动地做出相应的改变和配置,为用户提供适合的服务。因此,普适计算系统必须能够知道整个物理环境、计算环境、用户状态的静止信息与动态信息,能够根据具体情况采取上下文感知的方式,自主、自动地为用户提供透明的服务。因此,上下文感知是实现服务自主性、自发性与无缝的应用迁移的关键。

上下文感知的研究主要集中在上下文获取、上下文建模、上下文存储和管理、上下文推理等方面。在这些问题之中,上下文正确地获取是基础。传感器具有分布性、异构性、多态性,这使得如何采用一种方式去获取多种传感器数据变得比较困难。目前,RFID 已经成为上下文感知中最重要的手段,智能手机作为普适计算的一种重要的终端,发挥着越来越重要的作用。

5. 安全性

普适计算安全性研究是刚刚开展的研究领域。为了提供智能化、透明的个性化服务,普适计算必须收集大量与人活动相关的上下文。在普适计算环境中,个人信息与环境信息高度结合,智能数据感知设备所采集的数据包括环境与人的信息。人的所作所为,甚至个人感觉、感情都会被数字化之后再存储起来。这就使得普适计算中的隐私和信息安全变得越来越重要,也越来越困难。为了适应普适计算环境隐私保护框架的建立,研究人员提出了 6 条指导意见:声明原则、可选择原则、匿名或假名机制、位置关系原则、增加安全性,以及追索机制。为了适应普适计算环境中隐私保护问题,欧盟甚至还特别制定了欧洲隐式计算机(Disappearing Computer)的隐私设计指导方针。

Marc Weiser 认为,普适计算的思想就是使计算机技术从用户的意识中彻底"消失"。在物理世界中结合计算处理能力与控制能力,将人与人、人与机器、机器与机器的交互最终统一为人与自然的交互,达到"环境智能化"的境界。因此,我们可以看出:普适计算与物联网从设计目标到工作模式都有很多相似之处,因此普适计算的研究领域、研究课题、研究方法与研究成果对于物联网技术的研究有着重要的借鉴作用。

5.4 物联网与云计算

云计算模式起源于互联网公司对特定的大规模数据处理问题的解决方案,具有高效的、动态的、可以大规模扩展的计算资源处理能力。这一特征决定了云计算能够成为物联网最高效的工具,使物联网中数以兆计的物理实体的实时动态管理和智能分析更容易实现;物联网也将成为云计算最大的应用需求,但需要强调的是物联网应用不一定完全依赖云计算实现。

5.4.1 云计算的主要特点

云计算(cloud computing)是支撑物联网的重要计算环境之一。因此,了解云计算的基本概念,对于理解物联网的工作原理和实现方法具有重要的意义。了解云计算的基本概念时,需要注意云计算以下几个主要特点：

（1）云计算是一种新的计算模式。它将计算、数据、应用等资源作为服务通过互联网提供给用户。在云计算环境中，用户不需要了解"云"中基础设施的细节，不必具备相应的专业知识，也无需直接进行控制，而只需要关注自己真正需要什么样的资源，以及如何通过网络来得到相应的服务。

（2）云计算是互联网计算模式的商业实现方式。提供资源的网络被称为"云"。在互联网中，成千上万台计算机和服务器连接到专业网络公司搭建的能进行存储、计算的数据中心形成"云"。"云"可以理解成互联网中的计算机群，这个群可以包括几万台计算机，也可以包括上百万台计算机。"云"中的资源在使用者看来是可以无限扩展的。用户可以通过台式个人计算机、笔记本、手机，通过互联网接入到数据中心，可以随时获取、实时使用、按需扩展计算和存储资源，按实际使用的资源付费。目前微软、雅虎、亚马逊（Amazon）等公司正在建设这样的"云"。

（3）云计算的优点是安全、方便，共享的资源可以按需扩展。云计算提供了可靠、安全的数据存储中心，用户可以不用再担心数据丢失、病毒入侵。这种使用方式对于用户端的设备要求很低。用户可以使用一台普通的个人计算机，也可以使用一部手机，就能够完成用户需要的访问与计算。苹果公司推出的 iPad 的关键功能全都聚焦在互联网上，包括浏览网页、收发邮件、观赏影片照片、听音乐和玩游戏。当有人质疑 iPad 的存储容量太小时，苹果公司的回答是：当一切都可以在云计算中完成时，硬件的存储空间早已不是重点。

5.4.2　云计算的类型

云计算具有弹性收缩、快速部署、资源抽象和按用量收费的特性，按照云计算的服务类型可以将云分为 3 层：基础架构即服务、平台即服务和软件即服务，如图 5-6 所示。

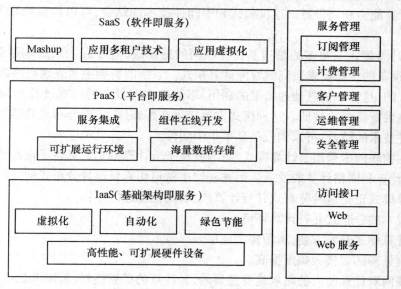

图 5-6　云计算的 3 层类型

基础架构即服务位于最底层，该层提供的是最基本的计算和存储能力，以计算能力提供为例，其提供的基本单元就是服务器，包括 CPU、内存、存储、操作系统及一些软件。在这其中自动化和虚拟化是核心技术,自动化技术使得用户对资源使用的请求可以以自行服务的方式完成,无需服务提供者的介入,在此基础上实现资源的动态调度;虚拟化技术极大地提高资源使用效率,降低使用成本,虚拟化技术的动态迁移功能能够带来服务可用性的大幅度提高。平台即服务位于3层服务的中间,服务提供商提供经过封装的IT能力,包括开发组件和软件平台两种类型的能力,这个层面涉及两个关键技术,一是基于云的软件开发、测试及运行技术,另一个是大规模分布式应用运行环境,这种运行环境使得应用可以充分利用云计算中心的海量计算和存储资源,进行充分扩展,突破单一物理硬件的资源瓶颈,满足大量用户访问量的需求。软件即服务位于最顶层,在这一层所涉及的关键技术主要包括Web2.0中的Mashup、应用多租户技术、应用虚拟化等技术。

从上述对云计算的3层的类型分析可以看出,基于云计算模式第1层物联网海量数据的存储和处理得以实现,基于第2层可以进行快速的软件开发和应用,而基于第3层可以使更多的第三方参与到服务提供中来。

5.4.3 云计算在物联网中的结合模式

云计算与物联网的结合模式,在初级阶段,可分为"云计算模式"和"物计算模式",这两种模式有机地结合起来才能实现物联网中所需的计算、控制和决策。

所谓"云计算模式",指的是在物联网应用层实现的智能计算模式。云计算作为一种基于互联网、大众参与、提供服务方式的智能计算模式,其目的是实现资源分享与整合,其中计算资源是动态、可伸缩且被虚拟化的。大量复杂的计算任务,如服务计算、变粒度计算、软计算、不确定计算、人参与的计算乃至于物参与的计算,都是云计算所面临的任务。"云计算模式"一般通过分布式的架构采集来自网络层的数据,然后在"云"中进行数据和信息处理。此模式一般用于辅助决策的数据挖掘和信息处理过程,系统的智能主要体现在数据挖掘和处理上,需要较强的集中计算能力和高带宽。这种模式和中间件技术的结合,可以构成物联网应用支撑中间件。

所谓"物计算模式",更多的是指基在物联网的感知层,对于嵌入式终端强调实时感知与控制,对终端设备的性能要求较高的智能计算模式。系统的智能主要表现在终端设备上,但这种智能是嵌入的,是智能信息处理结果的利用,不能建立在复杂的终端计算基础上,对集中处理能力和系统带宽要求比较低。这种模式主要应用在感知层,实现分布式的感知与控制;这种模式和中间件技术的结合,可以构成信息采集中间件。

之所以在物联网中采用云计算模式,原因就在于云计算事实上具备了很好的特性,是并行计算、分布式计算和网格计算的发展。而物联网中就迫切需要这种分布式的并行,目前物联网采用的云计算模式正是这种分布式并行计算模式,其主要原因是:

(1)低成本的分布式并行计算环境。

(2)云计算模式开发方便,屏蔽掉了底层。

(3)数据处理的规模大幅度提高。

(4)物联网对计算能力的需求是有差异的,云计算的扩展性好,都能满足这种差异性所带来的不同需求。

(5)云计算模式的容错计算能力还是比较强的,健壮性也比较强,在物联网中,由于传感器在数据采集过程的物理分布比较广泛,这种容错计算是必要的。

总之,从目前的发展现状来看,云计算与物联网的结合处于初期发展阶段,目前主要基于云计算技术进行通用计算服务平台的研发,而物联网领域对事件高度并发、自主智能协同等需求特性仍有一定的差距。但是,在利用云计算平台实现海量数据分析挖掘,这个能够衡量物联网智能水平的重要方面,已经成为物联网与云计算在下一阶段结合模式的研究重点。

5.4.4 数据挖掘云服务

对于物联网来讲,感知层的数据采集只是物联网首要环节,而对感知层所采集海量数据的智能分析和数据挖掘,以实现对物理世界的精确控制和智能决策支撑才是物联网的最终目标,也是物联网智慧性体现的核心,这一目标的实现离不开应用层的支撑。

如果从应用层的角度来看物联网,物联网可以看作是一个基于通信网、互联网或专用网络的,以提高物理世界的运行、管理、资源使用效率等水平为目标的大规模信息系统。为了实现这一目标,感知层信息的实时采集决定了必然会产生海量的数据,这除了存储要求之外,更为重要的是基于这些海量数据的分析挖掘,预判未来的发展趋势,才能实现实时的精准控制和决策支撑。

如果从发展的角度来看物联网,在初级阶段虽然重视数据收集,但不能忽略数据挖掘与智能处理。其原因在于,目前物联网的发展重在部署,通过部署物联网才能够把数据收集上来,之后才会进行数据挖掘和智能处理。

1. 数据挖掘与物联网

物联网将现实世界的物体通过各种网络连接起来,结合云存储、云计算、云服务,能够为形形色色的行业应用提供服务。物联网具有行业应用的特征,依赖云计算对采集到的各行各业、数据格式各不相同的海量数据进行整合、管理、存储,并在整个物联网中提供数据挖掘服务,实现预测、决策,进而反向控制这些物的集合,达到控制物联网中客观事物运动和发展进程的目的。

数据挖掘是决策支持和过程控制的重要技术制成手段,它是物联网中的重要一环。物联网中的数据挖掘已经从传统意义上的数据统计分析、潜在模式的发现与挖掘,转向物联网中不可缺少的工具和环节。物联网中的数据挖掘需要应对以下新挑战:

(1)分布式并行整体数据挖掘。物联网的计算设备和数据在物理上是天然分布的,因此不得不采用分布式并行数据挖掘,需要云计算模式。

(2)实时高效的局部数据处理。物联网任何一个控制端均需要对瞬息万变的环境实时分析并做出反应和处理,需要物计算模式和利用数据挖掘结果。

(3)数据管理与质量控制。多源、多模态、多媒体、多格式数据的存储与管理是控制数据质量和获得真实结果的重要保证,需要基于云计算的存储。

(4)决策和控制。挖掘出的模式、规则、特征指标用于预测、决策和控制。

考虑到商业竞争和法律约束等多方面的因素,在许多情况下,为了保证数据挖掘的安全性和容错性,需要保护数据隐私,将所有数据集中在一起进行分析往往是不可行的。分布式数据挖掘系统能将数据合理地划分为若干个小模块,并由数据挖掘系统并行处理,最后再将各个局部的处理结果合成最终的输出模式,这样做可以充分利用分布式计算的能力和并行计算的效率,对相关的数据进行分析与综合,从而节省大量的时间和空间开销。虽然分布式数据挖掘具备这样的优点,但在应用中也面临着算法和系统方面的问题。算法方面,实现数据预处理中各种数据挖掘算法,以及多数据挖掘任务的调度算法。系统方面,能在对称多处理机(Symmetrical Multi – Processing,SMP)、大规模并行处理机(Massively Parallel Processor,MPP)等具体的分布式平台上实现,考虑节点间负载平衡、减少同步与通信开销、异构数据集成等问题。物联网特有的分布式特征,决定了物联网中的数据挖掘具有以下特征。

(1) 高效的数据挖掘算法。算法复杂度低、并行化程度高。

(2) 分布式数据挖掘算法。适合数据垂直划分的算法、重视数据挖掘多任务调度算法。

(3) 并行数据挖掘算法。适合数据水平划分、基于任务内并行的挖掘算法。

(4) 保护隐私的数据挖掘算法。数据挖掘在物联网中一定要注意保护隐私。

2. 数据挖掘云服务平台

云计算相关技术的飞速发展和高速宽带网络的广泛使用,使得实际应用中分布式数据挖掘的需求不断增长。分布式数据挖掘是数据挖掘技术与分布式计算技术的有机结合,主要用于分布式环境下的数据模式发现,它是物联网中要求的数据挖掘,是在网络中挖掘出来的。通过与云计算技术相结合,可能会产生更多、更好、更新的数据挖掘方法和技术手段。

云计算通过廉价的 PC 服务器,可以管理大数据量与大集群,其关键技术在于能够对云内的基础设施进行动态按需分配与管理。云计算的任务可以被分割成多个进程在多台服务器上并行计算,然后得到最终结果,其优点是对大数据量的操作性能非常好。从用户角度来看,并行计算是由单个用户完成的,分布式计算是由多个用户合作完成的,云计算是在可以没有用户参与指定计算节点的情况下,交给网络另一端的云计算平台的服务器节点自主完成计算,这样云计算就同时具备了并行与分布式的特征。

数据挖掘在物联网中采取了云服务的方式来提供数据挖掘的结果用于决策与控制。云计算模式能够在分布式并行数据挖掘中,实现高效、实时挖掘。

云服务模式作为数据挖掘的普适模式,能够保证挖掘技术的共享,降低数据挖掘应用的门槛,满足海量挖掘的需求。国内中国科学院计算技术研究所于 2008 年底开发完成了基于 Hadoop 的并行分布式数据挖掘系统 PDMiner。中国移动进一步建设了 256 台服务器、1000 个 CPU、256TB 存储组成的"大云"试验平台,并在与中国科学院计算技术研究所合作开发的并行数据挖掘系统基础上,结合数据挖掘、用户行为分析等需求,在上海、江苏等地进行了应用试点,在提高效率、降低成本、节能减排等方面取得了极为显著的效果。在此基础上中国科学院计算技术研究所于 2009 年开发完成了面向云计算的数据挖掘服务平台 COMS,现已用于国家电网与国家信息安全领域。在国际上,采用 Map – Reduce 并行编程模式实现了机器学习算法,这是在多核环境下并行算法的实现。另外,在多节点的云计算平台上的开源项目 Apache Mahout 0.5 于 2011 年 5 月 27 日发布。

数据挖掘云服务平台包括以下几个方面的要求。

(1) 基础建设。专业人士成为服务的提供者,大众和各种组织成为服务的受益方,按领域、行业进行构建。

(2) 虚拟化。即计算资源自主分配和调度。

(3) 需求。即大众参与应对个性化和多样化的需求。

(4) 可信。算法通用、可查、可调和可视。

(5) 安全。隐私数据由客户自己在平台终端完成加密保护。

数据挖掘云服务平台可构建如图 5 – 7 所示。可以看出,硬件资源管理子系统和后台并行挖掘子系统紧密结合;平台对用户透明,资源抽象成提供数据挖掘服务的"云";用户通过前台的 Web 交互界面定制数据挖掘任务。

数据挖掘云服务系统架构既包括了数据挖掘预处理云服务,也包括了数据挖掘算法云服

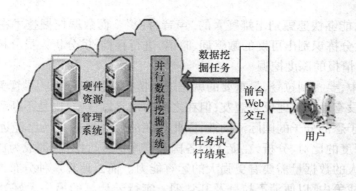

图 5-7 数据挖掘云服务平台

务,如关联规则云服务、分类云服务、聚类云服务和异常发现云服务,总体上还有工作流子系统,对数据挖掘的任务进行多任务的组合,以达到数据挖掘的目标。数据挖掘云服务系统架构的详细说明参见本章参考文献[1]。

总之,数据挖掘是物联网应用中不可缺少的重要一环。物联网如果不能实现智能信息处理和数据挖掘,就无法深刻体现智能,将仅局限于分布式的"物联"形式而无法称为物联网。而数据挖掘云服务是物联网能够应用的一种先进、实用、智能的数据挖掘方式。应该说物联网应用发展的关键就是看系统应用中的智能体现在什么地方,只有突出智能化处理和服务的特征,才能建立起一个巨大的物联网产业。

3. 数据挖掘的应用实例

数据挖掘与云服务平台在反恐情报战应用中最典型的例子,当属 2011 年 5 月,号称恐怖之王的本·拉登被美军特种部队击毙前的高科技"搜捕"。各国军方、情报及执法机关为了找到并消灭他,付出了艰辛努力。在这漫长的 10 年里,随着科学技术的发展,最终反恐力量依靠强大的科技支援,取得了胜利。在这次剿杀拉登的行动中,云计算立下了汗马功劳。

拉登在长达 10 年的逃亡生涯中,一度在阿富汗、巴基斯坦的人迹罕至、自然环境恶劣的山区洞穴中躲避,即使因为肾病治疗需要不得不"大隐隐于市",也过得十分谨慎。他从来不使用任何能传递电子信号的物品,固定电话、移动电话、互联网,在他的藏身处均未发现。拉登采用了最原始的方式进行信息传递:信使。单线联系的信使负责将拉登的口信带给世界各地的基地组织头目,策划和发动恐怖袭击。各国的反恐情报人员无法从常规的电信网络窃听行动中取得收获。拉登的担心不是没有道理,俄罗斯车臣恐怖分离主义势力的第一代头目杜达耶夫,就是因为使用电话而招来了杀身之祸。1996 年 4 月,杜达耶夫就是使用海事卫星电话,被俄军截获了电话信号,立即召唤在空中巡航的攻击机发射两枚反辐射导弹,跟踪手机信号直接命中杜达耶夫藏身处将其击毙。于是,拉登在逃亡期间,一直采用信使传递的"基本靠吼"方法进行通信,拉登手下的几个重要头目唯有通过信使能够和拉登取得联系。然而,2010 年下半年,拉登的一名叫艾哈迈德的信使再次犯了大忌,与当时在美国的一个已被美国情报机关监听的与恐怖组织有关的人通了电话,立即被敏感的情报人员察觉。通过对艾哈迈德的布控,终于找到了拉登的藏身处。

1）云计算对声音的实时挖掘

反恐情报部门现在不仅可以利用计算机系统对传统电话网的语音情报进行过滤监听、定位,还能截获通过云计算和数据挖掘对语音信息进行实时的深度对比、分析和信息挖掘。借助目前的云计算平台,已经可以对众多的嫌疑人的"声纹"进行存档,通过语音识别这门电子身

149

份识别 EID 技术,能够快速甄别出嫌疑人的"声音身份"。而数据挖掘技术在海量实时语音的通话中,能够实时分拣识别出可疑的敏感词、暗语,进行存档,供分析人员分析。

2)云计算对情报的深度挖掘

在反恐斗争中,要找到拉登,最重要的就是进行情报交换和分析。尽管美国这次在猎杀拉登的最后一击中没有通知其他反恐盟友,但在之前的搜寻过程中,也是不断和各国进行着情报方面的交换。由于恐怖分子的国际流动性,因此现在的反恐情报交换已经远远不是简单的进行档案传送了,深度的比对、分析,在庞大的各国数据库里进行挖掘,都成为比较普遍的情报交换分析模式。庞大的数据量需要有更强大的运算能力。而云计算这种分布式的高效计算方式也被用在了反恐战争中,以便消灭拉登及其党羽。实行云计算的另一大好处是美国国土安全部的大型数据中心从 24 个削减到 10 个以内,而情报分析能力反而提高了。例如,美国国土安全部的 CIO 便表示,美国国土安全部这几年的"私有云"计划一共动用了 15000 名雇员,64 亿美元预算来进行超过 100 个大型云计算项目,以便对反恐情报进行分析比对并和盟国进行交换,同时实时分析评估国内外的美国重要目标的安全风险。

5.5 从 LBS 到车联网

5.5.1 LBS 概述

随着全球互联网和物联网的飞速发展,移动位置服务(Location Based Service,LBS)已经在诸如城市智能交通、车辆导航、手机通信、人际交流等众多领域发挥着广泛而重要的作用。LBS 系统是一种集位置定位、数据及时通信、地理信息存储与处理为一体的综合信息服务平台;位置服务有两重含义:首先是确定(移动或非移动)设备或用户所在的地理位置,其次是提供与位置相关的各类信息服务。LBS 的应用已经有上百种了,凡是与位置相关的,都可以称为LBS。关于 LBS 的定义有很多,1994 年,美国学者 Schilit 在提出 Context - Aware 计算的理念时指出了位置服务的三大目标:你在哪里(空间信息)、你和谁在一起(社会信息)、附近有什么资源(信息查询)。这也成为了 LBS 最基础的内容,但这属于广义的 LBS 定义。例如,Google 等一些搜索引擎或 Yahoo 目录服务早已实现了基于 PC 所在位置的 SEO(搜索引擎优化)查询,根据 PC 或其他设备的 IP 地址(通过网络 DNS 按地址分配方式确定)或邮编确定位置后把与地址相关的内容列入搜索结果中,同时推送与地址相关的广告。这属于基于非移动通信网络的 LBS。

如图 5 - 8 所示,LBS 最早起源于美国联邦通信委员会(FCC)于 1996 年颁布的 E911 规则,它要求美国所有移动网络运营商必须提供一种为 911 紧急呼叫来电进行位置信息定位的业务。但由于受到当时整个网络技术的限制,E911 任务所提供的位置定位精度还不能完全满足需要,此后移动网络运营商开始投入巨大的努力来研究更加先进的位置定位技术。为了从E911 业务中巨大投资获得回报,运营商推出了一系列的商业 LBS 业务。但对这些寻人服务,以及景点、餐馆或者加油站的定位服务,当时用户并没有表现出极大的使用兴趣。

2002 年 5 月,go2 和 AT&T 在美国 FCC 的授权下推出了世界上第一个移动 LBS 本地搜索应用程序,并用于自动位置识别(ALI)。go2 的用户可以通过使用 AT&T 公司的自动位置识别来确定其位置,并搜索该位置附近满足用户需求的地理位置列表。ALI 的主要优点是,移动用户不必手动指定邮政编码或其他位置标识符来使用 LBS,当他们漫游到不同的位置,GPS 追踪

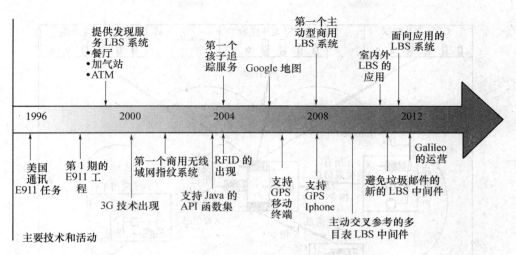

图 5 - 8　LBS 发展历程

技术通过访问移动网络来提供最新的位置信息服务。

2010 年的全球互联网领域,Foursquare 成为在 LBS 方面一个耀眼成功模式。Foursquare 是美国一家基于地理位置信息的社交网络服务企业,提供整合位置服务、社交网络和游戏元素的综合性平台服务。目前,Foursquare 的用户规模发展态势超过当年的 Twitter,Foursquare 模式不仅在用户增长速度上打破纪录,在商业模式应用上更具得天独厚的优势。

伴随着中国的互联网化和移动互联网化的逐步发展,中国现代意义上真正的位置服务产业的两个标志性时间点:第一个是 1995 年 5 月当时的图行天下和城市通在中国南北两地先后开通互联网地图服务网站;第二个就是 2003 年 5 月,当时中国联通基于 CDMA 网络与日本和韩国几乎同步开通了定位之星系统。中国移动也在 2009 年数据业务发展纲要中明确指出:在位置服务业务产品准备与推出方面,应加快开展合作业务;推进手机地图、车务通、12580 问路服务,并为其他业务(如飞信、游戏)提供定位能力。目前,国内移动位置服务越来越多地与其他移动互联应用联合起来,具备互动、分享等特征。例如,移动位置服务与微博等 Web2.0 应用结合起来,将位置信息作为真实标签可以提高交互效率。百度看到了 LBS 的发展空间和商业潜力,已将其 LBS 业务从百度公司业务中分离出来。

5.5.2　基于 LBS 的车辆位置服务

图 5 - 9 描绘了一个基于 LBS 的车辆位置服务系统,其中的 LBS 中间件已经在前文中详述。该系统需要对终端协议数据进行接收、转换并分发给不同的客户,每个客户允许有多个客户端/浏览器监控属于该客户的部分终端,客户的应用根据实际情况可采用 C/S 架构的应用和 B/S 架构的应用,且客户和监控中心系统均需要一个后台管理系统。图 5 - 9 中,车辆位置服务系统的解决方案的子系统之间相互独立,可随用户和终端数量增长不断扩展。每一个子系统向 GPS/北斗终端提供统一接入点,为系统管理员提供 Web 方式接入。每一个 C/S 应用平台向属于该平台的客户端提供统一接入点,B/S 应用平台提供统一的 Web 方式的接入。

GPS/北斗终端通过 GPRS 连接,定时向数据交换平台的通信前置机发送位置信息、告警信息、图片信息等,并随时接收来自数据交换平台的指令,根据指令修改终端配置或返回指令指定的信息给数据交换平台。

数据交换平台的通信后置机与 C/S 应用平台和 B/S 应用平台之间使用位置服务定位监

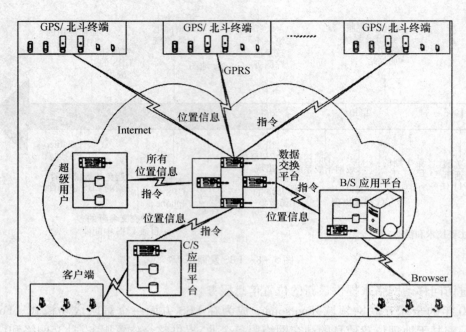

图 5 - 9　基于 LBS 的车辆位置服务系统

控系统通信协议进行通信,该协议参见文档是宇通位置服务平台通信协议 V2.3,协议数据使用 XML 封装后传送。数据交换平台由通信前置机、协议信息处理服务器、图片信息处理服务器和通信后置机组成。

通信前置机负责对外提供统一接口,维护与 GPS/北斗终端的连接。通信前置机与 GPS/北斗终端之间维持一个 TCP 常连接,用于传递位置信息、告警信息和指令信息。通信前置机为图片信息提供 UDP 和 TCP 两种方式的接入,根据终端不同,可自由选择使用 UDP 方式或 TCP 方式进行图片信息传输。

通信前置机与协议信息处理服务器和图片信息处理服务器之间分别维持 TCP 常连接的数据通道,用于快速传递数据。通信前置机通过数据通道将收到的图片信息传送给图片信息服务器,将收到的位置信息和告警信息传送给协议信息处理服务器。协议信息处理服务器通过数据通道将指令信息传送给通信前置机。

协议信息处理服务器和图片信息处理服务器与通信后置机之间也分别维持高速数据通道。协议信息处理服务器负责将收到的位置信息和告警信息转换为客户端协议的格式,通过数据通道传送给通信后置机。将来自数据后置机的指令信息按照终端协议类型转换为终端协议格式,通过数据通道传送给通信前置机。图片信息处理服务器与协议信息处理服务器的工作类似,负责将传递图片信息的协议数据转换为客户端协议格式,并通过数据通道传送给通信后置机。通信后置机提供统一的 TCP 服务端口,用于与 C/S 应用平台和 B/S 应用平台进行通信,该 TCP 连接也为常连接。通信后置机负责按照客户与终端的绑定关系,将收到位置信息、告警信息和图片信息分发给对应的 C/S 应用平台和 B/S 应用平台。负责将来自应用平台的指令信息发送给协议信息处理服务器。此外,通信后置机为系统管理平台提供单独的 TCP 端口,用于发送获取最新客户终端绑定关系请求和接收客户终端绑定更新指令,当收到客户终端绑定更新指令时,立即更新自己的客户与终端的绑定关系。

基于 LBS 的应用种类丰富很多,包括上述的来电位置定位系统、车辆位置服务系统、商业

LBS服务等等。其中商业LBS业务蓬勃兴起,谷歌地图、老虎地图和百度地图等都集成了景点、餐馆、加油站、酒店的查询功能,这些功能都是基于LBS的。例如,在手机地图系统中,只要点击美食,搜索引擎就会根据手机的位置找出附近的餐馆,并在地图上标出具体的位置,还可以附上特色、评价、打分等详细信息。还可以实现步行、驾车、公交路线的查询。不仅如此,基于LBS的服务发现能够查询电影、团购、同城交易等实时信息的发现,甚至是社交发现服务,例如微信的查询身边的人、摇一摇、漂流瓶等服务。LBS作为物联网中基于位置信息的应用服务,应用于智能交通领域,成为车联网(Telematics)的基础技术之一。

5.5.3 车联网技术

汽车的发明作为现代社会的标志之一,极大促进了人类交通的范围和效率,并经过百余年的发展成为了世界经济的支柱产业之一。但同时,汽车也给人类社会带来了诸多问题:交通拥堵、环境污染、交通事故造成的人员伤亡和财产损失等已经成为制约社会和经济发展的因素之一。交通安全、交通堵塞及环境污染是困扰当今交通领域的三大难题,尤其以交通安全问题最为严重。根据世界健康组织的预测,到2020年,交通事故伤害将成为造成人类伤残的第三大因素,造成的经济损失占到全球GPD的1%~2%。在汽车产业快速发展的今天,如何解决车和路的矛盾、交通和环境的矛盾已刻不容缓。

车联网不仅能够通过上述的基于LBS的车辆位置服务,实现车辆的实时管理,还可以实现车与车、车与人、车与路的互联互通和信息共享。通过采集车辆、道路和环境的信息,并在信息网络平台上对多方采集的信息进行加工、计算、共享和发布,根据不同的功能需求实现对车辆进行有效的引导与监管,以及智能交互与移动互联网应用服务。

"将来有一天,当你迈步准备横穿马路时,你的鞋子会提醒你暂时不要过马路,因为正有一辆汽车高速驶来。"中国科学院院士何积丰在"2009中国计算机大会"上做主题演讲时表示,"你可能觉得这是天方夜谭,但这确实是美国智能交通系统制定的目标。"基于物联网的智能交通技术为解决这一问题提供了有效途径。

车联网中,每辆车、每个人都可以作为一个信息源,通过无线通信手段连接到网络中,通过收集、处理并共享大量信息,实现车与车、车与路、车与城市交通网络、车与互联网之间互相联接,实现安全、环保、舒适、娱乐的驾驶体验。不仅如此,车联网还能减少交通拥堵。例如日本的道路交通信息通信系统(viCS),该系统可以把采集的信息传到viCS中心,综合处理后通过无线的方式传送到使用viCS功能的导航系统上面,从而驾驶员可以实时了解车辆运行报告和交通状况。据统计,对于同一目的地,使用viCS系统的车辆可以减少车辆行驶时间约22%,提高平均时速约5%。

根据美国交通部的数据,采用基于车载无线接入的车联网技术,可以有效避免82%的交通事故,减少数千人的伤亡,并节约数十亿美元的财产损失。为此,世界各发达国家竞相投入大量资金和人力,进行大规模的车联网技术研究和试验。IEEE已经颁布了以802.11p为基础的车载短程无线通信标准,我国也已正式启动了智能交通通信标准制定工作。车联网将继互联网、物联网之后,成为未来智能城市的另一个标志。

作为一项涉及多门学科的技术,车联网具有相当丰富的研究内容,既需要信息技术的背景知识,也要求研究者对城市交通尤其是微观交通特性有充分的了解。在构建基于智能数据处理和车载通信的车路协同技术框架的基础上,目前,作为物联网独具特色的行业应用,车联网研究的热点以及应用中所需解决的问题主要集中在以下几个方面。

1. 车用传感器技术

2005年，美国ABI研究公司公布了一份专门针对传感器市场的研究报告。这份名为《汽车传感器：加速计、陀螺仪、霍耳效应、光学、压力、雷达以及超音速传感器》的报告，对2012年前主要传感器的地区性使用前景作了预测。报告讨论了使用传感技术的许多先进安全系统，并提供了主要40家生产厂家的详细资料，以及100多家生产厂家名录。这家调查公司的一位资深分析师认为，是主动式安全系统推动了传感器被越来越多地使用。

在发达国家，随着汽车电子系统日益完善，电子传感新技术快速发展，但已经成熟的传感器产品的增长将趋缓甚至可能下降；在发展中国家，基本的汽车传感器主要用于汽车发动机、安全、防盗、排放控制系统，增长量十分可观。市场研究数据显示，全球汽车传感器的市场需求量在2015年将达到23亿只，预计2015年全球汽车传感器的市场规模将达到150亿美元以上。

车用传感器技术汽车传感器是车联网的基础，是车辆感知自身运行状态的重要信息源，包括驾驶操控状态、运行环境和异常状况等信息都需要通过它们来采集。车用传感技术目前正处于高速发展阶段，磁敏、气敏、力敏、热敏、光电、激光等各种传感器层出不穷，一辆新出厂的家用轿车将安装接近上百个传感器。这些传感技术都源于国外，要发展我国自主的车用传感器研发和制造事业，还需要大量科研和生产经验的积累。

未来的汽车传感器技术的发展趋势是微型化、多功能化、集成化和智能化。20世纪末期MEMS（微电子机械系统）技术的发展使微型传感器提高到了一个新的水平，目前采用MEMS技术可以制作检测力学量、磁学量、热学量、化学量和生物量的微型传感器。由于MEMS微型传感器在降低汽车电子系统成本及提高其性能方面的优势，它们已开始逐步取代基于传统机电技术的传感器。MEMS传感器将成为世界汽车电子的重要构成部分。以MEMS技术为基础的微型化、多功能化、集成化和智能化的传感器将逐步取代传统的传感器，成为汽车传感器的主流。

以倒车雷达和防盗报警系统为例，能够更好地理解车用传感器技术的实用性。倒车雷达，又称泊车辅助系统，或称倒车电脑警示系统。它是汽车泊车或者倒车时的安全辅助装置，由超声波传感器（俗称探头）、控制器和显示器（或蜂鸣器）等部分组成。它能以声音或者更为直观的显示告知驾驶员周围障碍物的情况，解除了驾驶员泊车、倒车和启动车辆时前后左右探视所引起的困扰，并帮助驾驶员扫除了视野死角和视线模糊的缺陷，提高驾驶的安全性。

驾驶者在倒车时，将汽车的挡位推到R挡，启动倒车雷达，在控制器的控制下，由装置于车尾保险杠上的探头发送超声波，遇到障碍物，产生回波信号，传感器接收到回波信号后经控制器进行数据处理，从而计算出车体与障碍物之间的距离，判断出障碍物的位置，再由显示器显示距离并发出警示信号，从而使驾驶者倒车时不至于撞上障碍物。整个过程，驾驶者无须回头便可知车后的情况，使停车和倒车更容易、更安全。

防盗报警系统工作原理为：授权人对防盗报警器设置防护状态后，非授权人对车辆进行入侵操作时，由感应系统产生信号，通过传感系统发送到中央处理单元进行识别操作行为是否合法。在汽车防盗系统中，也可以采用MEMS加速计。在这种情形下，加速计被用做倾斜计，感测汽车或摩托车相对于地面的倾斜度。当盗贼用拖车盗窃车辆时，加速计将检测到倾斜度的变化，从而让声音报警系统工作。防盗系统的MEMS传感器可以被安装在车辆中的任何位置。

2. 车联网与 CPS

2005 年 5 月,美国国会要求美国科学院评估美国的技术竞争力,并提出维持和提高这种竞争力的建议。5 个月后,基于此项研究的报告《站在风暴之上》问世。在此基础上于 2006 年 2 月发布的《美国竞争力计划》则将信息物理系统(Cyber Physics System,CPS)列为重要的研究项目。到了 2007 年 7 月,美国总统科学技术顾问委员会(PCAST)在题为《挑战下的领先——竞争世界中的信息技术研发》的报告中列出了八大关键的信息技术,其中 CPS 位列首位,其余分别是软件、数据、数据存储与数据流、网络、高端计算、网络与信息安全、人机界面、NIT 与社会科学。

信息物理系统作为计算进程和物理进程的统一体,是集成计算、通信与控制于一体的下一代智能系统。信息物理系统通过人机交互接口实现和物理进程的交互,使用网络化空间以远程的、可靠的、实时的、安全的、协作的方式操控一个物理实体。中国科学院院士何积丰认为,CPS 的意义在于将物理设备联网,特别是连接到互联网上,使得物理设备具有计算、通信、精确控制、远程协调和自治等五大功能。

车联网中的 CPS 更多的体现为一种控制能力,本质上说,CPS 是一个具有控制属性的网络,但它又有别于现有的控制系统。工控网络内部总线大都使用的都是工业控制总线,网络内部各个独立的子系统或者说设备难以通过开放总线或者网络进行互联,而且,通信的功能比较弱。而 CPS 则把通信放在与计算和控制同等地位上,这是因为 CPS 强调的分布式应用系统中物理设备之间的协调是离不开通信的。CPS 在对网络内部设备的远程协调能力、自治能力、控制对象的种类和数量,特别是网络规模上远远超过现有的工控网络。

在很多应用中,CPS 对接入网络的设备的计算能力的要求远非 RFID 能比。以基于 CPS 的智能交通系统为例,即便是现有的人们认为已经十分复杂的汽车电子系统也无法胜任,现在的汽车电子系统根本无法实现未来智能交通系统对汽车之间的协同能力的要求。事实上,满足 CPS 要求的汽车电子系统的计算通常都是海量运算。

CPS 涵盖了小到汽车电子、智能家居,大到远程医疗、工业控制系统,乃至国家电网、交通控制网络等国家级的应用。更为重要的是,这种涵盖并不仅仅是将物与物简单地连在一起,而是要催生出众多具有计算、通信、控制、协同和自治性能的设备。何积丰认为,"下一代工业将建立在 CPS 之上,随着 CPS 技术的发展和普及,使用计算机和网络实现功能扩展的物理设备无处不在,并将推动工业产品和技术的升级换代,极大地提高汽车、航空航天、国防、工业自动化、健康/医疗设备、重大基础设施等主要工业领域的竞争力。"

为把网络世界与物理连接,CPS 必须把已有的处理离散事件的、不关心时间和空间语义的计算技术,与现有的处理连续过程的、注重时间和空间语义的控制技术融合起来,使得网络世界可以采集、处理物理世界与时间和空间相关的信息,进行物理装置的操作和控制。传统的计算技术只能处理离散的、与时间无关的计算过程,计算技术与控制技术的融合要求重新构造具有时间和空间计算逻辑的计算技术。这是 CPS 技术在理论上面临的一项重大挑战。

随着新的计算技术、网络技术和控制技术的不断涌现,物联网与 CPS 已成为物理设备系统发展的新趋势。它反映了人们对监控和操作物理设备系统的更高需求——希望能随时、随地、实时、高效地操控物理设备系统并自由地享受其提供的各种服务,使得人类的工程物理系统创建模式、交互方式和管理方法发生根本性变革。

在应用领域,可以把信息/网络技术连接物理世界的系统称为物联网;在技术领域,可以把实现物理世界的物体与虚拟世界的信息关联的技术体系称为 CPS ,CPS 能够从智能控制的角度来体现物联网的智能特征。如果把物联网看做是这类网络系统的外在表现形式或者应用场景,那么 CPS 就是 IoT 这类网络系统的技术内涵之一。这是从两个不同角度对未来一种特定网络的描述。物联网/CPS 发展的最终目标是实现人类社会、信息世界和物理世界的完全融合,构建一个可控、可信、可扩展并且安全高效的物理设备互联网络,并最终从根本上改变人类构建工程物理系统的方式。

3. 车联网中的网络技术

车车通信是车载通信系统中的一项重要的网络技术,通过交换运行状态信息,可以构建包括驾驶安全信息等多方面的应用服务。目前车车通信的难点集中在无线网络的实现上,研究人员在参考了通信领域中移动自组网(MANET)的基础上,提出了车辆自组网 VANET 的概念。但是,作为具有高速移动性的对象,车辆给 VANET 的设计带来了许多挑战,结合现实中车辆运行的轨迹,分析各种设计思想对组网的影响,是目前该领域的研究趋势。

图 5 - 10 是一张车联网中网络接入的示意图。接入技术可以基于现已普及的智能手机、3G 和 WLAN 网络。例如 MIT CarTel 项目组开发的 VTrack 应用,通过一般的智能手机结合WLAN 和 GPS 定位技术,实现准确的道路交通阻塞引起的延迟估算,用户可以通过随身携带的智能手机及时了解交通情况和更换路线。

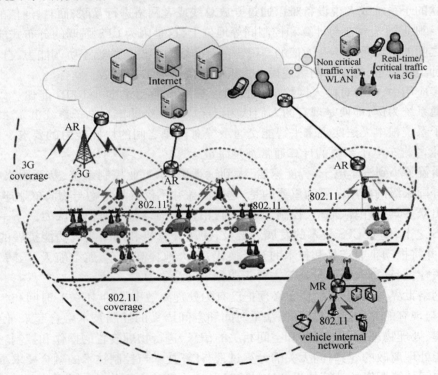

图 5 - 10 车联网接入示意图

除网络接入技术外,车路通信也是车联网的重要研究内容。车路通信是交通环境中人、车、路三个系统互联互通的重要环节:车辆将运行数据提交到道路监测网络,进而作为动态交通信息上传到指挥中心,又通过指挥中心和附近车辆发布的信息,获得驾驶安全、道路和停车场使用状况的实时数据,实现车与路的一体化;另外,指挥中心可以将有用的车辆信息公布到互联网上,以便行人通过手持设备进行查询。以车车通信与车路通信为代表的互联化将给现有的城市交通运行带来崭新的面貌。

总之,人、车、路三者在车联网中的无缝网络接入能力,将引领智能交通走向无人驾驶和无事故的"双无"交通时代。

4. 车联网中的智能交互

据申保网 2011 年 12 月的报道,一套运用物联网技术开发的智能驾驶辅助系统被深圳物联网企业——车音网推向市场。

该系统通过对自然语言的智能识别技术,在使驾驶员的双手和双眼得以解放的同时,也提高了驾驶的安全性。用户只需发出语言指示,轻按一键便可轻松享受车音网提供的智能导航设置、道路救援、娱乐点播、票务及酒店预订、天气预报等一系列服务。该系统还能按照驾驶员发出的语音指示提供实时路况信息,选择合理的行车路线。通过这种语音控制系统的语音交互,汽车也更具人性化魅力。

这种基于语音的智能交互方案是通过语音的云计算技术来实现的。通过人说机器听得懂的语言到机器听得懂人说的语言的质的转变,用户说话、指令发出的识别率可达 90%,用户体验度也大大提高。

另一款智能语音交互系统是在 2011 年 11 月广州车展上,上海汽车将全球首发为中国消费者量身定制的 inkanet 新增功能——语音云驾驶 iVoka。

不用点触屏幕,仅通过轻松自如的对话,iVoka 就能实现从语音资讯查询、语音讯息控制,到语音信息检索的全语音操控"人车交互",为消费者带来"愈简单"的操作感受。iVoka 所提供的语音服务囊括了行车资讯、生活查询、娱乐互动等当下最为热门的应用。智能语音交互的运用,使 iVoka 不仅能够与车主进行最简单、最有效的语言沟通;而且在行驶中能够减少车主一边驾驶一边察看手机、操作导航时的手忙脚乱,让视线和注意力始终保持在车辆行驶的方向,从而降低因分神而导致的主动交通事故隐患。iVoka 凭借与汽车 CAN – BUS 的完美对接,能精准记录行车数据,为汽车安全的提升植入信息科技的基因,以安全信息界面语音提醒功能为消费者提供主动周到的安全防护。

车联网中的智能交互还体现在车与车、车与环境之间交互,这可以极大地提高行车安全。传统汽车制造商一直在努力改进汽车的安全技术,包括传感器、自适应制动、通知系统、可视化驾驶辅助等已经部分提高了行车安全。理念更先进者如 Google 已经在着手研发自动汽车,不过在近期之内难以推广和普及。与其把道路安全完全寄托在驾驶者身上,不如让汽车之间相互通信,在紧急关头采取避让等避免车祸的措施。例如,在这样的场景中:你正在开车,而旁边有一辆正在高速向你逼近。你的车载系统能感知到另一辆车并发出警告,好让你采取措施避免事故。如果驾驶员来不及反应,汽车还可能会采取强行制动,从而极大地保证交通安全。通过汽车之间以及汽车与环境(如路和红绿灯)之间的智能交互,共同营造出一个更加安全的行车环境。

车联网也使远程检测和故障诊断成为可能,这意味着汽车发生异常时,生产商或第三方服务机构能够推出相关实时告知服务。总之,通过汽车之间、驾驶员之间及其与环境之间的智能交互,能够在车联网中建立起更为密切的联系,构建动态和敏感的安全体系,从而帮助减少事故的数量。

5. 车联网体系结构与应用

智能数据处理车载通信系统通过交通的物联化和互联化,构建智能交通处理平台,对路网

157

交通均衡与个体车辆路径进行分配,并对行车安全进行快速预警,为居民出行带来巨大的便利,但是道路上不断更新的信息和决策也给交通处理平台处理能力提出了新的挑战。如何迅速地处理海量交通数据并实时地提供智能控制和决策支持,是亟待解决的一个问题,而采取先进的计算手段,包括云计算、数据挖掘和模式识别等等,是目前解决这一问题的必然趋势。结合智能化计算方法分析车载通信系统中的信息处理问题,也是相关研究的重点。图 5 – 11 是车联网的关键技术结构图。

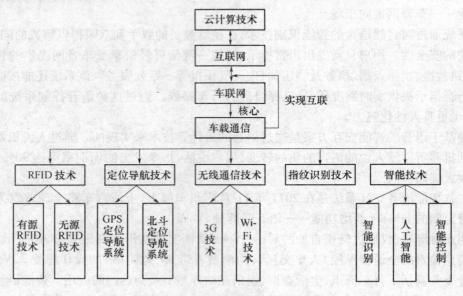

图 5 – 11　车联网关键技术结构图

车联网的感知层的主要功能是利用 RFID 技术、各种传感器(检测温度、速度、路况等)、视频摄像头等进行数据采集,从而获得大量关于交通信息、天气状况、车辆信息的数据。网络层需要通过无线集群通信系统、卫星定位导航系统来实现和互联网的接入,完成大量数据的传输、分析和处理(云计算),实现远距离通信和远程控制的目的。

车联网的应用层主要作用是车路通信和人机交互,例如各种车载终端、车载计算机等。车联网的最核心部分是由电子地图、卫星定位导航、汽车电子、语言识别和 3G 移动通信网络组成的移动通信导航信息系统,即车载通信系统。该系统可以通过定位系统和无线通信网,向驾驶员和乘客提供详细的交通信息、汽车状况、生活或工作便捷服务和网络服务。

车联网最具特色的应用莫过于无人自动驾驶,Google 和我国自主研发的无人驾驶汽车,正行驶在智能化的道路上,此项技术极具军事应用潜力。车联网主要能够提供的应用如表 5 – 1 所示。

表 5 – 1　车联网的应用

分类	具体应用
交通管理	智能停车场管理系统、智能收费系统、自动路径导航系统、智能车辆调度系统、车辆监控系统、智能交通信号灯管理系统等
公共交通服务	智能公交车查询系统、智能收费系统等
物流运输	物流监测系统、智能车辆管理系统、货物实时监测系统等

分类	具体应用
公共安全	智能预测系统、疲劳驾驶检测系统、车辆状况监测系统、智能超速超载报警系统等
商业增值服务	车载视频会议、移动办公、网络学习等
智能驾驶	智能人车交互、导航、无人自动驾驶等

在我国，车联网已经被国家列入重大专项，成为了"十二五"期间的重点项目。车联网具有广阔的应用前景和商业价值，它会彻底颠覆传统汽车与交通的概念，改变人们的交通出行方式及习惯。我国电信运营商具有丰富的业务平台建设、管理、运营经验，可为车联网应用的部署和普及提供良好的技术、管理及运营平台，很有可能成为我国车联网应用的物联网基础设施提供者。

车联网产业快速发展需要多方力量的默契配合，需要跨产业的通力合作和政府的重视，在政策上给予支持和引导；需要汽车厂商的长远眼光，做好产品的研发和市场策划；需要电信运营商等信息技术服务行业的参与和推动，共同建立扎实的信息基础设施，为信息的采集、传递、处理、应用搭建物联网平台。

5.6　物联网应用前景展望

物联网作为新一代信息战略产业，同时也是我国"十二五"规划战略布局的重要组成部分。随着社会信息产业化的高速发展，物联网技术已遍及智能物流、智能交通、精细农业、智能家居、环境保护、智能电力、零售管理、医疗保健、环境监测、政府工作、智能家居、智能消防、工业监测、军事管理等的各个方面。

5.6.1　智能物流

物流领域是物联网相关技术最有现实意义的应用领域之一。通过在物流商品中引入传感节点，可以从生产、采购、包装、运输、仓储、销售到服务供应链上的每一个环节做到精确地了解和掌握，对物流全程传递和服务实现信息化的管理，最终减少货物装卸、仓储等物流成本，提高物流效率和效益。物流信息化的目标就是帮助物流业务实现"6R"，即将顾客所需要的产品（Right Product），在合适的时间（Right Time），以正确的质量（Right Quality）、正确的数量（Right Quantity）、正确的状态（Right Status）送达指定的地点（Right Place），并实现总成本最小。物联网技术从根本上改变了物流中信息的采集方式，提升了流动监控和动态协调的管理水平，提高了物流效率。物联网的建设和应用会进一步提升物流智能化、信息化和自动化水平，推动物流功能整合，对物流服务各环节运作将产生积极影响。智能物流领域中物联网的主要功能可以概括为5点：

（1）生产环节。基于物联网的物流体系可以实现整个生产线上的原材料、零部件、半成品和产成品的全程识别与跟踪，减少人工识别成本和出错率。通过应用EPC系统，就能通过识别电子标签来快速从种类繁多的库存中准确地找出工位所需的原材料和零部件。生产商在自动化生产线上利用RFID技术可以提高效率和效益。比如，在准时制生产方式（JIT）的生产流水线上，原材料和零部件要求必须准时送达工位，物联网中的RFID技术通过识别电子标签，能够迅速从数量庞大、种类繁多的库存中精确找到工位上所需求的原材料和零配件，保障了流水线的均衡、稳步生产。

（2）运输环节。物联网能够使物品在运输过程中的管理更透明，可视化程度更高。通过在途运输的货物和车辆贴上 EPC 标签。运输线的一些检查点上安装上 RFID 接收转发装置。企业能实时了解货物目前所处的位置和状态，实现运输货物、线路、时间的可视化跟踪管理。在运输环节中，还能辅助实现智能化调度，提前预测和安排最优的行车路线，缩短运输时间，提高运输效率。

（3）仓储环节。将 EPC 应用于仓储管理，可实现库存智能管理。库存智能管理主要体现在货物存取、库存盘点和适时补货三个环节。货物入库或出库时，利用带有阅读器的拖车即可分门别类地送入指定仓库；物联网的设计就是让物品登记自动化，盘点时不需要人工扫描条码或检查，能快速、准确地掌握库存情况，并减少了人力成本支出；当零售商的货架上商品缺货时，货架会自动通知仓库，仓库管理人员及时补货，商品库存信息也会同步更新，保证了商品的及时供应。

（4）配送环节。配送环节中，物品需要多次经历被分拆重组、拣选分发的过程，如何提高这个过程的效率和准确率，同时又能减少人工并降低配送成本，这对一个物流企业至关重要。通过 EPC 能准确了解货物存放位置，大大缩短拣选时间，提高拣选效率，加快配送的速度。通过读取 EPC 标签，与拣货单进行核对，提高了拣货的准确性。此外，可确切了解目前有多少货箱处于转运途中、转运的始发地和目的地，以及预期的到达时间等信息。

（5）销售环节。当贴有 EPC 标签的货物被客户提取，智能货架会自动识别并向系统报告。通过网络，物流企业可以实现敏捷反应，并根据历史记录预测物流需求和服务时机，从而使物流企业更好地开展主动营销和主动式服务。

总之，物联网与现代物流有着天然紧密的联系，其关键技术诸如物体标识及标识追踪、无线定位等新型信息技术应用，能够有效实现物流的智能调度管理、整合物流核心业务流程，加强物流管理的合理化，降低物流消耗，从而降低物流成本，减少流通费用、增加利润。物联网将加快现代物流的发展，增强供应链的可视性和可控性。

5.6.2 智能交通

随着车辆的日益增加，目前很多城市都受交通难题困扰。相关数据显示，在目前的超大城市中，30% 的时间浪费在寻找停车位的过程中，七成的车主每天至少碰到一次停车困难。此外，交通拥堵、事故频发使城市交通承受越来越大的压力，不仅造成了资源浪费、环境污染，还给人们生活带来极大的不便。

智能交通系统是一种智能化、一体化交通综合管理系统。如前文所述，智能视觉物联网、LBS 和车联网都可以体现其智能性。系统中车辆能够依赖（或部分依赖）自身智能在道路上行驶，公路能够将交通流量调整至最佳状态，管理人员对人、道路、车辆的交通动态信息实现动态实时采集，在此基础上对交通实施智能化控制与指挥。除此之外，公交公司能够有序灵活地调度车辆，铁路管理部门也能够实现对乘客的智能化管理。

我国首家高铁物联网技术应用中心于 2010 年 6 月 18 日在苏州科技城投用，该中心将为高铁物联网产业发展提供科技支撑。高铁物联网作为物联网产业中投资规模最大、市场前景最好的产业之一，正在改变人类的生产和生活方式。以往购票、检票的单调方式，将在应用中心升级为人性化、多样化的新体验。刷卡购票、手机购票、电话购票等新技术的集成使用，让旅客可以摆脱拥挤的车站购票；与地铁类似的检票方式，则可实现持有不同票据旅客的快速通行。系统研发人员表示,为应对中国巨大的铁路客运量,该中心研发了目前世界上最大的票务系统,每年可处理 30 亿人次,而目前全球在用系统的最大极限是 5 亿人次。

2013 年 1 月,思科和恩智浦(NXP,前身是飞利浦半导体公司)两家公司宣布对汽车无线通信设备制造商 Cohda Wireless 进行一项战略投资,以期在物联网的智能交通市场占得先机。Cohda Wireless 制造的硬件设备可以让汽车变得更智能、更具连接性。其技术可以让汽车之间以及汽车与设施(如红绿灯)之间搭建起无线通信系统,从而共同营造出一个更加安全的行车环境。比方说,它允许汽车之间交互信息,这样驾驶员就可以获知对方的行驶速度、是否失控、是否发生拥堵;更重要的是可以大幅降低碰撞的几率,据思科称,测试表明这个数字是 80%。这项技术的前提是上路的汽车大部分都安装了这样的系统。目前 Cohda Wireless 已经跟欧洲的 12 家汽车制造商进行合作,计划在 2015 年在相关厂家的汽车上安装这项技术。在美国底特律也正在跟 8 家制造商进行测试。

5.6.3 智能电网

人类已进入新能源时代,如何创建一个既能保证供电的可持续性、安全性,又能保护环境的智能电网,已经成为各国能源政策的目标。美国业界主流意见认为,新的能源革命更多的是智能电网或者智慧能源的变革,能源行业的焦点已经转移到管理能源需求和融合全部技术的网络——智能电网。智能电网,就是利用传感器、嵌入式处理器、数字化通信和 IT 技术,构建具备智能判断与自适应调节能力的多种能源统一入网和分布式管理的智能化网络系统,可对电网与客户用电信息进行实时监控和采集,且采用最经济与最安全的输配电方式将电能输送给终端用户,实现对电能的最优配置与利用,提高电网运行的可靠性和能源利用率。

美国在智能电网方面的发展处于领先水平,其智能电网的特征是:自愈、互动、安全、提供适应 21 世纪需求的电能质量、适应所有的电源种类和电能储存方式、可市场化交易、优化电网资产。我国的智能电网发展目前尚处于探索阶段,如果将以物联网为主的新技术应用到发电、输电、配电、用电等电力环节,就能够有效地实现用电的优化配置和节能减排。现阶段物联网在智能电力中的主要功能体现在如下两个方面。

(1)智能电表。智能电表的应用能够重新定义电力供应商和消费者之间的关系。通过为每家每户安装内容丰富、读取方便的智能电表,消费者可以了解自己在任何时刻的电费,并且可以随时了解一天中任意时刻的用电价格,使得消费者根据用电价格调整自己在各个时刻的用电模式,这样电力供应商就为消费者提供了极大的消费灵活性。智能电表不仅仅能检测用电量,还是电网上的传感器,能够协助检测波动和停电;不仅能够存储相关信息,还能够支持电力提供商远程控制供电服务,如开启或关闭电源。

(2)减少停电现象。智能电网能够主动管理电力故障,通过在智慧的电力系统中安装分析和优化引擎,电力提供商突破了传统网络的瓶颈。电力故障的关联计划不仅考虑了电网系统中复杂的拓扑结构、资源限制,还能识别相同类型的发电设备,这样一来,电力提供商就可以方便地安排定点检修任务的先后顺序。于是,停电时间和停电频率便可减少 30% 左右,相应地,停电带来的收入损失也减少了,消费者的满意度和电网的可靠性都得到了提高。

总之,物联网应用于电力领域,可以大幅度减少电力系统的峰值负荷、转换电力操作模式,也能彻底改变客户体验。智能电网是物联网的重要运用,包括很多电信企业开展的"无线抄表"应用,其实也是物联网应用的一种。对于物联网产业甚至整个信息通信产业的发展而言,电网智能化将产生强大的驱动力,并将深刻影响和有力推动其他行业的物联网应用。

5.6.4 医疗管理

无线传感器网络在医疗系统和健康护理领域也可以大展身手,可用于监测人体的各种生理数据(血压、脉搏、呼吸等)、监控患者的行动及医院药品管理等。如果在住院病人身上安装特殊用途的传感器节点,如心率和血压监测设备,医生利用无线传感器网络就可以随时了解被监护病人的病情,发现异常能够迅速抢救。

哈佛大学(Harvard University)与波士顿医疗中心(Boston Medical Center)等多家单位合作,发起了一个代号为 CodeBlue 的项目。该项目就是要探索物联网在医疗护理方面的应用,包括医院内外的紧急护理、灾难救援以及中风病人康复训练等。

在医疗领域,物联网在条码化病人身份管理、移动医嘱、诊疗体征录入、药物管理、检验标本管理、病案管理数据保存及调用、婴儿防盗、护理流程、临床路径等管理中,均能发挥重要作用。例如,通过物联网技术,可以将药品名称、品种、产地、批次及生产、加工、运输、存储、销售等环节的信息,都存于电子标签中,当出现问题时,可以追溯全过程。同时还可以把信息传送到公共数据库中,患者或医院可以将标签的内容和数据库中的记录进行对比,从而有效地识别假冒药品。在医疗设备控制中的应用,可实现医疗传感器网络、病人的紧急呼叫按钮等。物联网在医疗领域的应用主要体现在如下几个方面:

(1) 药品安全监控。加强药品安全管理、保证药品质量是直接关系人民群众生命安危和身体健康的一件大事。如果将物联网技术应用于药品的物流管理中,我们将能够随时追踪、共享药品的生产信息和物流信息,对于查询不到这些信息的假冒伪劣产品将会暴露于众目睽睽之下。药品零售商可以用物联网来消除药品的损耗和流失、管理药品有效期、管理库存等等。

(2) 健康检测及咨询。将电子芯片嵌入到患者身上,该芯片可以随时感知到患者的身体各项指标情况,如血糖、血压水平,阅读器通过网络将这些信息传送到后台的患者信息数据库中,该后台系统与医疗保健系统联系在一起,能够综合患者以往病情,随时给患者提供应对建议。

(3) 医疗设备管理。医院的设备管理占其日常管理工作的比重很高,设备管理的优劣直接关系到医院经济效益的好坏,因为一般医院的医疗设备约占总固定资产的 1/2,其带来的经济效益约占门诊和住院病人资金收入的 2/3,医疗设备也是医疗信息的主要来源,所以对于医院来说,医疗设备管理非常重要。要保证医疗设备正常运行,必须采用一系列的科学管理技术和方法,经过实践和考察,很多医院选择了以物联网技术作为基础、以计算机信息技术为平台的现代化管理模式。

(4) 医院信息化平台建设。在医疗保健领域,物联网的一项重要功能就是医院信息化平台建设,该信息化平台主要用于医院内部的查房、重症监控、人员定位以及无线上网等等。

(5) 老人儿童监护。根据全国老龄办发布《2009 年度中国老龄事业发展统计公报》,2009年,我国 80 岁以上高龄老年人口达到 1899 万,今后每年以 100 万速度增加。到 2020 年,预计80 岁以上的高龄老年人口将达到 3000 万左右。老年人的护理需要形成一个巨大的市场需求。此外,儿童市场也历来是商家们竞争的热点市场。物联网能够及时对家里或老年公寓里的老人、儿童的日常生活监测、协助以及健康状况监测,而且这些监护系统可以由医院的物联网护理系统改造,实现起来较为简便。

(6) 公共卫生控制。通过射频识别技术建立医疗卫生的监督和追溯体系,可以实现检疫检验过程中病源追踪的功能,并对病菌携带者进行管控,为患者提供更安全的医疗卫生服务。

5.6.5　环境保护

人们对于环境问题的关注程度越来越高,需要采集的环境数据也越来越多,物联网为各种环境数据获取提供了便利,并且还可以避免传统数据采集方式给环境带来的侵入式破坏。物联网可用于监视土壤与空气状况、农作物生长与灌溉情况、牲畜与家禽饲养状况,还可用于天文与地理研究、洪水与飓风监测、生物种群观测等。我国幅员辽阔,物种众多,环境和生态问题严峻。物联网强大的感知能力可以广泛地应用于生态环境监测、生物种群研究、气象和地理研究、洪水、火灾检测。

(1)水情监测。在河流沿线分区域布设传感器,能随时监测水位、水资源污染等信息。例如,在重点排污监控企业排污口安装无线传感设备,不仅可以实时监测企业排污数据,而且可以远程关闭排污口,防止突发性环境污染事故发生。可以利用无线传输通道,实时监控污染防治设施和监控装置的运行状态,自动记录废水、废气排放流量和排放总量等信息,当排污量接近核定排放量限值时,系统即自动报警提示,并自动触发短信提醒企业相关人员排放值数据并自动关闭排放阀门。同时,一旦发生外排量超标情况,系统立即向监控中心发出报警信号,提醒相关人员及时至现场处理。在系统运行中如遇停电,系统自备电源立即启动,维持系统 10 天以上的运行,确保已采集数据信息的安全完整。目前,这种物联网技术已在太湖周边 40 余家重点企业投入使用,有效地减少了企业违规排放现象。

(2)动植物生长管理。在动植物体内植入电子标签,通过其生长环境中的相关传感设备可及时读取到动植物的生长情况等信息。例如,在放流的鱼体内植入电子芯片,芯片用来一一记录鱼放流时间、放流地点、放流时鱼身体状况等初始信息。通过传感设备扫描芯片,就可找到初始数据,以此研究鱼类的生存状态、环境变化对鱼的影响等,还可通过鱼类身体重量变化算出吃掉的藻类,精细测量出湖内生态环境的改善。利用这种功能还可以跟踪珍稀鸟类、动物和昆虫的栖息、觅食习惯等进行濒临种群的研究,有效地保护了稀有种群。

(3)空气检测。涂有不同感应膜的便携、无源传感器,可以识别特定的挥发性有机化合物和化学制剂,日常生活中,它可以警告人们空气中环境化学成分,使其做好防护措施。此外,这种感应器可以分析个人呼吸情况,使用者只需对感应器呼气,就可以检测一些特定疾病的早期信号。

(4)地质灾害监测。在山区中泥石流、滑坡等自然灾害容易发生的地方布设节点,可提前发出预警,以便做好准备,采取相应措施,防止进一步的恶性事故的发生。

(5)火险监测。可在重点保护林区铺设大量节点随时监控内部火险情况,一旦有危险,可立刻发出警报,并给出具体方位及当前火势大小。

(6)应急通信。布放在地震、水灾、强热带风暴灾害地区、边远或偏僻野外地区,用于紧急和临时场合应急通信。

5.6.6　智能家居

物联网也可以用在我们的家庭住所里。在家电和家具中嵌入物联网智能感知终端节点,使家电通过无线网络融入家庭物联网中,将会为住户提供更加舒适宜人、智能化的家居环境。利用远程监控系统,主人可以对家电进行远程遥控。例如在寒冷的冬天或炎热的夏天,我们回家前半小时打开空调,这样到家的时候我们就可以立刻享受舒适的室温了。其他的家电,比如电饭锅、微波炉、电冰箱、电话机、电视机等,都可以按照我们自己的遥控指令在网络中实现对家中电器的控制。再如,在主人回家之前预先做好饭菜。

1. 家电控制

家电控制是物联网在家居领域的重要应用,它是利用微处理电子技术、无线通信及遥控遥测技术来集成或控制家中的电子电器产品,如电灯、厨房设备(电烤箱、微波炉、咖啡壶等)、取暖制冷系统、视频及音响系统等。它是以家居控制网络为基础,通过智能家居信息平台来接收和判断外界的状态和指令,进行各类家电设备的协同工作。

(1) 用户对家电设备的集中控制。通过物联网,用户可以实现对家电设备的户内集中控制或户外远程控制。户内集中控制是指在家庭里利用有线或无线的方式对家电设备进行集中控制。在实现家电设备控制时,住户通过对按钮或开关的关联定义,可以轻松控制家庭中任意设备。户外远程控制是指住户利用手机或计算机网络在异地对家电设备进行控制,实现家电设备的启停。

(2) 家电设备的自动启停控制。通过传感器对家庭环境进行检测,根据湿度、温度、光亮度、时间等的变化自动启停相关的电器设备。

(3) 各种设备之间的协同工作。家居控制系统根据住户的要求和实际生活的需要,对住宅的设备定义了一套规则(物联网网格),自动实现设备之间的协同工作,使设备之间可以实现相互通信。在实际应用中,家居控制通过设置场景模式来实现设备的协同工作。例如当夏天中午开启空调降温的时候,同时需要拉上窗帘;晚间观看电视时,需要调整房间的灯亮度。

2. 家庭安防

当主人不在家,如果家中发生偷盗、火灾、气体泄漏等紧急事件时,智能家安防系统能够现场报警、及时通知主人,同时还向保安中心进行计算机联网报警。安防中主要功能可概括为以下几点:

(1) 家庭区域单独设防。利用传感器,有人在家时可设置单独防区,如有人进入或者闯入便可产生警报。也可设置为在家周边防范状态,此时主机只接收门窗等周边传感器信号,室内传感器处于非工作状态。如果周边有人非法闯入,主机则立即向外报警。

(2) 全面设防。当用户离家时,设置所有防区为"布防"状态。此时用户的终端接收所有传感器传来的信号,如有非法进入,主机将自动向用户的终端和接警中心报警。接警中心在电子地图上自动显示出警情方位,信息栏显示用户户主名、家庭成员、地址、电话等详细信息,便于让派出所能迅速出警,以最快的速度赶往现场。

(3) 煤气报警。用户的终端有煤气报警功能,可接上煤气泄漏传感器(用户自选)。无论终端处于何种状态,当煤气浓度超过安全系数时,终端立即将报警信号发出给用户接警中心。

(4) 联合报警。当报警触发后报警器自动连接主人等家庭成员的手机(计算机)终端,此时主人可远程对报警现场情况进行监听(监视)。

5.6.7 手机物联

手机作为移动通信网络终端,在物联网应用中极具优势。近年在复合式 RFID – SIM 一卡通的智能应用中,已经实现了手机与自动售货机、考勤门禁消费等终端设备之间的通信,于是出现了手机刷卡、手机签到、手机支付等应用。在金融领域,不仅通过网络实现了手机银行,而且当手机与附加硬件模块结合时,可以实现手机即是 POS 终端的功能。比如拉卡拉信用卡转账系统,这种应用使手机瞬间变身为 POS 终端。

NFC 手机内置 NFC 芯片,比原先仅作为标签使用的 RFID 更增加了数据双向传送的功能,使其更适合用于电子货币支付。特别是 RFID 所不能实现的相互认证功能和动态加密及一次性钥匙（OTP）功能，能够在 NFC 上实现。NFC 技术支持多种应用，包括移动支付与交易、对等式通信及移动中信息访问等。通过 NFC 手机，人们可以在任何地点、任何时间、通过任何设备，与他们希望得到的娱乐服务与交易联系在一起，从而完成付款、获取海报信息等。NFC 设备可以用作非接触式智能卡、智能卡的读写器终端以及设备对设备的数据传输链路，其应用主要分为以下四个基本类型：用于付款和购票，用于电子票证，用于智能媒体以及用于交换、传输数据。2012 年 12 月，中国移动与法国电信运营商 Orange 签署 NFC 发展协议，主要是共同开发推动基于 SIM 卡的 NFC 应用，搭建开放透明的使用环境。中国移动计划于 2013 年销售千万台具有 NFC 功能的手机终端，并发布大容量的 NFC – SIM 卡。

国内首家手机物联网已经落户广州。将移动终端与电子商务相结合的模式，让消费者可以与商家进行便捷的互动交流，随时随地体验品牌品质，传播分享信息。手机物联网购物其实就是闪购。广州闪购通过手机扫描条形码、二维码等方式，可以进行购物、比价、鉴别产品等。专家称，这种智能手机和电子商务的结合，是"手机物联网"中一项重要功能。有分析表示，预计 2013 年手机物联网占物联网的比例将过半，至 2015 年手机物联网市场规模将达 6847 亿元，手机物联网应用正伴随着电子商务大规模兴起。

5.6.8 居民管理

在政府的推动下，物联网将广泛应用于智慧城市的各个领域，提高政府办事效率。电子身份识别（EID）服务在物联网领域的应用解决了智慧城市的居民身份管理问题。例如，中兴通讯提出智慧城市五合一应用方案，能够把最常用的民生活动，比如：户口登记、选举活动、驾照验证、水电气服务、医疗服务，综合在一起管理，所有验证信息统一保存，各个机构不必重复采集市民数据。综合管理方案让市民生活更优化，让城市更智慧。

户口登记信息能证明市民身份，还能凭此核查国籍、年龄、血缘关系等状态数据；选举证明是市民在某项选举活动中具有选举权的证明；在物联网环境下，驾照的验证变得非常简单，验证终端连接到物联网后，可以在线查询和离线验证；水电气是市民最重要的生活资料，目前水电气供应分属不同的系统，抄表、缴费都不方便，将水电气服务纳入物联网管理之后，水表、电表和气表都实现智能化，将大大方便市民的生活，并提高管理效率；在物联网中，可以把医疗仪器改造为智能传感器，通过医院和家庭两端的医疗智能传感器连通医院和家庭，建立远程医疗中心，进行远程咨询、远程监护和远程诊断。

智慧城市五合一应用方案以 EID 服务为中心，采用智能卡技术实现生物识别功能，通过身份信息采集、网络传输、统一管理和业务处理等多个环节实现城市居民管理智慧化。

参 考 文 献

[1] 何清. 物联网与数据挖掘云服务. 智能系统学报[J]，2012，6.

[2] 董丽峰. RFID 中间件技术在物联网中的应用及研究. 信息科学[J]，2010，12.

[3] 宋立森. 普适计算上下文感知中间件的研究与实现[D]. 南京邮电大学硕士学位论文，2011，1.

[4] 乔亲旺. 物联网应用层关键技术研究. 2011 年信息通信网络技术委员会年会征文[C]. 论文编号 No. T11.

[5] 王保云. 物联网技术研究综述. 电子测量与仪器学报[J]，2009，12.

[6] 杨斌，张卫冬，张利欣，等. 基于 SOA 的物联网应用基础框架. 计算机工程[J]，2010，9.

[7] 李航，陈后金. 物联网的关键技术及其应用前景. 中国科技论坛[J]，2011，1.

[8] 陈涛.基于 LBS 数据通信中间件系统关键技术研究和实现[D].郑州大学硕士学位论文,2012,6.

[9] 黄迪.物联网的应用与发展研究[D].北京邮电大学硕士研究生学位论文 2011,2.

[10] 谭红平,陈金鹰,等.车联网技术及其应用研究.四川省通信协会 2011 年论文集[C],2011.

[11] 陈广奕.浅谈 802.11p 在车联网中的应用及发展趋势.网络与信息[J],2012,8.

[12] 张飞舟,杨东凯,陈智.物联网技术导论[M].北京:电子工业出版社,2010.

[13] 吴功宜.智慧的物联网[M].北京:机械工业出版社,2010.

[14] 马文方. CPS 从感知网到感控网.中国计算机报[J],2010,7.

[15] 谁结果了恐怖之王 击杀拉登行动中的高科技(BBS.ICPCW.COM).电脑报,2011,18.

[16] 张福生,边杏宾.物联网中间件技术是物联网产业链的重要环节.科技创新与生产力[J],2011,3.

第6章　军事物联网

以物联网技术为代表的新一代信息技术的突飞猛进,正引发军事领域的一系列重大变革。物联网是推动军事信息化变革的技术力量之一,最早是由美国提出和发展的,总体来说,目前美国在物联网技术基础方面占有绝对的优势。其中,传感器、RFID 和无线网络技术作为物联网和传感网络的核心技术,美国很早就在开展智能尘埃(Smart Desert)、智能物体(Smart Matter)、无线传感器网络(WSN)、微传感器网络(MSN)、GPS、RFID、红外等技术的研发,这些都是物联网的重要技术。物联网是现代信息技术发展到一定阶段后出现的一种聚合性应用与技术提升,将各种感知技术、现代网络技术和人工智能与自动化技术聚合与集成应用。多个国家已经开始尝试物联网技术在军事上的应用,希望以此提高军队的战斗力。

物联网产业在我国被列为战略性新兴产业,同时也在孕育着新军事变革深入发展的新契机。我军也日益重视物联网的建设,《国民经济和社会发展第十二个五年规划纲要》和《2010年中国国防白皮书》都提出要把军队建设成一支信息化、数字化的部队,使其适应打赢信息化条件下局部战争的要求。2011 年 5 月在北京举行了"2011 军事物联网技术应用交流展暨高峰论坛",2012 年 3 月举行了"2012 军事物联网技术应用高峰论坛暨交流展"。充分体现了我国军队了解物联网、应用物联网、推进物联网,加快实施新时代、新时期军事变革的信心与决心。

6.1　军事物联网概述

正如恩格斯所指出的那样:"一旦技术上的进步可以用于军事目的并且已经用于军事目的,它们便立刻几乎强制地,而且往往是违反指挥官的意志而引起作战方式上的改变甚至变革。"物联网概念的问世及其技术的军事应用,对现有军事系统格局产生了巨大冲击。它的影响绝不亚于互联网在军事领域里的广泛应用,将使军队建设和作战方式发生新的重大变化。引发军事变革新浪潮的物联网被许多军事专家称为"一个未探明储量的金矿"。可以设想,在国防科研、军工企业及武器平台等各个系统与要素,通过物联网将其链接起来,那么每个国防要素及作战单元甚至整个国家军事力量都将处于全信息和全数字化状态。大到卫星、导弹、飞机、舰船、坦克、火炮等装备系统,小到单兵作战装备,从战场感知到物资管控,从智能武器到伴随保障,从战地安防到军事安全,其应用遍及战争准备与实施全过程的每一个环节。

美军目前已建立了具有强大作战空间态势感知优势的多传感器信息网和覆盖全球的信息栅格,这可以说是物联网在军事运用中的基础。美国国防高级研究项目管理局已研制出一些低成本的自动地面传感器,这些传感器可以迅速散布在战场上并与设在卫星、飞机、舰艇上的所有传感器有机融合,通过情报、监视和侦察信息的分布式获取,形成全方位、全频谱、全时域的多维侦察监视预警体系。

伊拉克战争中,美军多数打击兵器是靠战场感知行动临时传递的目标信息而实施对敌攻击的,甚至有人将信息化条件下作战称为"传感器战争"。而物联网堪称信息化战场的宠儿,将为战场上带来全新的感知能力和智能水平。与当前美军传感器网相比,物联网最大的优势在于其可以在更高层次上实现战场感知的精确化、全维化和协同化。可以把过去在战场上需要几小时乃至更长时间才能完成处理、传送和利用的目标信息,压缩到分分秒秒。它能够实现战场目标实时监控、定位与跟踪,战场态势感知与评估,核攻击、生物化学攻击的监测与搜索等多种功能。通过大规模节点部署有效避免侦察盲区,为火控和制导系统提供精确的目标定位信息。同时,其感知能力不会因某一节点的损坏而导致整个监测系统的崩溃,各汇聚节点将数据送至指挥部,最后融合来自各战场的数据形成完备的战场态势图。IPv6 作为物联网的关键技术之一,能够为物联网中每个"感知器官"分配一个单独的 IP 地址,甚至战场上的一兵一卒,武器装备的一枪一弹和军需物资的一粮一草,都会被分配一个 IPv6 地址。通过飞机向战场洒落肉眼观察不到的传感器尘埃,利用物联网实时采集、分析和监测着物质世界的一点一滴,哪怕是一粒沙子的陨落也不会逃脱,真正实现感知世界每个角落。

军事物联网在现代战场上的应用,已经初步显示了它巨大的军事潜能和超强的作战功效,可以预见,随着物联网技术由信息汇聚向协同感知、由单一感知向全面动态自适应的演进,将迎来一个智慧战场的时代。未来的战场将更透明,装备更智能,管控更精确,保障更人性,安防更安全。

6.2　军事物联网的概念

1. 概念的提出

国防信息学院通信发展战略研究所所长孟宝宏认为,"物物相联的网络",称之为军事物联网。它是指把军事实物通过各种军事信息传感系统,与军事信息网络连接,进行军事信息交换和通信,实现智能化识别、定位、监控和管理的一种网络。

孟宝宏分析,军事物联网从属于网络,它联结的是军事领域物与物、物与人等各种军事要素。每个军事要素,如单兵、武器装备和相关物资,都是一个网络节点,具有感知、定位、跟踪、识别、静态图像与动态视频传输,以及智能管理和控制等功能,它是实现人与信息化武器装备、设备、设施最佳结合的重要支撑手段。如美军的单兵信息系统,既能接入战术互联网,对上收发统一的战场态势图、行动计划表、火力支援计划书等信息,还能对下进行班组内广播或点对点保密通话,班组内的所有人员,实际上已经融入由战术互联网组织的联合作战体系,其作战能力随着联合的增强而倍增。

还有一种看法较为普遍,从"军用"的角度来看军事物联网:"军用物联网是军事物理系统和数字信息系统的融合系统,由具有自动标识、精确感知和智能处理的军事物理实体基于标准的通信协议连接而成"。先进的科学技术总是最先被应用于战争。所以说,如果仅从"军用"的角度来看军事物联网,容易得到军事物联网的狭义理解。这种看法更容易被当做军事物联网的一个特征。应当从军事物联网和其他现有军事网络的比较,及其内在特点的分析来理解军事物联网的含义。

2. 与通信网和信息网的关系

军事通信被喻为"千里眼,顺风耳",随着军事信息化建设在全球范围内的推进,不仅仅满足于"看到的和听到的"信息传递,现代战场需要包括音视频在内的一切和战场有关的数字化的信息,通信网也发展为军事信息网。

无论是通信网还是信息网,侧重于信息在人—人之间的传递和理解,网络中传输的语音、图像、视频、数据等信息,是虚拟的;军事信息网是军事信息天地的网络,而军事物联网侧重于人—物之间信息的连接,是直接面向物质世界的连接。虽然军事物联网和军事信息网是不同范畴的两种网络,但是,军事信息网可以做为军事物联网的基础和依托,尤其在军事物联网概念的形成期和发展的初级阶段,类似"神经系统"般的网络覆盖能力和信息传递能力等特征,可以成为军事物联网良好的网络基础。这一时期,军事物联网可以看作军事信息网络的延伸和拓展。通信网和信息网可以作为物联网的"神经系统"存在于物联网中,作为物联网的重要部分而构建一个真实的信息化战场基础网络体系。

还可以从人类智能的外延化来描述军事物联网。对战场环境的感知不仅仅局限于"看到的和听到的"等与战场有关的信息,还有味觉、嗅觉、触觉(震动)等多种方式的协同感知;并且可以在协同感知的基础上部分代替人类进行分析、理解、思考、决策甚至行动,这些人类的智能特征可以通过智能化的"物"来实现,无需人工干预。一旦军事网络中的节点具备了上述这些智能,军事网络(通信网或信息网)开始向物联网进化。所以说,注重于强调"物"和"物的智能"是物联网与通信网、信息网的典型区别。

3. 军事物联网的特点

军事物联网作为新一代信息技术,正凭借其与生俱来的优势和特点,强烈要求着自身的发展空间。军事物联网在军事物质世界中正呈现如下特点。

(1)全面化。军事信息网强调的是信息,而军事物联网强调的不仅仅是信息,还包括了信息的生产者(感知层)、传输者(网络层)、消费者(应用层),此三者作为物联网中的物质实体紧密联系。作为物体(武器、战场、环境、物资等)、神经(网络、信息)及其与人的相互作用(意识、态势感知与理解、决策等)的集大成者,可以尝试从广义的角度理解:军事物联网连接的是物质实体,其出发点(感知)和落脚点(应用)也是物质的,而其间的联系(网络)是通过信息传递的,那么,广义的军事物联网是包含了和军事相关的一切物质和信息的网络。从军事物联网的角度来理解军事,将比以往各种描述更加全面而深刻。

(2)体系化。未来战争不仅仅是人与人、武器与武器、系统与系统(装备系统、武器系统、通信系统、侦察系、C^4ISR 系统等)的对抗,取得战争的主导地位将在很大程度上取决于体系对抗能力。体系能力不仅包含了人、武器、系统等军事要素,还包含了其间的联系、统筹、规划、协作、运筹,也即从系统(要素)间的协同进化到系统之系统(System of System)。这种系统之系统化的军事体系,在军事物联网中纵向延伸到人、武器、系统等实体要素;横向包括:战场环境、武器装备、军事物资、后勤保障等系统要素;体系前端深入现实战场及其伴随保障,后端融入国防力量建设;信息在体系中可以从物物相连的末梢神经融入到智能化的神经网络,进而可为整个体系所共享。军事物联网就是由上述诸方面融合而成的体系,这种体系可以有效提升信息化条件下作战打击的精确度和自动化程度,能够实现战场感知精确化、武器装备智能化、物资管控可视化等。

(3)智能化。军事物联网的智能化体现在如下三个层次:

第一,人的层面体现为替代化。物对于人的替代(surrogate)体现为物联网中智能化的物,在战争中替代人来观察、感知、思考,具备一定的理解、决策和行动能力,高度智能化的物在一定层次上是可以替代人类的。另外,通过物联网还可以实现远程临境替代,突破时空维度限制的远程临境技术可以使各级指挥员具备共享战场态势的条件。

第二,武器的层面体现为协同化。在需要横向组网的武器系统之间建立信息共享化平台,可以最大程度上提高武器平台的协同作战效能。将其共享信息融入网络,按层级传递至需要协同的其余平台或者系统。例如,美军的联合战术信息分发系统及其数据链。

第三,信息的层面体现为层级化。军事物联网中的信息是分层级处理与传递的。联合作战中,感知系统、指挥控制系统、武器系统越来越复杂,陆海空天军的作战部队、舰船、飞机等作战单元之间需要传输大量的感知信息和交战指令,这些信息需要分层次地传递至各级指挥员,各自实现快速感知、理解、决策行动。使适当的信息在适当的时空,通过适当的方式,传递至适当的人。建立在协同感知基础上的分层处理、分层传递、分层理解、协同行动,就像人类的神经系统一样,末梢神经、脊柱神经和脑具有不同层次的功能,整体上能够协调人类的思维与动作。例如,C⁴ISR 系统通过自身的通信网络,可以支持作战中指挥控制的需求。但是,当面对一些需要快速反应、实时处理的威胁和目标时,仅仅依靠其网络是不够的,需要借助一些特殊的通信手段(例如数据链)将整个战场的战术图像绘制并呈现在需要理解并决策的战场指挥员面前,在这一信息层面上实施指挥控制。

4. 军事物联网的定义

军事物联网,涵盖了物联网及其技术在军事上一系列的应用;是信息技术发展到一定阶段,在军事领域广泛而深刻的变革中逐步呈现智能化特点的一种网络。根据上述军事物联网的概念辨析和特点分析,如果在现阶段用描述性语言给军事物联网下定义,可以将军事物联网理解为:

军事物联网是一个以现有军用网络为基础,将其末端延伸到战场环境、武器装备、物资管控、后勤保障、军事安防等各方面的军事实体要素,在网络中通过智能连接实现物理空间和信息空间在军事领域全面而深刻融合的一种智能化网络体系。作为军事物理系统和数字信息系统深度融合的系统,一个军事物联网的实例由具有自动标识、精确感知和智能处理的军事物理实体,基于标准的通信协议连接而成。军事物联网和通用物联网的区别在于,首先,军事物联网涉及的物理对象是包括作战单元在内的军事实体,其特性与通用物联网的物理对象不同。其次,军事物联网对感知和控制的实时性要求较高,同时对人与物、物与物之间在不同需求下有着不同层次的通信质量保证。再次,军事物联网涉及到的安全保密需求远远高于通用物联网。最后,军事物联网更侧重在军事领域的应用。

加快推进军事物联网及其技术的研发和推广,能提高军事高科技含量、优化作战方式、培育新的战斗力增长点、增强一体化联合作战能力、满足科学可持续发展的迫切需要,促进军队革命化现代化正规化建设。了解、掌握和运用军事物联网的时代特点及其技术体系,可以让物联网技术成为加快战斗力生成模式转变的有力引擎,加速新时期军队信息化建设,调整和优化军队信息化结构,全面推进国防信息化水平。可以说,物联网扩展了未来作战的时域、空域和频域,对国防建设各个领域产生了深远影响,必将引发一场划时代的军事技术革命和作战方式变革。

6.3 早期的军事物联网

对于军事物联网的应用,虽说是当下热门军事话题,其实由来已久。它始于战争需要,并在战争实践应用中发展。

最早的军事物联网雏形的例子,可以追溯到 20 世纪 60 年代的越南战争。在越战期间,美军面临反"入侵"的最大难题。当时北越军队的人力和补给主要通过胡志明小道运送,20 世纪 60 年代末,美军发现这条道路并决心切断它。1966 年美国国防部成立专门小组,拨款 7 亿美元发展了两套地面监视系统:配置在非军事区的"双刃"系统和拟在老挝建立的空中支援封锁系统"白屋(Igloo Whiter)"。地面监视系统中,美军使用无人值守的震动传感器"热带树"监听"胡志明小道"上来往的车辆。当人员、车辆等目标在其附近行进时,"热带树"便能探测到目标产生的震动和声响信息,并立即将数据通过无线电发给指挥中心。指挥管理中心对信息数据进行处理后,得到行进人员、车辆的位置、规模和行进方向等信息,尔后指挥空中战机实施轰炸。这种通过震动传感器智能感知敌方信息,实现"从传感器到射手"的网络形态,就是初具雏形的军事物联网应用。

在上述例子当中,感知层实现了基于传感器的目标感知,网络层实现了感知数据在指挥中心的汇聚,应用层实现了基于目标位置、规模和行进方向等信息的战机轰炸。虽然,军事物联网将物联网概念及其发展中的技术不断应用于军事领域,在现阶段,军事物联网仍然被广泛认为是三层结构:感知层、网络层、应用层。

传感器技术是物联网感知层的重要技术,美军是最早开始通过研究战场传感器系统提升战斗力的国家。1971年,美国陆军决定将上述传感器归类为"东南亚作战传感器系统(SE-AOPASS)"。地面战场侦察传感器在越战中表现优异,于是在1979年美国国防部责成各军兵种研制传感监视系统。

经过近半个世纪的战争实践,到伊拉克战争,随着军事信息技术的发展进步,军事物联网终于凭借射频识别技术(RFID)对军事物流网络的革命性作用,登上现代战争舞台。基于RFID技术的物流物联网(比如EPC系统)可以对物资进行感知与识别,在无人干预下汇聚物资的动态信息,以此就能对物资进行追踪和计数等管控。当时,美军中央战区指挥官汤米·菲利克斯命令,任何进入其所辖战区的物资必须贴有RFID标签,其目的就是要得到一张动态物流全景图。按照这张全景图,后勤补给可以获得更快、更精确、更实时的信息,大大缩短了美军的平均后勤补给时间,极大提高了后勤物资保障的效率。

基于RFID技术的物流物联网,发展至今已经形成成熟的体系,就是现在为人们熟知的EPC系统,也具有典型的三层结构:感知层、网络层、应用层。

参 考 文 献

[1] 耶亚林,钱凤臣,杨科利.物联网军事应用价值研究[J].电脑知识与技术,2011,7.

[2] 何明,陈国华,梁文辉,等.军用物联网研究综述[J].指挥控制与仿真,2012,5.

[3] 于君,张雪英.物联网技术在现代军事中的应用与实践[J].电视技术,2011,12.

[4] 庞瑞帆,丁勇飞,等.地面战场传感器侦察系统及其发展概述[J].航空电子技术,2010,1.

[5] 刘筱兰,赵宇亮.基于物联网的军事物流信息平台建设[C].第四届军事物流学术论坛论文集,2010.

[6] 王磊.物联网与军事物流体系[J].通信技术,2012,2.

[7] 赵萍,马和邦,江帆,等.基于物联网的军事物流智能化管理[C].第四届军事物流学术论坛论文集,2010.

[8] 陈海勇,朱诗兵,李冲.军事物联网的需求分析[J].物联网技术,2011,5.

[9] 贾春杰,韩兵.物联网:助推军事变革的新引擎.中国国防报,2010,3.

第 7 章　物联网技术的军事应用

鉴于物联网技术在军事应用的巨大作用,引起了以美国为首的世界许多国家的军事部门、工业界和学术界的极大关注。2003 年,美国自然科学基金委员会制定了传感器网络研究计划,投资 34 000 000 美元支持相关基础理论的研究。美国国防部和各军事部门都对物联网及其传感器网络给予了高度重视,在 C⁴ISR 的基础上提出了 C⁴KISR 计划,强调战场情报的感知能力、信息的综合能力和信息的利用能力,把物联网和传感器网络作为一个重要研究领域,设立了一系列的军事传感器网络研究项目。美国英特尔、微软公司等信息工业界巨头也开始了物联网和传感器网络方面的工作,纷纷设立或启动相应的行动计划。近年,美国国防部和各军事部门把传感器网络作为一个重要研究领域,开展了收集战场信息的"智能微尘"系统、远程监视战场环境的"伦巴斯"系统、侦听武器平台运动的"沙地直线"、专门侦收电磁信号的"狼群"系统等一系列军事传感器网络系统的研究与应用。日本、意大利、巴西、中国等国家也对物联网和传感器网络表现出了极大的兴趣,纷纷展开了该领域的研究工作。

2003 年,美国国防部力推 RFID 条码识别技术,使之为世界所知。2004 年 7 月 30 日美国国防部公布了最终的 RFID 政策,同时宣布自 2007 年 1 月 1 日起,除散装物资外,所有国防部采购的物资在单品、包装盒及托盘化装载单元上都必须粘贴被动式 RFID 标签。继美军之后,许多发达国家军队已经开始尝试使用物联网技术来进行军用物资的管理,英军已经在集装箱和托盘上进行 RFID 应用的试点,法军在库存的紧急救生设备上安装了 RFID 标签。以色列军方于 2005 年开始采用 RFID 技术来管理军队后勤供应,尝试采用 RFID 技术来储存、管理军事物资,追踪管理资产运转过程,实现了对军用物资的全程透明跟踪管理。

作为信息技术革命的第三次浪潮,物联网的问世对现有国防信息化建设格局产生巨大冲击。当前,世界主要军事强国纷纷制定标准、研发技术、推广应用,以期在新一轮军事变革中占据有利位置。在我国,随着物联网在国防领域战略地位的不断提高以及军事领域需求的巨大牵引,物联网国防领域的建设日益紧迫地提上议程,并着手广泛实施。继总部机关与各军兵种高度重视物联网项目的建设,从物联网工程项目、物联网人才培训等方面投入重量级资金,大力开展物联网技术的军民共建,提升军用技术创新,助力军队信息化进程。成功举行的"2011 军事物联网技术应用交流展暨高峰论坛",为推进国防物联网建设,搭建了有效的军民互动交流平台。"2012 军事物联网技术应用高峰论坛暨交流展"中,重点关注无线传感、条码 RFID、数据采集、自动识别、智能安防等技术的军用实践,积极寻求涉密资产的可视化管理、武器装备管理、人车物目标定位及管理、智能安全防范、智能医疗、智能监测、环境感知等解决方案和项目试点,从而推动全军战斗力生成模式的创新与变革,依托前沿信息技术与科技手段履行时代赋予的历史使命。

物联网技术在军事领域用途广泛,重点围绕战场态势、武器装备、物资管控、后勤保障和军事安防等实体要素和系统,通过各要素各系统之间的有机协同,提高战场对己方的透明度,全面提升基于信息系统的体系作战能力。物联网中,战场的各个要素紧密联系起来并组成有机的整体,指挥人员能够及时获取、处理信息,加强战场管控,科学有效决策;作战人员能够及时了解战场态势,友邻分布情况,强化协同协作。"无缝隙"的联合态势感知能力、网络能力和指挥控制能力在物联网中的融合,将使军队更具有大纵深、高立体、全方位作战的体系能力。通过物联网可以把各种作战要素和作战单元甚至整个国家军事力量都铰链起来,在更高层次上实现战场感知精确化、武器装备智能化、物资管控可视化、后勤保障人性化、军事安防现代化。

7.1 战场感知精确化

物联网提高了获取目标信息的精确性,拓展了侦察的时域和空域,能有效融合感知和侦察、指挥和控制、人和武器系统,实施及时并精确打击,并能显著提高毁伤效果评估的准确性。传统技术条件下,战场上的每一个作战单元没有赋予固定标识,无法进行精确定位和协同,难于在整个指挥控制系统中实现交互。通过使用物联网技术,大到卫星、导弹、飞机、舰船、坦克、火炮等装备系统,小到单兵作战装备,每一个作战要素都可以连接到物联网中,使每个要素及作战单元都处于全信息和全数字化状态,并与指挥控制系统实时交互,形成完备的战场态势图。

以实现战场感知透明化为目标,在建立具有强大作战空间态势感知优势的多传感器信息网的基础上,通过大规模节点部署有效避免侦察盲区,为火控和制导系统提供精确的目标定位信息。同时,其感知能力不会因某一节点的损坏而导致整个监测系统的崩溃,通过各汇聚节点将数据送至指挥部,最后融合来自各战场的数据形成完备的战场态势图。利用物联网实时采集、分析和研究监测数据,建立战场"从传感器到射手"的自动感知→数据传输→指挥决策→火力控制的全要素、全过程综合信息链。由于战场感知体系涉及多兵种、全天候、全空间的战场信息采集、传输、处理的复杂系统,需要有选择、有重点地推进军用物联网技术在战场感知方面的应用。

战场感知精确化是通过建立全面覆盖的基于物联网的全维、精确、无缝感知体系来实现。大量散布在战场广阔地域的智能传感器网络,在近距侦察中,可以感知目标地区的作战地形、敌军部署、装备特性及部队活动行踪、动向等;形成全方位、全频谱、全时域的全维侦察监视预警体系,从而提供准确的目标定位与效果评估,有效弥补卫星、雷达等远程侦察设备的不足,全面提升联合战场态势感知能力。目前以美国为主的西方国家在物联网的战场精确感知方面的研究主要体现在如下几个方面。

7.1.1 全维感知体系

军事物联网的无线传感器网络技术非常适合应用于恶劣的战场环境,包括侦察敌情、监控敌我兵力、装备和物资的管控、定位攻击目标、判断生物化学攻击和评估损失等多方面用途,引起了世界许多国家的军事部门、工业界和学术界的极大关注。通过多种方式将大量感知声、光、电磁、震动、加速度等微型综合传感器散布在战场的广阔地域,可以获取作战地形、敌军部署、装备特性及部队活动行踪、动向等信息,在目标地域实现战场态势全面感知。

这些地面信息可与卫星、飞机、舰艇上的各类侦察传感器信息有机融合,形成全维侦察监视预警体系。在这种全维感知体系中,可以实现多角度协同感知和跨时空重现。目前美军已有大批在研并走向实战的科研项目,比如"智能微尘(Smart Dust)"、"灵巧传感器网络"(Smart Sensor Web)和"天基太空监视系统(Space Based Surveillance System)"等军事物联网系统,可以在全维感知体系中实现从微尘到空间的全维预警体系。

1. 微小化感知——智能微尘

第二次世界大战后局部战争的实践充分说明,战场安全性是相对的,整体防御体系难免存在一定漏洞,要想弥补之,就必须对包括现有侦察系统和指挥控制系统在内的相关系统进行升级改造,智能微尘使战场环境的微观感知能力不断适应未来作战的需要。

智能微尘是一个集成有传感器、微处理器、双向无线通信模块和供电模块的超微型综合传感器,能够通过500m以内的无线通信,形成低功率、低数据率、自组织、多跳的近距离无线传感器网络。

智能微尘能够监测周边环境的温度、光亮度和震动,而且由于技术和工艺的发展,已经微缩到了沙粒般大小,但它们能够监测周边环境的温度、光亮度和震动。将一些微尘散放在一定范围内,它们就能够相互定位,收集数据在物联网中向基站传递信息。它包含了从信息收集、信息处理到信息发送所必需的全部部件。未来的智能微尘甚至可以悬浮在空中几个小时,搜集、处理、发射信息,它能够仅依靠微型电池工作多年。智能微尘的远程传感器芯片能够跟踪敌人的军事行动,还可以把大量智能微尘装在宣传品、子弹或炮弹中,通过飞行器或火炮等载体在目标地点撒落下去,形成严密的监视网络,敌国的军事力量和人员、物资的流动自然一清二楚,甚至可以监测到战场上一粒沙子的陨落。

2. 全景化感知——灵巧传感器网络

灵巧传感器网络(SSW)是美国陆军提出的针对网络中心战的需求所开发的新型传感器网络。其基本思想是在战场上布设大量的传感器以收集和中继信息,并对相关原始数据进行过滤,然后再把那些重要的信息传送到各数据融合中心,从而将大量的信息集成为一幅战场全景图,当参战人员需要时可分发给他们,使其对战场态势的感知能力大大提高。

SSW系统作为一个军事战术工具可向战场指挥员提供一个从大型传感器矩阵中得来的动态更新数据库,并及时向相关作战人员提供实时或近实时的战场信息,包括通过地面车辆、无人机、空中、海上及卫星中得到的高分辨率数字地图、三维地形特征、多重频谱图形等信息。系统软件将采用预先制定的标准来解读传感器的内容,将它们与诸如公路、建筑、天气、单元位置等前后相关信息,以及由其他传感器输入的信息相互关联,从而为交战网络提供诸如开火、装甲车的行动以及爆炸等触发传感器的真实事件的实时信息。

SSW系统不仅是一个传感器网络,更是一个基于传感器网络的协同感知平台,协同感知是通过主体交互作用来实现的。例如,一个被触发的传感器主体可能会要求在其范围内激活其他传感器,达到对前后相关信息的澄清和确认,该要求信息同来自气候或武器层的SSW中的信息相结合,生成一幅有关作战态势的全景图。据称,SSW的最终目的是建设一个通用的物联网基础设施,以支持未来的无人值守传感器、弹药、未来作战机器人组成网络系统,提高未来战斗系统的生存能力。

3. 协同化感知——协同作战能力

2003年美军开发"协同作战能力"(Cooperative Engagement Capability,CEC)项目,将舰只与飞机的战斗群体从不同角度获得的雷达信号,通过无线网络传送到指挥中心。指挥中心的计算机从综合信息处理中感知整个作战空间的全貌,快速地发现、准确地跟踪敌方的导弹、舰艇与飞机等多个活动目标,从多个方位探测这些目标,极大地提高了测量精度与打击的命中率。CEC的核心是称为"协同交战传输处理设备"(CETPS),包括"协同交战处理器"(CEP)与"数据分发系统"(DDS)两大部分。CEC系统主要有以下5项功能:

(1)数据分发功能。可提供抗干扰、加密的实时数据视距传输。也可通过飞机和舰艇中继进行超视距通信。

（2）指挥/显示支持功能。可完成条令管理和分配。该功能可为 CETPS 控制器提供规划、控制和实现战斗群防御空中威胁的能力。

（3）传感器协同功能。利用有源传感器（目标位置测定雷达和多普勒雷达数据）的综合航迹数据，跟踪和攻击数据以及多个分队的综合航迹识别来提供增强的探测跟踪能力和识别能力。

（4）交战决策功能。由网络控制单元输入的条令所确定的自动过程来完成交战决策。

（5）交战执行功能。控制防空武器对特定目标的攻击，并对指挥指令和决策做出反应。

CEC 通过来自多传感器的信息融合，改进了跟踪的准确度、连续性和识别能力，获得了更大的作战空间感知。将执行器接入 CEC，使用多个发射装置可以提高杀伤概率，在更大范围和更远纵深上扩大了作战空间。

CEC 系统的装备目标不仅包括航空母舰、巡洋舰、驱逐舰、两栖舰等舰只与飞机战斗群体，还包括导弹系统、防空导弹系统、战区高空防御/地基雷达（THAAD/GTRR）系统等；形成一种真正意义的多维度协同感知。可见，为了提高对感知信息的融合与分析能力，战场感知体系涉及了多兵种、全天候、全空间的战场信息采集、传输、处理、协同的复杂系统。

4. 太空化监视——天基太空监视系统

美军为了保持其具有绝对的太空感知优势，已经将物联网触角深入太空，并展开空间部署。近年来，美军不断加大对太空的投入力度，尤其是天基太空监视系统（SBSS）。SBSS 系统由 5 颗卫星组成，分两个阶段建设。第一阶段，发射一颗卫星替代原来的 MSX 卫星，首颗卫星已于 2010 年 9 月发射，它是整个系统的先导星，称为"探路者"，每天能收集 40 多万条卫星信息。第二阶段，发射 4 颗卫星，完成整个系统建设，第二颗卫星计划于 2014 年年底发射，后三颗分别于 2017 年—2022 年发射。一旦该系统建成，美军就会拥有绝对的非对称太空优势。

可感知目标更多、精度更高、能力更强的 SBSS 系统在太空监视中有五个特性。一是监测跟踪目标多。SBSS 可对地球同步轨道（GEO）以下所有太空目标进行监测和跟踪，可对直径大于 0.1m 的 1.7 万个太空目标编目，监视直径在 0.01m 以上的太空物体 30 万个，跟踪 800 多颗在轨卫星。二是编目更新周期短。与太空监视网（SSN）配合，SBSS 系统的编目更新周期将由原来的 7 天缩短到 2 天。三是定轨精度高。SBSS 对低轨道定位误差不超过 10m，对高轨道定轨误差不超过 500m，可及时提醒己方航天器规避轨道碎片。四是深空探测能力强。SBSS 系统建成后，可在任意时刻都能保证有一颗卫星对 GEO 进行全轨道监测，对 GEO 目标监测能力将提高 50% 以上。五是不受天候影响，可全天候工作。

SBSS 系统是美国导弹防御系统的支柱，能及时发现别国的秘密卫星、攻击卫星等目标。一旦发现某一卫星偏离原来轨道，就会发出预警，跟踪定位该卫星，同时告知反卫星武器做好准备。SBSS 系统能极大提高 GPS 系统和 GEO 通信卫星的安全性；对秘密卫星的侦察能力也很强，即使雷达未发现目标，照相系统仍然可以准确定位。如图 7-1 所示，SBSS 系统携带的激光武器，是美太空激光武器计划的一部分。这种以"防御"为由加强太空的监视能力，表明这种"防御"能力具备"主动"性。

SBSS 系统为美军提供的太空目标详细数据，是准确打击的关键，适用于所有陆、海、空、天反卫星武器，其本身就是提前在太空部署"侦察部队"，该系统还是各反卫星武器在太空的检测站。此外，美国军方 2012 年 11 月表示将筹备部署新型先进太空雷达——"太空监视望远镜"，该雷达一天可跟踪最多 200 个目标，还可以鉴别卫星、卫星轨道及潜在异常。

图 7 - 1   反卫星示意图

以上仅仅是可以构建全维感知体系的四个方面。无论是智能微尘的近距离无线网络传输感知信息，还是传感器网络通过高功率、高数据率的网关等高级节点，进行数据融合、图像处理和高级目标分类，并通过远距离的图像等大数据率传输实现平台内或平台间的协同感知，或者通过天基太空监视系统进而实现与舰艇、飞机、卫星上各类传感器、各级信息系统有机融合。这些不同维度的感知系统融合在一起，可以形成全方位、全频谱、全时域的全维监视预警和感知侦察体系，提供准确的目标定位、运动状态与效果评估，全面提升联合战场感知能力。

7.1.2   战场精确感知

现代战争强调战场情报的精确感知能力和杀伤能力。建立战场精确感知体系的目的是及时发现、准确识别、精确定位、快速处置。近年来美军强调"行动中心战"与"传感器到射手"等新的作战模式，突出了无线传感器网络在感知战场态势，以及将感知的目标信息直接传送给武器装备和射手方面的作用。

战场敌情的精确化感知，即建立战场"自动感知→数据传输→指挥决策→火力实施→信息反馈"的全要素、全过程综合信息链，从而实现对敌方兵力部署、武器配置、运动状态的侦察和作战地形、防卫设施等环境的勘察，对己方阵地防护和部队动态等战场信息的实时感知。

由于传感器数量多并能够随机分布，当部分节点遭受到攻击时，不至于引起网络瘫痪，系统容错能力强。因此，无线传感器网络适合于恶劣的战场环境的应用，可以承担侦察敌军兵力部署、监测兵力与装备的调动，敌情地形与布防、探测核污染、生物与化学攻击，定位攻击目标，进行战场评估等任务。正是由于无线传感器网络具有快速部署、自组织与容错性好的优点，因此可以成为指挥、控制、通信、计算机、情报、监视、侦察与目标捕获系统中重要的感知工具。

作为一种重要的军事侦察手段，无线传感器网络与传统的卫星侦察、地面雷达侦察相比，具有成本低、容错能力强、观测准确性高、实时性强、抗攻击能力高等技术优势，同时，由于无线传感器网络更接近于监视目标，使它具备精确感知战场的能力；传感器感知信息与卫星、雷达等其他途径感知信息互为补充、相互融合，还可以实现协同感知体系。

1. 战场监视系统

2001 年，美军研制"远程战场监控传感器系统"（Remotely Monitored Battlefield Sensors System，REMBASS）。作为军事物联网雏形的"东南亚作战传感器系统（SE - AOPASS）"的"直系后裔"，这个地面战场侦察传感器系统使用了远程监测传感器，人工放置在被观测区域。传感器记录下被检测对象活动所引起的地面震动、声响、红外与磁场等物理量变化，经过本地节点进行预处理或直接发送到传感器监视设备。传感器监视设备对接收的信号进行解码、分类、统计、分析，形成被检测对象活动的完整记录。

为了实现战场敌情的精确化感知,2002 年,美军推进"更广阔视野"计划,其中包括"无人值守地面传感器群"项目,使基层作战部队具备在任何地方都能够灵活部署无线传感器网络的能力。微型传感器节点可以通过飞机抛撒的方法,形成密集型、随机分布与低成本的无线传感器网络,可以将能够收集震动、压力、声音、速度、温度、湿度、光线、磁场、辐射等信息的各种微型传感器组合起来,隐藏在战场的隐蔽位置,全面感知战场信息。

2003 年,美国陆军开始着手研究"战场环境侦察与监视系统"。将无线传感器网络、机载与车载侦察设备组成一个协同工作的系统,准确掌握特殊地域的特种信息,如登陆作战的敌方岸滩地形地貌、地面硬度、地面干湿度、道路与桥梁信息,以及丛林等信息,为准确制定作战方案提供详实的情报。该系统由撒布型微传感器网络系统、机载和车载型侦察与探测设备等构成。系统着重于敌情感知的精确化和信息的纵向传递,它通过"数字化路标",为参战平台和战斗指挥员提供精确的情报服务。

2. 沙地直线

2003 年,美军开发"沙地直线"(a line in the sand)系统。沙地直线系统是一个典型的无线传感器网络应用于战场侦察的项目,主要研究无线传感器网络用于实现目标识别、目标分类与目标跟踪。

如图 7 - 2 所示,"沙地直线"系统可由飞机大规模空投部署到战场上,实现对各种目标的探测、分类和跟踪。这个项目研发的无线传感器网络节点是"超大规模智能尘埃节点",具备探测、计算和通信功能,这个系统能够散射电子绊网(Tripwires)到任何地方,以侦测运动的高金属含量目标。该系统还配置多种类型的传感器,可从光、机械、热、电场、磁、化学等 6 个方面来发现并判断战场上的车辆、武装人员和非武装人员及其位置信息。一旦某个或多个传感器节点发现目标,便经过无线路由迅速将数据传递给无线网关;再由无线网关转发到卫星网等无线网络,最终传送到情报分析中心。

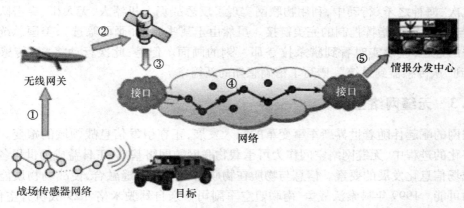

图 7 - 2 "沙地直线"计划的示意图

3. 目标定位网络嵌入式系统

美国国防高级研究计划局主导的"目标定位网络嵌入式系统"(Network Embed System Technology)也是战场敌情精确化感知的一个项目,它将实现系统和信息处理融合。项目的定量目标是建立包括 10 万~100 万个计算节点的可靠、实时、分布式应用网络。这些节点包括连接传感器和作动器的物理与信息系统部件。基础嵌入式系统技术节点采用现场可编程门阵列(FPGA)模式。该项目应用了大量的微型传感器、微电子、先进传感器的融合算法、自定位技术和信息技术方面的成果。项目的长期目标是实现传感器信息的网络中心分布和融合,显著提高作战态势感知能力。2003年该项目成功验证了能够准确定位敌方狙击手的传感器网络技术,它采用多个廉价音频传感协同定位敌方射手并标识在所有参战人员的个人计算机中,三维空间的定位精度可达到1.5m,定位延迟达到2s,甚至能显示出敌方射手采用跪姿和站姿射击的差异。

目标定位网络嵌入式系统不仅可以实现敌我部队位置和运动状态的精确感知,还可以改善与友邻部队的协调性;使战场情报侦察、获取与应用的能力产生质的飞跃。

4. "海神之矛"行动

通过军事物联网技术,实现战场精确化感知的例子,不得不提到在2011年5月,美军海豹突击队突袭拉登在巴基斯坦阿伯塔巴德藏身地时使用的Throwbot的智能侦察机器人。具备智能传感功能的机器人在这次行动中实现了战场的精确化感知。它对目标建筑物内布局进行了清晰掌握,并依据机器人传输的实时态势图像,顺利猎杀了拉登。这实际上就是物联网技术在反恐战场上演的精确感知与指挥控制。

2010年12月,美国当局将巴基斯坦首都伊斯兰堡附近阿伯塔巴德镇上一可疑建筑物列为重要监视目标。经过长达4个多月的无人机全天候监视后,最终确定目标的真实身份。担负这次侦察任务的RQ-170"哨兵"隐身无人侦察监视机主要用于为前线兵力提供监视与侦察能力支持,为反恐作战实现态势感知,其传感设备有两部:一部电子光学/红外传感器和一部AESA主动电子扫描阵列雷达,两部设备将空中侦察与监视到的信息通过整流罩内的数据链等装备传递至本次行动的侦察子网。在战术物联网中,通过通信子网,既可以将目标活动的视频经卫星实时反馈给作战指挥中心的指挥员,又可以使地面"海豹"突击队员通过指挥与控制子网终端——便携式显示器,实时接收指挥员的命令。在反恐战场,战术物联网实现了上到指挥员、下至行动队员的战场实时感知,并将侦察子网、指挥与控制、通信子网等一网相容。

在此次"海神之矛"行动中,利用物联网实现了反恐战场上机器人、无人机、突击队员的协同感知,与网络传输、指挥控制的完美链接。虽然由于某些原因(画面筛选),美国总统看到了这次任务的过程,但没实时看到猎杀拉登那一刻的画面。但是,此次行动将"从传感器到射手"推广到"从传感器到总统",谱写了精确感知的新篇章。

7.1.3 无缝网络空间

物联网的崛起伴随着世界新军事变革的深入发展,正在引发信息战领域的嬗变。在未来战场数字化的进程中,无缝网络空间作为可承载物联网的网络基础,正日益成为世界各主要军事强国战场信息化发展的要素。信息与物质在物联网空间的无缝融合,使战场物质能量精确释放成为可能。1999年科索沃战争,南联盟空军副司令亲自驾驶米格-29战机升空作战,力图以其高超的空战技能和丰富经验与北约空军展开空中格斗,但刚起飞后不久就被美军F-16战机击落。那一刻,在信息编织的无缝网络空间中实现了"发现即摧毁"。

在信息化战场上,网络空间的覆盖能力、机动能力、融合能力等,已成为直接关乎整个作战体系存亡的重要一环。无缝网络空间直接连接着感知空间和决策空间,融合着人—物和物—物之间信息的融动,可以保障机动条件下完成与现代信息战场有关的各单位和人员(包含作战单元与要素、物联网的物之间)之间传送情报、作战指挥、战斗协同、火力控制及后勤支援等作战任务,将作战要素融为一个有机整体。按照应用的层次和范围不同,各国对无缝网络空间的研究主要围绕以下几个方面展开。

178

1. 地域通信网

地域通信网是当今陆军的主要通信手段,它上连战略通信网,下接作战前沿的移动无线电台,是战场通信系统的骨干力量。地域通信网一般是半移动的系统,通常安装在灵活机动的方舱中,其信道主要工作在特高频或微波波段,具有良好的保密和抗毁性能。地域通信网主要由网控中心、节点交换机、无线电入口单元和连接链路组成,能使移动和固定用户以无线接入方式链接通信节点实现战场有线、无线通信。最具代表性的地域通信网,有美军的移动用户设备系统、英军的"松鸡"系统、法军的"里达"系统以及印度的陆军无线电工程网等。

美军移动用户设备(MSE)系统是一种链接交换节点的公共用户交换通信系统,这些节点构成一个栅格网,在该地域执行任务的部队都可通过节点进入网络,实现通信联络。系统采用全数字式保密传输体制,具有移动入口单元,能为美陆军野战部队提供不间断的电话交换业务,一个移动用户设备系统通信覆盖范围可达 150km × 250km 地域。移动用户设备系统安装在高机动多用途轮式车上的方舱内,便于空运。海湾战争后,为使移动用户设备系统能适应超视距通信的需求,美军推出了 SMART – T 计划,即当部队在运动中超出了移动用户设备系统的视距通信范围时,SMART – T 可延伸通信距离以保持通信的连续性。美军已计划在2010 年—2015 年间,将移动用户设备系统演变为全新的数字无线电通信系统。

美军的 21 世纪部队旅及旅以下战斗指挥协同系统(FBCB2/BFT)是一个新型战场指挥控制和态势感知系统。它为战术作战、战斗支援和战斗勤务支援指挥官和士兵提供机动、实时和近实时的战场信息,有助于形成贯穿整个战场空间的无缝作战指挥信息流,并能与外部指挥、控制和传感器系统(如陆军战术指挥控制系统,ATCCS)互联互通,最终形成战场空间数字化和旅及旅以下战术部队的横向和纵向集成,是陆军作战指挥系统(ABCS)的关键组成部分。阿富汗、伊拉克战争中的应用显著增强了作战单元的态势感知能力、友军相互识别能力、通信导航能力,大为减少友军误伤。蓝军跟踪系统(BFT)是 FBCB2/BFT 的重要组成部分。

美国"战略之页"网站 2012 年 8 月报道,美国陆军新一代蓝军跟踪系统的开发工作即将接近尾声。新型号的蓝军跟踪系统速度更快、可靠性更高,并且具有更好的安全性。新的控制设备操作起来就像一部智能手机,易于学习使用。该产品还包括 1 个相关程序、战术地面报告系统(Tactical Ground Reporting,TIGR),允许部队报告数字化情报数据(包括图片或视频)并迅速发往指挥部和附近作战单位。美军现装备了超过 10 万套蓝军跟踪系统,从卫星获得最新数据的时间延迟(通常达 5min),缩短到 10s(或更短)。BFT 解决了恶劣天候的导航与定位难题,能够在共享战术态势图中准确显示敌、我、友、雷区和敌方弹药库等目标及识别信息,大幅提高敌我识别能力,被美军称为"洞穿战争迷雾的第三只眼"。

2. 战斗网无线电系统

战斗网无线电系统是战时前方作战地域不可缺少的一种通信手段。它实际上是一个用于陆上平台范围内和一个司令部范围内各平台之间的通信保障局域网,如战术指挥官与上级取得联系,与友邻部队或其他军兵种部队进行协同,甚至可直接对班或单兵实施指挥。与地域通信系统相比,战斗网无线电系统的结构松散,由一些单个移动网组成,一般工作在高频和甚高频频段,优点是结构简单、重量轻、耗电少、组网容易,为提高反侦察、抗干扰、反窃听能力,系统多采用了跳频技术。典型的系统有美军单信道地面与机载无线电系统、法军 PR4G 电台、英军"弓箭手"信息系统等。"弓箭手"系统的数字通信单元能使部队快速交换信息,其通用操作环境单元提供了一个公共平台,可以确保指挥和指挥保障、战斗支援和战斗勤务保障等战场业务应用;不仅提供话音业务综合设备,还提供综合宽带数据通信业务。

据美国《军事与航空电子》2012年3月31日报道,英国科巴姆公司战术通信与监视系统分部近日对外公布了可用于军事、执法和商业领域的最新IP网格无线电台。该无线电台可组成自恢复网格网络,在视距受限的情况下控制无人车。科巴姆公司的IP网格无线电台相互连接向控制中心传输视频、话音和GPS信号。网格网络的结构能够随着节点的移动自行调整,保证了通信链路的持续联通性和所需的带宽。该IP网格无线电台是科巴姆公司研制的第三代迷你型产品。这种IP网格无线电台利用固定带宽与无人车实现点对点通信,可组成包含12个节点的IP网格网络,能够快速部署,最高数据传输率为5Mb/s。同时,该无线电台提供了加密和密码输入功能,拥有多种带宽选择,采用单频率摄像机控制装置。

3. 战场数据分发系统

战场数据分发系统功能强大,是达成高技术战场各参战部队协调一致的一种战术通信系统,主要在机动控制、火力支援、防空、情报、电子战和战斗勤务支援5个领域保障陆、海、空军部队数据通信的需求,同时还将提供自动导航、识别和定位能力,以及为盟军提供数据通信互通能力。美国陆军数据分发系统(ADDS)融指挥、控制与通信系统于一体,可提供实时通信和定位、导航、识别等信息。该系统由联合战术信息分发系统和增强型定位报告系统合并而成,可作为战斗网无线电通信系统和地域通信网的补充,对陆军的军、师两级提供近实时的数据分发支援。

联合战术信息分发系统(JTIDS)是一种保密、抗干扰、大容量的数据和语音通信系统,具有导航和敌我识别等功能。它有4类终端,可满足陆、海、空军及海军陆战队的信息分发需要:一类终端为指挥控制终端,主要用于空中、地面和水上指挥平台,如E-3A预警机、地面战术指挥中心等;二类终端为战术终端,主要用于各种战术飞机和定位报告系统与联合战术分发系统的混合系统;三类终端为小型终端,主要用于导弹、无人机、地面车辆等;四类终端为自适应地面和海上接口终端,用于地面和海上指挥中心或指挥所。

增强型定位报告系统,是由定位报告系统逐步升级而来,该系统可单兵携带,也可安装在战斗指挥车及指挥控制直升机上,能够向指挥员综合显示各军种位置、传送信息、提供陆基探测雷达获取的空中和地面画面,使各级指挥员能快速和准确地组织进攻并协调行动,目前已成为美陆军数字化部队主要通信系统战术互联网的重要组成部分。

据洛克希德·马丁公司2012年2月13日报道,美国洛克希德·马丁公司在新加坡航空展上展出了现有的"网络龙"解决方案,用于满足用户对短期内支持作战任务的空中情报平台或地面系统的迫切需求。"网络龙"情报、监视和侦察系统配备了多种任务所需的解决方案,包括传感器、通信设备和空中平台需要的各种组件,可用于多兵种或多国部队的协同作战。"网络龙"包括"侦察"解决方案,基于大型商用喷气飞机和扩展的情报、监视和侦察系统组件,能够满足对大片区域的监视需求。系统中的"盾牌"解决方案包括多任务空投和侦察操作模块,也可以组装在集装箱内由拖车和运输机运输。

4. 数据链

享有"数字化战场中枢系统"之称的数据链,是实现信息资源共享,从而最大程度地提高武器平台作战效能的有效手段。能够实现机载、陆基和舰载战术数据系统之间的数据信息交换,可以形成点对点数据链路和网状数据链路,实现作战区域内各种指挥控制系统和作战平台系统的数据传输、交换和信息处理,为作战指挥人员和战斗人员提供作战数据和完整的战场战术态势图。机载平台上的战术"数据链"系统,通信距离可达800km,甚至更远,如果使用卫星则可实现全球通信。

数据链作为一种特殊的新型数据通信系统,实时通信能力强,信息传输效率和自动化程度等都是普通战术无线电通信系统所无法比拟的。如今,诸如"标准密码数字链"、"战术数字情报链"、"高速计算机数字无线高频/超高频通信战术数据系统"、"联合战术信息分发系统"、"多功能信息分发系统"等形形色色的数据链纷纷在一些发达国家和地区涌现。

在世界各国竞相研究、发展数据链的热潮中,美国首先是受益者。以数据链支撑的三军联合战术信息分发系统的使用,对于美国发挥信息优势,实施联合作战起到了至关重要的作用。伊拉克战争中,美军构建了陆、海、空、天一体化的无缝隙全源情报体系,将各种空中侦察平台、传感器,通过数据链达成网络化和一体化,使美军"从传感器到射手"的时间缩至最短。可以作为军事物联网神经中枢的数据链,正是立足于诸军兵种联合作战,需要在各军兵军种之间实现感知协同、情报协同、指挥协同、通信协同、定位协同、识别协同。各种协同均离不开相互之间有效的数据链通信手段。各军兵种的数据链通信必须协调发展,以根据不同情况实现不同层次的互连互通。美军提出了借助于卫星通信及其他远距离传输信道,形成一体化数据链系统的方案。

一体化数据链系统体系结构大体上分三个层次,其中最低层是陆、海、空和海军陆战队各军种本身为一个局域服务的数据链;中层为 TADILJ 数据链,它把三军数据链联系在一起;上层为远距离数据链,把各个 TADILJ 数据链联成国家甚至世界范围的数据链体系,在统一的网络管理下工作。其中远距离数据链也采用 TADILJ 数据链的消息标准和结构。

美军中央司令部前线指挥所通过数据链可获得即时更新的战场信息,大大提高了战场对己的单向透明度,增强了美军的信息优势、决策优势和协同作战能力,因此被他们尊为"战争中作战能力的倍增器"。我军可以借鉴美国一体化数据链建设方法,构建军事物联网神经中枢体系。

5. 云计算

云计算可以在情报共享、信息融合、战场态势分析以及辅助决策等方面为军事物联网提供有力的数据支持。2008 年 7 月,美国国防部就与惠普公司达成了一项合作交易,惠普将帮助美国国防部建立庞大的云计算基础设施。通过建立云计算策略,构建快速存取计算环境(RACE),以便在需要时将服务器资源分配给国防信息系统局的各个客户。其目的是保证国防部可以在降低成本的同时,向用户提供快捷的、定制式自助服务。自 2008 年 10 月 1 日RACE 运行以来,已有数百个军事软件如指挥控制软件、卫星计划软件等通过 RACE 提供的虚拟服务器进行了开发和测试。2010 年 2 月初,IBM 公司与美国空军签订了一份试验性合同,开始为美国空军(USAF)构建一个足以保护国防和军事资料的"云端计算网络系统"。IBM 将为其 9 个指挥中心、100 座军事基地和散居全球的 70 万军队所使用的 USAF 网络,设计和建立一个云端的计算环境,目的是更好地保证军方的网络安全,建设一种能让空军持续分析和深入挖掘所有网络资料,以寻找任何威胁或故障迹象的技术。

云计算可用普通计算机群及其网络构建出远超当今世界最先进的超级计算机的强大计算能力,使计算能力从量的积累走向质的飞跃,有助于提升尖端武器的研制与试验、作战模拟和仿真等关键领域的发展水平。云计算平台在未来战场中的网络融合,也为物联网提供了一个灵活的平台。云计算平台的规模是可以动态调控的,便于在军事物联网中广泛部署,使之形成一个个超能核心节点,高效处理海量数据并快速反馈到各级网络,可以实现战场态势、武器系统与作战人员的实时、无缝结合,极大地提高军队的整体作战能力。在未来战场的"制信息权"争夺中,云计算能够将"计算中心"分散地"藏"在云里,可以实现"只在此山中,云深不知处"。

云计算与物联网融合的一个核心理念就是通过不断提高云的处理能力,以减少物联网终端及其汇聚节点等战场信息末端节点的处理负担,实现战场信息末端轻量化。物联网中终端可以理想地简化成一个单纯的信息采集和输入输出设备,能按需享受云的强大计算处理能力,把强大的计算处理能力分散在云里,从而使单兵携带装备具有轻量化、易携带、耗能少的特点,使战场武器装备具有机动性强、全局信息少、不涉密或少涉密的特点。

物联网的军事应用中,无论是日常工作还是作战指挥,有海量数据需要收集、存储、处理、传递。军事物联网通过分布式的"云计算"可以把几小时才能完成处理的信息,压缩到几分钟、几秒钟,能够加速形成精确直观的态势图。各节点将数据按照情报信息需求送至一线指战员和各级指挥部,经过融合形成完备的战场态势。可以说,云计算能够助力军事物联网在更高的层次上实现战场感知的精确化和智能化。

6. 全球信息栅格

全球信息栅格(Global Information Grid)是美军于1999年首次提出的概念,就是由可以链接到全球任意两点或多点的信息传输能力、实现相关软件和对信息进行传输处理的操作使用人员组成栅格化的综合性信息基础设施。从体系结构上看,GIG一改大多数C⁴ISR系统纵向一条线或组网一个面的链接模式,按照联合作战体系结构、一体化系统要求,构建起栅格化的信息网系。在GIG框架下,美军分布在全球的计算机、传感器网和作战平台网将组成一个大系统,实现全球范围内时域和空域的一致以及各分系统的协同。美军参谋长联席会在2000年发表的《2020联合作战构想》,对《2010联合作战构想》中的"在任意时间、任意地点将任意形式的信息传递给任意人",改变为"在恰当的时间、恰当的地点,将恰当的信息,以恰当的形式交给恰当的接收者"。通过全球范围任意点信息可达的"信息优势"转向"决策优势"强调了GIG的智能性特征。美国国防信息系统局(DISA)于2012年8月28日发布的全球信息栅格(GIG)主计划中阐述了为作战士兵提供通信互连服务的技术战略。按照美军的"时间表",将于2020年建成全球性的信息栅格系统。

全球信息栅格是美军正在建设的跨国防部领域的全球信息网,是美军于1997年提出的"网络中心战"的物质基础。网络中心战是相对于平台中心战而言的一种新的作战理念,使作战人员能够实时共享作战态势,提高作战指挥的效率。从技术架构的角度来看,物联网与网络中心战可以说一脉相承,具有诸多相似之处。它们均可分为三层,相互对应,表7-1所列是物联网与网络中心战技术架构对照表。网络中心战和物联网都是信息时代的产物,它们的体系结构有很大的相似之处,既然全球信息栅格是网络中心战的物质基础,那么这种全球无缝网络也可以当做军事物联网的物质基础;它们都为提高部队的战斗力而服务。

表7-1 物联网与网络中心战技术架构对照表

物联网技术架构		网络中心战技术架构	
层次	作用	层次	作用
感知层	由各种传感器(传感网)等感知设备构成,是物联网的神经末梢,负责物体识别和信息采集	传感网	负责战场探测和感知

物联网技术架构		网络中心战技术架构	
层次	作用	层次	作用
网络层	由各种内部网、互联网等多种形式的网络组成，是物联网的神经和大脑，负责传递和处理感知层获取的信息	指控网	负责通信联络和指挥控制
应用层	与特定的行业需求相结合，实现物联网的智能应用	火力网	负责火力打击和行动实施

据美国《防务系统》2012年4月5日报道，美国陆军组建完成5个区域性网络节点，使作战人员能够在全球任何地点连接美国军方的全球信息网络。区域性网络节点是美军战术作战人员信息网的关键组成部分，为战场上的作战人员提供了即时连接保密/非密互联网和话音通信设备的能力。最后一个区域性网络节点安装在美国西部地区，其他4个节点分别安装在美国中央司令部、欧洲司令部、太平洋司令部和美国东部地区。由于这些区域性网络节点的有效覆盖区域有重叠部分，因此每个网络节点都能为其他两个地区提供支持。

7. 网络空间的对抗

"一物降一物"，在构建无缝网络空间的同时，也带来了网络空间的对抗。物联网将催生网络硬杀伤、网络攻防、战场频谱空间争夺等一系列新作战样式。由信息技术构建而成的"新大陆"——网络空间，正演变成继"陆、海、空、天、电"后的第六维战场。战争的制胜因素与战场的空间开辟两者是同步响应的，每开辟出新的战场，对这一战场的夺取和控制将成为作战获胜的关键。网络空间的开辟，使网络战场的争夺成为决定信息化战争胜负的关键领域。2012年8月，美军提出了网络战常规化的概念，将网络战视为常规军事行动的重要组成部分，如同陆、海、空作战力量一样。英国、以色列、俄国也都建立了网络司令部。以色列于2012年6月在国防军网站上公布了网络战的定义和目标，以色列国防部长在当月的网络安全国际会议上表示，"我们正准备成为世界网络战的前沿阵地"。

在开启网络硬杀伤新模式的物联网时代，物联网中的武器装备和设施等军事实体将完全暴露在网络攻击中，从而加大来自网络空间的威胁。网络战将由虚拟数字世界开始触摸现实物理世界，这不仅包括对网络本身以及赛博空间进行控制，还包括对现实物理世界的直接控制，这实际上已经超出了传统网络战的范畴。物联网技术将实体资源直接和虚拟网络相连，可以不经过"人"这一中间环节直接获取物品的信息，具有远程操作、监测并控制物体的能力。

据以色列军方2012年11月17日统计，过去3天遭737枚火箭弹袭击，245枚由"铁穹"反火箭弹系统拦截，拦截率高达33%。在敌方发射火箭弹后5s，"铁穹"系统的雷达必须发现目标，并将信息传至控制系统（BMC），之后5s建立目标跟踪路径。在敌方发射火箭弹15s后，发射拦截导弹，飞行20s后，即在拦截前2s激活雷达导引头，控制导弹实施"物物"攻击。整个过程需人为参与的时间很短，随着武器系统智能化的不断升级，完全自主的物物空间对抗即将步入未来网络战场。除此之外，未来还可能通过物联网入侵武器装备系统，达成对武器装备的直接操控。例如，通过物联网直接入侵导弹发射平台，植入发射参数及飞行路线数据，尔后启动导弹的发射；再如，随着物联网技术的进一步发展，还可直接对敌方指挥控制系统、通信枢纽、天基系统、武器平台以及基础设施等关键节点上的装备设施进行控制，使其拒绝执行指令，丧失功能或作战能力。

7.2　武器装备智能化

军事物联网紧紧围绕信息化条件下的局部战争信息情报资源多、信息获取速度快、信息传输保密要求高等特点,建立从传感器到武器系统之间的无缝链接,在战场需要的地方及时得到准确的战术信息流和保障信息流,对部队和武器实施精确的指挥和控制,以快速、协同、有序、高效地完成作战任务。它是实现信息系统与武器系统一体化的重要手段和有效途径,因而将成为提高武器系统整体作战能力的关键。

物联网被誉为"武器装备的生命线",随着信息技术的进一步发展,物联网与人工智能技术、纳米技术的结合应用,未来战场的作战形式将发生巨大变化。新一代网络协议,能够让每个物体都可以在互联网上有自己的"名字",嵌入式智能芯片技术可以让目标物体拥有自己的"大脑"来运算和分析,纳米技术和小型化技术还可以使目标对象越来越小。物联网化智能可以大幅提升武器装备的智能化水平,在不远的将来,高度智能化的"物"能够部分甚至全部代替的士兵,在战场上感知、思考和行动。武器装备智能化当前的重点建设应当考虑智能化武器和平台及其在联合战场的协同,无人系统及其与有人系统之间的协同,数字化单兵和空间部署能力。

7.2.1　智能化武器

智能化武器普遍受到世界各军事强国的高度重视,纷纷投入巨资予以研究与开发,其巨大的军事潜能和超强的作战功效,使其成为未来战争舞台上一支不可忽视的力量。具有一定信息获取和信息处理、传递能力的智能武器正逐步走向现实。未来的武器装备将自觉融入物联网中,在感知和处理方面大显身手,不仅具备一定"判断"能力,而且智能化水平更高。

在不远的将来,物联网节点将实现全域交互。物联网中的武器装备,通过建立联合战场军事装备、武器平台和军用运载平台的物联网感知控制网络系统,可以动态地感知和实时统计分析军用车辆和武器平台等信息;可以实现装备的定位、分布、聚集地、运动状态,使用寿命和周期,装备完好率和保养等信息的管理以及武器装备的宏观监控;在联合作战信息系统中实现装备的战场智能化、管理智能化与维修智能化。

1. 战场智能化

嵌入物联网技术智能芯片的武器装备,其智能芯片可以组成的一个大型传感器矩阵,它可以及时向指战员提供实时的战场信息,包括通过地面车辆、无人驾驶飞机、空中、海上及卫星中得到的高分辨率数字地图、三维地形特征、多重频谱图形等综合信息。如图7-3所示,通过武器装备智能芯片在物联网平台的交互,可以收集、处理、计算、判断敌我双方武器装备的坐标、战场态势、敌方威胁等战场信息,以从公路、建筑、天气、位置等相关信息为背景,以及由物联网其他传感器输入的信息相互关联,包括为交战网络提供诸如开火、装甲车的行动以及爆炸等触发传感器的真实事件的实时信息感知,从而生成一幅有关作战环境的全景图(如图7-3)。智能传感器矩阵还可以实现核、生物和化学攻击的识别等高度智能化功能。

指挥自动化系统、雷达、武器装备等在军事物联网中的有机结合,在各装备之间可以实现信息共享、数据融合、控制与反馈。战场智能化首先是改变了由上至下的信息传递方式,物联网是一个分布式网络,各火力单元自身具有通信和感知能力,不仅可以在物联网中实现指挥自

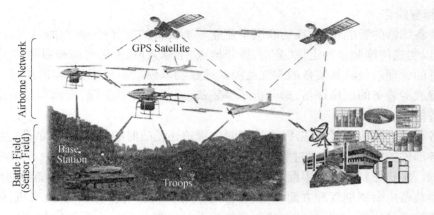

图 7 – 3　战地物联网示意图

动化系统向武器装备下达射击命令,各武器装备单元还可以及时将损毁效果、自身状态传递给指挥自动化系统,经过系统实时分析,重新调整武器装备的运用。其次是减少指挥程序和人工指挥的误差,物联网可以实现信息的快速收集、分析和传递,情报信息经过指挥信息系统分析处理,直接分发给各武器装备单元,由武器装备单元直接发出指令,可以实现武器智能反馈调节、信息与火力的高度融合,提高精确打击能力。最后是提高了武器装备的战场生存能力。武器装备通过大量传感器,可实时获取诸如己方坐标、战场态势、敌方威胁等各种战场信息,并对战场情况自动做出更加精确的反应,从而提高了武器装备的战场生存能力。体现更高智能水平的无人化装备,将在本节接下来详述。

2. 管理智能化

通过物联网可以建立联合战场军事装备、武器平台和军用运载平台感知控制网络系统,动态地感知和实时统计分析军事装备、运载平台等工作状态信息,以及大型武器平台、各种兵力兵器的联合协同、批次使用等状态,实施全面、精确、有效的智能化管理。

通过广泛运用感知技术、网络技术、信息处理技术,形成评估信息采集网络系统。通过战场态势监测系统直接获取武器装备的各种数据,实现评估信息采集由人工作业到自动化的转变,准确记录武器平台状态信息、指挥指令、执行情况以及信息反馈,准确实现装备调配实时监视,为武器装备管理的智能化提供物联网支持。进而建立"从散兵坑经仓库到生产线"的管理需求、军用物资筹划与生产感知控制,以及"从生产线经仓库到散兵坑"的供应链控制,对车辆和武器平台等定位、分布与聚集地、运动状态等信息随时掌握,适时适地地对武器装备(车辆)进行智能调度和动态管控,最终实现装备管理的智能化。

装备管理智能化还体现在对装备的日常管理方面。近年来,随着装备更新换代加快、技术含量提高、配套装备复杂等原因,传统管理模式的弊端越来越凸显。利用现代信息技术实现对武器装备质量信息的智能管理,节约管理成本,提高管理效益已成为非常紧迫的形势要求。利用物联网技术可以建立武器装备管理系统,为每一装备建立健全的"电子档案",并通过网络为领导和管理者提供管理平台。系统不但能有效、准确、智能地对整个单位内所有武器装备及其存放场所进行信息自动识别、采集、存储、上传,而且可供各级领导、装备管理人员对装备信息的快速查询、统计、分析。整个武器装备的数字化信息管理系统的建立,对简化装备管理工作程序、规范工作过程、丰富管理手段、提高部队武器装备质量管理和维修保障效率、创新武器装备管理模式、引领部队装备管理模式变革具有重要意义。

3. 维修智能化

武器装备维修的智能化，即在物联网中建立军事装备的完好率和寿命周期等维修信息智能平台，可以实现待修装备的定位、分布、维修地点、维修人员、使用寿命和周期、装备完好率和保养等信息的管理以及武器装备的宏观监控。通过物联网动态地感知、实时统计分析车辆和武器平台等武器装备的损伤评估，来分析军事装备、运载平台等损毁、维修和报废全寿命周期状态等装备信息。

通过各种内嵌的诊断传感芯片，不论平时的维护还是战时的维修，操作员都能够及时了解武器装备各部件的完好情况，通过物联网可以实时传递到后方装备维修点，及时准备维修平台、维修人员、维修器材和具体零配件，在装备保障和维修点可以提前准备、随到随修。

在武器装备生命周期管理方面，研制在各类军用车辆、车载武器平台及飞机、舰船等上面加装单项或综合传感器，在此基础上建立各类移动的武器装备生命周期监控网络，实现在产、在购、在储、在运和在用、在修等全生命周期智能化与感知管理；对武器装备完好率、保养情况等实现状态感知；对联合作战信息系统，实现宏观监控与管理。据外电报道，目前国外相关的智能工程计划已相继启动，这无疑对面向未来实现融合式发展具有重要推动作用。

在基于状态分析的维修预测方面，通过装备上的传感器，在事件发生前，使用系统状态指示器来预测功能性故障并采取相应的行动。这些传感器能根据指定的日历时间间隔或使用时间或里程数等的累积来进行预定，或者基于特定的器件退化或失效，也能动态地进行预定。基于状态分析的维修预测能力可以提高武器系统寿命周期内的可靠性，并减少费用。

总之，军事物联网的重中之重是实现武器装备的智能化，武器装备通过对战场信息进行智能化采集、加工、处理、分析，自主地提炼有效信息，从而实施智能化操作。其优点：一是针对获取的大量信息资源，提高了自主提炼有效信息的速度，赢得了宝贵的作战先机；二是提高了作战打击的速度和精确度，避免了因指挥决策和具体操作人员的犹豫、紧张而误失良机；三是装备数字化单兵的智能武器系统，提高了单兵作战能力。还有可以协助或替代单兵的机器人，能够完成人类难以涉足的最危险、最艰苦的战斗任务。

7.2.2 数字化单兵

自 2003 年 3 月 20 日伊拉克战争爆发以来，最初的军事胜利被无边无际的袭击所淹没，美军陷入巷战的泥潭。短兵相接，单兵作战能力和单兵武器装备在巷战中发挥了重要作用。在近几年的战争中，美军作战越来越趋向特种化、数字化和单兵综合作战能力的提升。虽然世界各国对数字化单兵的称谓有所不同，但是都逐渐认为，数字化单兵作战系统的发展将大大提高单兵的综合作战能力。

集作战、机动、信息、防护和生存能力于一体的数字化单兵作战系统将单个士兵视为一个作战平台，已成为当前乃至今后相当一段时间内各国陆军装备的发展热点。美、英、法、德等国纷纷根据未来作战需求着手研制最先进的数字化单兵系统，以大幅度增强未来单兵的战斗能力。数字化单兵系统是一种特殊的数字化作战武器系统，是指单兵在战术环境中使用和消耗的所有装备和用品，集于单兵一身的单兵防护、单兵战斗武器和单兵通信器材的装备。它包括头盔、防弹服、单兵枪械、"三防"装备、计算机、电台等从头到脚的整体装备。世界各国士兵携带的数字单兵系统，在物联网技术的推动下，正发生着革命性的进步。

在单兵战斗装备方面，可以提高单兵感知能力和人装一体化水平。单兵位置等战场信息可以通过有线或无线的方式传给战斗级物联网，可以使指挥员即时了解现场态势情况，便于做出正确判断和决策。借助物联网的个域网技术还可以将携带的每个装备甚至包括人体器官组成人装一体化网络。

在单兵通信与网络能力方面,可以将单兵位置和监控图像等通过无线网络传输给行动分队其他成员和指挥中心,实现视频共享;同时,单兵协同作战中通过即时的点对点或点对多点的语音、视频通信,实现单兵侦察、信息共享。

在态势协同感知方面,可以使网络的触角延伸到战场的每个单兵甚至每件兵器,可将彼此独立的侦察网、通信网、指控系统、火力网等系统与网络进行一体化集成,也可将通信、感知、信息对抗等信息武器和武器平台建设成一体化的综合信息系统,而且该系统还可进一步渗透到战场的基础设施中。

在单兵的防护、服装、医疗等方面,实现智能化感知与防护和人性化伴随保障,这将在军事安防和后勤保障部分详述。下面从系统化、集成化、智能化三方面展望数字化单兵的发展。

1. 系统化

在未来的数字化战场上,士兵将不再是一个孤立的兵卒,而是数字化部队的主要组成部分,同样也是数字化战场上不容忽视的重要作战力量,是军事物联网中的一个节点、一个终端、一个最小的 C^4ISR 系统。数字化单兵最早是美国陆军于 20 世纪 80 年代中后期提出,是指从提高单兵综合作战能力出发,将"人—机—环境"统筹考虑,对士兵从头到脚的所有穿戴和装备进行整体设计,以增强士兵的作战能力。未来数字化单兵将信息探测、信息融合、计算机、数字通信、多媒体和人体防护等多种先进技术应用于单兵武器装备上,除了具有一般指挥自动化系统所具有的横向和纵向的信息采集、传送、处理、显示和决策功能外,还拥有战场信息敏感探测和武器控制(精确制导、自动寻觅等)等功能。通过探测、识别和跟踪敌人,在战术环境中能够先敌发现并迅速、准确地处理、传递信息,为上级感知、掌握、判断战场态势提供可靠依据。如图 7-4 所示,装备在数字化单兵身上的主要系统包括以下几类。

图 7-4　数字化单兵示意图

(1)整体式头盔子系统。该系统除了具有普通头盔的头部保护功能外,还具有对战场的敏感、探测和态势显示、瞄准等多种综合功能。其主要组成部分有:防弹头盔、通信装置、听力增强器、视频图像增强器、夜视仪和夜间机动探测器、光学或红外观察瞄准仪、高分辨率平板显示器等。

(2)先进军服子系统。数字化单兵的作战服采用阻燃性丝绸布料制作,附着在衣服某些部位上的传感器可感知环境,并能改变服装的色彩。它具有防弹、防核化生、防雷、防火、防激光、防声光、防红外监视等防探测装备和抵御风雨等功能。此外,该系统还具有监测单兵人体的紧张程度、热量状态和睡眠程度等功能,从而为单兵提供了在所有战场条件下有效的保护能力。

(3)单兵电脑子系统。其作用是综合情报管理,包括微型计算机、全球定位系统接收机摄像头、数字无线电与常用软件。该系统融合各电子信息功能于一体,可以使数字单兵通过信息网络了解周围的敌情,减少背侧被敌偷袭的概率从而把战斗、战斗支援和战斗保障力量联成一个整体。

（4）数字单兵救生服。属于单兵耐久力装备,如服装、供给、医疗等。可在受伤时得到后方急救专家的咨询和指导,对所面临的困难局面也能得到恰当的处理意见和辅助决策。

（5）单兵战斗装备系统。如武器、弹药、一体化瞄具等。

尽管各国对数字单兵作战系统的名称叫法不一,如美国称"陆地勇士"、英国称"未来一体化士兵技术"、法国称"一体化单兵装备和通信系统"、德国称"未来步兵"、以色列称"数字化士兵"、印度称"未来步兵系统士兵"、俄罗斯称"巴尔米查单兵系统"等,但其包含的内容大致由如上所述的 5 个子系统构成。美国的"陆地勇士"项目,由于单兵个域网和单兵电台通信两项关键技术发展不顺利,于 2007 年 2 月被终止;但美国陆军将继续研制计划装备 FCS 旅战斗队的"地面士兵系统"。法国的"一体化单兵装备和通信系统"各子系统正不断稳步推进并整合到整个系统中。该系统于 2008 年 4 月获得了一份价值 1.43 亿欧元的 5045 套订单,并已于 2008 年 9 月进入批量生产阶段,计划到 2013 年装备 5 个步兵团。

2. 集成化

集成化主要体现在以下三个方面。

一是传感器、武器系统和指挥的紧密集成。以以色列的装甲车装备的综合系统为例,传感器、武器系统、指挥等级的紧密集成已经反映在以色列武装部队的各个级别。以色列装甲和机械化部队正在接收战场管理系统。它们由埃尔比特系统公司开发,集成了车辆传感器(如坦克车长热瞄具)、导航与通信系统等。坦克车长通过瞄具观察到的图像能被发射出去,并被部队内其他乘员共享,也可为车长的上级所利用。无人机或其他机载传感器获得的高空区域的图像也能被装备了塔迪兰频谱链的车载战术视频接收机的所有部队所共享。用户能进入到特殊的传感器通道,在车辆的数字显示器上显示视频和遥测数据。直升机驾驶员也使用类似的装备,能在飞向目标途中直接接收无人机传感器的数据。徒步部队指挥员也有类似装备,即 V –Rambo 组件,包括微型接收机和戴在手腕上的显示器。

以色列的综合步兵战斗系统也有与装甲兵相同的紧密集成趋势。2005 年在 LIC – 2005 展览会上展出的系统有 ITL 公司开发的 AISS 综合战斗系统,IMI 公司开发的 MPRS 综合轻武器火控瞄具系统和多用途武器系统(REFAIM),充分体现了这一特点。IMI 公司为了使系统可使用三种新型弹药,对系统进行了广泛的改进和试验。第一种弹药是增强型直接攻击武器,第二种弹药是非致命榴弹,第三种弹药是观察榴弹,它能被发射到目标区域上空,在飞行期间实时发射探测到的图像。拉斐尔公司开发的"萤火虫"(firefly)系统是一种重 145g 的榴弹,由标准的 40mm 榴弹发射器发射,如 M203 型榴弹发射器。"萤火虫"最大飞行距离是 600m,飞行时间 8s,带有 2 部 CCD 摄像机。在飞行期间,视频摄像机记录弹道经过的地面景象,视频流被实时传输给地面的操作者。利用袖珍个人计算机,能实时观看、记录和分析视频,也可利用无线通信设备将视频传输给其他袖珍个人计算机。

以色列国防军需要的战术观察系统将利用康洛普公司研制的新的微型 D – STAMP 昼夜有效载荷。这种完全稳定的载荷重 650g(夜用传感器重 950g),带有 10 倍变焦镜头。D – STAMP 装备埃尔比特系统公司的"云雀"微型无人机,将是以色列国防军未来准备发展的 MAV 平台的标准装备。在美国的引领下,微型无人机也逐渐成为单兵侦察装备。

二是增强的单兵网络能力。单兵、单兵装备、武器和指挥系统的紧密集成,还体现在网络能力。例如以色列塔迪兰通信公司开发的 PNR - 500 个人网络无线电台,工作在 UHF 波段,专门用于班内和战斗队内通信。利用该电台能在单一网络上举行 3 方会议,使排内成员之间及与排长之间能同时交流。该电台能进行话音和数据通信,自动工作在 410MHz ~ 450MHz,能在 15 个网络信道内进行自动固有频率搜索(FFS)。由于采用了同步动态网络结构,所以工作时不再需要中央控制站。耳语功能、话音激活消息与报警使电台获得了最大程度的保密与隐身。电台能在内部或外部安装 GPS 接收机,也能安装与周边 10m ~ 100m 距离内设备的无线蓝牙通信链路。周边设备主要有加固型 PDA、耳机、视频摄像机、传感器和显示装置等。

再如美军的单兵信息系统,既能接入战术互联网,对上收发统一的战场态势图、行动计划表、火力支援计划书等信息,还能对下进行班组内广播或点对点保密通话,班组内的所有人员,实际上已经融入由战术互联网组织的联合作战体系,其作战能力随着联合的增强而倍增。

三是感知与交互的智能集成。例如士兵视觉增强系统和心灵感应钢头盔。美国国防高级研究计划局(DARPA)正在研制的"士兵视觉增强系统"(SCENICC),是一种直接装备到眼睛上的隐形眼镜型传感器系统。该系统的原理是:将数码图像投影到贴近眼睛的、微小的全彩显示器上,使作战人员能够同时观察到远处和近处的目标。"隐形眼镜"从外围到中心,由接触镜片、外滤镜、中心滤镜和显示镜片组成。不仅可以使佩戴者的视力增强,而且可以看到虚拟的现实增强图片。"士兵视觉增强系统"的目的在于研发便携式新型传感器系统及其配套软硬件,从而提高战场作战人员的感知能力、安全性和生存能力。

再如,依靠心灵感应在战场上实现智能感知与交互。据报道,五角大楼向大学研究所提供资助,改良应用于四肢麻痹患者的"人造心灵感应"科技,目标是于 2017 年前制成"心灵感应钢头盔",士兵戴上后,无需开口沟通即可加强反应能力,提高战场生存机会。美军希望借此"读心"计划组成一支"心灵感应兵团",士兵只要戴上内藏电极的钢盔,就可互相沟通脑部活动,或召唤无人驾驶战机。美国加州大学欧文分校的研究员要求实验志愿者戴上特制帽子,帽内装有 128 条裹在凝胶内的电极。研究员会记录志愿者思考"关键词"时的脑部活动,并将各种反应与字词对应,再转化成计算机符号,希望有朝一日能将"前方有敌军"、"召唤直升机"等命令转化成可传送的计算机符号。特制帽子目前只能正确传输 45% 的命令,距离实际应用尚有漫漫长路。

3. 智能化

随着物联网技术的发展,及其与智能化机器人技术的结合,数字单兵不仅体现在单兵装备的系统化和集成化,还可能体现在高度智能的机器人作为单兵的战场伙伴。未来具备独立遂行作战任务能力的军用机器人,机动速度更快,部署更加灵敏,智能化水平更高。但是,要制造出能在战场上使用的完全可以实现人类"智能"的机器人,完全替代战场上的单兵作战,还有很多技术问题亟待突破。下面从三方面展望。

1)远程临境感知与控制

美国国防高级研究计划局在 2013 年预算报告中透露了代号为"阿凡达"(avatar)的计划,五角大楼在这个项目上的初步预算为 700 万美元,旨在开发通过意念遥控的机器人。这些机器人有望在未来代替士兵征战沙场。未来的战场,很可能将像卡梅隆的电影《阿凡达》中所描述的那样,人类只需用大脑意念和思维来直接控制战场上的无人作战平台,作为临境机器人形态的远程感知与控制无人作战平台,能够使战场中的人类伤亡最小化。

Avatar(Advanced surrogate robots)是一种高级代理机器人,它可由人类通过精神控制机器人。这个项目的最终目标是使人类实现用大脑意念和思维来直接控制战场上的无人作战平台。阿凡达项目要通过发展一系列的技术接口和算法，使士兵能够通过自己的动作，控制远程的半自动化双足机器人。同时，阿凡达项目提到了一个技术，远程士兵代理操作系统（Act as the soldier surrogate），能让士兵在操作室中也能感受到机器人所处的环境，尽可能地通过意念控制机器人。这种远程临境预示着，通过一系列的高新技术，能够使士兵虽然人在远程，仍然能够实现身临其境般的感知与控制。

毋庸置疑的是，人类正在逐渐把自身独有的，对物质或事物的感知——意识，延伸或者植入机器。随着神经科学对人脑功能的理解日益加深，科学家们正在把人类独有的智力、意志、情感和神秘等"意识"功能更好地和智能关联在一起。目前，在一些无需进入人体的新探测技术的帮助下，科研人员可以观察人脑的思维功能。新的探测仪器包括功能磁场声波成像仪，穿头盖骨磁震荡仪以及阳电子释放体层摄影仪等。这些仪器已经能够提供人脑在从事特定活动时有价值的数据。近来，科学家已成功地使用纳米感应器和荧光成像仪来观察个别脑细胞的化学变化。对人脑功能的深入研究，有助于实现高度智能化机器人。

2）人机高度融合

进入物联网时代，作为可以将包括人在内的所有物品相互连接，并允许他们相互交流信息的物联网，不仅仅实现人与物、物与物之间相连；还包括不断利用新技术实现人与物之间的高度融合。

如果说目前机器人智能的主流是嵌入式智能，通过嵌入式智能芯片技术让机器人拥有自己的"大脑"，那么，下一代智能技术将会是"融合式智能"。"脑机界面"就是实现人机合一的智能化技术。通过开发人脑与机器人"大脑"的接口，人类只需要通过大脑意念和思维来控制机器人。如图7－5所示，这种被称为"脑机界面"的 BCI 技术，有单向与双向之分。单向 BCI 技术只能在同一时刻用电脑接受大脑指令或向大脑发送指令，而双向 BCI 技术则能在大脑和电脑之间同时建立起信息交互链路。目前，世界各国研发机构公开的成果，主要集中在单向 BCI 技术领域，该技术通过直接采集来自大脑的神经生物学信号，并将其转换为输出指令，而不依赖正常的外围神经中枢和肌肉组织输出通道来实现指令传送。

图7－5　人脑—机器交互平台示意图

美军在"阿凡达计划"中将要研制的正是双向 BCI。它可以使大脑与电脑实现同步通信，如同"人机合一"：先收集人脑神经信号，转换为电脑指令输出，士兵因此无须置身机器体内进行操作。正如美国国防高级研究计划局（DARPA）正在开展的一项关于 BCI 的军事科研项目中提到的，"该项目旨在利用脑机接口技术探索扩展人类机能，利用获取的神经代码进行整合和控制入侵式设备和系统。项目跨越多学科迎战科技新挑战，它将要求集合各学科的人员来完成通过大脑活动进行人类互动并直接控制机器的目标。"

BCI 技术又被称作直接神经接口技术，一种可能改变未来战争智能化水平的"脑—机"接口技术。这种接口技术于1999年在第一次BCI国际会议中给出了BCI的明确定义，即"脑—机"接口技术是一种不依赖于通常由外围神经和肌肉组成的传输通路的新技术。

BCI技术的内在原理是，当一个人的大脑在进行思维活动、产生意识（如动作意识）或受到外界刺激（如视觉、听觉等）时，伴随其神经系统运行的还有一系列电活动，这些脑电信号（EEG）可以通过特定的技术手段加以检测，然后再通过信号处理（特征提取、功能分类等），从中辨别出当事人的真实意图，并将其思维活动转换为指令信号，以实现对外部物理设备的有效控制。基于该原理，BCI技术系统像任何通信及控制系统一样，由输入（如使用者的EEG信号）、输出（如控制外部设备的指令）、信号处理和转换等功能环节组成。

BCI技术系统的关键技术包括大脑神经生物信号采集技术、大脑神经生物信号处理技术及人机高效交互技术。一般BCI技术常用的输入信号是来自头皮或脑表面记录的EEG，以及大脑内记录的神经元电活动。信号处理环节就是通过对源信号进行适当的处理分析，把连续的模拟信号转换成用某些特征参数（如幅值、自回归模型的系数等）表示的数字信号，然后将提取到的上述特征参数利用分类器进行功能分类，从而产生操作驱动指令，通过物理传输装置实现与外界的有效交流。

随着物联网、计算机科学、神经生物学等学科的不断发展与交叉融合，BCI技术将成为推动"人机合一"这样的融合式智能的重要力量。

3）自主智能化

虽然越来越多的无人系统走入了军营，但这些机器人受到智能化程度的限制，仍离不开人员遥控或者程序设定，在战场的应用范围有限。物联网的运用，将使人类意识独立化外延，使机器人具有更高级的智能——自主智能化。自主智能化将使机器人实现完全独立的智能化，使机器人的自主性能和作战效能充分发挥，它可以帮助人类士兵与机器人协同配合，导致战争新力量的出现。

随着智能化水平的不断提高，未来战场上，完全智能化的机器人，具有信息获取及处理能力、智能决策和自我学习的能力。它们机动速度更快、部署更加灵敏、配合意识更强；这些自主式机器人具备独立遂行特定任务的能力。如图7-6和图7-7所示，机器人作为物联网上的一个战斗节点，可代替作战人员钻洞穴、爬高墙、潜入作战区，快速捕捉战场上的目标，测定火力点的位置，探测隐藏在建筑物、坑道、街区的敌人，迅速测算射击参数，引导或直接实施精确打击。远离战场前沿的指挥官和操作人员只需下达命令，机器人和无人飞机小分队就可以完成任务并自行返回指定地点。

图7-6　直立行走机器人示意图　　　　图7-7　"坦克型"机器人示意图

完全智能化的机器人，可代替作战人员实现真人与机器人、机器人之间的战术配合，这些机器人和无人飞机配合，可以进行远程投放；还可以在非常危险的环境中进行协同作战。它们具有智能决策、自我学习和机动侦察的能力，比人类士兵以更快的速度观察、思考、反应和行动。在与人类士兵的战术配合中，可以奋不顾身地发起冲锋。也许，在不久的将来，你会发现和你并肩作战，能够舍身掩护你的是一个物联网智能机器人。

可以设想，同在物联网中的人类士兵和机器人，联合遂行作战任务时，他们以及各种陆地、海上、空中等多维空间的作战平台、传感器将互相连接在一起，共同遂行作战任务。战斗打响后，由地面机器士兵充当先锋，当隐藏着的敌人攻击它时，无人机能迅速测定敌军位置，将信息传递给空中巡航的无人智能攻击机，然后由智能攻击机发射导弹命中目标。随着物联网技术的快速发展和机器人技术的日趋成熟，有专家预测，机器人战争时代已不太遥远。

7.2.3　无人化装备

以物联网技术为代表的新一代信息技术的突飞猛进，正引发军事领域的一系列重大变革。尤其引人注目的是，在战场上崭露头角的无人机、无人车、特种机器人等无人化武器系统，凭借其技术优势逐步登上了以信息化、智能化为主导的"非接触性战争"舞台。在军事物联网技术应用大发展的背景下，军事无人技术逐渐成为世界各国追求的共同目标之一。军事强国正在不断寻求不对称作战，意图依靠无人技术实现感知和行动的优势，追求人员零伤亡；而军事弱国想凭借无人技术弥补差距。军事无人技术在物联网时代，正从幕后走向前台。

无人技术最早被称作机器人技术，是能够与环境相互感应、产生交互的人造设备或者系统的合集。简言之，机器人就是按"感知—思考—行动"的模式运作的机器。它装有收集周围信息的传感器，可以将收集的数据转发给处理器进行处理；还可以利用这些数据做出决策，实现人工智能；最后，机器人系统根据上述信息对周边环境采取某种实际行动。早期的应用倾向于人类难以执行或者无法执行的具有重复性的、危险或难度较高的工作。在军事领域，无人技术既可以将机器人代替人类做有风险的活动，减少战斗伤亡的人数，最大限度地克服由人类生理和严酷的战场环境带来的限制；又可以实现改善军事行动速度、最小化暴露在危险行动中的目的；还可以提高一系列感知、侦察、打击、保障等人类无法企及的行动能力。

1. 庞大的无人家族

军事无人系统家族主要包括无人机、无人地面车辆、小型无人潜艇（船艇）和军用机器人等。它们具备独立遂行作战任务的能力，已在预警侦察、战场感知、武装打击和后勤保障等重要领域显示其威力；巨大的军事潜能和超强的作战功效，正使其成为未来战场上一支不可忽视的重要军事力量，受到了军事强国的高度重视。美军从20世纪80年代初开始就十分注重无人技术的研究与开发，美国防部将机器人列为重点开发的10项关键军事技术之一，国防高级研究计划局长期负责无人装备的基础研究，各军种负责应用研究。到20世纪90年代末已建立了强大而雄厚的技术基础，完全具备了无人装备研发的技术条件。进入21世纪以来，先进的无人技术和各国军队的技术储备为无人装备的快速发展奠定了坚实的基础。

以无人机的应用为例，对于无人技术的实战应用可管窥一斑。2003年3月，美陆军用于支援"伊拉克"自由行动，仅部署了3套无人机系统，共13架无人机。2010年前后，大约337套系统共计1013架无人机在伊拉克和阿富汗参战。截止目前，美陆军已经拥有超过5000架规模的无人机系统家族，具有支援从军到排的多层次、全纵深战场侦察能力。据美国媒体2012年1月10日报道，新一期美国国会报告显示，目前美国空军共拥有7494架无人机，占空军飞机总数的 31%。据巴基斯坦当地媒体报道,2011 年全年共发生 63 起美军无人机空袭,造成至少 543 人死亡。

1)无人机

近年来,随着微电子、计算机、人工智能、自动驾驶和信号处理等高新技术的发展以及各种灵巧、小型化电子战设备的成功研制,使得无人机已发展成为能进行电子侦察、电子干扰、反辐射攻击以及战场目标毁伤效果评估等多种用途的电子战平台。在近几次高技术局部战争中,无人机因其独特而优异的战术性能和战略作用,得到了越来越广泛的军事应用。在无人技术的国际研究热潮中,许多国家的军事部门都把"空中多面手"的发展置于优先地位。

无人机(Unmaned Aerial Vehicle, UAV)是一种由飞行器、控制站、起飞(发射)和回收装置以及检测系统等部分组成的,能够按照无线电遥控设备发出的指令或由自身程序控制装置操纵的不载人飞行器。作为能够执行作战任务的一种空中机器人,无人机军事应用历史最早可以追溯到 1917 年 3 月;在第一次世界大战临近结束之际,世界上第一架无人机在英国皇家飞行训练学校进行了第一次飞行试验。

最初的无人驾驶飞机大都是利用有人驾驶飞机改装的,被用作靶机来进行武器试验。比如测试地空导弹、空空导弹的打击效果,目前仍是无人机应用较多的领域。20 世纪 40 年代初期美国靠改装现役轰炸机研制出无人驾驶轰炸机,在进行远距离轰炸时,则先由驾驶员操纵一段时间,进入敌目标区域以前,驾驶员跳伞离开飞机。然后由伴航飞机遥控对敌目标进行轰炸。第二次世界大战末期,德国也秘密从事无人驾驶轰炸机的研究。

随着电子技术、自动控制技术和电子计算机技术的发展,无人机的发展又向前推进了一步。无人机在越南战争期间(1961 年—1973 年)使用了 3435 架次。到了 20 世纪七八十年代出现了微型电子器件,使无人机技术有了重大突破。在海湾战争、科索沃战争、阿富汗战争、伊拉克战争和推翻卡扎菲政权的利比亚战争中,无人机有效地执行了多种军事任务,包括试验靶机、照相侦察、撒传单、信号情报搜集、布撒雷达干扰箔条、地面海面防空、防空阵地位置标识、目标动态监视、目标毁伤评估、直接投放武器攻击地面目标等。

无人机的军事优势体现在如下几点。一是成本较低。无人机通常造价在数万到数十万美元之间,仅相当于有人机的百分之一甚至更低,还不用计算飞行员的成本。二是操纵人员培训简便。无人机可以在陆地、空中、海上平台升空,操纵人员只需半年的专业培训。在空中活动轻便,易于回收。三是感知灵活。在地面等操纵平台构建虚拟感知平台,既可以避免飞行员实际飞行的疲劳,又可以顺利执行侦察等任务,关键是使飞行员远离危险。四是突防隐蔽。可飞临敌目标区或危险地区上空,实施近距离的作战任务,不用考虑飞行员伤亡。

经过将近一个世纪的发展,无人机从最早的试验靶机,逐步发展为侦察无人机、电子战无人机和无人攻击机等几大无人机家族和若干系列。当前,在物联网技术的推动之下,美国的"猎人"、"影子"等系列和俄罗斯的"蜜蜂-1T"等系列都接受了实战检验。Block I 型"蓝天勇士"无人机和"火力侦察兵"无人机逐步具备对地面目标的精确攻击能力。作为侦察、干扰、攻击的重要空中军事系统,无人机普遍受到各国军界的高度重视。下面依据无人机的主要军事功能分类简述。

(1)侦察无人机。作为无人机早期军事用途之一的无人侦察机,可以深入阵地前沿和敌后。依赖所携带的一种或多种侦察设备,按照控制程序或者实时指令将获得的侦察信息和图像及时传回。装备了 GPS 和双向数据链设备的无人机,基本具备了物联网的特征。不仅可以和控制系统及其操纵人员"物联化",而且可以和侦察卫星、无人机群或有人机通过数据链全面联接起来,可形成高中低空的多层次、全方位的立体空中侦察网。

2011年最出名的无人侦察机应当是为成功猎杀奥萨马·本·拉登提供空中侦察的RQ-170无人机。在这次"海神之矛行动"中使用的RQ-170无人机,形体较小,易于隐蔽,可以长时间进行空中侦察,并为前线兵力提供监视与现场态势感知。由洛克希德·马丁公司生产的RQ-170无人机,具备双向数据链,既能够接受操作者的指令,又能够把侦察信息传递出去,将侦察子网、指挥与控制子网、通信子网等联接为战术物联网。

另一款典型无人侦察机,也是美国洛克希德·马丁公司正在研制的,可从潜艇上发射的新型无人机,它被形象地命名为"鸬鹚"。"鸬鹚"长5.8m,翼展4.86m;机身总重量不到4t,但可携带453kg的载荷。最大飞行速度预计达到880km/h,巡航速度为550km/h,最高飞行高度10.7km,作战半径达926km。它是一种隐形、喷气动力的无人驾驶飞机,可以装备近程武器和侦察设备,由美国海军的"俄亥俄"级核潜艇使用。

"鸬鹚"用钛制造,可以防腐,每一个空间都用泡沫塑料填充以防被压坏。机身其余的部分填充惰性气体,而充气式密封技术让武器舱门、发动机入口和排气口罩不会进水。这种新式无人机的主要用途是进行侦察活动,也可携带数枚导弹对岸上目标实施攻击。此外,"鸬鹚"在加挂特殊吊舱的情况下,还可将特种侦察装置投放至敌后。按照设计,"鸬鹚"平时将被存储在发射筒中,使用时由潜艇在水下释放,然后利用火箭助推器的加速出水,并在空中展开机翼和启动涡扇发动机。在完成任务后,"鸬鹚"将返航至指定的回收点,自行关闭发动机、封闭进气道和尾喷管,展开一顶降落伞并以机头朝下的姿态溅落入海,浮在海面上等待回收。该机已经经过海上溅落与回收的演示验证。军事专家分析,"鸬鹚"是美国无人机战术发展的一个探索方向。

目前,在物联网军事应用的指引下,侦察无人机不仅可以执行目标探测与跟踪、战略侦察和监视,而且正在扮演着军事物联网空中节点的角色;还可以作为指挥与控制平台、通信中继平台、空中环境监测平台和精确打击平台的一体化高速物联网空中节点。比如美国波音公司研制的长航时无人机,在执行侦察、大气监测、海关和边防巡逻等任务时巡航速度可达148km/h,高度可达27.36km。

(2)电子战无人机。如上所述,无人机已从早期的靶机和侦察机发展成为多家族、多系列、多功能的军用航空平台。作为侦察与反侦察、干扰与反干扰、摧毁与反摧毁的电子对抗系统空中平台,电子战无人机在局部战争和军事冲突中广泛应用。未来战争中,能否夺取并控制电磁权将影响战争的进程和结局。由于具备较强的负载适应性能力,可根据需要换装雷达、通信以及光电等干扰、对抗和打击设备;无人机可以执行电子干扰、诱饵和反辐射攻击等一系列电子战任务。目前,世界各军事强国正在努力开发研制性能更先进的新型电子战无人机。

一是电子干扰无人机。它装载了系统化的机载电子攻击设备,可以作用在广阔的视距范围之上,实现对雷达、通信设备、电子系统的干扰,使其电子系统失效或者失灵。进一步,通过对敌防空雷达、低空目标、通信中继和对流层散射通信进行有效截获、监视和干扰,实现通信系统的干扰,阻止敌方高炮和导弹阵地及指挥系统获得所需情报信息。除此以外,电子干扰无人机还能够引爆简易爆炸装置。比如以色列Elisra公司的EJAB系列的电子干扰机,可以用于干扰和引爆遥控引爆型简易爆炸装置。该系列干扰机覆盖了较宽的频段(从VHF到UHF频段),有高的蜂窝带宽,包括了全部遥控装置使用的频段,从简易的RC发射机到最复杂的蜂窝电话和无线设备。干扰机作为独立系统工作,从与黎巴嫩人冲突时代就开始使用,一直用到当前与巴勒斯坦人的冲突,成功地保卫了战车、护航队、固定设施和EOD小队,经过多年战斗实践的检验,其价值得到了充分证实。

二是反辐射无人机。它利用机上安装截获接收机,对敌方雷达辐射的电磁波信号实现发现、跟踪,直至摧毁敌雷达阵地和干扰机等辐射源,在加装复合制导装置等设备后,攻击敌方伤亡电子干扰机和预警机,实现硬毁伤。反辐射无人机一般先于作战飞机发射升空,在目标区上空对截获到的信号进行处理、分选和识别,确定威胁等级。一旦选定攻击目标,制导设备就利用寻的器输出的敌辐射源,自动控制无人机飞向目标。比如美国的"勇敢者200"无人机,德国的DAR反雷达无人机、以色列的哈比(Harpy)无人机和法国的玛鲁拉(Marula)无人机。反辐射攻击无人机在敌目标区或危险地区上空,实施近距离的反辐射攻击任务,软硬杀伤手段结合能提高电子战系统的攻击能力,能有效地承担和支援纵深作战任务和压制敌防空任务,还可进行实时的毁伤效果评估,这一直是主要军事强国电子战装备发展的重点。

三是诱饵无人机。诱饵无人机通常一次性使用,在电子战中充当诱饵或者假目标,也称诱饵靶机。诱饵无人机可搭载无源箔条、有源雷达转发器等电子欺骗装置,通过模拟攻击飞机或增强目标雷达回波,以引诱敌方雷达开机和发射导弹攻击,为己方情报搜集、确认已查明的雷达辐射源位置,发现隐蔽的新威胁雷达辐射源提供目标指示;以及模拟大型机群或舰艇编队进行佯攻,迷惑敌人,使其防空雷达无法判明敌情。还可以通过在空中撒放大量无源干扰箔条,在作战空域干扰和压制敌防空系统。使用箔条干扰是早期电子战的经典方式。

四是网络攻击无人机。无人机载网络攻击系统通过敌方雷达、微波中继站、网络处理节点接入敌方防空网络,能够实时监视敌方雷达的探测结果,甚至能以系统管理员身份接管敌方网络,实现对雷达传感器的控制,注入欺骗信息和处理算法,并能实现对时敏目标链路的控制能力。以美军的"舒特"机载战场网络攻击系统为例,它是美军对付敌方防空网的"杀手锏",其名字来自美国"红旗"演习创立者穆迪·舒特上校。"舒特"系统可以控制敌人雷达的转向,己方飞机无须具备隐身能力即可轻易突破敌方防空体系。2007年9月6日,以色列空军18架F-16I战斗机,成功躲过叙利亚军队苦心经营多年的俄制防空体系,对叙方纵深100km内的所谓"核设施"目标实施了毁灭性打击。行动中以军使用"舒特"系统成功侵入叙军防空雷达网,并"接管"了网络的操控权,使叙防空体系陷入瘫痪。"舒特"在战争中的首次亮相,促使各国军队更紧迫地思考战场网络的安全问题。除了"舒特"这种接入式入侵,另一种足以毁伤战场网络的打击式武器是电磁脉冲武器。各国还在竞相开发可搭载在无人机上的网络攻击新概念武器。此外,电子战无人机还有光电对抗无人机、导弹拦截无人机等。

(3)无人攻击机。最早的无人攻击机是利用有人驾驶飞机改装的无人轰炸机。20世纪40年代,美国和德国最早开始无人驾驶轰炸机的研究。1944年6月,德国用一架完全由控制系统自动导航完成全部飞行过程的无人驾驶飞机,向伦敦发射了约8000枚导弹。随着无人技术的发展,无人机不仅可以牵制敌方的火力系统和防空系统,而且可以通过携带多种攻击武器,对地面、海面、空中军事目标进行打击。例如,可以携带空对地导弹或炸弹对敌防空武器实施压制,携带反坦克导弹或炸弹对坦克群或地面部队进行攻击。

进入21世纪以来,在侦察打击一体化的趋势之下,实施精确打击是信息化战争中无人机打击手段的发展趋势。因此,精确打击、压制敌防空火力和协同作战是无人机的重要作战任务。无人机完全可以和有人飞机一样,挂载精确制导武器或者炸弹等攻击性武器,对地面目标进行空中突击。于是,可实现精确打击的无人攻击机登上历史舞台。2003年,美国空军和国防部预研局研发出世界上第一架精确打击无人攻击机X-45A,主要目的是为了在未来危险作战环境下,如在地对空导弹防御体系很强的情况下,取代有人机去执行攻击任务,成为空中精确打击武器系统的一种新手段。

  美国在科索沃战争中使用的"捕食者"无人侦察机携有的"地狱火"导弹能够"捕食"。如图7-8所示,"捕食者"是目前全球最先进的无人机之一,机长8m多,最大活动半径3700km,最大飞行时速240km。"捕食者"B型能够携带8枚"地狱火"反坦克导弹。据《简氏防务周刊》统计,截至2012年10月10日,在巴基斯坦境内,"捕食者"和"死神"(另一款无人攻击机)击毙了至少1880名武装分子。"捕食者"对目标定位的精确度为0.25m,十分适合在人烟稀少的区域进行侦察和情报搜集。

图7-8 携带激光制导炸弹的美军"捕食者"无人机

  目前,无人作战机正从侦察、攻击的一体化走向情报、侦察、打击、制空的多机系统侦打协同化。以美军的"火力侦察兵"为例,它是为美陆军和海军完成情报、侦察和监视(ISR)任务使用。一套MQ-8B"火力侦察兵"系统由4架无人直升机和两个发射控制站组成,最大载荷317kg,滞空时间最多可达8h。它配备合成孔径雷达,就像一架小型预警机,可执行预警、监视、侦察和通信指挥任务。在美陆军装备"未来战斗系统"的步兵旅,"火力侦察兵"编配了16架,它们轮换升空,能对半径75km、面积6800km^{2}的战区实行72h监控。"火力侦察兵"近期的最大改进是由原来的无人侦察直升机改进为无人战斗直升机。它配置先进的火控系统,具有使用战术通用数据链的能力,能提供实时战场视频图像,可携带"九头蛇"航空火箭、"地狱火"反坦克导弹或反舰导弹、反潜导弹和激光制导航空炸弹。

  (4)无人机发展趋势。一是多任务融合平台。在物联网技术的信息融合推动下,无人机将逐渐具备将复杂多途径获取的情报融合,并为地面部队提供高精度、全动态信息的能力和通信中继能力。比如,美国陆军正在为RQ-11"大乌鸦"无人机开发性能提升后的最新传感器组件,例如,该战术无人机即将装备一种用360°全向架固定的最新传感器组件。同时,陆军还将目光投向工业界,为小型无人机平台开发最新的性能组件。英国正在研发一种高度人工智能的名为"塞肯"的无人机,在空中监视的基础上,自动判别目标的军事价值,对值得攻击的目标毫不留情。多任务融合平台除了包括广域全向监视能力、地面移动目标跟踪能力、多源情报融合能力,空中通信中继能力也是物联网化无人机的重要功能。在地面部队的协同中,空中通信中继能够极大地扩大在不同地区作战的部队之间的通信范围。比如,美国陆军为战区内的"影子"无人机安装了通信中继平台后,可以为相隔200千米的部队提供空中通信中继。

  二是侦察打击一体化趋势。无人机在光电/红外传感器监视的基础上,可以提供挂载小型精确制导武器对地面目标进行攻击,甚至完全可以和有人飞机一样,实现侦察、攻击、协同的一体化。无人机的载弹药能力已经取得长足进展,比如南非迪尔公司研制IMPI导弹重25kg;阿联酋研制的Namrod无人机载弹药,I型重27kg;雷锡恩(雷声)公司研制的"格里芬"导弹重15kg,该公司研制的"小型战术弹药(STM)"重约6kg,可由RQ-7"影子"无人机和英国"守望者"无人机挂载,对地面目标进行空中突击。实施精确打击是信息化战争的主要打击手段。

因此,挂载精确制导武器的无人机压制敌防空火力、协同空战是无人机重要的作战任务。MQ 1 - C"苍鹰"无人机是美国陆军现役的无人机,是能够挂载武器并具备攻击模式的陆军无人空中平台。将该无人机发展为侦打一体化平台的成果之一是为"苍鹰"无人机安装通用武器接口,以便能够采用即插即用的方式,为无人机安装多种武器及配套的数据与传感器装备。当然,侦察打击一体化趋势不会仅仅局限于一个无人机或无人机系统内,在物联网化系统间协同的推动下,侦察打击一体化还将体现在无人机编队中,或者是跨不同种类的无人(有人)系统之间的协同中,实现跨单机、跨系统、跨平台的物联化协同。

三是无人机防御平台。无人机系统是由无人机、机外遥控站和起飞、回收装置构成的。反无人机不只是打击无人机本身,只要打击无人机系统的某一组成部分,使无人机不能正常使用,就可以起到防御无人机的作用。同时,携带弹药的无人机能够对空空、地空和空间来袭的导弹等目标进行有效防御。2012 年 2 月在尤马靶场,一架"眼镜蛇"无人机在飞行中投放了雷声公司研发的第 II 阶段"小型战术弹药"。在与无人机安全分离后,制导武器采用 GPS/INS 和激光半主动制导,成功摧毁指定目标,在打击静态目标或机动目标时非常灵活。因此,无人机防御平台不仅包括对抗无人机的侦察、跟踪、打击平台,还包括运用无人机进行有效的防御。

四是更长的持续飞行时间。为了提升无人机持续执行任务的能力,世界各军事强国均在研究新能源技术,如无人机利用太阳能、新型电池技术提高空中持续飞行时间和行程范围。例如,在美国国防高级计划研究局的主持下,洛克希德·马丁公司研发的"潜行者"(stalker)XE 型手持无人机,由于使用丙烷燃料的固体氧化物燃料电池,它可以飞行 8h 以上,位居常规电池动力飞行器续航能力之首。能够携带更多电子设备的无人机也在研究中不断提升其续航能力。

2)陆地侦察机器人

陆地机器人的研究始于 20 世纪 60 年代末期。斯坦福研究院(SRI)的 Nils Nilsson 和 Charles Rosen 等人,在 1966 年至 1972 年中研造出了取名 Shakey 的自主移动机器人。目的是研究应用人工智能技术,在复杂环境下机器人系统的自主推理、规划和控制。与此同时,最早的操作式步行机器人也研制成功,从而开始了机器人步行机构方面的研究,以解决机器人在不平整地域内的运动问题,设计并研制出了多足步行机器人。其中最著名的是名为 General Electric Quadruped 的步行机器人。20 世纪 70 年代末开始,随着计算机的应用和传感技术的发展,移动机器人研究又出现了新的高潮。特别是在 80 年代中期,设计和制造机器人的浪潮席卷全世界,一大批世界著名的公司开始研制移动机器人平台。从 20 世纪 90 年代以来,随着更高水平的环境信息传感器和信息处理技术的发展,高适应性、高可控型的人—机控制技术以及真实环境下的机器智能为标志,展开了移动机器人更高层次的研究。

机器人技术的军事需求,推动了机器人技术从试验室走向战场。机器人一旦在陆地上可以移动,并装载了传感器,便可用于陆地侦察。经过了近半个世纪的发展,陆地侦察机器人越来越能够更好地执行侦察任务。在抓捕拉登的"海神之矛"行动中崭露头角的 Throwbot 机器人,无疑是代表了物联网时代的机器人技术的发展。这种形似哑铃,能实时传送音频、视频信号的机器人,是一个投掷式侦察机器人。这是在阿富汗战争期间,驻阿富汗美军为了应对严酷的战斗条件,所提出的一种陆地侦察机器人。

当时驻阿富汗的美军提出了具体需求:它要小巧便携,不会额外增加单兵负重;它要操作简单,任何士兵都能随时掌握使用方法;它要易于部署,当威胁出现时,短时间内就可立即部署并迅速回传实时情报。为了满足这样的需要,美国侦察机器人技术公司特意推出了投掷式侦察机器人,可以被轻松地扔到屋顶上或建筑物里,然后就可以在百米开外找个相对安全的地方等着接收视频图像。作为投掷式侦察机器人家族中的一员,Throwbot 机器人(图 7-9)形如2.5 磅的"哑铃",具有坚硬的钛合金外壳;它带有一台照相机,可通过手提装置观察,也可对它进行遥控。不仅可以投掷,还可以从一架无人空中侦察机上落下,甚至由一枚迫击炮发送。它的重量仅仅在 1 磅左右,可以采用单个或数个来侦察,作为物联网中不起眼的节点,得到前方战场的真正情况。

图 7-9 Throwbot 侦察机器人

2011 年 5 月 1 日,美军海豹突击队突袭拉登在巴基斯坦阿伯塔巴德藏身地时,使用的名为 Throwbot 的投掷式侦察机器人。具备智能传感功能的机器人在这次行动中实现了战场的精确化感知。它对目标建筑物内布局进行了清晰掌握,并依据机器人传输的实时态势图像,顺利猎杀了拉登。这实际上就是物联网技术在军事侦察、现场感知方面的一次成功应用。

该投掷式侦察机器人长 187mm,外壳直径 38mm,轮子直径 76mm,重 544g;室内最大侦察距离 30m,室外最大侦察距离 91m,行驶速度 0.3m/s。它隐身性好、机动性强、可靠性高、携带方便,可远距离操控和数据传输。装备一部红外黑白图像传感器(低光感光度 0.0003lx,视场范围 60°,帧速率 30 帧/s)和一台无线发射器。红外黑白图像传感器用于在光线微弱的环境中洞察周围态势,无线发射器用于将捕获的任务侦察视频信息实时传输至队员,为队员在危险环境中作出迅速、安全、果断的行动提供依据。可抛式远程遥控侦察机器人 2009 年装备于海豹突击队。在未来的反恐作战中,这种投掷式侦察机器人,无疑将担当起物联网时代的"侦察急先锋"的角色。

另一款值得关注的多用途陆地侦察机器人是法国的"眼镜蛇"(Cobra)MR。它由 ECA ROBOTICS 公司研制的微型侦察机器人。遥控距离 250m,长 0.364m、宽 0.392m、高 0.17m,重约 6.1kg。可通过 360°旋转实现全景侦察,易于士兵携带和使用。装备的光学和红外摄像机、数据传输系统能够实时回传视频和音频信息。该机器人可选择装备放射性探测器和微型武器等模块,实现监视、排爆和核生化探测等任务。

3)无人地面车辆

无人地面车辆最早起源于军事领域的研究。20 世纪 80 年代初期开始,美国国防部大规模资助自主陆地车辆 ALV(Autonomous Land Vehicle)的研究。进入 21 世纪,在定位、导航、智能感知、智能控制、激光雷达和微波雷达技术的推动下,尤其是在伊拉克战争和阿富汗战争中得到有效应用,使无人地面车辆呈现出方兴未艾的发展势头。

由于陆地导航的复杂性,无人地面车辆尚未达到无人机的成熟水平。近年来,主要研制的美国陆军(FCS)的"骡子"(MULE)、法国的"赛兰诺"、以色列的"前卫"等无人地面车辆相继装备部队使用。2007 年 6 月,装备驻伊美军第 3 机步师的 3 部武装型"剑"(SWORD)无人地

198

面车辆被批准投入实战使用,标志着无人地面车辆开始向武装型发展。

伊拉克和阿富汗的作战经验表明,以无人地面车辆(图7-10)为代表的无人后勤系统的应用明显受到了美军的欢迎和肯定。一是无人地面车辆已被证明十分适于从事重复性或具有危险环境下的运输工作,可以让原先从事这些工作的驾驶员解放出来,去执行其他任务。例如,美陆军R-Gator无人车可以执行公路和野外侦查、巡逻、运送弹药与给养、核生化辐射和爆炸物处理以及伤病员后送等多种危险任务。战场后撤援助机器人(BEAR)系统可在矿井、战场、毒气泄漏空间或地震废墟中确定伤者位置,救出伤者并将其运送到安全地区。二是无人地面车辆的应用将使崎岖地形中徒步野战部队保障更加高效。美军地面后勤无人装备大都有载重大、速度快、机动性好的特点。美陆军运输型多功能通用无人车(MULE)能运载2个步兵班24小时作战所需的所有武器装备及食物与饮用水,最大公路时速可达65km,特别适于保障徒步重型野战部队。美陆军和海军陆战队联合研制的班任务保障系统(SMSS)是一种高机动6×6车,能装载1个班9~13名士兵544.31kg的作战和保障物资,伴随班组人员在崎岖地形中执行多种任务。美陆军"压碎机"无人运输车能携带3628.74kg的装备对部队实施伴随保障。三是武装型无人地面车辆可以在充满生命威胁的战场上执行作战任务。无人地面车辆是美国陆军未来作战系统的重要组成部分,它们率先应用于侦察、后勤保障等领域。随着无人地面车辆向武装型发展,它可以在战场上执行作战任务;甚至可以代替坦克而不用考虑人员伤亡,在无人化战场上具有非常重要的实用价值。

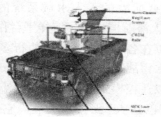

图7-10　无人地面车辆系列

随着定位、导航、控制、传感(雷达)、智能技术的发展,物联网时代的无人地面车辆将逐步从辅助驾驶、半自动驾驶走向智能型自动驾驶;比如谷歌提出的云驾驶。无人自动驾驶技术作为物联网在地面交通领域的重要应用,根本上改变了传统的车辆控制方式;通过智能化感知与识别,使车辆自觉物联于周边的行驶环境之中。同时,无人自动驾驶技术也是无人地面车辆的关键技术之一,可以大大提高军事交通运输的效率和安全性。在无人自动驾驶技术的推动下,能够执行运输、救援、作战等军事任务的无人地面车辆将大量现身于未来无人化战场。

4)地下机器人

2011年以色列与中东地区性强国——土耳其和埃及的关系突然变得紧张起来。主要因为2007年开始的以军对加沙等巴勒斯坦控制区的全面封锁。为了生存,许多加沙人不得不挖掘通向埃及的地道来偷运物资,而哈马斯武装则将地道用于发动对以色列的"非对称作战"。近几年来,巴勒斯坦武装开始直接利用地道向以军发动袭击——他们将地道挖到以军据点的地下,堆满炸药后引爆。据统计,仅2010年上半年,巴勒斯坦武装人员就至少发动了10次类似的袭击,造成多名以军士兵丧生。

为了避免进入地道和对手交锋,以色列军方开发出一种遥控式地下机器人。将其放入地道后,机器车就会边行驶边测绘地道的内部结构,并将视频信号传回主控室。不仅如此,以色列军工部门还研制出一种专用于地道作战的小型机器人,这种机器人拥有360°全景镜头,可以携带16联装微型火箭发射器,能杀死30m内的敌军,而其重量还不到10kg。机器人虽能替以军"摸爬滚打",但深邃的地道和复杂的城市电磁环境也大大限制了无线电信号的发送和接收,机器人常会出现因通信中断而"停工"的情况。为此,一家名为"叶立杰特无线"的以色列公司,又开发出一种绰号"面包屑"的通信中继天线,专供机器人行驶中沿途放置,帮助其与后方指挥部保持联系。

以色列科学家还考虑利用仿生技术研发蛇形机器人。这种机器人尺寸和外表酷似普通的蛇,可携带微型摄像设备和情报传输设备。这可以提高"地道战"的作战能力。以色列科学家声称,利用这种机器人能提高以军在战场上对付恐怖分子的能力。

5) 无人水域系统

庞大的军用无人家族不仅包括地上跑的——陆地侦察机器人和无人车辆,天上飞的——无人机,还包括水中游的——无人水域系统。近年来,随着无人水域系统的迅速发展,它们在未来海洋国土安全、海洋开发方面发挥越来越大的作用。国内外都十分重视该领域的研究,逐渐在军事和其他领域得到应用。无人舰艇在自主侦察、监视、猎雷、靶船等方面性能卓著,使得世界各国海军越来越重视无人海上平台的发展。美国海军专家称,全球海军正掀起建造能在水面和水下执行任务的无人水域系统的热潮。

无人水域系统按航行状态主要包括无人水面艇、水域机器人和无人潜航器。与无人地面车、无人机相比,国外海军目前已生产或研发的无人水域系统的种类和数量不多,"斯巴达人"、"猫头鹰"等无人水面艇和一些无人潜航器具备了海洋平台作战潜力。

(1) 无人水面艇。无人水面艇可以在各种海洋环境下执行多种任务。可执行的任务包括沿海地区人员搜救、侦察和反潜战、反水雷战等。以早期的"猫头鹰"无人水面艇为例,它的前身是一种民用的自主搜索艇。它能够以遥控模式作业并能在河流和浅海地区进行水上侦察。

美国海军于2002年开始研制"斯巴达人"无人水面艇。它是模块化的刚性充气艇,长7m,续航时间8h,航程达150海里,航速超过8节,载荷1.18t,配备有各种传感器和任务模块,既可遥控也可自动运行。最初被美国海军用来验证其在水雷战、兵力保护、精确打击以及无人水面艇的指挥控制中的作战使用。

无人水面艇能够执行港口、沿海地区的水域防护和舰船兵力保护任务。此外,无人水面艇还能进行秘密后勤补给、潜水反潜或对付集群小艇;运送和放置海底传感器,布放海底或水中漂浮的声纳传感器。无人水面艇甚至还能收集海洋学数据来支援部队作战,探测生化武器。

发展无人水面艇的大多数技术已经较为成熟,目前已经可以用相当低的成本研制具有一定续航力的高速、隐蔽、灵活的无人水面艇。但从物联网的角度看,还有一些技术问题需要解决,包括无人水面艇之间的通信问题,无人水面艇与其他无人系统、有人水面系统的通信问题,适合部署在水面的传感器组件问题,释放和回收等控制方式等。其中智能控制是其更具实用性的一个发展方向。如果无人水面艇能以自主、自适应的智能控制模式工作时,其军事应用潜力将是非常大的。比如,随着水雷威胁的上升,为识别、分类和消除水雷,需要收集目标的信息,此时,将多个具备大范围探测感知能力的无人艇协同使用,就可大大提高猎雷能力。

(2) 水域机器人。水域机器人(图7-11)可以完成水上、水下侦察等任务,也可以称作无人艇的另一种形式。据美国海军无人驾驶海上系统项目办公室的杜安·阿什顿上校透露,美国正在开发能够执行情报搜集、侦察和监视,乃至海上排雷、护航以及保护港口等一系列任务的海上无人舰艇。这是一种全自动无人驾驶水面概念艇,也是一个水上机器人,能够在不需要

200

船员的情况下为后方提供情报,它可通过无线电和全球 GPS 来控制,控制精度在 3m 以内。可以帮助海军和海岸警卫队完成海岸监视、禁毒、拦截、巡逻等任务。

2006 年 3 月 2 日,美国东北大学海洋科学中心展出能在水下自动行走的水域机器人——机器龙虾(BUR－001),如图 7－12 所示。该仿生机器人相对小巧灵活,造价低廉,它们具有电子神经系统、传感器及新颖的驱动装置。最重要的是,它们能提供像动物那样应对真实环境的感知能力,可用于水下侦察。

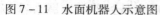

图 7－11　水面机器人示意图

图 7－12　机器龙虾

水域机器人作为一个复杂的系统,集成了人工智能、水下目标的探测和识别、数据融合、智能控制以及导航和通信各子系统,是一个可以在复杂海洋环境中执行各种军用和民用任务的智能化无人平台。水下机器人在海事研究和海洋开发中具有远大前景,在未来水下信息获取、精确打击和"非对称情报战"中也有广泛应用。水域机器人技术在世界各个国家都是一个重要和积极的研发领域,相关的技术包括:水下机器人载体设计技术、体系结构、基础运动控制技术、智能规划与决策技术、系统仿真技术、水下目标探测与识别技术、系统可靠性与容错技术等。随着科学技术的发展,人工智能技术将会在智能水域机器人上得到更为广泛的应用。

(3)无人潜航器。无人水域系统家族的另一个分支是无人潜航器。近年来,无人潜航器正在逐步取代以往由人员操作的有人操作水下航行器或是潜艇。不仅有其军事用途,还可以用于海洋开发、海底智能探测、搜索救援、回收和测量。

以美军为例,目前现役的无人潜航器有半自主型水文勘测潜航器系统、远程水雷侦察系统和多任务重组无人潜航器;正在研制的无人潜航器有反潜无人艇。

半自主型水文勘测潜航器已在美国广泛应用。它是一种人员便携式装备,重约 36kg,配备了旁扫声纳及声学多普勒水流测剖仪,采用声学系统导航,能测量电导率、温度、水深等。经过不断改进,该型潜航器已经能够跟踪污染源、确定发光生物体最大浓度、确定污染物浓度最大区域。远程水雷侦察系统使用化学电池作为动力源,主要用于水雷侦察,该系统由专用鱼雷管释放。发展远程水雷侦察系统的最大瓶颈是续航力问题,因而又出现了"多任务重组无人潜航器"。这种潜航器长 18.82m,直径 6.4m,重约 1.8t,可根据不同任务更换模块进行重组,完成海上侦察、水下搜索和测量、通信和辅助导航、潜艇跟踪。

美国国防高级研究计划局(DARPA)正在研制的反潜无人艇(ACTUV),如图 7－13 所示,是一种长航时反潜无人潜航器。它可以实现水下超长时间持续工作和对静音潜艇的持续追踪。其主体潜航器的重心较低,水平回转性能较为突出,航速高达 27n mile(节)。它的吃水深度约 10m,浅水水域航行性能好,具有极佳的前沿部署能力,可渗透到敌方港口、基地、航道附

图7-13 反潜无人艇概念图

近,跟踪最容易暴露的出港和返航途中的潜艇,获得价值非常高的水声特征和图片、视频等情报。按照美军的设想,ACTUV 的任务半径达 3000km,具备与传统反潜平台,如水面舰、潜艇、航空反潜机等同的大范围作战能力。这种大型无人潜航器的作战效能更为可观。

美国国防部发布的"无人系统发展路线图"认为,未来影响无人海上平台发展的关键是自主技术和通信技术。前者包括自主控制、自主识别、自动规避等,这是无人系统发展应用的前提;后者包括用于无人海上平台的无线电通信、光学通信、水声通信等,这是无人海上平台实现安全、实时、高效传输和交换信息的关键,也是构建海上物联网平台的技术基础。

无人海上平台必将对未来作战样式和理念产生深远影响。从目前的发展来看,无人海上平台仍以传统的侦察、监视任务为主。随着高科技的不断应用,无人海上平台正在从监视与侦察扩大到反水雷战、反潜战、通信中继、电子战等军事领域,世界各国海军的无人海上平台已开始不断编入作战序列。以美国海军为例,随着小型无人海上平台的广泛装备,近海战斗舰均可携带无人水面艇和无人潜航器。接下来,美海军将会为这些无人水域系统配备专有兵力。

在未来战争中,无人海上平台必将与其他武器平台一起执行联合打击任务。这种联合,既包括有人系统和无人系统的联合,也包括无人系统之间的联合,是物联网化的联合。无人海上平台关键技术的深入发展与日益成熟的物联网应用,将会推动无人海上平台向未来的一体化联合作战方向发展。无人水域平台必将与其他武器平台一起执行联合打击任务。

6) 特种无人系统

随着机器人技术的快速发展,在应用特种无人系统来改善高风险行动中的作战和战场伴随保障方面,正在呈现出新的机遇。特种无人系统可以代替人类,让人类远离战场风险和减轻负重压力,执行扫雷、排爆、排障、运输、探测等各种军事任务。

(1) 排爆机器人。英国是世界上最早研制出排爆机器人的国家之一。从 20 世纪 70 年代开始,英国研制的军用无人排爆机器人在"进化"中逐渐系列化并大量出口。最具代表性的有"土拨鼠"(Groundhog)、"野牛"(Bison)和"百眼巨人"(MK4D)等系列。在波黑和科索沃维和中,"土拨鼠"和"野牛"的探测和处理爆炸物的能力得到了实战检验。

"百眼巨人"是英国 ABP 公司研制的,具有履带式和轮式两种。履带式最大速度可达5km/h,轮式最大速度可达 8km/h。"巨人"长 0.87m,高 0.4m;轮式的宽 0.535m,履带式仅宽0.395m。由于其体型较小,在有限空间内活动灵活。"巨人"系列配备有多种机械手臂,最长可伸展距离为 2m,具有除障和爬梯功能;能够在街道和楼层、火车和飞机等场所顺利完成排爆任务。百眼巨人可配备爆炸物拆解装置、便携式武器和手动工具,并且可装备核生化武器和爆炸品探测器、X 光检测仪、摄像机和红外成像系统。

美国作为引领世界无人技术潮流的军事强国,在军用机器人领域一直处于领先地位。为了减少人员伤亡,在美军中服役的特种机器人型号近百种。被部署到阿富汗和伊拉克战场的

"魔爪"(Talon)机器人(见图7-14),总数量达3000余个。它在战场上的首要任务是辅助军事人员完成一些极端危险的工作,如侦察和拆除敌方部队为攻击已方部队而设置的路边炸弹、简易爆炸装置(IED)等危险品;以及战斗工程支援等任务。其排爆效率是人工排爆的2倍。

由于"魔爪"机器人的坚固和耐久性,75%的机器人可重新复原并返回战场;维修周期仅4h。就目前统计数据来看,每一台"魔爪"军用机器人平均可经受"爆炸损坏—修复—返回战场"这种反复10次以上。"魔爪"军用机器人于2000年被首次部署。自2001年至2007年3月,福斯特·米勒公司先后向美国军事部门交付了1000辆"魔爪"军用机器人。而在2007年4月至2008年5月这仅仅的13个月时间里,"魔爪"军用机器人的采购和交付总数却达到了2000辆,远远超过了其他型号机器人的增长速度。由于其性能出色,"魔爪"军用机器人的生产线已经被一再扩大,"魔爪"被多国军队广泛采购。在2011年福岛核事故期间,日本恳请美国提供"魔爪"帮助进行核电站内部的情况探测。

目前,"魔爪"系统机器人单价从6万美元到23万美元不等。除排爆以外,还可以完成警戒、侦察、核生化探测、攻击等军事任务。

(2)扫雷机器人。作为陆军中勇闯雷阵的急先锋,各国纷纷研制扫雷机器人。图7-15中,克罗地亚DOK-ING公司研制的MV系列遥控扫雷机器人,具有优越的装甲防护性能,可轻松应对反坦克地雷的威胁。它重约5t左右,使用倾斜钻杆式切片清除地雷。MV系列扫雷机器人在伊拉克和阿富汗地区广泛使用,并被多国订购。

图7-14 魔爪机器人　　　　　　　　图7-15 扫雷机器人

美国研制的"入侵者"(Raider)系列扫雷机器人,用车身前后装备的扫雷滚实现扫雷和清除简易爆炸装置的功能。"入侵者"I系列采用"北极星"MVRS700型4轮驱动全地形车作为地底盘,除扫雷之外还可以装载物资、运送伤员。"入侵者"II系列具有远程遥控模式、有人驾驶模式和自主驾驶模式三种行进模式,具备了更高的智能。

(3)负重机器人。"大狗"(Big Dog)是在美国DARPA的资助之下,美国波士顿动力公司(Boston Dynamics)研发的一种小型负重机器人。"大狗"不受地形限制,可以和部队一同移动,替战士背负重物和补给的机器人狗。作为一种战地全用型遥控运输系统,可以背负400磅(约181kg)的重物在背上,连续走上24h。2006年6月26日在美国北卡罗来纳州新河(New River)海军陆战队空军基地里,"大狗"机器人通过远方的指令进行了遥控测试。美国防御高级研究项目计划局正计划使用它们携带海军陆战队的额外负重。波士顿动力公司已经着手开发其下一代——"阿尔法狗"(Alpha Dog)的机器人,比"大狗"的体型更大。图7-16(a)所示的"阿尔法狗"一次大约能够完成32km的行程。

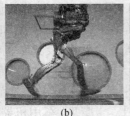

图 7 - 16　波士顿动力公司的负重机器人

(a) 阿尔法狗；(b) 双足机器人；(c) 爬墙机器人。

　　继"大狗"和"阿尔法狗"之后，波士顿动力公司将研发成果进化为双足机器人（PET-MAN），如图 7 - 16(b)所示，它具备良好的平衡性能，能够模拟竞走运动员的双脚，走路时脚跟先着地，稳定度和动作流畅度看起来就像人在走路，速度可达 5km/h，平衡装置使它被外力推了一把之后还仍旧能继续前进。如图 7 - 16(c)所示的爬墙机器人也在波士顿动力公司研发之列。

　　(4) 重型机器人。2012 年 11 月 28 日，一台价值一百多万美元的重型机器人 Kuratas 现身日本国家博物馆。如图 7 - 17 所示，该型机器人高 4m，重达 4t，可装备火箭发射器等武器系统，并通过网络进行远程控制，或由操作员坐在驾驶舱中控制。

图 7 - 17　重型机器人

　　(5) 柔体机器人。美国科学家最新研制一款柔体机器人（图 7 - 18），能够灵活自如地扭动身体，变形蠕行于狭小缝隙之中。它非常适用于战场环境中的搜救工作，还可以在人类难以企及的狭小空间内，执行侦察、监视、穿越等任务。这款机器人的设计灵感源于鱿鱼和海星，柔体机器人能够灵活自如地往返数次穿梭于距离地面 0.75in(英寸)的玻璃间隙。

图 7 - 18　柔体机器人穿越缝隙示意图

　　这款能够扭曲身体爬行穿过狭小缝隙的机器人用了两个月时间建造完成，长 12.7cm，通过抽吸空气进入肢体，可独立地控制它的四肢运动，通过手动或者计算机控制，该机器人具备爬行和滑动等动作。这项最新研究可能是由美国五角大楼投资的。该研究小组负责人、化学家乔治·怀特赛兹（George M Whitesides）进行了一项测试，将一块玻璃放置在距离地面 0.75in 处，之间的产生间隙让柔体机器人蠕动爬行，从而来测试这种机器人的柔韧性。实验结果显示，这种柔体机器人能够灵活自如地往返 15 次穿梭于这一间隙。多数情况下，柔体机器人往返一次不足1min。研究人员希望提高这种机器人的速度,不过他们对它不断地膨胀与收缩而不损坏而感到满意。

美国麻省理工学院机器人专家马修·沃尔特(Matthew Walter)说:"柔体机器人具有独特的能力,能够身体变形抵达传统刚硬身体机器人无法抵达的区域。"2011年初,美国塔夫斯大学一支研究小组展示了一款由硅橡胶材料制成的10cm长的毛毛虫外形机器人,它能够卷曲进入一个球体,并驱动该球体前行。

哈佛大学博士后研究员罗伯特·谢泼德(Robert Shepherd)称,它能够非常顽强地适应各种环境,它能够穿越各种材料表面,例如:毡布、碎砾、泥泞,甚至是果冻。但是它们也存在着缺点,它们必须由额外动力进行驱动,科学家需要寻求一种方法内置动力源,才能更有效地运行。美国卡内基梅隆大学柔体机械实验室负责人卡梅尔·马吉迪(Carmel Majidi)研究员称,这款柔体机器人比此前设计的机器人更具创新性。它虽然是一种简单的机器人设计,但它具备更生动的生物移动性。

2. 无人技术的启示

物联网本身就是体现"物"的智能的一种网络,当"物"的智能可以在一定程度上部分或者全部代替士兵,无人战场就会到来。所以,无人技术是军事物联网应用的重要组成部分,并深刻体现了其智能化特征。同时,物联网理念对无人技术的发展有以下3点启示。

1)无人系统控制平台的标准化和通用化趋势

物联网侧重于把网络延伸到物来实现对物的控制和利用。"物以类聚"的思想映射在无人技术发展趋势中,就是无人技术中"人—物"所构成的物联系统的标准化、通用化趋势。在"人—物"构成的物联系统中,要实现对其中具有相似联系的某一类系统的管理和控制,就要实现人对这一类系统控制的标准化、通用化。在"人—物"控制的初始状态,也就是"人—物"系统的"联系"形成阶段,任由这种"联系"建立和发展;当这种"联系"发展到趋于成熟的阶段,就要"物以类聚",对一类系统控制实现标准化、通用化,以便于推动"人—物"构成的物联网系统中"联系"的推广应用。

2003年3月,美陆军部署了3套无人机系统,共13架无人机,用于支援"伊拉克"自由行动。7年后,大约337套系统共计1013架无人机在伊拉克和阿富汗参战。这时,美军已经拥有了较完整的无人机家族,具有支援从军到排的多层次、全纵深战场侦察能力。在无人机系统投入两场战争的近9年里,美军吸取的一个重大教训是:士兵们必须拥有一款标准化、能够互操作的控制系统,而且要对所有型号的无人机通用。这是因为控制系统是无人机系统结构中的大脑和中枢,缺乏标准化、不能够互操作的无人机系统将会大大降低作战效能。

为了方便人对一类无人机的控制,美国陆军开发了通用地面控制站系统(OSGCS)。该系统可以装载到高机动性通用轮式车上,可以控制"影子"和"猎手"无人机。OSGCS有两个操作区:一是服从《北约标准化协定》的武器操控台;二是允许互操作的通用控制台,包括通用关联数据链天线和地面保障设备。OSGCS的升级版全球地面控制站(UGCS),不但可以装载到高机动性通用轮式车上,还可以装载到各型5t卡车上,将能够控制"影子"、"猎手"、"灰鹰"、"渡鸦"等无人机。总之,在无人机的人—机控制平台的发展中,正在通过标准化、通用化走向人机接口的自动化。

2)无人系统和有人系统之间的物联网化协同趋势

从系统论的角度来看,物联网的所联之物,从第一个层次来理解,其主体要素既可以是人,也可以是物,这是人物相联所构成的第一层次联系;这一层次的"人—物"系统,可以作为上一级更高层次(第二层次)的主体要素,构成"人—物"系统与"人"、"物"或另—"人—物"系统之间的联系,这是人物相联构成的第二层次的联系,以此可类推。简言之,"人—物"系统可以作为更高一级系统中的主体要素,构成系统之间的在物联网中的协同。正所谓在物联网中,人或物或系统之间的"联系"是:"一生二、二生三、三生万物"的。这种在物联网中基于"联系"之间的协同,可称之为物联网化协同。

20世纪80年代以后,随着无人机在与有人驾驶飞机或者其他武器的协同作战中应用研究的深入,无人机的发展进入了一个崭新的阶段。在无人机系统投入伊拉克和阿富汗参战的战场经验显示,有人与无人作战平台的混合编组增强了美军的战斗能力。在远距离的作战应用方面超越了单独一个机载系统的价值。这就是通过系统之间的物联网化协同,实现"1+1>2"的效果。

在有人与无人作战平台的协同中,如果仅仅实现:无人机上的传感器信息发送给传感器操作员,再通过指挥所处理信息,然后发送到有人作战平台进行协同,这就使系统之间的协同感知未必合时宜,信息传递缺乏灵活性,指挥不够顺畅。为了便于协同,美军开发了新型的"系统间物联化协同"控制平台。不仅可以应用于有人与无人侦察机的协同,而且尝试应用于有人机和无人机的作战配合上,实现系统之间的优化组合应用。这也体现了协同不仅体现在感知层,还能够体现在应用层,实现作战协同。

有人与无人系统的优化组合可以在不同程度上增加军事行动中联合作战的能力,因为,无人机系统在人员生理限制难以执行的任务中优势很突出(例如,持续反应时间、重力加速度限制和被污染的战场环境等)。这种优化组合可以扬长避短、发挥系统优势。下面以两种有人与无人作战平台的配合为例,进一步阐述。

(1)战斗机和无人机的作战配合。战斗机具备飞行速度快、突防能力强、武器挂载量大等特点,无人机具备远距离侦察、机动性强、易于隐蔽、不用考虑人员伤亡等特点。两者在作战中的协同可以实现优势互补,在夺取制空权的同时,可以在对地和海面作战中,及时发现并摧毁敌军的后方指挥所(指挥舰)、军队(军舰)集结地(海)域、大型坚固工事等目标。

2011年2月4日,诺思罗普·格鲁曼公司为美国海军研制的X-47B型无人机在美国加州爱德华兹空军基地首飞成功。如图7-19所示,它可以从航空母舰上起飞,完成攻击敌方目标的任务后,还能自行返回航空母舰降落。X-47B型无人机在航空母舰上的起飞与着舰试验成功之后,美国海军将考虑在航母上主要部署X-47B型和F-35C型两种战机。装备空对空导弹的F-35C可以执行制空和纵深突破任务,X-47B充当专用的"投弹"战机和隐形侦察无人机,两者可以实现理想的作战配合。2012年11月26日X-47B在"杜鲁门"号航母展开测试,预计2013年完成自主舰载着降试验,2014年完成自主空中加油项目。

图7-19 从航母起飞的美国无人战斗机X-47B

（2）直升机和无人机的作战配合。直升机具备起降和运用方便、武器配置灵活等特点，其主要活动区域就是交战双方前沿的低空和超低空区域，其主要任务就是为地面部队提供联合侦察和近距离火力支援，所以其战伤和战损率较高。2002 年 3 月 3 日驻阿美军陆航 7 架 AH - 64 组成的直升机在执行任务途中被塔利班和基地组织击伤 5 架,2011 年 8 月 6 日美军陆航 1 架载有 38 名特种部队官兵的 CH - 47D 直升机因遭塔利班武装火箭筒袭击而坠毁，机上人员全部遇难。所以,在作战前沿,通过无人机提高态势感知能力和发现潜在威胁的能力,可以降低直升机受打击而机毁人亡的概率。

美军从 20 世纪 90 年代开始研究直升机和无人机的协同作战技术,现已实现由"阿帕奇"飞行员对无人机的 4 级控制,即飞行员直接控制无人机的飞行状态、侦察设备、武器系统。2011 年底,美军陆航在直升机和无人机的系统集成能力演练中验证了一套通用地面控制站设备,实现了多种无人机控制的通用化。证明了各类无人机平台间已经达到很高的互操作性水平。

上述两种"有人机和无人机"作战协同的关键,在于通过物联网技术实现地面站操作与控制系统、机载无人机控制系统的联合支撑之下,使有人机和无人机更好地实现系统间的协同。美军陆航计划于 2026 年前将 634 架 AH - 64 升级为 AH - 64DBlockⅢ,全部具备对无人机的 4 级控制,在有人机和无人机的协同方面进一步提升战场态势感知、发现截获目标及导航能力。目前,美国陆军仍然在努力提高有人系统和无人系统之间的互操作能力和数据交换能力。在 2011 年有人—无人系统综合能力演习成功的基础上,陆军正计划在 2013 年秋季进行第二次有人—无人系统综合能力演习。

这种物联网化协同控制不仅局限于无人机与有人机,还能够用于探索局部全自主式机器人协同人类作战,这种混合编队战法类似于法军提出的"作战水泡"BOA 计划和美军提出的"协同作战"CEC 概念。

总之,从系统论的角度看待无人系统的发展,无人系统作为物联要素,将会与更多的武器平台实现物联网化协同的趋势。同时,通过系统之系统（System of Systems）样式的物联化发展,可以在提高系统间协同效率的基础之上,降低任务和部队的风险;缩短"观察—定位—决策—行动（OODA 循环）"周期,实现感知即行动。随着系统间物联化协同的加剧,不同种类的无人系统之间,比如无人机和陆地机器人的混合编队,也将出现在未来战场。

3）基于不同任务的两极化发展趋势

根据无人技术所担负的不同任务,无人系统正呈现出微型（小型）化和巨型化的两极化发展趋势。这是"尺有所短、寸有所长"在无人技术发展中的导向性作用。2012 年 11 月英国 WIRED 报道,美国陆军和通用公司试验的"虎鲨"无人机主要执行战术侦察、目标指引和导弹攻击等任务,"虎鲨"自重仅 90kg。如果不担负携弹任务,又不用考虑有人在里面,无人机就能够实现微型化。

（1）微型化趋势。体积太大的无人系统造价高昂且容易被发现;同时,难以进入狭小和地形复杂的空间。微型化的无人系统具有良好的隐蔽性和运用灵活性,可以弥补大型无人机的不足。例如,伊拉克战争中首次亮相的"龙眼"（Dragon Eye）微型无人侦察机,如图 7 - 20 所示,重约 2.3kg,电池驱动、手持发射、可重复使用,视频连接距离超过 5km。能够为特战队员提供视线外的战术侦察与监视能力。美海军陆战队已将其部署到营连级,这种无人机将为营连级指挥官提供实时侦察信息。指挥官可以通过"龙眼"对敌军进行探测和识别,以决定是与其交战还是回避。

另一个微型化例子就是上述的 Throwbot 侦察机器人，长 187mm，外壳直径 38mm，轮子直径 76mm，重 544g。执行侦察任务时，机器人体积越小，越具备隐蔽性与机动性，对执行任务中空间要求越小。

美国近几年来一直执行微型无人机（MAV）计划，设计和制造微型无人侦察机，在执行低空情报、侦察、监视、电子干扰和对地攻击等任务中，可以降低被雷达侦测的风险。美国 Aero Vironment 公司生产的蜂鸟微型无人机（图7-21），大小与蜂鸟相近，通过振翅飞行，翼展仅16cm，仅重数克。它的优势不在于快，而在于慢：能够在空中悬停1min。麻雀虽小五脏俱全，这种袖珍无人机不仅可以装备微型监控设备，还可以装备通信设备和卫星导航信号接收器，能将侦测到的情报实时传回后方。这种微型无人机很难被发现，可用于在市内巷战中执行侦察任务。它能进入普通无人机难以进入的地方，比如城市街道、狭小的空间以及光线昏暗的地方。它还能通过狭小的缝隙飞进敌方目标内部进行战地侦察。

图7-20　龙眼无人侦察机　　　　　　图7-21　蜂鸟微型无人机

除美国外，英国和以色列等国也在积极研发微型无人机。英国格拉斯哥纳米电子研究中心的科学家，正在研制能飞行的"大黄蜂"。这种被称为微型机械昆虫的高度智能化无人机，既可单独作战，也可集群化协同作战。它装有微型高爆炸弹，具有强大攻击力。"大黄蜂"能在距地面几十厘米的地方超低空飞行。可将其布置到整个作战区域，形成战斗群体。以色列科学家正利用最新仿生技术研制可以跟踪、侦察甚至执行战斗任务的"胡蜂"机器人，个头只有胡蜂大小。它携带有微型摄像器和微型炸弹，尤其适合在城市执行侦察和战斗任务，它能在复杂地形中跟踪恐怖分子并发起自主攻击。

微型化的下一个前沿领域就是纳米（10^{-9}m）级的无人系统。纳米技术可以使机器人越来越小，并将在未来的战争中发挥各种各样目前难以想象的作用。不仅能够实现"粉尘级"的监视，还能够进入人体修复伤口，甚至在人体内制造伤口并穿梭自如。当然，无人系统的大小也可以趋向另一个极端。

（2）巨型化趋势。当追求作战中的续航时间长和飞行高度高，甚至是追求多携带攻击型武器的优势时，无人技术就呈现出大型化的发展趋势。比如"全球鹰"、"全球观察者"和"高空飞艇"。

如图7-22所示，"全球鹰"（RQ-4 Global Hawk）机身长 13.5m，高 4.62m，翼展 35.4m，最大起飞重量 11622kg，最大航程达 25945kg，飞行高度为 19500 米。一天之内可以对约 13.7万 km^2 的区域进行侦察。飞行控制系统采用 GPS 全球定位系统和惯性导航系统，可自动完成从起飞到着陆的整个飞行过程。"全球鹰"滞空时间长达 41h 左右，能够对侦察目标持续不断地监视。"全球鹰"可以实现视距内或超视距操作，将其数据发往空军分布式通用地面系统（DCGS）或者其他节点，包括用于开发和分发的军队战术开发系统（TES）。

208

图 7 - 22　全球鹰(RQ - 4 Global Hawk)无人机

"全球鹰"装备有增强的综合传感器组合(光电、红外、合成孔径传感器和机载信号情报有效载荷)和战场空中通信节点,可以实时获得战场和其他大区域的高清晰度胶片。合成孔径传感器获取的条幅式侦察照片可精确到1m。尽管美国的卫星也称侦察精确度能达到1m,但由于卫星为定轨运行,其侦察的范围及时间都受到限制。"全球鹰"的机动性使它能不间断地对目标实施高清晰的侦察,且不容易受战术伪装的欺骗。更重要的是,"全球鹰"的图像能直接实时地传给指挥官。"全球鹰"的空中通信节点在16号数据链、空情数据链和综合广播系统间充当战术数据链网关。

为了能使"全球鹰"作为一个能够迅速对战场变化做出反应的飞行器,新型"全球鹰",增加了所谓的"即插即用"的特性(根据任务需要,安装不同类型的有效载荷)。比如,多平台雷达嵌入项目有效载荷,包括具备高分辨率的合成孔径成像的主动电子扫描阵列雷达、高分辨率成像、健壮的地面移动目标指示器数据。

"全球鹰"的地面站包括一个发射和回收单元、任务控制单元。飞行控制人员有2名(1名负责任务控制单元,1名负责发射和回收单元)。传感器操作手1名,另外的支持包括质量控制管理1人,通信技师1人。

下一步的改进除了空中加油能力之外,作为战略无人机的"全球鹰"还将首次具备可编队飞行能力。要实施空中加油,不仅需要技术方面的支持,还需要飞行员之间的密切配合。而无人机进行空中加油肯定要采取高度智能化的全自动模式,这就要求无人机装备高度智能的计算机和极其敏感的传感器。

"全球观察者"(Global Observer)是一款被称为"五角大楼永远睁着的眼睛"的无人机。如图 7 - 23 所示,它的体型十分庞大,翼展相当于一架波音 747 客机的翼展。2011 年 1 月,美国军方在加州沙漠地带的爱德华兹空军基地成功试飞了这一款大型无人侦察机。它的翼展53.34m(175 英尺),机身长度21m(70 英尺)。能侦察约 72.5 万 km^2(28 万平方英里)的区域,最长飞行时间可达一周,最大飞行高度19800m。它的优势在于飞行高度高、留空时间长、探测区域大。这种巨型无人机适合专门执行侦察任务,也可充当部队之间的通信中转站,其功能直逼卫星。

图 7 - 23　全球观察者

"全球观察者"留空时间长,就是对它所侦查的目标可以采取长时期凝视的方式进行侦查。而卫星通过过顶侦察只有 10min 左右的时间,取向都是瞬间的。而"全球观察者"通过航向、航速的动态调整,对目标的判别就会判别得更加准确。美军用这只"永远睁着的眼睛"监控战区,比使用人造卫星成本更低、效能更高。"全球观察者"飞行高度高,将近 20km 的高度,可达平流层,已超出大部分防空导弹的射程和一般战斗机的作战高度。它的生存概率比较高。试飞过程中"全球观察者"搭载了美国空军联合空中网络战术通信套件等先进装备。"全球观察者"探测区域大,这意味着该型无人机能够在更大的时间和空间范围内执行任务,保证美军实现全时段、全地域的战场监控。避免了针对已知轨迹的卫星,可以有针对性地躲避的侦察缺陷。这种大型长航时无人侦察机仍将是各军事强国的重点发展方向。

"高空飞艇"(High Altitude Airship, HAA)是美国军方与洛克希德·马丁(Lockheed Martin)公司的合作项目,美国军方最早于 2003 年 9 月 29 日与该公司签订了价值 4000 万美元的"高空飞艇"项目合同。旨在提升陆军在偏远地区的通信能力,并计划将 HAA 作为长航时空基固定式长途通信转发系统使用,以便扩展战场通信的作用距离和可靠性。

据美国洛克希德·马丁公司网站报道,2011 年 7 月 27 日清晨,美国陆军和洛克希德·马丁公司在俄亥俄州的阿克伦城完成了首艘高空长航时飞艇验证艇(High Altitude Long Endurance – Demonstrator, HALE – D)的首飞,验证了实际研制该类飞艇所需的多项关键技术。HALE – D 是 HAA 的验证艇,其体积约 150000m³,有效载荷约 2t,能源需求 10kW,计划可在60000 英尺左右高空飞行一年。

如图 7 – 24 所示,HALE – D 是一艘无人驾驶、轻于空气的太阳能飞艇。该飞艇于某日清晨 5 点 47 分升空,在飞抵大约 32000 英尺(9754m)高度后出现了一个技术异常,研制试飞团队决定中止其飞行,因此这次首飞未能按原定计划实现飞抵 60000 英尺(18288m)高度的目标。该飞艇于当天 8 点 26 分顺利降落在宾夕法尼亚州西南部的一处预定着陆点。

图 7 – 24 高空飞艇

尽管 HALE – D 在首飞中未能飞抵预定高度,但在首飞中验证了一系列先进技术,其中包括发射与控制、通信链路、独特的推进系统、太阳能电池阵列、遥控驾驶、飞行操作和控制飞艇飞往无人居住的偏远地区以便回收等等。其军事优势在于,可在近地轨道上执行军事侦察、监视、战场通信保障以及战略反导等任务。拥有较高的升空能力、货物运输能力、长时间飞行能力,集卫星和侦察机的功能于一身,由地面遥控设备操纵,能完成高空侦察、勘测任务。也可用作战场高空通信中继站,保障指挥员在山脉中或山的另一侧与部队通话,保障战场上各战斗小组间的联系。

"全球鹰"、"全球观察者"和"高空飞艇"的航线制定是事先由程序设定控制的,或者由地面操作人员控制,是有人控制的无人机,目前为止还不是完全智能化的平台。美国在研高档无人机正逐步从自动化转变为智能化。智能化通过人工智能技术,在实战中经过学习能够积累经验,对威胁进行判断,自主决定是否作战和是否规避。由飞行员在实战中做出的智能判断,转变成由人工智能的无人系统进行判断和决策。法国达索飞机制造公司于2012年12月宣布无人隐形机"神经元"（Neuron）首飞成功，"神经元"可以在不接受任何指令的情况下独立完成飞行，并能够在复杂飞行环境中不断自我校正，已经初具自主智能。这种无人技术的自主智能化进程将体现在整个无人系统家族。

3. 无人机将成为空中物联网平台

未来无人化技术的发展将推动无人机从空中通信节点、空中智能平台向物联网平台发展，无人化技术将占领空间优势。

1）空中通信节点

空中通信节点是一种高空机载通信和信息网关，用于持续建立作战通信链路。战场空中通信节点提供的持续连通性，可提高前方作战士兵与指挥官的态势感知和协同作战能力。这种节点通过各种计算机和无线电系统，延续并扩展了话音通信和来自多种信息源的作战空间认知信息。作为空中通信节点，要求无人机具有较高的生存能力和强抗干扰的通信链路。

美国 AeroVironment 公司项目主管克里斯·费希尔曾说，"无人机为地面作战人员创造了观察大山另一侧动静的机会。利用望远镜观察很受限制。无人机能飞入空中，翻越大山。这使地面作战士兵如虎添翼，大大提高了作战能力"。无人机不仅能够扩大观察范围，还能够作为空中通信节点扩大通信范围。美国空军为了使"全球鹰"无人机发挥持久空中网关的作用，在2012年初与诺斯罗普·格鲁曼公司签订了一份价值4720万美元的合同，为现有的2架Block 20"全球鹰"无人机额外采购并集成2个战场空中通信节点（BACN）。Block 20"全球鹰"无人机安装了战场空中通信节点后，其代号将变更为美国空军 EQ-4B 无人系统。

如上所述，"全球观察者"在2011年1月的试飞过程中搭载了美国空军联合空中网络战术通信套件等先进装备，并计划将高空飞艇作为长航时空基固定式长途通信转发系统使用，以便扩展战场通信的作用距离和可靠性。

空中通信节点能够提供以因特网协议为基础的网络能力，所以军事网络可以在所有既安全又开放的因特网连接上进行交互和分享内容。空中通信节点提供了"跨界"的军用、民用和商用通信系统的能力。甚至，空中通信节点允许步兵、没有先进通信系统的平台通过手机、现有窄带无线电甚至面向战场网络的空基 IEEE802.11 进行联络。

2）空中智能平台

目前，美、俄等军事强国正在为下一代无人机勾画出蓝图。与目前最先进的无人机相比，下一代无人机不仅在外形的设计、隐身性能的提升、动力与速度的提高等方面继续前进；在物联网技术的应用方面，也开拓了智能化、超远程等新领域。

一是智能化。无论是基于物联网的人工远程控制无人机，还是自主智能控制无人机，都正在进一步智能化。据诺斯罗普·格鲁曼公司的报告，通过未来20年的发展，作为场外"飞行员"的多名无人机操作员，将能够通过物联网，在不同维度上对无人机及其弹药实施联合在线操控。无人机的机载和弹载信息系统，既能够替场外"飞行员""观察"更广阔的空间，"了解"更精准的信息，还能够向"飞行员"提出"建议"，以帮助"飞行员"做出在线判断，采取适时行动。甚至还能对哪个目标应该实施致盲、毁伤、瘫痪或摧毁性打击，做出"判断"和"规划"。这种超越物理域和信息域两者界线的实时控制，既是六代机智能化的体现，也是六代机研发体现信息主导的标志。

二是超远程。美、俄等国的五代机，均强调隐身突防，但对远程打击强调不够。六代无人机不仅将在保持高隐身性的同时，更加注重远程甚至超远程打击能力；而且由于无人机能够预先前置,扩大预警和拦截范围,实现对地空导弹、空空导弹的超远程拦截。其实现途径将会包括超声速、超高速、超长航时飞行,以及超远程打击与防御武器的应用。

三是新概念。据称,波音公司在规划的 F/A-XX 无人机能携带 6t 重的精确打击弹药连续飞行 50h,能够挂载马赫音速的动能武器和电磁、激光等新概念武器。有资料表明,美军对机载动能和定向能武器的研究,已获得重大技术突破,包括新概念武器在内的超高速武器将可能在下一代无人机上使用。美军认为,配备定向能武器的飞机平台,实际上就是一个"无限存量的弹药库"。由其攻击高速度、高威胁、高价值目标,不仅精度高,而且对飞机的巡航性、机动性要求低,综合研发效益好。

3)空中物联网平台

如果说目前最先进的无人机是基于信息系统的,那么下一代无人机将会是基于物联网。下一代无人机将进一步提高综合感知能力、智能分析与处理能力、侦察打击一体化能力和物联网空中平台化能力。在物联网中的无人机,无论是陆基、海基、潜基、空基还是天基的授权用户,都可对其实施在线访问,并对目标及其感知系统进行识别、定位、跟踪、监控、管理和操作。

如上所述,"全球鹰"、"全球观察者"和"高空飞艇"的飞行高度均在 20km 左右,可达平流层,为"全球鹰"安装空中通信节点,使无人机上初步具备搭载物联网空中平台的能力。无人机不仅可以作为战场感知空中平台,还可以实现通信中继。既可以在多兵种协同作战时,为相互不在视距通信范围内的部队提供通信链路;还可以在地面控制站和前方无人机之间进行中继通信,以提高作战半径和地面控制站的安全性。

在这些强大的空中通信能力基础上可以增加"即插即用"的特性。根据任务需要,通过安装不同类型的有效载荷,可使这些空间无人飞行机成为多任务、多功能物联网平台,能够迅速根据战场变化做出反应的智能化空间网络组织平台。这种超越维度的"即插即用"式物联,实现了真正意义上的陆、海、空、天、电、网一体化,实现了基于物联网的互联互通互操作,是下一代无人机乃至空间技术的制高点和鲜明标志。

无论是无人机,还是有人机,都正从基于信息系统走向基于物联网。2010 年 11 月 3 日,美国空军装备司令部已经向工业部门发布通告,要求感兴趣的企业在当年的 12 月 17 日之前,提交关于"下一代战术飞机系统"的形态构想和能力、技术、经费需求初评报告。波音、诺斯罗普·格鲁曼等公司,已向美国空军装备司令部提交了各自的报告。

在初步的论证中,美国空军装备司令部明确的"下一代战术飞机系统"(包括无人机和有人机),其使命任务是在 2030 年—2050 年间的"空海一体战"中,与具有空中电子攻击、先进综合防空、反隐身飞机无源探测、综合自卫防御和能够进行定向能武器、网络电磁攻击的敌军进行空中对抗,遂行导弹防御、空中遮断和近距空中支援等任务,以摧毁或削弱敌方对天空的控制。与现有战斗机相比,具备更强的态势感知和战场生存能力,具有优异的人机环境和武器系统综合效能。

下一代无人机将会成为融合感知、处理、智能、中继、对抗、打击等一体化的空中物联网平台。更为关键的是,由于无人机可部分代替卫星,并且更具诸多空间优势,世界各军事强国正将物联网的军事应用引入空间。无人技术的空间化,将引出物联网在空间的对抗平台。目前,美国正在积极发展空间技术,抢占空间优势。

7.2.4 空间化部署

美智库华盛顿战略与预算评估中心公布的一份报告则直接强调,美国必须认真考虑包含卫星在内的天基系统被攻击而失能时，如何快速部署临时性替代手段，以继续发挥指挥和控制等作用。目前，美军的替代方案就是，在"临近空间"部署无人机等航空器。所谓"临近空间"，是指距地表20km～100km处的空域，其下面的空域（20km以下）是传统航空器的活动空间，其上面的空域（100km以上）则是航天器的范围。由于这一高度在绝大部分地面防空火力之外，战斗机也不能飞行作战。如果有飞行器能在此高度飞行，即便速度很慢，也很安全。因此，美国空军最近正在发展新一代具备侦察监视和通信用途的无人机、飞艇和气球，以及空天飞机，以便部署在这一高度范围，发挥替代天基系统的应急作用。

临近空间已经成为大国空间竞争的最前沿。以美军"全球鹰"无人侦察机为例，该机可在20km高空（属于临近空间范畴）附近飞行，自主飞行时间长，单日侦察面积广（13.7万 km^2）。"全球鹰"的机动性使它能不间断地对目标实施高清晰侦察，且不容易受战术伪装的欺骗。当前美军正在加大无人机"自动空中加油"的研究，一旦"全球鹰"具备了自动空中加油能力，"全球鹰"的活动范围将进一步扩大，滞空时间也将进一步延长，还可使"全球鹰"进一步减少对前进基地的依赖。

尽管美国间谍卫星的侦察精确度已小于1m，但因卫星定轨运行，其侦察范围及时间都受限，无人侦察机则能对某一地域进行全天候定点侦察。而且由于天基武器的发展，间谍卫星一旦被摧毁，就很难在短期内重新部署。但高空无人侦察机的机动性很强，具备了自动空中加油能力，就能长时间滞留在战区上空，完成间谍卫星在被摧毁或受到干扰时无法完成的任务。此外，同一种无人机具备"伙伴加油能力"同样也意味着，无人机可自行编队执行任务，这对探索未来无人机自主作战，空间机动组网，甚至是编队组成空间武器对抗平台的可行性具有开创性意义。

2012年8月14日，美国试飞预期时速 $Ma=6$ 的波音X-51"御波者（Wave Rider）"无人驾驶高超音速试验机，但是在引擎点火前坠入太平洋。这次发射失败归结于控制翼的设计缺陷。X-51曾于2010年5月26日在加利福尼亚海岸上空由一架B52轰炸机发射，保持时速为 $Ma=5$ 自由飞行了3min。这种有翼空天飞机和普通飞机一样，在跑道上起飞，但是具有高超音速巡航飞行器（HCV）在 $Ma=5$（6125km/h）的机动能力，具有美国航天飞机一样的可重复使用运载器把货物往返运送上轨道的能力。

另一个具有空间部署优势的无人空天飞机是美国的X-37B（图7-25）。2010年12月3日，X-37B无人空天飞机在完成为期7个月的任务后已于当日凌晨在加利弗尼亚范登堡空军基地着陆。美空军的声明中称：该轨道航天器在首次飞行期间"执行了为期超过220天的在轨试验"。着陆前，X-37B在低地球轨道启动轨道机动发动机以执行自主再入。无人的X-37B空天飞机外形类似于一架小型航天飞机，长8.9m，翼展4.5m。这种可重复使用空间飞行器已历经多年研制。2011年3月5日，在美国-226任务中，第二架"X-37B"轨道试验飞行器（OTV）在佛罗里达州卡纳维拉尔角的美国航天局发射场发射到低地球轨道，试验飞行器在空间运行469天，于2012年6月16日在范登堡基地着陆。着陆之前一个月，美国空军空间司令部指挥官威廉·谢尔顿将军就宣布这次试验"取得了圆满成功"。在这些试验之前，只有苏联的"暴风雪（Buran）"号可以实现重复运载，并按预计轨道自动着陆，并于1988年11月15日完成了双轨道飞行。目前，波音公司正在计划打造形体更大的X-37C型轨道试验飞行器。

我国也十分注重空间的部署能力。2011年1月8日，多家中文媒体同时报道中国"神龙"空天飞机试飞成功。"神龙"是航空某型号重大专项跨大气层飞行器演示样机（验证机）。2011年9月29日，中国继美国之后，发射了首座空间试验舱——"天宫一号"；2012年6月18

图7-25 X-37B无人空天飞机

日,中国3名宇航员乘坐"神州9号"成功登上太空,与"天宫一号"成功实现中国的首次遥控交汇对接。6月24日,"神州9号"与"天宫一号"组合体成功分离,"天宫一号"继续留在轨道为今后的空间站建设进行试验,完成"嫦娥"探月工程。中国建设空间站的努力受到了世界尤其是美国的关注。自从美国首架载人航天飞机退役后,只有"阿特兰蒂斯"号在2011年7月21日进行过试验,如今,美国已经开始租用俄罗斯太空船运送空际空间站所需物资。

总之,空间部署能力是空间感知与监视、空间攻防、空间运输、空间网络能力的基础,它是卫星不可替代的。空间无人机可部分代替卫星,并且更具诸多空间优势,世界各军事强国正将物联网的军事应用引入空间,抢占空间优势。

7.3 物资管控可视化

"兵马未动,粮草先行"。中国历史上无数经典战役的结果都是由军用物资的保障能力决定的,甚至有些军事行动就是围绕军用物资保障展开的。从漫漫蜀道上的木牛流马,到淮海战役中的百万独轮车,整个战争的历史都在诉说着军事物流的重要性。

随着信息技术的不断推进,为了满足战场的需要,军用物资的保障能力有着更高的要求。在此方面,美军走在了前列,首先提出了物资管控的可视化要求,并在实践中不断完善着。美军的运物资可视化系统可实现在运物资从仓库或供货商(起点)到作战单元(终点)的全程跟踪,可以为用户提供在运物资的位置等信息。美军的战区联合全资产可视化系统提供战区各种资产信息,包括战区部队已有的、运动过程中的、撤销的和已被领的资产,内部转运的、预置的战争储备,战区储备和国家储备的资产。这种可视化系统是建立在物流理论及其发展的基础之上,并运用了新一代信息技术实现的。

7.3.1 军事物流概述

军事物流是对军用物资进行动态管理和控制,通过对物流信息的处理,使军事物资的采集、包装、运输、存储、分拣等物流环节能够准确、高效、安全和可控。与社会物流相比,军事物流具有很强的特殊性,主要包括军事物资的专用性、物流信息安全保密性、物流管理严格性、物流运作缜密性、物流供需不均衡性等方面。物流的概念最早诞生于军事领域。美国少校琼西·贝克(Chauncey B. Baker)最早于1905年,从军事的角度提出物流(Logistics)的概念。

第二次世界大战时期,美军为了高效、准确地将各种军用物资运送到战场上去,在军事物资的有效管理和控制方面,取得了显著效果,在此基础上逐步发展提出了物流理论。战后物流理论飞速发展,在民用领域得到了广泛应用,其发展成果反过来又推动了军事物流的发展。

军需物资的物流是后勤保障的关键,军需物资的物流管理机制关系到军队的指挥和作战能力。正如美军 2010 年《联合作战后勤》中所指出的:"从补给点到用户这条持续保障路线是我们战斗力的生命线。"无论是传统物流还是现代物流,除了武器系统,后勤实际上囊括了各种各样的物流,涵盖了食品物流、医药物流等物资物流和武器、装备等工业物流。而且在管理与运行的技术、效能、效率、效益等方面,正因为信息技术在军事上的优先使用,往往是社会物流所望尘莫及的。所以说,信息技术不断孕育并推动着现代物流的军事应用。

军事物流(Military Logistics)的定义,各国都有自己的理解。美军认为军事物流是计划、执行军队的调动与维护的科学,其与军事活动的诸多因素有关:①军事物资的设计、开发、采购、储存、运输、分配、保养、疏散及废弃处理;②军事人员的运输、疏散与安置;③军事设备的采购或建设、保养、运管及废弃处理;④军事服务的采购或提供。简言之,军事物流是指军事物资经由采购、运输、包装、加工、储存、配送等环节,最终抵达用户(部队)被消耗使用的整个运动过程。

1. 现代军事物流

传统物流主要是指物资出厂后的包装、运输、装卸、存储,包括时间和地理位置的转移,以解决军需物资生产和使用的地点差异与时间差异。进入 20 世纪 80 年代以来,随着经济全球化持续发展、科学技术水平不断提高以及专业化分工进一步深化,美国开始了一场对各种物流功能、要素进行整合的物流革命,这其中也包含了美军物流体制的革命。特别是到了 80 年代中期,随着物流活动的进一步集成化、一体化和信息化,物流概念的发展进入现代物流学阶段。

现代物流不仅使物流向两头延伸,而且加入新的内涵,使社会物流与军事物流有机结合在一起,从采购物流开始,经过生产物流,再进入军事物流,与此同时,要经过包装、运输、仓储、装卸、加工配送到达用户手中,最后还有回收物流。现代物流包含了军用物资从生产到消耗的整个物理性的流通全过程。与现代物流相比,美军传统物流有如下不足。

(1)技术含量不高。缺乏条码、全球定位等先进技术的支持,主要依靠半机械、半手工的工作方式,从而导致物流管理混乱,造成物流资源的极大浪费。

(2)管理体制"条块分割"。缺乏综合物流服务的概念,物流保障单位各自为政,相互之间的交流很少,从而导致某些作战单位物资过剩,而另一些作战单位物资贫乏。

(3)无法实时管控。传统的军需物资保障是逐级请求领用物资的保障方式,物资发出后无法实时追踪在途物资的位置和状态,更不可能根据战场形势变化动态调整。美军在海湾战争中依靠大量物资的储备来弥补自身的缺陷,造成作战物资的大量浪费。

从以上分析可见,无论是现代物流发展的客观需求,还是对传统物流的缺陷分析,都需要新一代的信息技术推动现代军事物流的发展。现代军事物流,包括军事物资包装、存储、分拣等环节的自动化,调度、运输、配送等环节的可视化,监控、管理等环节的信息化等多方面内容。物联网技术作为新一代信息技术,集传感器技术、通信网络技术、计算机技术等于一体,正好能作为现代军事物流的信息技术支撑,满足军事物流的全程可视化需求。

2. 信息技术与后勤信息化

20 世纪 80 年代,美军开始引入计算机技术,并被大量用于后勤。为了提高武器系统研制效率,减少存储和分发技术数据所用纸张数量,降低高额费用,提高武器系统的后勤保障能力;1984 年美国国防部和工业界开始联合进行调研,1985 年联合组成专家特别小组专门研究对策。根据该特别小组的建议,美国国防部当年就启动了 CALS 计划(Computer - Aided Logistic Support),即"计算机辅助后勤保障",以实现将武器装备的采购和保障从纸媒传递交换信息数据向集成数字化数据交换环境过渡。这一时期,美国空军后勤也使用第三代计算机,通过建立后勤信息系统,将有关业务部门联结起来,逐渐形成了从总部到师一级以补给业务为主体的"上下联通"的后勤自动化管理体系。在这个后勤的转型期,率先走在信息化建设前列的是美军。

此后,随着美国由工业化社会向信息化社会的转型,军事后勤的信息化建设开始大步前进。到 20 世纪 90 年代,美军建立的全球运输网具备了初步运行的能力。同一时期,在物流系统中已有沃尔玛等大型连锁零售机构开始利用物联网的射频识别技术建立起相关的物流运行体系,提高工作效率,实现物资管控全程透明可视,现代物流进入革命性发展阶段。网络技术方面,美军还建成了专门提供后勤信息的后勤信息网,到目前,它已成为世界上最大的后勤信息系统,管理、维护美国军队使用的数百余万种物资和北约的千万余种列装物资的全部信息。

7.3.2 物联网与军事物流

很多新兴技术都是先用在军事上,直到规模化应用、成本降低后才转为民用。军事物流应该是物联网的第一个应用领域。物联网技术作为现代军事物流建设的推动力量,实现物资管控的可视化,是建立在 RFID 技术之上的。20 世纪 90 年代美国军事物流在以 RFID 技术为代表的物联网技术的推动下,逐渐走向可视化。

1. 海湾战争中的可视物流

1991 年海湾战争期间,美军向海湾地区运送了约 4 万个集装箱,由于标识不清,造成大量物资在港口堆积如山,美军不得不打开其中的 2.5 万个集装箱,清点登记后,重新加入到物流中。直到战争结束,还有 8000 多个集装箱没有投入使用。据美军估计,如果在这场战争中能够有效地跟踪集装箱的位置和所装载的物品,可节省约 20 亿美元。"在海湾战争期间,我们对物资的情况简直是一无所知。我们不知道物品的流向,更无法实现资产的可视化。于是,在模糊的需求下,物资进入物流,导致物流系统根本无法跟踪。"海湾战争期间在美军运输司令部负责物流的美国空军上将 Walter Kross 说。

美军在海湾战争后作了深刻检讨,决定使用 RFID 技术破除物资管控的"迷雾"。最早将物联网核心技术之一的 RFID 技术应用于军事物流的是美国国防部军需供应局(Defense Logistic Agency,DLA),目前对 RFID 技术应用最具代表性的也是美军。1992 年美军首次提出"全资产可视(TAV)"概念,1994 年,美国国防部与位于硅谷的 Savi 技术公司签订了多年合同,由 Savi 技术公司提供 RFID 标签、固定/移动/手持的 RFID 读写器以及相关的硬件、软件和专业服务。美军依靠 Savi 公司的力量,将有源射频识别技术用于军事物流;当时的 RFID 产品性能指标如表 7-2 所示。这些准实时的解决方案促进了美国国防部"全资产可视"计划的实施。之后,Savi 公司又成为全球物流可视化基础设施(RF-ITV)的主要供应商。

表 7-2 Savi 有源射频识别产品性能

性能指标	性能参数
通信距离	>50m
存储容量	64KB/128KB
频段	433MHz

性能指标	性能参数
识读设备	固定识读
天线	体积很大
声音、灯光提示	声音提示
低压报警	无

如美军在《联合作战后勤》中所指出的，"知道部队和补给品的位置，与实际拥有它们同样重要"。为此，美军进行了一系列探索，试图通过信息化手段来驱散需求与供给这两个"后勤迷雾"；在"全资产可视"概念的基础之上，于 1999 年推出《联合资产可视战略计划》（JTAV）。随着 RFID 的发展与推广，美军在《联合资产可视战略计划》中将 RFID、全球运输网络、联合资源信息库及决策支持系统等熔于一炉的高度集成系统，被用以对陆军、海军、空军、海军陆战队、国防后勤局、运输司令部和医疗系统的全部资产实现可视化管理，动态掌控后勤资源，全程跟踪"人员流"、"装备流"和"物资流"，并指挥和控制其接收、分发和交换。借助这个系统，国防部可以管理从 40 个国家 400 个地点发出的 270000 个运输军事物资的集装箱，军事指挥官能够准确知道供应品从生产线到散兵坑运输途中的确切位置，如出现特别紧急需求，军官们可改变集装箱运输的方式，使物资的供应与管理具有较高的透明度，为作战部队提供快速、准确的后勤保障。美军由此开始全面构建物流可视化，战争需求在 RFID 技术的催化之下，推进了军事物流向信息时代的转型。

2. 伊拉克战争中的 RFID 技术

伊拉克战争初期，美军忽视了信息化条件下作战对军需物资保障的可视化管控的更高要求，特别是没有预先把伊拉克战场恶劣的保障环境考虑在内，迟滞了美英联军的作战行动。战区内堆积的物资虽然比海湾战争时少，但是，运往伊拉克战场的物资在"最后 1 英里"失去了可视性，在成堆的食品集装箱被"遗忘"在补给基地的同时，前线保障物资频频告急，甚至出现了饥饿的士兵向伊平民"讨饭"的一幕。美军前线的香烟、肥皂、水果等补给捉襟见肘，在美军士兵内部甚至出现了战场"黑市交易"，军需物资管理失控。

伊拉克战争中期，美军通过嵌在集装箱上的 RFID 对集装箱进行全程跟踪，物资管控"迷雾"有所改观。后勤补给可以获得更快、更精确的实时信息；显著减少了空运量与海运量，降低了物资储备量；大大缩短了美军的平均后勤补给时间。RFID 技术的应用使美军实现后勤物资透明化成为可能，为自动获取在储、在运、在用的军用物资可视性信息提供了方便灵活的解决方案。RFID 技术的应用，使美军将武器的退货订单从 2001 年 10 月的 45 万件降低到 2004 年 3 月的 28 万件。总之，美军在伊拉克战争中，获得了丰富的战争实践，并在新一代信息技术的支持下，建立了当今世界最高水平的军事物流，有关伊拉克战争的学术研究不断受到学者关注。

3. 物联网与物资管控可视化

近年来美军积极探索适应现代战争特点的战时物流变革方式，美军主要通过资助兰德公司和海军研究所进行军事物流方面的系统研究。根据伊拉克战争实践，美军在《2020 联合构想》中提出"机动制敌，精确打击，全维防护，聚焦后勤"四项联合作战原则，发展现代物流理论，利用信息技术优势，推行企业化适时、适量、适地的精确后勤保障模式。美陆军部采购执行官保罗·霍泊指出"通信技术和信息技术的发展使我们能够开始考虑将原来以补给为基础的系统改变为以配送为基础的系统"。美国大卫·佩恩在《以配送为基础的后勤保障》中写到，"通过操作配送系统，21世纪的司令官们将能够增强保障的快速反应能力，同时缩小后勤摊子，从而实现军事后勤革命"。美陆军后勤转型的内容是多方面的，但其核心目标是建立无缝隙、紧密衔接的以配送为基础的后勤系统。经过战争实践的磨炼，美军应用RFID逐步开发出物流C³I系统、可视化、自动化库房、集装化包装等信息化系统，为物联网的物流应用积聚能量。

为了实现更高标准的"可视化"，在《联合资产可视战略计划》的推进下，美军在本土启动了"全球战斗保障系统"，全球作战保障系统使陆、海、空军和国防后勤局的所有资产，包括在储资产、在运资产和在处理资产等都能做到"可视化"，以便向各级指挥官、物资管理部门、武器系统管理部门及相关用户提供全部资产的所在位置、数量、类别等信息，使物资的供应与管理具有较高的透明度，为作战部队提供快速、准确的后勤保障。正如《美军联合作战后勤保障纲要》中所说，"全球作战保障系统为NCA、总司令和对联合作战资产或资源的部署、维持、重组和再部署至关重要的后勤部门，提供精确的近实时的全资产可视性。"

更高的可视化标准要求新一代信息技术的应用，仅仅应用RFID技术已经不能满足军事物流的发展。物联网技术在传感器技术、通信网络技术、计算机技术的基础上，综合应用条形码、二维码、无线射频识别（RFID）、移动通信、卫星通信、地理信息系统（GIS）及卫星定位等信息技术，可以使得现代军事物流的效率得到了大大的提升。目前，物联网技术的发展和应用，更是为现代军事物流增添了迅猛发展的助推剂。物联网将为现代军事物流体系的增加效率、降低成本、提高精度等方面提供强有力的支撑。

在构建军事物流物联网中，针对现代军事物流具有动态性、精确性、智能性的特点，可构建如下：通过RFID、GPS和无线传感器网络等感知层技术，获取大量军事物资在储、在运、在用过程中的实时数据，在网络层综合运用通信、分布式数据库、地理信息系统GIS技术与军用EPC网络，将物资的动态数据实时汇集在应用层的军事物流管理与应用平台，可链接军事物流动作的各个环节。美军之所以能够在海外大量驻军，并能在短时间内进行战略部署，很大程度上就是依赖于这种通过物联网技术构建的物资管控可视化体系。

7.3.3 物资管控的时代特点

进入物联网时代，建立以物联网技术为基础的军用物资在储、在运和在用状态自动感知与智能控制信息系统，在各类军用物资上嵌入统一的相关信息电子标签，通过读写器自动识别和定位分类，可以实施快速收发作业，并实现从生产线、仓库到散兵线的全程可视监控；在物流系统中利用射频识别与卫星定位技术，可以准确进行重要物资的定位、寻找、管理和高效作业。在物联网技术的推动之下，用动态化、精确化、智能化的管控方式，推进军事物流的信息化发展，全面实现物资管控可视化。

1. 动态管控的启示

物联网可以弥补物流领域的诸多不足。它可以通过动态监控有效避免后勤工作的盲目性。随着RFID技术、二维条码技术和智能传感技术的突破，物联网无疑能够为自动获取在储、在运、在用物资信息提供方便灵活的解决方案。它还可以通过联合识别和移动跟踪，在全球范围内实现物资的动态管控。参战物资感知、管理和控制，有助于实现现代战争对保障的"快"、"准"、"精"、"全"等要求。比如，在装备物资中嵌入的信息芯片，其中存储有物资的各类相关信息。战时就能够根据战场态势对物资的运送快速决策、分配和运送，实现保障的动态

218

管控。

　　为了通过物联网技术实现对军事物资的动态管控，美国国防部军需供应局建设了"军事物流可视化管理系统"。在购买、销售、分发和处理各种军需物品的物联网供应链建立后，军需供应局不仅加快了供货速度、降低了成本，而且体现在物流配送具有了更高的灵活性和准确性，而通过信息系统，可以随时了解自己需要的物资运送到了哪里，当他们收到货物的时候，也会发现商品上被贴上了一个不大的标签，撕开不干胶，你会看到一圈一圈的天线和一张张物流全景图。国防部军需供应局仓库中96%以上的货物都贴上RFID标签。2004年6月，美国国防部军需供应局已经成功处理了价值12亿美元的831222项订单。目前，"军事物流可视化管理系统"成为美国"全球战斗保障系统"的重要组成部分；借助它可以在后勤保障中实现物资动态管控和全程透明可视。下面简要介绍实现动态管控的几个例子。

　　1）后勤现代化计划

　　如果在各类军用物资上附加统一相关信息的RFID标签，通过读写器的识别、定位和分类，信息系统可以实现军用物资在其整个生命周期的动态监控。在物流系统中利用射频识别技术，可以完成物资的定位、寻找、管理和高效作业。在实现军用物资动态监控的过程中，不得不提到后勤现代化计划（LMP）。美国为了将其陆军打造成敏捷、多功能而且能应对全球反恐战争挑战的远征军，于1999年底启动了一个与美国陆军现代化转型相适应的后勤现代化计划。LMP是美国陆军诸多实现业务转型的核心计划之一，也是陆军一体化后勤业务（SALE）的基础。LMP的目标是建立流畅的动态供应链，提升配送效率，减少战场后勤支持人员，使得装备完善的陆军作战人员可以随时应对现在和未来的战争威胁。美国陆军装备司令部于2006年夏将LMP的实施交由业务信息系统项目执行办公室（PEOEIS）负责。PEOEIS为美国陆军提供信息基础设施和信息管理系统。PEOEIS掌管着30亿美元的年度预算，大约是美国陆军IT预算的35%。在PEOEIS的2010年国防系统客户报告中，提及了在后勤领域直接用到RFID的联合自动识别技术（J–AIT）和移动跟踪系统（MTS）。

　　2）联合自动识别技术

　　作为美国国防部负责全球资产跟踪的部门，联合自动识别技术产品的管理部门（PMJ–AIT）既负责国防部有关自动识别技术及其所需RFID产品的采购，也管理着美军基于RFID技术的全球物流可视化基础设施（RF–ITV）及全球供应链整合。RF–ITV网络在全球43个国家拥有包括集成RFID的卫星识别系统在内的8600多个RFID读写站，可以通过对RFID标签的感知，实现准实时的数据自动采集、聚合、恢复与服务，从而为美国国防部、北约和美国的其他盟友在远程物流和联合作战方面提供军用物流供应链的联合可视化服务。

　　基于RFID应用的J–AIT解决方案横跨美国国防部物流供应链，主要包括以下内容：发货时，将货物的选择、包装、装载信息存储在集装箱上的RFID标签中，并自动将数据转发到后台系统中；货物到达后，进行验证并自动更新库存记录；与存储相关的库存和场地管理；转运过程中的货物集中托运；对零件、组件和部件的跟踪；有害材料的跟踪等。作为美国国防部的整体跟踪解决方案，J–AIT还提供对项目全生命周期的支持，并可与美国国防部物流系统兼容和互操作。在产品和服务方面，J–AIT解决方案还提供整套的数据采集、传输工具和技术，其中包括主动与被动RFID技术、支持数据阵列的条形码、无线数据采集技术、标识管理、无线安全，并且符合电磁辐射安全条例的要求。Savi技术公司在成为美国国防部在RFID领域的供应商之后又成为RF–ITV网络的主要供应商。2006年，美国最大的军火商之一的洛克希德·马丁公司将Savi技术公司收归旗下。

3）移动跟踪系统

移动跟踪系统（MTS）综合使用 GPS、RFID 和卫星通信技术。MTS 有两种终端，一种是用于车载和前线使用的移动终端，另一种是后方使用的便携式控制站。终端之间采用调频方式进行无线通信。在战场上，负责后勤保障的士兵手持通信终端与车辆和供应站进行实时通信，以便实时跟踪车辆的位置。在各级指挥所，站在美国国家地理空间情报局地图前的指挥员，通过 GPS 提供的定位数据和由 L 波段卫星提供的双路通信，指挥车辆驾驶员和前线后勤保障人员。这些活动都是基于美国陆军的移动跟踪系统（MTS）展开的。美国陆军从 2002 年开始部署 MTS，MTS 使美国陆军首次实现了全物流的动态管控。MTS 在伊拉克战争中一举成名。如今，美军在全球范围内部署了超过数万台 MTS 设备。MTS 正在融入更多功能，未来还将具有自动化的车辆诊断和预测功能。

无论是联合识别还是移动跟踪，它们都是通过建立基于物联网技术的物资管控系统，在各类军用物资上嵌入 RFID 电子标签，通过 RFID、GPS 结合卫星远程识别，把军用物资上的电子标签及沿途设置的物联网信息读取器信息、GPS 信息与物资管控系统信息平台联网连接起来。当物资通过信息读取点时，实时信息传递到物资管理系统数据库。通过这个信息平台，后勤指挥员能够实时地取得正确的保障信息。这个系统可以自动记录和处理相关数据，能有效地解决军需物资的进出，运输路途定点识别和物资集装箱状态控制等问题，可以实现从生产线、仓库到散兵线的全程动态监控。

4）联合全资产可视化

借鉴美军现代物流管理制度中实现的联合全资产可视化，可以引发更多有关物资管控可视化的思考。美军现代物流管理制度要求美军物流应能在各种军事行动中，在准确时间、地点，恰当数量地向联合作战部队提供所需的人员、装备等。联合全资产可视化就是要实现这一目标，实现资产的高度透明化。联合全资产可见化是指实时、精确地根据作战需求提供部队、人员、装备等的位置、运输、状况及类别等信息的能力，和依据这些信息为改善美军物流工作总体效能而进行行动的能力。

美军通过构建动态监控物流全过程中采购、收发、存储、运输等环节并覆盖陆海空三军的信息管理系统，来实现联合资产可视化。该系统可以给用户提供以网络为基础的各种物资品种、位置、数量等信息，准确、实时地显示它们的数据，从而使用户能够有效掌握整个物流保障活动的全过程。目前，美军主要的系统包括：在运物资可视化系统、战区联合全资产可视化系统、联合人员可视化系统、陆军全资产可视化系统、美国本土作业联合全资产可视化系统、医疗器材全资产可视化系统和弹药全资产可视化系统。

在运物资可视化系统可实现在运物资从仓库或供货商（起点）到作战单元（终点）的全程跟踪，目的是为了给用户提供在运物资的位置等信息，系统的概念图如图 7–26 所示。在运物资可视化系统由美军运输司令部负责管理，整个在运物资可视性网络已于 1995 年在欧洲开通，其是实现联合全资产可视化的关键。战区联合全资产可视化系统提供战区各种资产信息，包括战区部队已有的、运动过程中的、撤销的和已被领的资产，内部转运的、预置的战争储备，战区储备和国家储备的资产。1996 年该系统从属于美军驻欧司令部和美国中央司令部，1997 年从属于美军大西洋司令部，并于 1998 年从属于美军太平洋司令部。

联合人员可视化系统通过可视化将全部人员（特别是紧急行动中人员）的相关情况提供给联合部队司令官。除了联合部队的数量以外，该系统还能向指挥官提供部队相关的特点，如语言技能、身份资料和技术特长等。该系统是联合全资产可视化系统的一个组成部分，组成部

220

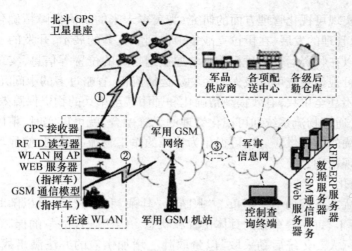

图 7-26　装备器材物资可视化系统示意图

分有紧急行动人员可视性、非战斗人员跟踪系统和伤病员医疗跟踪系统,其在"联合努力"部署行动中已进行了检验。

陆军全资产可视化系统从战略级到战术级以全透明的方式向用户提供整个陆军的全部信息(包括资产和其它物流数据信息)。在索马里、卢旺达、海地和波斯尼亚的"联合努力"等军事行动中,该系统都得到了成功的应用。该系统包括四个子系统,分别为标准陆军零售补给子系统、世界弹药报告子系统、陆军战争储备部署子系统和器材司令部标准子系统。

美国本土作业联合全资产可视化系统以可视化方式力争统筹管理军兵种间的可维修资产,并对这些可维修资产进行重新分配。该系统已成功应用于部队司令部零售供应设施、海军库存品控制站、海军陆战队零售供应设施和陆军器材部所有零售供应设施。

2. 精确管控的启示

"大军未动,粮草先行"是指物资保障在战争中的重要作用,但在现代战争中的"粮草"送到哪里、送给谁、怎么送、送多少、能否送到,引发了"精确保障"的思考。海湾战争中,由于美军运往战区的物资远远超过实际需求,造成极大浪费。因此,战后美军提出了"精确保障"、"灵巧保障"等概念,这是对"越多越好"和"无限制供应"等传统保障观念的扬弃,实质是通过对后勤信息的精确掌握、后勤资源的精确输送和后勤力量的精确运用,达到"适时、适地、适量"的目标。这种既保障了作战所需,又最大限度地提高了军事经济效益的保障模式,在一定程度上代表了未来军事物流的发展方向。借鉴美军精确保障的先进经验,对于加快我军信息化建设具有重要的意义。

美军积极吸取了海湾战争中虽然物资堆积如山保障效率却极低的教训,在后勤保障上为了贯彻一切物资按需要的量,在需要的时间、投放到需要的地点的"精确"思路,从 1999 年开始,美军大量应用货运激光卡、电子数据交换技术及后勤检测无线终端等一系列物联网技术手段,形成并及时、准确地提供各类后勤信息。随后,应用包括条码、射频识别、自组网、卫星通信等在内的物联网技术建设了立体仓库、旋转高货架、手持式扫描、自动化分拣搬运和物流 C^3I 等系统,使现代物流管理制度的精确化特征得以体现。精确化是指在新一代信息技术的支持下,实现美军整个物流保障体系的可视化管理,将物资准确、准时、准量地配送到所需的位置,使物资有效利用率最大化。可见,物联网技术为美军实施精确保障提供了技术支持。

借鉴海湾战争中由于大量物资无法准确识别而导致物资浪费的问题,美军在海湾战争后,加大应用新技术实现可视化管理方面的研究,为美军未来的物流保障精确化奠定基础。如上所述,美军可视化管理的发展,在伊拉克战争中得到了充分的展示,开发的资产可视化系统使得美军指挥官可以在物资运输全过程实时掌握被运物资的位置等信息,实现物资在运输过程中的有效管理。可视化系统可以极大缩短物资运输流程,省略过多的中间冗余环节,使得物资能够快速到达师团甚至单兵,有效提高精确化和师团甚至单兵的物资保障效率。

在物联网中,通过物流系统和可视化管理的无缝融合,就可以实时、精确地给联合作战人员及装备提供精确的物资供应。以可视化为特征的军事物流物联网,使战场指挥官和物资供应机构对物资实现精确管控。

1)状态精确化

物联网技术犹如在战场上空密布了"眼睛"、"耳朵"和"神经",可以随时知晓每一个集装箱,甚至每一箱饼干、每一套军服的具体位置和状态。由于现代战争的保障需求复杂,保障资源的种类和数量巨大。传统后勤采取"以量取胜"、增加供应的办法满足战场需要;由于信息不畅,保障活动就像一个行动不便的巨人,尽管投入很大,但常常会出现保障不及时、不到位、不精确的情况。物联网的出现将彻底改变上述局面。

在技术实现方面,综合利用射频识别(RFID)与卫星定位和地理信息技术(GPS/GIS)等物联网技术,可实现远距离的实时识别和定位。每件物体都是可感知、可寻址、可通信的;在整个物流过程中可以实现物资的定位、寻找、管理等的高效作业。物品的存储温度、湿度、化学、压力等各项细微的环境变化一目了然,战时还可以进行损伤评估,并及时传输给指挥员和管理人员,通过军用物资状态的精确化感知,极大地提高物资补给的时效性和准确性。

在避免重要物资遗失方面,物联网能最大限度地提高补给线的可靠性和后勤战备完好率。世界各国都非常重视战场物资的管理,极力避免武器装备、重要零部件等物资的遗失。伊拉克战争期间,虽然利用 RFID 已经初见成效,但是由于技术发展的限制和对作战地域进行保障困难性的低估,美军一中转中心在战争期间竟丢失了 1500 个防弹衣插件;由于无法精确定位,17个速食集装箱被遗忘在补给基地达 1 周之久。随着物联网技术的发展和应用成本的降低,物联网完全可应用于单件物资或者武器的状态感知上,有助于寻找在战场上丢失的物资或者武器。

在实现仓库的精确管控方面,可以提供仓库物资的存放定位和数量等信息及信息查询功能。如图 7-27 所示,对物资的实时监控可以确保装备的安全,防止非法携带出库;及时调剂、调拨和补给物资,加速物资周转,减少物资积压。在物资从仓库到战斗部队的供给方面,通过精确化的物资请领、运输、接收、存储、发放,实现物流体系高效运转的一站式直达。

与物联网技术相比,传统的条形码管理和人工管理识别速度慢、信息携带量小、易损毁。将物联网技术应用于仓库管理,能有效地解决仓库物资流动的信息管理问题。将 RFID 标签贴在仓库内的托盘、包装箱或元件上,标签内存有元件规格、编号等信息,当物资通过安装在预置地点的 RFID 识读器时,便可自动记录信息,无线局域网将数据传输到后台管理信息系统,指挥中心就掌握了实时的物资储存信息。在这个过程中不需要使用手持条形码扫描器对仓储物资进行逐个扫描,这将加快物资的流动速度、降低管理成本、提高仓库管理的工作效率。物联网技术还可以使仓库管理者能够快速、准确地掌握库存水平,防止货物耗损和统计差错而导致缺货。利用物联网技术还能够准确地从大量物资中迅速查询到急需的物品。

2)配送精确化

利用物联网技术实现军用物资配送的精确化,体现在各种军事行动全过程中,实现准确的

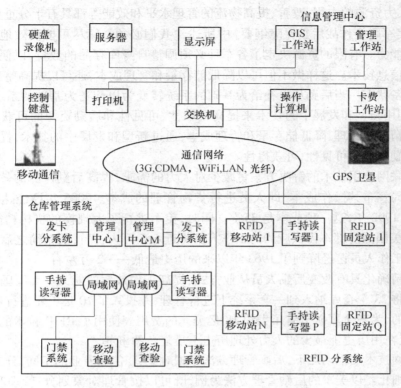

图 7-27 基于物联网的仓库管理示意图

地点、准确的时间向作战部队提供数量适当的装备与补给,避免多余的物资涌向作战地域,造成不必要的混乱麻烦和浪费。配送精确化不仅要求物资数量、品种、位置、发货人和收货人等信息的全程准确感知;同时,还要实时掌握特殊物资运输和搬运方面的限制,对配送人员技能、工具和设施的要求,货品更换和补充时间等配送状态信息。物资信息、状态信息、需求信息通过物联网有机地结合在一起,推动配送式物资保障体系的形成。

在物资配送上,外军都坚持用信息化的技术和手段改造传统的管控方式。如上所述,美军从 1999 年开始采用一系列物联网技术,提高了信息的共享性和补给的准确性,实现了后勤资源配送的精确化。正如《美军联合作战后勤保障纲要》所说,"使用国家级的系统,比如联合全资产可视化和全球运输网可以将数据转换成为可用信息并在全球范围内进行共享。"在运输线上,美军利用物联网技术实现了配送精确,改变了传统后勤物流"烟囱型"的分散式组织结构。通过建立一体化的后勤组织和配送式物资保障体系,并利用立体型战略投送体系推动储备式后勤向配送式后勤转变。进入 21 世纪,美军力推《后勤转型计划》。美国防后勤局实行 13 项转型计划,"全球资产可视系统"向"一体化数据环境"转型,无论用户使用什么样的信息技术与结构体系,它都能确保在国防后勤局范围内及其用户之间实现完善的数据共享。

总之,物联网提高了保障资源和需求的"透明度",推进了"可视后勤"的发展,为军队保障的方式由储备式转变为配送式提供了信息保障和技术支持。

3）管理精确化

物联网时代的物流理念特别注重管理的精确化。通过优化管理,推动物流构成要素及其管理活动和谐一致、快速便捷,从而实现"低成本、高效益"的精确化管理。对于军队而言,也要考虑物流的精确化管理对于降低物流费用、减少产品成本;缩短生产周期和运输周期;压缩库存、减少人力资源的占用；改善、提高物流的管理水平和效能等都具有十分重要的现实意义。

正如《美军联合作战后勤保障纲要》中所述，"我们必须继续尽可能高效地综合所有军种特有的后勤能力。有限的资源决定了各军种必须调整自身库存品的数量，以便利用改进了的经营方法和信息技术。这样做不但可以降低储存量和管理成本，还可以提高整体的灵敏性，改善部队的战备状态。当后勤从以补给为基础的系统转变为以配送为基础的系统时，极为重要的是，必须利用新型和发展中的技术来提高灵敏性、可见性和后勤资源的可获得性。"可见美军正在通过精确化管理，降低储存量和管理成本；通过新型和发展中的技术，提高后勤管理的灵敏性和后勤资源的可见性、可获得性。

基于物联网应用技术的解决方案将减少对人力的需求，提高后勤保障的效能。美国国防部军需供应局宣布其操作成本，即人员进行货物管理的成本，2005年已经达到了历史最低点：15.5%。1992年，这一项成本是35%。同时，美军进行了大规模的机构精简，1991年"沙漠风暴"时，美国国防部军需供应局的工作人员将近6.5万人，而目前精简之后的美国国防部军需供应局工作人员已经降到了1963年以来的历史最低——2万左右。

管理的精确化具有改变后勤人员从业方式、提高工作效率的能力。美国国防部军需供应局工作人员将23个仓库纳入到一套系统下进行管理，并投入了10亿美元进行业务流程整合，效益是显著的，为整个军队节省了大约18亿美元的费用。使用了RFID技术的美国国防部军需供应局，正在用历史上最少的人力处理历史上最复杂的事务。

在物联网技术的推动之下，后勤管理方法根据对象、职能和专业的不同，分工日益明确化，系统日益精细化。以美军的后勤管理方法为例，既可以按管理对象划分、管理职能划分，也可以按后勤专业划分。美军后勤管理中的信息系统，在物资补给领域有：国防后勤局的标准自动化物资管理系统，海军的物资管理站统一自动数据处理系统，空军的武器系统管理系统，合同数据管理系统等。在卫生勤务领域有：记录在美军医疗机构中接受伤病员情况的计算机统计系统，美军医疗机构计算机网络系统等。在军交运输领域有：陆军的陆军运输管理系统，国防物资途中监控系统等。在装备维修领域有：陆军的陆军标准维修系统，维修报告与管理系统，空军的后方维修管理信息系统。在财务勤务领域有：标准军用财产登记册系统，国防债务管理系统，空军财会管理自动化系统等。

综上所述，利用物联网技术可以在军需物资的精确管控方面，实现状态精确化、配送精确化、管理精确化。

3. 智能管控的启示

随着RFID技术、传感器网络、GPS的普及，智能传感技术和云计算的突破，物与物、系统与系统的互联互通将为军事物流中的需求分析，物资的获取、补给、运输、维护和撤回等多步骤信息的智能融合打下基础；这种多元化融合必将要求物资、装备、人员和信息的融合。于是，军事物流中的诸单元（物资、装备、人员、信息）和功能要素（补给、运输、维修和管理）就可以同步和协作于一个网络联合体——物联网。这种物联网中的智能融合，在军事物流中将更加容易实现自动感知、智能分析、数据挖掘、辅助决策等智能功能；最终实现智能型物资管控体系。通过物资保障在军事物流物联网实体网络中实现"物资流"、"装备流"、"人员流"和"信息流"之间的智能联合；可以促进各保障要素的融合，快速、高效地完成保障任务。当前，智能型管控体系构建方面的启示主要体现在补给链的管理、联合保障的建立和适应性后勤的形成三个方面。

1）管理补给链

智能管控体现在利用物联网技术建立流畅的补给链。物联网技术将推动后勤保障从储备式后勤向配送式后勤转变,由重速度的物资流体系取代重数量的物资储备体系,这是后勤供应方式上的一次革命。这种链状化的补给将物资由补给源运送至消耗单位,涉及需求、获取物资、补给、运输、维护和后撤等多个方面,可以满足从战略层到战役层、战斗层的后勤部署,以保障联合作战行动。

美军指出,"后勤本是一个以补给为基础、依靠大量库存的系统,现在转变成了一个迅速发展的、依靠计算机网络的配送系统,利用商业信息系统的先进技术建立全资产可见性和改善对补给链条的管理。"物资补给依靠信息技术建立现代物流体系,在物联网中能够更好地实现这种补给链的智能管理。采用物联网技术,可以建立一条从战略后方直达战斗前沿的通道,以"从生产线到散兵坑"的动态物资流,逐渐取代固定仓库群,真正形成一个信息化、以配送为基础的后勤系统。

一方面,通过信息化感知系统,能够预知预报和及时了解前沿部队物资、油料、器材消耗情况,从而全面掌握从整个战场到最低保障单元的后勤需求。另一方面,根据随时随地感知、测量、捕获的保障物资信息,不断优化保障方案,实现补给和需求准确对接,有效避免了"物海战术"造成不必要的盲目、混乱和低效。

与被动的请领式保障不同,建立在对部队保障需求及时了解掌握基础上的主动配送式保障,是供应方式上的一个巨大转变。美军提出后勤转型要从基于补给向基于配送转变,把利用物联网技术建立流畅的供应链作为后勤现代化的目标,把物资流动时间、速度作为后勤活动的主要衡量尺度,把计划、采购、运输、补给等环节有机结合起来。

美国国防后勤局也将工作重点由管理库存转向管理补给链,由管理补给品转向管理供应商,由购买库存转向购买时间。为适应主动配送式保障,还对原来的42套业务和支持流程进行合并和重组,简化至目前的六个主要业务流程,包括物流、财务和人力资源等;使各项保障顺畅高效。

2)联合保障

智能管控体现在利用物联网技术实现联合保障。在物联网技术的推动下实施联勤,通过建立一体化后勤组织体系和配送式物资保障体系,将改变传统后勤"烟囱型"的分散式组织结构,实现立体型的战略联合保障体系。

物联网的应用客观上要求改进创新传统的后勤运行机制,在纵向上减少指挥层次,在横向上实现互联互通,打破军种间,部门机构间,甚至军地之间的后勤资源相互分离的状况,将多维战场空间的保障力量联为一体,在更广的范围内实现保障资源共享。近年来,美军积极调整后勤体制和结构,将原来分别归属各军种部的几百个保障实体全部转隶国防后勤局,英军也于2000年成立了统管三军补给的国防后勤部,使后勤的形态发生了深刻变化。

联合保障对信息管理提出了更高的要求。如美军在《联合作战后勤》中所指出的,"准确、最新的信息对于有效的后勤计划工作、部队调动的协调以及持续保障作业,具有至关重要的意义。"

物联网的应用使信息化在后勤保障中的作用凸显,后勤管理重点将从管理物质流转变为管理信息流物联网的运用,使信息控制处理在后勤保障中的主导作用更为明显,确保信息在任何时候和任何地点的可视性、准入性、易读性和可靠性,实现信息流程最优化,信息流动实时化,是后勤管理面临的首要问题。因而,后勤建设和管理在关注"物资流"、"装备流"、"人员流"这些保障要素的基础上,更应重视"信息流"。

物联网通过数据处理,形成"信息流";其中包括大量军事物资仓储、运输过程中的实时数据。在物流管理平台中,"信息流"完成数据传输,调节系统效率,达到对军事物资数据处理的稳定、可靠、高效、大容量的目的,链接军事物流动作的各个环节。

"物资流"、"装备流"、"人员流"、"信息流"在军事物流物联网中的智能联合,将对联合保障产生新的影响。如美军在《联合作战后勤》中所指出的,"新的后勤方法将使可联合的支援观念成为可能,并包含了横跨指挥与控制、组织、条令、战术、技术与采购等的能力。"通过联合保障可以改进保障的可靠性,最终的效能衡量标准将是所期望的增强投送能力和持续的后勤战备完好率。

　　3）适应性后勤

　　智能管控体现在利用物联网形成适应性后勤。适应性后勤的理念,主要是在动态、精确的全程管控基础上,依据变化的战场态势及时为补充、调整和重新部署提出辅助决策信息,是智能化的一种表现。

　　适应性后勤要求后勤补给的适当预测能力。一是在不断变化的战场环境中,通过物联网智能感知技术,根据部队所在位置及其物资、武器的好坏,弹药的数量多少,甚至体温和血压等健康信息的当前状态;要适当预测下一状态的需求。美军已能通过信息系统对士兵的单兵后勤需求实现预知。在协调、控制、组织和实施后勤行动,实现自适应性的后勤保障能力,进行预见性地决策,能够最大限度地提高补给线的适应性。二是通过在装备中嵌入信息化故障诊断装置和传感器,使坦克、车辆等具有自动诊断故障功能,以提高预知预报物资、油料、器材消耗,甚至士兵体能消耗的能力。三是通过适应性的计划调整和执行中的实时信息分析,更好地实现保障效果。如美军在《联合作战后勤》中所指出的,"使用联合决策辅助工具和通用后勤保障提高总司令和联合任务部队整体决策能力,以更好地执行'可能性'分析。"

　　基于物联网的适应性后勤,能够从分散的数据来源中,在数分钟内分析、挖掘数据,进行数据的初步分析,根据该分析可以提供在行动过程中的决策建议。适应性后勤为"预测和先机"环境奠定坚实的基础。在此基础上对物流物联网中联合数据进行融合,为在作战环境中的所有人员提供直观的理解。运用智能技术和认知决策支持工具可以通过监视和同步大量的不同来源的数据来改进态势理解,并迅速地提供便于决策的行动过程。这种智能的分析和融合能力在大型军事决策支援过程中能够更好地挖掘后勤支援的潜力,使得后勤人员实时地看清作战的需求,并保障联合部队指挥官具备全局性的掌控能力。

　　基于物联网的适应性后勤,具有网络化、非线性的结构特征,具备很强的抗干扰和抗攻击能力,不仅可以确切掌握物资从工厂运送到前方散兵坑的全过程,而且还可以提供危险警报、给途中的车辆布置任务以及优化运输路线等。依托一体化战场可视系统和信息化处理系统,可以及时掌握沙漠、寒区、丛林等作战地域的道路水文、地形地貌等情况,增强保障的适应性,提高战场环境预知预报能力;可以确保军需物资的完好率,增强后勤行动的灵活性和危机控制能力,从而降低保障风险。

　　基于物联网的适应性后勤,在整合感知、计算、判断、预测能力与网络化、智能化、数据融合化所形成的框架中,加速从战略到战役、战术级别的后勤决策周期及其与作战人员行动节奏的同步。进而把后勤保障行动与整个数字化战场环境融为一体,实现后勤保障与作战行动一体化。适应性后勤不仅使后勤指挥官根据变化的情况和要求,随时甚至提前做出决策;而且能够在战区联合作战甚至全军中实现物资保障一体化,发挥物资智能化管控下的整体保障效益。

　　综上所述,物联网技术在物资管控中的动态化、精确化、智能化管控方式,具有非常好的应用启示,全面推进物资管控的可视化进程。动态化、精确化、智能化也成为物联网时代军事物流的显著特点。

7.4　后勤保障人性化

信息化条件下的作战对后勤保障的依赖性大大增强。物联网似乎是为后勤保障量身打造的新一代信息技术，不仅有助于实现军事物资的可视化管控，还能够弥补后勤其他领域的诸多不足。物联网是实现信息系统与综合保障一体化的重要手段和有效途径，因而将成为提高综合保障信息化水平关键。随着射频识别技术、智能传感技术、移动自组网络技术和人工智能技术的突破，物联网无疑能够为信息系统和后勤保障物资、保障方式的无缝链接提供方便灵活的解决方案。

采用物联网技术平台，既可以建立一条从战略后方直达战斗前沿的通道，使战地救护和后方医疗资源在一条信息链上统筹规划；又可以使人员、医疗、装备、营房、车辆、饮食等方面处于智能保障状态，真正形成一个完全信息化的后勤智能保障系统。在这个系统中，使后勤活动更为贴近军事活动的主体——人，从而使物联网时代的后勤保障更加人性化。建立基于物联网技术平台的后勤智能保障系统，可以在如下方面体现人性化保障：远程医疗信息链、智能军服、智能营房、车辆智能管控和饮食卫生。

7.4.1　远程医疗信息链

在未来战场中，随着物联网技术进一步应用，可以建立远程医疗救护站、单兵生命监测系统、伤情数据链和数字化电子病历，这些都是以物联网技术为基础的卫勤保障信息链。无论是在战场还是在突发事件现场，可以通过智能传感器、电子信息处理模块和无线（有线）网络，结合 GPS 定位系统，对于伤病员从定位、搜救到身份确认，从紧急战地救护、远程医疗准备到实施救治，可以实现生命体征动态监测、卫勤保障实时伴随和病历数字化，从而有针对性地做好应急救援准备，精确调度卫勤力量与资源，全面提升卫勤保障力。物联网在实现卫勤保障实时化方面具有重要价值。这是物联网技术在战场卫勤保障中最具有特色的一项应用。医疗物联网的研究和开发，其民用和军用的相关工作几乎是同步开展的。美国的军用医疗物联网研究先人一步，我国也不甘人后。

1. 战地医疗救护

在真实的作战环境中，士兵们面对战场上的真枪实弹，随时可能流血受伤，甚至付出生命的代价。利用物联网技术可以实现远程医疗救护站，根据现场情况准备采取有效措施，及时实施战地救护，在信息链上实现诊断、救护、治疗一体化，就有可能挽救很多士兵的生命。

让我们来回顾这样一个历史场景。在 1944 年荷兰马斯河突出部战役中，美国 101 空降师的一名上尉冒着德军 MG42 机枪凶猛的火舌将一个伤者扛了回来。"兄弟，你会活下来的。医生，先给他打一针止疼针！""那不可能，上尉，"同伴无奈地耸耸肩，"伞降的时候医生就摔死了。"虽然依照《日内瓦公约》，医疗人员被严格限定在不可攻击的范围内，但在战场上，医务人员的伤亡仍然由于多种原因而与日俱增。因前线的恶劣医疗救护条件，战地医院的简陋与诊断设备的不足，往往会耽误最佳的诊疗救治时间。如图 7－28 所示，研制基于物联网技术的远程医疗系统可以帮助解决这些难题。

作为远程医疗系统的战场终端，远程医疗救护站可以实时采取措施，抢救或者赢得最佳救治时间。当士兵因受伤出现创口的时候，远程医疗救护站能通过内嵌的药物喷管对伤口进行

图 7－28　远程急救系统示意图

喷药处理；当出现出血状况时，远程医疗救护站还能自动发出止血绷带；当士兵需要急救时，远程医疗救护站可以协助注射应急药物；当士兵发生骨折时，远程医疗救护站可以利用简易石膏夹板临时固定患处；当士兵不知所措时，远程医疗救护站可以实时接收医生的远程指导。远程医疗救护站将能够最大限度地增加受伤士兵的生还几率。

不要片面地以为远程医疗救护站是一个庞大的医疗器械。近期，多国的军工和军事医疗技术专家都在利用日渐兴起的物联网技术，结合纳米技术、微机电医疗器械和智能诊断技术积极破解远程医疗救护站难以便携的困境。科学家们同时也在积极思考如何将远程医疗救护所需器械植入军服。如果将医疗用智能传感器和器械成功植入军服，不仅可以随时把士兵的受伤情况传送到后方的综合医疗中心，由战地医生远程对士兵的健康状况进行监控；针对受伤的士兵，甚至还能远程遥控作战服，像救护人员一样在合适的位置对伤口进行加压止血，完成诸如远程医疗救护站的一系列救护动作；同时，通知后方的综合医疗中心做好相应救治与后送准备；若伤势严重，还可通过物联网让专家远程指导一线救治人员实施有效现场救治。随着基于物联网技术在远程医疗系统中的应用，远程医疗救护站最终会发展成为一个可便携，甚至可着装化的救护终端。

2. 生命体征监测

随着物联网技术的发展，无论是在前线还是在后方，远程医疗系统都可以运用便携式智能终端实现单兵健康状态和生命体征的动态实时监测。在前线，根据受伤者佩戴着的智能终端获取实时伤情信息，可以做出简易的救治，将伤情判断信息传向后方；同时，利用远程医疗系统可以对网络内部人员节点实时动态监测，结合定位跟踪及时发现伤员，还可根据节点所反映的生命体征信息，在智能终端无法有效施救之时，及时送往战地医疗队或者后方医院；在向后方转移时，在伤员未送到战地医疗队或者后方医院的时候，其伤情信息以及急救所需药物和手术相关工作已经根据物联网远程医疗系统传来的信息做好充分准备。远程医疗系统可以保障受伤人员及时救治，保护生命安全。

作为远程医疗系统的基本组成部分，生命体征监测的是每个单兵的综合医疗数据信息。这些数据信息包括个人的生命体征参数（如血型、血压、患病历史、对药品的不良反应、治疗记

228

录等健康参数)和一些基本医疗信息。这些综合医疗数据信息统一存入物联网数据库。

在士兵受伤时进行数据测量,比如:体温、血压、血糖、血氧浓度、脉搏、心率、呼吸和受伤情况等,形成伤情实时数据并经物联网传至后方医疗机构,做好相应的救治与后送准备。若伤势严重,还可通过远程医疗系统让专家指导一线救治人员实施有效的救治。用先进的 RFID 技术、无线通信技术来满足对于伤员远距离、快速识别的要求,以便医生在线快速诊断,远程精确治疗。

在伤员康护监视方面,物联网远程医疗系统可以发挥很大的作用,也可以在需要救治重症的伤员体内植入众多医疗传感器,组成一个人体内部的感知网络,与军队医院内置网络连接,以对病情进行远程监视与康护理疗。也可以进行远程监护,通过监视平台、技术指导平台、心理疏导平台,可以实现监视医疗、参数和药品的有效传递,促进病人的早日康复。

在生命体征监测的民用研究方面我国走在了前列。在"2010 中国(成都)国际物联网峰会"上,第一台物联网"感知健康舱"亮相。被监测者只要到"感知健康舱"里面选择想要检测的项目,就能获知自己血压、血糖等生命体征参数,甚至疑似肿瘤的部位。该样机已率先在成都市双流城区投入试点使用。

只需将二代身份证往感应区一靠,被监测者个人信息立刻就出现在屏幕上,还自动形成了电子病历。屏幕上同时还显示了可供检测的项目,包括身高、体重、血压、血氧、血糖、体温、呼吸、脉搏、心电图、肿瘤感知等体征检查,还能对肝、胆、胰、脾、肾进行 B 超检查,另外还有红外感应器。如果选择了血氧项目,屏幕上显示血氧检测的进度,很快检测结果就出来了。而在肿瘤感知之后,红外线从头顶一路往下,对整个人进行扫描。被监测者在健康舱中进行了检查后,仪器还能帮忙约医院医生,通过屏幕进行面对面的咨询。这种领先世界的健康舱是一种智能感知系统,集成了 30 多个全球最先进的重大疾病模块,可以通过各种仪器诊断筛选患者的病情,被监测者可了解自己的身体常规指标。

感知健康系统是全国范围内,也是物联网技术首个在远程健康监测方面具有持久市场发展动力的突破口。不断改进的健康舱还将增添舌头快速诊断疾病、无创血液、血糖检测等内容。研制成功的感知健康舱代表了我国物联网技术在远程生命体征监测方面的最新进展,可以直接应用于军事卫勤远程医疗保障。无论是在实现战地前线或者是在偏远地区,官兵看病就医可通过物联网享受远程优质的诊疗服务。

作为生命体征监测常态化的档案系统,电子病历在我国军用和民用领域的相关研发已经取得一定进展。军方在建设和完善电子病历的"一卡通"系统,使每名军人根据唯一的身份识别卡实现个人医疗信息的物联网化;病历信息和平时的血压、脉搏甚至血糖等个人医疗信息存于电子病历系统。利用物联网还可以实现军人多功能保障卡,可以满足部队军人的医疗、工资、服装、住房的综合保障等。

3. 野战单兵搜救

在常规武器作战中,近 90% 的战伤死亡发生在一线。在战伤救治工作中,重伤员急救的最佳时段为伤后的 10 分钟之内;这宝贵的 10 分钟可谓生命救治的"黄金 10 分钟",每延迟 1 分钟,死亡率增加 0.9%。为了赢得宝贵的时间,从 20 世纪末开始,我国军方就在医疗领域进行物联网技术及其应用方式的研究,截止目前,已取得非常可喜的成果。

2010 年 10 月 26 日,在首届泛亚太军事医学大会上,首次对外军亮相的"野战单兵搜救系统",被 34 个国家和 3 个国际卫生组织的 120 余名军事医学专家和官员称赞为国际一流水平。"野战单兵搜救系统"融合了物联网、生物传感、无线自组网络、无线电测向、卫星定位、地理信息、数据库、电子伤票、急救医学等多种技术手段，可以解决在复杂多变的战场环境下快速并精确定位伤员、实时感知生命状态和掌握伤员身份等三大信息问题。其主要功能就是实现一线救治的快搜、快救、快送。野战单兵搜救可由以下 3 部分组成。

1）电子伤票

野战单兵搜救系统中的基础是电子伤票系统。伤票是用来记录战场伤员伤情和救治过程的医疗后送文件。原来，部队都是使用人工填写的纸质伤票，不仅效率低下容易出错，而且遇到夜间、雨天等特殊条件基本无法使用。

由电子伤票记录的伤员伤情和发现伤员后的紧急救治信息，可以及时通过系统中的救治信息综合管理平台，传输至旅（团）、营、连救护所及其卫勤人员，实现三级联动。当伤情严重时，可以越级送至旅（团）救护所。在护送途中，通过综合生命体征感知传感器和通信传输，伤员生命信息可以实时到达旅（团）救护所，使其卫勤人员在伤员未到之前就可以有针对性地做好抢救准备。

早在 2007 年开始研发的电子伤票管理系统，列装后在应用中得到不断的推广和改进。2009 年，"电子伤票系统"荣获了"军队科技进步一等奖"；并通过国家军队检验检测、技术鉴定和装备定型评审，成为我军首次配发部队的卫生信息技术装备。

2）定位搜救

野战单兵搜救系统中的关键是战场伤员搜救系统。在硝烟弥漫的战场上，通过远程医疗信息链传递战场伤员的伤情信息，可以提前完成大批量"伤员"的救治准备。从"伤员"被快速精确定位，到军医轻点手持机完成"伤情"数据读取和远程发送，可以用 90s 实现伤情从物联网终端传到野战医院。"野战单兵搜救系统"（是全军"十一五"重大科研项目）的单兵终端是一块物联网智能终端——"腕表"，里面存有记录官兵部别、血型、药敏等个人基本信息的伤票卡和生命体征监测装置。当一名战士受伤后，血压和脉搏迅速下降。"腕表"里的生命体征监测装置"读到"他微弱的脉搏后，就会自动发出报警信号。当然，也可以通过伤员自己或者是身边战友，一键式地发送求救信号。军医根据手持机接收到求救信号，很快就可以定位伤员。通过手持机读取伤票卡里的信息，军医可以在 40s 内查询到战士的个人信息，包括血型、药物过敏史等，并通过手持机触摸屏菜单输入伤情。然后，系统会自动对伤员做出伤情评分。这一信息也将通过军医的手持机发送到野战医院，野战医院根据收到的信息可以提前做好救治准备。

3）联动救治

野战单兵搜救系统中的核心是战场伤员搜救系统。2012 年沈阳军区某师进行的卫勤战力演习中，在发现并定位伤员之后，能够适应山地、沙漠、雪地等多种地形的全地形救护车就出动了。如果伤员在山地或者是丛林等车辆难以通行的地形，搜救人员立即呼叫救护直升机，救护伤势较重伤员。在试训过程中，从发现伤员、急救处理到完成后送，不超过 20min。而在 20 世纪 80 年代的边境自卫反击战初期，伤员送达团救护所的平均时间是 8.96h。

如图 7－29 所示，在战地手术帐篷内，当军医发现多脏器损伤等危重伤情时，立即通过物联网向上级发出会诊申请。驻医院的专家可以通过可移动式远程会诊信息采集传输平台，在视频观看战士伤情后，提出救治方案。参与救治的医护人员，在专家的远程指导下，使用急救医疗器材配备齐全的野战急救 ICU 对战士紧急救治，大大提高了危重伤员的抢救率。

总之，随着物联网技术在战地医疗救护的应用，既实现了伤员的发现、急救、后送的一网相连，又实现了伤员、救护所、远程专家的一网相连。在物联网技术的推动下，远程医疗信息链可

第一级：野战医疗救助员现场救助及转运伤员

卫生员在战场简单处理伤员，并将伤情信息发送至战区医院和后方医院

医疗队在战场处理伤员，并将伤情信息发送至战区医院和后方医院

 语音提示　战场转移
伤病警报
 屏幕显示　伤情分拣门

第二级：野战医疗队手术治疗

无法救治

转野战医疗所救治

无法救治
转送后方医院救治

第四级，后方医院救助

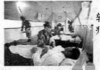

第三级：野战医疗所救助

图 7-29　基于伤情数据链的多级医疗体系

以实现战地医疗救护、生命体征监测和远程诊断、伴随医疗保障；卫勤力量在物联网的智能融合中，使卫勤装备与人员发挥倍增的保障效能。随着面向未来的远程医疗信息链建设的不断前进，可以显著地提高野战条件下我军卫勤保障效能。

7.4.2　智能军服

随着物联网技术、军工和军事医疗技术、微机电医疗器械和纳米技术的发展，如上所述，能够实现将战地医疗系统植入单兵的军服。这样的智能军服就可以进行创口处理、止血、骨折处理等急救功能。根据美国军方在此类自成系统的智能军服研究进展，预计会在 2025 年前装备部队；美国陆军预估，具有战地医疗功能的新军服将能够使受伤士兵的生还几率增加一倍以上。这种新型智能军服作为远程医疗系统的末端，不仅能够使医务人员即使身处后方，也能通过物联网对每一名受伤士兵进行野战救护；而且能够通过应用一套多功能组合传感器，来现场测量并传递伤员数据。面向未来作战的智能服装，除了具备战地救护功能外，还可以集成生命体征监测和伤情数字化功能；同时，随着物联网技术的进一步应用，还可以具有智能感知、智能隐蔽、智能防护等自我保护功能。

1. 智能感知

智能感知和传输是智能军服的物联网化特征之一。智能军服作为一个复杂的信息载体，通过检测外界环境和人体内部状态的变化等信息，经反馈机制，对其进行实时反映与控制。

针对智能军服这一特殊载体，将整个服装组成一个人体无线传感器网络，通过嵌入式智能传感器及其网络化解决方案，使服装在信息获取方面成功解决了通信途径、信息网络构建、能源供给、计算能力有限等诸多方面的挑战。将电子信息系统融为服装的一部分。

智能军服是嵌入在服装中的一个复杂系统，是传感器、信号检测、信号处理、智能材料、无线通信、嵌入式系统的有机统一体，是实现人体生理信号检测、识别、处理、分析、管理与传输等方面功能的信息系统。该系统采用新型传感器检测人体的各种生理信号及周围环境参数的感知，经过放大、滤波、提取等预处理后在体域网内将特征信号和波形传输至中央处理器进行转发，通过无线局域网或广域网传送到远程控制中心，经过信息融合和计算识别，并将控制信息实时反馈给用户。嵌入式人体无线传感器网络实现服装与人体生命参数信息检测的结合。其中，无线传感器网络布置在服装内，遍布在人体各观测点，分别负责采集体温、心跳、脉搏、血压、呼吸等各项生理参数，构成检测体域网络。

智能军服信息化设计与开发，需要一个统一的体系结构以达到资源共享、可穿戴、高可靠和低功耗的要求。由于整个信息化检测系统以服装为载体，具有可穿戴性，因此它的设计与传统便携式医学监护设备有着很大不同。利用 Zigbee 技术，由大量部署在服装目标区域内的、具有无线通信与计算能力的微小传感器节点实现人体无线传感器网络，有效解决了军服中各信息采集节点与中央处理节点的互联和通信。而且 ZigBee 无线网络不需要担负复杂网络拓扑技术造成的开销，便于实现低开销的协议，且便于管理，能大幅度降低系统成本，非常适合于人体生命参数监控系统，实现了军服的智能感知和传输。图 7-30 为人体无线传感器网络拓扑结构示意图。

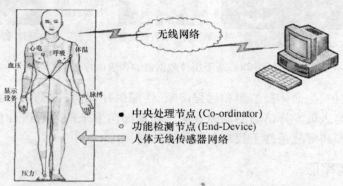

图 7-30　智能军服中的人体无线传感器网络拓扑结构示意图

在智能军服中，通过布设 ZigBee 网络节点，实现人体无线传感器网络，不仅有其军事价值，还可在消防、医疗、保健、娱乐等领域有着广泛的应用前景和价值。

2. 智能隐蔽

在武器的技术含量和使用效率飞速提升的同时，整个一百年里，军服的改进却没有人们预想中那么大。除了人造纤维和塑料的使用之外，1900 年各国军队的服装和 2000 年的军服实际上没有什么大的区别。但在接下来的 20 年里，军装的发展却可能大不相同。

1979 年对越自卫反击战前三天部队伤亡很大，这与佩戴的红领章、红帽徽成为敌人的射击目标点也有很大的关系。后来下令全部取消佩戴红领章、红帽徽。引发这一现象的是部队里的一名班长和战士。有一次部队在往前开进的时候，班长叫一名战士背一只红色的米袋子，这位战士不肯背。班长问他为什么不肯背？他指了指在前面山坡上行进部队，班长一看就明白了。原来，红色的领章和红色的帽徽在日光照耀下，非常耀眼，很容易被当成活靶子。于是班长取了一条备用的绿色军裤，将红色米袋子里的米倒了进去，并将这一发现报告了上级。上级首长对此非常重视，马上下达紧急命令，红色一律禁忌。红领章、红帽徽在以后的战斗中就很少出现了。

在对越自卫反击战后期，我军不戴红领章、红帽徽的原因，引发了军服隐蔽功能的思考。在今天的战场上，军装的隐蔽功能已经成为不可或缺的属性之一。而在技术层级更高的未来战场，单单具备可见光伪装能力已经完全不能满足士兵对军服的要求。未来的对手会使用微光、红外夜视设备、战场嗅探装置乃至毫米波对地雷达对隐藏的人员目标进行扫描和搜索。要在这些高技术侦测手段下成功隐蔽，未来的智能军服必须具备更进一步的隐身功能。

自 20 世纪中期开始，美国陆军项目研究与发展中心就已经针对这个问题启动了一个名为"单兵热成像防护"的研究计划，旨在推动对于现代智能军服的低可探测性技术的研究。根据这项计划的目标，未来美国陆军士兵穿着的新型作战军服，将是一种能够躲避敌人目视和光电搜索的"隐身"服。

与现有的四色迷彩军服最大的不同在于,这种军服利用智能感知技术,可以根据着装者所处环境的色彩条件而变化。军服上的四色迷彩由添加了金属粒子的染料染成,而军服纤维间镶嵌的微直径导电丝则由一个智能芯片进行控制。芯片存储着计算机对大量丛林、沙漠、岩石等背景环境进行分析后模拟出来的最优迷彩方案。

智能隐蔽军服将使用新一代伪装颜料的武器,其外表颜色能根据周围环境变化而改变,从而使士兵(或武器)更好地掩蔽。其色彩的种类、色调、亮度、对光谱的反射性以及各种色彩的面积分布比例都经过精确的计算,使新式军服上的斑点形状、色调、亮度在智能传感器对所处环境的感知下保持色彩条件的一致。这种军服,在视觉上会导致士兵的整体轮廓发生变形,从近距离看,是明暗反差较大的迷彩;从远距离看,其细碎的图案与周围的环境完全融合,即使在活动时也不易被肉眼发现。芯片具备的智能感应环境色调的功能,可以让士兵如同"变色龙"一般随时变换身上迷彩的图案,使士兵与所处的环境自然融为一体。

3. 智能防护

1984 年,阿富汗坎大哈省的一条无名山脊上,一支苏联伞兵远征队正在匆匆行进。突然,前哨的侦察兵一声惨叫跌倒在地上,脚下冒起一团黑烟。"卫生兵,又有人踩地雷了!"班长懊恼地看着地雷残片上的俄文字母,"还是自己的地雷,那些布雷的傻瓜都不看地图吗?"

战场上无处不在的地雷已成为杀伤步兵最经济有效的手段之一,这一点,或许在未来十年里也很难改变。因此,针对步兵,设计出能够防御步兵遭遇地雷袭击的物联网智能节点,起码能够防御已方布下的地雷网,也就成为当下单兵随身携带的物联网技术装备设计者的首要考虑之一。

近年来,很多公司都推出了自己的防雷军服,大量采用高技术和纳米材料,设计更加防弹和抗冲击的军靴和护腿。这些防雷军靴的靴底大多比普通军靴厚重,内设多层防雷结构,使用聚合防弹材料、可毁弃金属网格结构或是卵石夹层等多种防护,对士兵的腿脚进行保护。尽管这样的防雷军服还是不能完全避免士兵受伤,但会使伤员的截肢比例大幅度降低。不仅仅是针对地雷的威胁,地形、气候和自然或人工的生化威胁,比如热带、寒带、高原、化学或核沾染带等;也要求军服的具备多功能的智能防护。

不论是来自自然的生化威胁,还是来自人工的生化威胁,使现代士兵面对的极端作战环境正在不断增加,但单纯要求士兵依靠士气和勇敢精神来克服恶劣环境已越来越困难。更合理的办法是,重新设计保障士兵正常作战的高技术服装来应对这些极端环境。这方面走在前列的美军,已经开发出适合热带和寒带两种恶劣环境的特种智能军服装。军服的面料由新材料制成,具有防护化学攻击和核沾染的双重功效。新军服的表面还喷涂了预防蚊虫叮咬的防虫药,可以有效杜绝蚊虫叮咬,进而减少疟疾的发生。

美国科学家正研止能够自主救治受伤士兵的新型防弹衣。2002 年,美国马萨诸塞州技术学院成立了专门开发如何将纳米技术用来保护士兵生命、大幅减少士兵伤亡的研究项目,该研究所的科学家希望:利用纳米技术使目前美军士兵携带的各种设备微型化,并将这些设备镶嵌入军服中,从而生产出军服。比如,用纽扣大小的无线电发射机替代目前的大型无线电发射机,用超轻型纳米材料替代目前使用的防雨布。科学家试图在不增加军服重量的情况下,通过纳米图层来改进军服性能。它们在军服表层嵌上称为量子点的纳米半导体,在这些量子点上安装超轻型光源检测和信息储存设备。这些量子点就像传感器一样可以帮助士兵快速熟悉并适应周围环境,帮助他们发现周围的化学或生物武器。

一种持续跟踪士兵身体状况的纳米设备,也有可能被镶嵌在军服上。当士兵颈部或头部受伤时,这种用聚合材料制成的军服将限制士兵活动,以避免伤情加重。当士兵出现骨折时,军服在骨折部位将变形为夹板状,以固定受伤部位。科学家们的下一步构想,是开发出能在战场上应用的纳米诊疗系统。根据设想,如果士兵在战场上脑部受伤不能活动的话,纳米机器人将自主将药物送入士兵大脑,帮助士兵康复。

该研究所的科学家还在研究一种特殊的纤维材料,这种材料将内含消炎药和杀菌药,当士兵受伤时,用纤维材料制成的军服将及时释放出药物并将药物送入士兵体内。而能使受伤的器官组织愈合并促进其生长的超薄蛋白膜也正在研制中,这种蛋白膜被涂抹在军服上,一旦士兵受伤便会发挥作用。由于士兵在战场上很容易被爆炸物及其碎片击伤,科学家还在研究如何使士兵未来的防弹衣将只有几毫米厚,使脑部及其他部位免受爆炸伤害的技术。一旦这些科学家的设想成为现实,无疑将挽救大量士兵生命,美军在战场上的伤亡率将大幅降低。

另一家美国公司根据五角大楼要求,开发出厚度只有几毫米的防弹衣。超薄并非是其特色,其显著特色是采用纳米材料制成的这种防弹衣能帮助士兵伤口愈合。更令人称奇的是,一旦士兵遭到子弹攻击,防弹衣能自动记录受攻击部位,并将相关信息传输到防弹衣的控制系统,控制系统马上提高遭攻击部位的防弹能力,使士兵免受进一步伤害。

4. 智能定制

传统的官兵军服定制和裁量的整个过程是纯手工化的,既耗时耗力又容易出错。物联网时代 RFID 技术的引进,将极大提高军服定制和裁量的速度和准确性。只需选一些不同尺寸的军服作为尺寸度量的标准,并在这些衣服上放置无源 RFID 标签,每个标签上都储存着衣物尺寸及仓储序号数据。官兵只需试穿不同尺寸的度量衣物,便可了解他们标准的尺寸。一旦官兵穿上尺寸合适的衣服,工作人员便手持读写器对衣服上的标签和官兵的保障卡进行读取,根据这些信息就可迅速调取库存,或者通知厂商定制,继而按需配送至官兵手中。

物联网时代,每个单兵都有一个自己的 RFID 标签——电子信息数据表,由军需部门发给被服厂家,通过物联网技术实现军服的智能定制,建立由车间到士兵身上的军服保障体系。

新西兰军服在生产过程中,利用 RFID 技术促进新西兰国防部队新兵制服制作过程。借助 RFID 标签,新兵可以试穿整套衣服,记录他们的标准尺寸。在定制过程中,可以一次性扫描新兵身上的几层衣服,获取不同的号码。标签在多次洗涤中,功能并不受损,这一套系统消除了数据输入过程、节省了时间、保证了数据的准确性和完整性。

军服生产商称,这套 RFID 系统帮助公司在 5 天内度量、生产和运送士兵制服。之前,新兵制服的制用过程要求军方人事处手工填写每个新兵从内衣到鞋子的各个尺寸,再将数据(每个人的尺寸都大概有 32 行)手工输入电脑中的电子表格里。整个过程纯手工化,即耗时又易出错,RFID 技术的引进提高了处理速度和准确性。公司选一些不同尺寸的衣服和鞋子作为尺寸度量的标准,并在这些衣服上放置无源 EPC Gen 1 Class 1 RFID 标签。每个标签上都储存衣物尺寸及仓储序号数据。这些度量衣物交于军方保管,新兵只需试装不同尺寸的度量衣物,便可了解他们标准的尺寸。每个新兵还分发一个带有 Gen 1 Class 1 RFID 标签的腕带,每个标签都含有一个唯一 ID 号,分别与士兵姓名及其他相关信息对应。一旦新兵试上尺寸合适的衣服,工作人员便手持读写器对衣服上的标签和士兵的腕带进行读取。这些数据转移到一张列有新兵所需所有物件的电子表格上,包括每件衣物尺寸。这些电子表格在新西兰后备计算机系统自动生成 XML 格式的订购单。订购单一经批准,便自动通过局域网送到仓储系统。

5. 智能调节

物联网不仅可以在军服的定制过程中实现智能化,还可以使用物联网技术为单兵生产特别定制的高端智能军服,让官兵军服更加舒适合体。物联网时代,为官兵配发的军服,由于使用了物联网的传感器技术,在智能军服内安装综合传感器与智能控制芯片,不仅将具备上述定位、急救等功能,还将具备温控的特别定制功能。比如,加入了感温装置的作战服,能够根据士兵的需要,进行温度的调节,一年四季,士兵就如同穿着"空调"服。远在千里之外的后方卫勤保障部门,也可以通过网络随时掌握前方士兵的体温变化和身体状况。

图7-31 所示的一种能够自我调节硬度的衣服,是英国滑雪爱好者、D30实验室主任理查德·帕默设计的。这种"新式蜘蛛侠衣 D30"使用了一种柔软的像泡沫似的布料,碰撞时就会变硬。此材料已用在足球守门员、滑雪运动员和摩托车赛车手身上。2006年冬季奥运会,美国滑雪队穿上了 D30 强化服。这种能够智能调节硬度的衣服有望用于士兵、消防员和其他特警。

图7-31 新式蜘蛛侠衣 D30

7.4.3 智能营房

1. 资源综合联动

运用物联网技术的营房建设,在营房相关信息综合处理及自动控制能力的基础上,智能化营房应具有较好的资源综合联动能力。资源综合联动是物联网技术在多源信息综合处理和动作的一项新技术。在智能建筑发展的推动下,基于物联网的营区中的每个系统之间可以完成信息的相互接收和反馈,如同人类神经系统中兴奋的传导。这些系统是一个可综合的整体,而不是分散的系统。因此可以利用信息融合技术,借助集成计算机平台强大的处理信息的能力,将由各个子系统组成的综合体系通过信息通信网络实现集中监视、智能管理、综合控制、资源联动,从而达到最优化的控制管理;提高营房居住的安全性、舒适性和高效性,实现营房的智能化。

利用物联网技术与智能建筑技术实现的资源综合联动,采用人工智能的方法,学习人们事先设定的各种对应指令;计算机通过对各种应对措施的关联分析,如联动关系、无关关系、矛盾关系,就能够迅速、有条不紊地综合处理各种事件。例如,当需要紧急出动时,警报系统根据不同的任务区分,启动不同的声音报警。营房控制中心根据不同的任务发出一系列指令,启动联动系统做出对策而打开需要开启的装备库室,在装备库室中用语音提醒不同行动小组应该携带的装具。启动监视系统的摄像机监督紧急状态下是否各司其职。面对事件联动动作,需要各种传感器信息传递至控制中心,控制中心根据人们事先设定的联动关系做出判断,可以有条不紊地在营房依据决策结果进行正确的运作。将人装结合和出动时间尽量降到最短,提高执行任务时的出动效率和质量。

2. 设施节能环保

我军营房在经历了几十年的发展后,正在向富有时代特色的现代营房目标迈进。紧随物联网应用的深入,智能和绿色营房也必将成为我军营房建筑的主流。物联网可以让官兵的住宿更加舒适节能。处于物联网环境中智能营房具有综合处理所接收信息的智慧,像人的"脑"一样在对不同的信息采集后根据一定的"思考"后做出相应的反馈指令。基于物联网的智能营房系统通过信息感知和接受、自身识别、信息传递、行为决策和反馈等过程,主动或者辅助使用者来协调营房系统中的各种设施。

作为设施节能环保的智能营房的一个实例,全军首幢第五代营房新概念示范楼,现在是广空某场站某连官兵的新家。这座营房,通过传感器等先进的元器件及网络平台,将建筑内的空调、照明、电源、监控、安全设施等子系统进行联网。营房的中庭是羽毛球场,顶层为玻璃采光屋面,安装了太阳能电动遮阳帘,能够根据阳光强弱、温度变化自动开关;学习室的照明系统和空调设施会根据对人体红外的感知及时开启和关闭。传感技术和智能技术的大量应用大大降低了该营房建筑的能耗,为我军营房建设树立了低碳节能的样板。

3. 涉密安全管理

物联网时代,我军营区管理也将向智能化大踏步迈进。营区作为部队日常工作、训练和生活的主要场所,涉及重要的国家和军事秘密,因此营区的安全问题不容小觑。在物联网环境下,部队将更容易利用射频识别(RFID)技术、涉密资产电子标签、固定式电子标签读写器、手持式电子标签读写器、网络和中间件、配套管理软件等技术、设备,结合相关营房智能化控制系统,实现对营区涉密载体管理的智能化。

如果给每个涉密载体都安装上电子标签或打印上电子条形码,与识别感应设备、数据传输设备、监控管理设备等共同构建一套针对涉密载体管理系统,那么该系统具有对涉密载体的全程识别感知、分类管理、违规报警、追踪和轨迹记录等功能。通过射频识别(RFID)、红外感应器或激光扫描器等,可以实现对涉密载体的收取、存放等一系列动作的记录和管理,从而实现智能化识别、定位、跟踪、监控等信息化管理的新理念。保密管理者通过在电脑就可以对涉密载体进行信息查询、统计、登记、管控等全面判断和掌控。

7.4.4 车辆智能管控

1. 车辆管理高效

物联网时代,军队的各种交通工具都可以连接成网,集成智能车辆管理系统,包括普通办公车,乃至执行任务时的无线通信车、装甲运兵车、破障车、通信车等特种车辆。物联网可以让官兵在执行任务中更加安全。基于物联网的智能车辆管理系统是集计算机软硬件、信息采集处理、无线数据传输、网络数据通信、自动控制等技术多学科为一体的信息技术产品,如图7-32所示,系统能够通过对车辆进行非接触式信息采集,从而实现基于目标状态实时感知的自动化管理,使部队车辆管理达到智能化水平。

物联网时代,这些军用交通工具将在网络化管理平台的基础上,融合全球定位系统、气候水文系统、军地交通管理系统、出行信息系统和自身控制与安全系统等技术,不仅为驾驶员创造一个安全可靠的运行环境,而且,在车辆管理与调度方面,可实现无线通信、远程定位、车辆检测、智能语音提示等功能。国防科技大学、军事交通学院等单位甚至分别开发出了无人自动驾驶车辆系统,并进行了多次不同环境中的无人自动驾驶实验,取得了成功,提高了我军军事

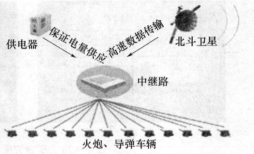

供电器　保证电量供应 高速数据传输　北斗卫星　　敌车

中继路

火炮、导弹车辆

图7-32　车辆智能化管理系统和特种车辆战场管控系统示意图

运输物联网技术的应用效率。

2. 车辆管理精确

适应新军事变革的需要,必须借助物联网技术来实现对车辆的精确管理。军队车辆信息管控精确化,融合了物联网、计算机、网络、自动控制、视频监控等技术。可以实现部队车辆全天候、高机动、高可靠性管理,实现营区内外车辆管理的分离和重组,实现对每一台受控车辆的行车时间、行车地点、存放和出车状态等信息进行实时监控和查询,为车辆的精确管理提供了先进方法和手段。物联网化军队车辆管控系统集车辆派遣、运行管理、信息查询、网络监控、电子报警等高科技手段为一体,改变了以往靠人值守的落后方法。

在外的车辆,不论是巡逻、出差等因公用车,还是战备、演习等特种装备车辆,不论是车辆平时的维护与保养,还是驾驶员的技术水平和心理素质,都可以通过感知技术与智能分析平台,实现精确化管理。使应急用车和紧急出车的处理程序联网化,可以规范和完善车辆派遣功能、管理监控功能、数据存储功能、信息查询功能,使车辆管理的可靠性、稳定性、适应性得到大幅度提高,实现车辆管理的科学化、网络化和智能化。物联网推进了车辆管理的智能化水平。

3. 车辆管控的实例

在车辆智能管控中,环境、人员(驾驶员)、交通工具(包括交通工具的静态信息、实时运行状态、运行路线、管理和调度),都将集为一体,以实现军用交通运输工具的信息化、网络化、智能化管理。驾驶员可以在物联网技术的应用中,按照经过优化的路线出行,而不必担心对路况、空情和海况的不熟,并且能够随时得到指挥机构的指令,获知前方及其周围环境的安全状况,随时调整路线,确保完成任务。

武警部队首个利用物联网技术研发的车辆智能管控平台,经过一年的试运行,于2011年在武警某部正式投入使用。如图7-33所示,在该平台的使用过程中,指挥中心能够通过监控平台对外出执行任务车辆实施位置追踪、定位监控、超速提醒、跨区报警等实时指挥和管控。在驾驶过程中驾驶员还可以通过车载终端的"服务中心"按钮与指挥中心进行对话,接收信息和指令。

车辆智能管控平台由车辆智能派遣系统、车辆GPS智能指挥系统、车辆信息管理系统组成,首次运用物联网技术,采用"感应式射频、自动控制、无线信号传输、车牌智能识别"四项信息技术,将环境、人员、交通工具集为一体,实现军用交通工具的信息化、网络化、智能化指挥管理。使用基于物联网技术的系统平台以后,驾驶员可以按照经过系统优化的行车路线出行,并能随时得到指挥中心的指令,及时掌握行车路线及周边的路况信息,从而提高军事运输效率,确保任务完成。车辆智能管控平台试用期内,该部队动用车辆6万余台次,行驶里程300余万千米,有效提高了部队车辆运输管理效率,实现了部队车辆指挥管理的"无缝链接",确保了部

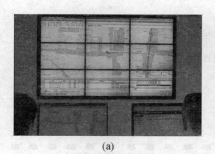

(a) (b)

图 7 - 33　车辆智能管控平台

(a) 实时的动态指挥管理；(b) 区域内行驶车辆的限违临近。

队多次重大演习和处置突发事件任务的圆满完成。

在物联网时代,随着智能交通(ITS)的发展,可以建设军事车联网,使所有车辆在由人、车、环境构成的智能物联网中实现安全、可靠、可控、精确的行驶。

7.4.5　饮食卫生

在国家大力倡导与发展物联网产业的今天,物联网技术的应用将会越来越普及,我们离"物联网时代"将会越来越近,每一个官兵都可以逐渐从自己衣、食、住、行等日常生活细节里,对物联网已经或将要带给我们的变化有一个直接和感性的认识。前面已经探讨了衣、食、住、行中的军服、营房和车行,而饮食卫生影响官兵的健康,从而作用于战斗力的生成。军营中经常把"能吃"戏谑地比喻为"战斗力强"。接下来,继续探讨在官兵饮食卫生中的物质保障上,可充分发挥"物联网"独特的技术优势,实现安全、营养、健康的伙食保障,让官兵的衣食住行全部融入物联网。

1. 饮食更加科学

物联网可以对食物生产进行监管,科学搭配,确保官兵的饮食更卫生、更营养。物联网是实现对物体的智能化识别、定位、跟踪、监控和管理的一种网络,其在食品管理上的应用,可以为所有饭菜建立一本"电子档案"。比如根据官兵饮食结构的地域差异科学配餐,饭菜的辣、不辣,咸、不咸等口味因素,结合营养学都会被记录在档。在营养科学搭配的基础上实现天天不重样、周周有差异、跟着时令走、营养全面化。以 2011 年 11 月在深圳实现的物联网配餐平台为例,该平台实现了从田间到餐台的全程安全控制,能够 GPS 定位的"终端移动加热车",科学营养的配餐,网络自选式服务和快捷准时的送餐。物联网配餐平台可为部队的社会化保障和官兵的自选式餐饮提供借鉴。

2. 来源更加安全

物联网可以对食物来源进行控制,有效避免食品安全事故,确保官兵的饮食更安全。物联网可以实现对肉、蛋、奶、水等饮食来源的控制。比如,欧美已经大量使用 RFID 标签和动物身体微型传感器,对奶牛、肉牛、养猪场、养鸡场等进行精细化管理;动物每天的饮水量、进食量、运动量、健康特征、发情期等重要信息都可以被记录与远程传输,保证饮食在源头上的安全。再如,上海世博会期间日均有 40 万人次游客,其中约有 34 万人次在世博园内就餐,在食品进入园区时,执法人员通过手持式终端移动设备,就能在现场快速追溯食品和原料的来源,确保供应渠道的安全可靠。同时还将选择在蔬菜、水果、水产品、蛋等初级农产品及配送的餐饮半成品等包装袋上要求佩戴射频识别标签,储存种养殖企业或生产单位、品名、产地、生产日期、保质期、储存条件等信息,使产品包装和射频识别标签随货物交易完整进入餐饮、零售或物流终端，以保证食品和原料能够追踪溯源。

3. 结构更加健康

通过部队食堂或者炊事班配发的具有物联网功能的冰箱，不仅可以储存食物，还会自动显示食品的种类、保质期、数量等各种信息，也包括食品的产地、营养成分等。对于将过保质期的食品，冰箱还会自动提醒。后勤保障部门也可以通过物联网冰箱，统计和判断官兵的饮食习惯是否健康，膳食结构是否科学，并根据官兵的训练任务和身体需要和伤病情况，提供有针对性的康复配餐建议。在医院实现医生诊断和医院食堂伙食的联网化，生成利于病号康复的食谱，便于做出符合营养学的病号饭。尤其是在研究战时的便携食品方面，注重食品营养和膳食结构是否科学，通过个人实时体质信息配发有针对性的战地食品，实现军用食品在营养方面的口感、能量、搭配和功能等方面的科学均衡。

总之，通过以上的分析可见，军事物联网和后勤信息化建设是息息相关的，那么，后勤信息化体系的构建必然需要先进模式的大力支撑和信息技术的持续推进，这恰恰是军事后勤物联网及其技术体系能够实现的。无论是战地前沿的伴随保障，还是后方后勤保障的组织，都可以利用物联网技术提高后勤保障效率，实现智能化后勤伴随保障，从而使保障更加符合人的需求，体现了"科技以人为本"。

在物联网技术的推进下，在后勤保障和物联网融合的进程中，实现保障由粗放向精细、由数量规模向精确可靠、由功能化向智能化的不断转变，最终，利用物联网技术实现人性化的后勤保障。

7.5　军事安防现代化

7.5.1　安防概述

安防系统早期可以分类为监控、报警、门禁、楼宇对讲、公共广播几大系统。随着生物识别、射频识别等感知技术的应用，衍生出智能识别系统；其中的射频识别的典型代表就是RFID。与此同时，以现有安防产业中处于重要地位的视频监控为基础，从视频感知逐步走向基于图像、声音、震动、定位等方面的多维智能感知技术。随着这些感知技术在安防产业中的逐步应用，逐渐形成了物联网安防的概念。可以说，在新一代信息技术的推动下，物联网安防的兴起和发展打破了传统视频监控固守的狭隘领域。

物联网安防的实质是物联网概念及其技术在安全防范产业的应用。可以尝试将物联网安防理解为：基于物联网发展的需求和智能化安防产品的应用，通过连接多种传感器或者传感器网络，实现图像、声音、震动等多方面的综合感知，并能够经由各种网络形式传输感知、报警、控制等信息；同时，在安防信息处理和应用中贯穿了自动化、自主学习、智能控制等现代化安防理念的安防体系。

1. 物联网与安防

中兴力维技术总监向稳新先生认为，"安防行业是最早开始应用物联网技术的行业之一，也是最早且最有力量促进物联网应用发展的原动力"。可见，安全防范产业是物联网应用的重要领域之一。可以从以下三个方面来看物联网与安防之间的关系。

一是物联网推动了安防的发展和应用。

随着安防产业的发展，2006年出现了大安防的概念：大安防是为了提供满足社会群体对音频、视频效果等感知需求,基于多种技术以及市场需求平台开发的具有提示、监看、记录等功能的产品以及系统。与安防的概念的区别在于脱离了安全防范的概念范畴,而是从感知需求、技术推动以及产品功能方面进行定义。大安防不仅仅局限于传统安防概念以及技术应用范围,而且为物联网作为技术力量推动现代安防发展,开辟了应用空间。

在大安防概念出现之前,智能安防仅侧重于局部的智能、局部的共享和局部的特征感应。正是因为受到这种局部性的局限,反而为物联网技术在智能安防领域开辟了一个比传统安防更大的施展空间。这种更大的施展空间,决定了大安防一定会承担成就物联网发展重任的使命。物联网安防是安防领域实现物联网规模化应用的最初落脚点。当智能安防、大安防、物联网相继出现后,便有了物联网安防的概念。随着安防行业从 IT 化、IP 化逐渐走向集成化、高清化、智能化,安防行业在开放、可扩展、兼容并蓄等方面不断发展创新。因此可以说,物联网的出现,推动了大安防向物联网安防的发展,拓展了安防技术的发展空间和应用空间。

二是物联网安防是多种物联网技术的综合应用。

目前来看,安防的几大类产品都涉及感知技术,以传感器技术中的视频感知为例,摄像头本质就是信息的采集点,编码设备则是信息数字化的变换点,它们结合起来共同实现视频感知技术的应用,当然,如果采用红外传感器作为感知设备,就实现了红外感知。这仅仅是感知技术在安防中应用的一个例子。

随着网络技术的应用,安防行业将进行全面的 IT 化、互联网化,即 IP 化之后的架构、技术和系统,也将借助互联网、3G 等等多种有线或无线的方式进行信号传输,与物联网传输层的网络技术相对应。安防信息,不仅能够跨越空间距离实现信息的获取、传送、集中、处理、分析,更重要的价值是在这个基础上可以扩展各种各样的智能分析应用,这正是物联网之于安防应用的潜力所在。互联网的早期应用,仅是为了信息共享;而现在互联网的价值体现在能够对大量信息进行处理、加工以及应用。总之,物联网分别在感知、网络、应用三个层面为安防体系提供可以应用的技术内涵,物联网安防不仅仅是安防应用领域的延伸,更是基于多种物联网技术的综合应用。

三是物联网推动下的安防更加注重智能化特征。

近期在安防领域蓬勃发展的数据智能存储、数据挖掘、图像视频智能分析,充分体现了物联网在全面感知和应用中的智能化特征。安防系统产品在物联网感知层、网络层和应用层的三层体系架构中,都体现出智能化特征。

从智能感知角度来看,物联网安防全面感知的特征可以由智能化感知设备实现;从智能传输角度来看,网络层的智能可以由无线自组网技术、智能协议(路由)和云计算等方法、协议和技术的组合应用来实现;从数据应用角度来看,智能化安防是最好的应用,如智能识别、报警联动、数据检索、指挥控制等。这些智能化数据在安防行业实际应用中,通过管理平台实现,该管理平台就是根据市场需求制定的,例如:平安城市管理平台,就是针对多路视频监控系统进行图像管理,从而达到城市管理的目的。从发展的角度来看,未来的安全防范只有时时准确掌握目标客体、群体的整体特征与动态,才能体现智能化的安防能力。

2. 军事安防

在现代战争中,对冲突区和军事要地等重要区域的安全防护至关重要,同时,重要军事管区人员动态管控与预防入侵智能管理系统建设也是物联网应用的发展方向。如在国境线、重要海区与航道,以及营区、机场、码头、仓库等重要军事设施建立传感系统。目前,越来越多的国家开始重视红外摄像、震动传感及先进雷达等智能感知系统在安防应用方面的建设。

以上海世博会和浦东国际机场的防入侵系统为例,成功应用的基于物联网技术的传感安全防护设备,由覆盖了地面、栅栏、墙头墙角和低空探测范围的数以万计个微传感器组成。微传感器能根据声音、图像、震动频率等信息分析判断,结合多种传感器组成协同感知的网络,实现全新的多点融合和协同感知,可对入侵目标和入侵行为进行有效分类和高精度区域定位。这种利用物联网传感器产品组成的安防系统,可以防止人员的翻越、偷渡、脱逃、恐怖袭击等行为。在军事敏感区实现冲突监视、侦察敌方地形和布防等应用。此类安防产品在美国和以色列用于军事安全防范已经多年。

在我国的军队现代化建设进程中,科技强军成为新时期军队建设的主旋律。在"以信息化带动机械化,实现军队建设跨越发展"的战略方针指引下,各部队和军兵种都在大力开展科技强军建设。以多维协同感知、无线网络传递、数据智能处理为主要特征的物联网安防系统以其自身的优势,在科技强军建设中得到广泛应用,成为助力科技强军的得力帮手。

物联网技术作为新兴技术应用于军事安防领域,将从根本上改变对军事管理区和国防重地的安全防范的传统观念,极大地改善军事安防工作条件,提高管理效率。根据军事安防的对象,大致可以分为营区安防、要地安防、边境安防、特种安防几个方面。

7.5.2　营区安防

营区作为军人经常活动的场所,以及许多重要武器装备存放的军事管理区,其安全性尤为重要。在围墙、栅栏、防护网等地方散布一些摄像头和传感器,利用视频(夜视)、声音、震动等多种感知设备建设的外围安防系统,可以防止敌人(外部人员)非法入侵。同时,作为物联网在军事安防领域应用的重要发展方向,营区的智能化管理还可以实现营区人员、涉密资产和重要军事管区的动态管控。

1. 营区人员管理

射频识别(RFID)在部队内部营区管理方面的应用,体现在内部人员信息的自动感知和识别上。由安装在军事营区内的各类传感器、佩戴在军人身上的电子标签、部队内部"一卡通"或者个人手机、手持式 PDA、固定式的读写器、无线门禁设备、管理设备和管理软件等,就可以实现物联网智能管理系统。

设想每个军人都佩戴一个射频识别电子标签,它既可读出又可写入,标签内记录了佩戴者的个人信息,如姓名、年龄、性别、部门、照片、民族、血型等信息,甚至可以包括出生日期、出生地、受教育情况、家庭情况、病史、立功受奖情况、违纪处分等档案信息。通过这个标签,就可以方便地动态掌握每名军人的个人信息和所处位置。

当军人出入营区大门时,携带的电子标签进入无线门禁的射频感应区内,读卡器通过无线传输方式将接收到的标签信息,传到系统控制终端,通过对照个人 ID 号数据库就能看到人员的详细信息,并得知其出入的状态是否正常。依据内部人员的门禁控制很容易实现考勤管理。

当外来人员进入营区时,只有携带个人身份标示的电子标签才能进入安装无线门禁的营区大门或与其权限相符的营区内部门禁。通过各个门禁进入的区域自动联网记入后台管理数据库。

当在营区购物时,只要拿着所购商品,通过射频感应区,就可以通过扫描个人的射频识别电子标签实现自动结账,账目信息记入后台的个人数据库。

当在业余时间上网娱乐、阅读室借阅书刊时,有了这个标签,可以方便对个人行为、娱乐时间、在借和在藏图书的管理。物联网技术将会引领营区进入智能化管理模式。

当需要查询个人账户信息、档案信息、位置信息时,系统将通过射频识别电子标签实现实时记录,将所有人员的刷卡出入、营区购物、工作信息、娱乐信息等都保存在数据库中,以便进行查询与统计。

在管理终端,通过系统上的营区电子地图就可以实时显示所有人员的位置及其历史记录,监控人员只要将鼠标移至人员图标上,便可查看到人员的详细信息,从而动态地掌握人员的数量及其实时分布情况。通过物联网智能管理系统可以方便地对每一位军人进行动态的管理,及时掌握所有军人当前所在的位置并记录营区大门的进出情况,提高部队人员管理的工作效率。该系统可以将感知网络延伸到每一处场所的门,使每一个门点都具有感知的功能,通过对电子标签的实时识别,所有个人位置历史信息可追踪、所有报警信息可即时响应,同时还可实现与其他监控和声控平台的系统集成,具备实时、安全、智能的优点。

2. 涉密资产管理

这种通过射频识别技术实现的人员智能化管理,还可以用于涉密资产、枪弹、车辆等可移动的物资管理。既可以实现这些物资位置的跟踪,又可以实现对经手人的管控。

以涉密资产的可视化管理为例,如图 7 - 34 所示,运用射频识别技术进行涉密资产的监控、预防流失管理中,不但可以实时监控每件涉密载体的位置和流向,更能远程监视到每件涉密载体的编号、名称、流出时间、流入时间、携带涉密资产流动的人员信息等资料。对涉密资产、存放区域和携带人员的结合管理,可以有效解决涉密载体的安全问题。

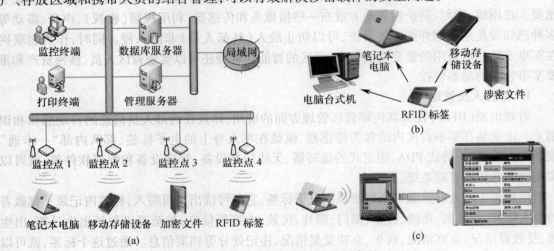

图 7 - 34 涉密资产管理系统示意图

(a) 系统拓扑图;(b) 电子标签在资产上的安装;(c) 手持识别设备。

当涉密资产在存放区域内时,涉密资产管理系统运用 RFID 技术,每个移动载体都装备有一个无线标识,在机房内安装一台(或者多台)与无线标识相配套的识别基站,使之所有涉密资产都在识别基站的识别范围内,识别基站会自动识别所有涉密资产的 ID 标识号,并实时监管所有涉密资产在位状态。若涉密资产实现未经允许非法带出,系统会随时发送信息给监控中心并触发报警,使得涉密资产管理部门及人员在流失发生后最短的时间内处置流失事件,到达流失现场,从而杜绝流失现象。只有经过授权的合法涉密资产,才能安全带出,从而保证每个涉密资产的安全。

当涉密资产被携带人员带出时,出口处的 RFID 读写器或者识别基站设备识读扫描到人员和涉密载体二者的 ID 标识号,并通过服务器自动识别判断此件涉密载体是否属于监管范围。若服务器接收到系统设置为许可携带出门的 ID 标识号,系统自动记录其出入时间与卡号;若该人员或此件涉密载体未得到离开的授权时,系统将在监控中心或者门口及其保密室启动声光报警器,服务器向资产管理中心和安防控制室发送这两个 ID 标识号所代表的人员和载体信息,并且显示涉密资产的从属单位和流出单位,使得相关监管人员尽快到达出现警报的涉密载体放置范围,并进行进一步处理。

总之,涉密资产管理在对涉密资产实时定位和追踪的基础上,能够及时、准确地将各个区域人员的动态情况反映到资产管理中心的系统中,使管理人员能够随时掌握布控区域人员分布状况和每个受控对象的运动轨迹,以便于进行更加合理的管理。当有突发事件时,管理人员也可根据定位系统所提供的数据、图形,迅速了解有关人员、涉密资产的位置情况,及时采取相应的控制措施,提高安全和应急工作的效率。

3. 敏感区域管理

在营区内的敏感区域出入管理方面:一方面,可以通过上述的门禁系统严格管理敏感区的人员出入,比如,具有特殊职责的军人(医务人员)可以根据自己被授予的权限开启规定区域(药品库)的门禁;另一方面,还可以通过视频、射频识别、烟火和温湿度传感器实现基于多维感知技术的敏感区安防。

以弹药库的安防为例,据报道,2011 年 7 月下旬,沈阳军区某部装备处研制开发的"智能监控报警系统"在该部弹药库顺利完成安装使用。该系统使部队管理监控弹药库内外环境更加立体化、智能化和信息化,能够在各种复杂条件下及时掌握库区内外动态和哨兵警戒、巡逻等情况。除了在重要的敏感区安装基于视频的监控报警系统之外,在弹药库等敏感仓库内安装烟火传感报警器、温湿度传感器,可以保证仓库储备物资的状态安全,有效防止火灾事故的发生。

对于弹药库的执勤管理,可以通过岗哨执勤管理系统中的固定式读卡器,可在识别区域设定范围内读到士兵的标签信息,出现异常则报警,以便实时、动态监控哨兵的执勤情况,防止弹药库内物资被盗、抢、丢失等案件的发生。对于弹药库的巡逻管理,可以通过在巡逻路线依序设立固定式读卡器,实现弹药库巡逻人员的智能巡检管理,有效规范巡逻行为、管理巡逻人员信息、管理巡逻计划。

敏感区管理的应用,还体现在枪支管理方面的安全防范。通过建立以 RFID 技术为基础的智能枪支管理系统,可以实现枪支自动识别和信息化管理。在枪支上嵌入统一的相关信息电子标签,通过读写器自动识别和定位分类,既可以有效、准确、智能化地对枪支的发放、出入库、使用维护等自动识别、精确监控和智能管理;又可以对采集、记录、上传的枪支相关信息进行快速查询和统计;还可以通过军械库门禁管控出入人员及其许可或授权。

智能枪支管理系统主要由枪支自动识别子系统和信息化管理子系统组成。其中枪支自动识别子系统包括 RFID 自动识别设备和枪支自动识别电子标签;信息化管理子系统包括枪支发放管理模块、枪支出入库自动识别模块、枪支维护自动识别模块等几部分组成。

智能枪支管理系统是一个对部队枪支全程精确监控的数字化平台。在信息化管理子系统中可实现如下功能:

(1) 自动识别出入库枪支的身份信息,如枪支型号、编号、制造年月、制造厂家等。

(2) 自动校对核枪支出库时型号数量与计划是否一致,如不一致则提示报警。

(3) 自动录入枪支在维护过程中身份信息,并提供查询分析统计等功能。

(4) 具有内部网络查询功能,根据不同被授予权限的用户,可了解不同涉密等级的信息内容。

(5)枪支所属部队和使用、维护人员信息等枪支管理信息。

军事物联网安防不仅能够实现敏感区管理,还能够集门禁控制、人员考勤、跟踪定位、人员和涉密资产管理等功能于一体实现综合性系统。总之,未来的物联网时代,部队营区的军事化管理可以依托军事营区物联网实现营区智能化管理,实现营区安防现代化,确保部队内部的安全、保密和稳定。

7.5.3 要地安防

物联网应用于要地安防最早的例子,便是物联网的军事应用雏形。美军在越南战争中,使用无人值守的震动传感器“热带树”监听道路上人员、车辆等目标的震动和声响信息,根据信息的处理可得到行进人员、车辆的位置、规模和行进方向等信息。随着技术的发展,这些分布在道路附近区域的传感器网络就组成能够远程监视战场环境的“伦姆斯”(REMS)系统。这种用于发现目标的传感器网络,作为物联网感知层的重要技术,还可以广泛用于军事重要地域的安防。军事重要地域包括:战场阵地、指挥所、哨位和武装冲突区域,军事驻地、军事基地、军事设施等军事要地;银行金库和数据中心、重要水利电力设施、交通要道等重要目标;监狱、机场、桥梁、隧道等涉及国家安全的国防要地。

这些要地需要长年累月的监视和控制,通过建立军事物联网安防系统,可以实现敌人入侵自动警报和国防要地智能控制,既节约人力、物力,又提高军事安全防卫能力。物联网在军事重要地域的应用的优势有:一是传感器网络非常适合应用于军事要地的地形侦察和布防、环境监视、定位可疑目标和灾害预测防范;二是对于环境恶劣、无人值守的军事要地、重要目标的外围封控,可以非常方便地部署基于声音、震动、视频、红外等综合传感器网络,实现智能感知;三是对于重要地域内部的安全防范,也可以建立基于物联网的安防体系,整体提高安全防范的水平。

总之,可以通过物联网在军事重要地域的应用,提高安全防范的水平,加快军事安防的现代化建设。下面以监狱、机场和水电枢纽为例,探讨物联网在要地安防中的应用。

1. 物联网在监狱安防系统中的应用

物联网为监狱内或战俘营的安防水平带来了革命性的进步。当使用无线的方式部署传感器阵列,建立传感器网络时,可以改进监狱或者战地战俘营的静态监控模式,避免盲区或死角。当应用物联网构建内部安防管理的无线(有线)网络平台时,包含数据、语音、视频、人员定位等多源感知信息的综合应用,避免视频感知的单一使用而产生的监测上的盲区。当应用射频识别实现人员监管时,通过人员监管和系统联动,可以极大地改善安防工作条件,提高工作效率。总之,物联网技术作为新兴技术应用于监狱和战俘营的安防,将从根本上改变人们对安全与管理的传统观念,实现在特殊对象管理区域的现代化安防。

1)灵活部署

将物联网的无线传感器网络应用引入监狱(战地战俘营)的安防系统,采用无线代替有线或者两者结合的方式,既可以减小部署难度、降低维护成本,又可以提高管理效率和部署的灵活性。

如果监狱(战地战俘营)中传感器节点非常多,那么布线工程非常大,也不利于升级和改造。如果采用无线接入方式,则使传感器的部署变得非常方便,可以方便地增加传感器节点或改变节点的位置。通过增加或改变监测传感器节点的位置,甚至传感器能够通过声音的来源实现智能追踪,可以弥补现有有线监测系统在监测上的盲区,提升动态监测能力。

通过传感器节点阵列的监控,可以及时发现可疑目标并进行定位。为预防监管对象斗殴、自残、自杀、越狱、袭击等活动的发生,构建了安全防范平台。并且能够及时准确地掌控和调阅暴力现场、越狱逃跑行为的信息资料。

2)综合应用

运用物联网技术,使无线网络监狱综合应用系统包含多种综合性应用。依托于传感器网络构建的无线网络平台,包含数据、语音、视频、人员定位等多源感知信息的综合应用。主要可由无线语音系统、无线视频监控系统等构成。

无线语音语音系统应由以下几个部分组成:语音控制系统、语音网关、语音服务器、无线移动语音终端。高效便捷的语音呼叫系统还可以在紧急救险中作为应急通信手段。

无线视频监控系统作为现有的固定视频监控点的补充,利用无线网络安装部署。即视频摄像头位置固定不变,而采用无线手段将视频信号回传到控制中心。

无线监控系统具有极强的实用性和灵活性,能够避免监狱内部监控盲区、智能联动报警和移动视频传输,提高监狱安全监控级别,提升日常管理效率和准确性。

综合应用系统还可以通过语音、图像、震动、红外甚至雷达实现多源全面感知,实时掌握监狱内情况。

3)人员监管

物联网技术作为新兴技术应用于监狱安防领域,将从根本上改变人们对安全与管理的传统观念。基于定位的人员监管和报警系统,可以方便人员管理和对被监管人员的监视,规范监管人员和被监管人员(战俘)的行为,提高报警和处置效率。

当监狱管理者或者监管对象身上携带可随时随地通过无线网络传送信息的人员管理节点时,利用节点上配置的振动传感器和定位系统,可以实时监控人员所在工作区域和状态。通过与视频监控系统、监狱内各报警子系统的联动,可以保障管理者、监管对象的人身安全。

当管理节点具有视频监控功能时,无论监狱管理者身处任何位置或者任何时间,移动无线监控系统都可以把视频信号实时地回传到监控中心,系统具有极强的实用性和可扩展性。

当管理节点具有门禁、考勤和定位(基于 RFID、Zigbee 或 GPS)的应用时,监控中心可以掌握监狱管理者的工作的实时信息,有利于提高工作效率。

当管理者或者监管对象被袭击时,或者发生越界报警时,联动系统将自动发出声音及闪光警示、切换报警点图像上墙、进行多角度图像抓拍、启动录像存储和紧急预案。同时,根据现场态势迅速做出反应,引导警力迅速到达事发现场进行处置。

4)系统联动

监狱是强制管理违法和教育犯罪人员的场所,一旦发生任何意外,会给监狱外的社会治安带来巨大的压力。近些年犯罪分子的心理素质和技术水平越来越高,采用高科技手段加强防范是当务之急。监狱安防系统多数仍为模拟或混合方式,系统集成度不高且缺乏管理平台机制。通过物联网安防建立联防平台实现系统联动,既可以优化管理流程,提高监狱管理的水平,还有效提升监狱管理和防范的直观性与便捷性。该平台可以由以下系统构成。

(1)报警联动系统。在系统的统一管理下,视频监控系统可以和监狱内各报警子系统实现联动,一旦发生报警,视频监控系统将自动发出声音及闪光警示、切换报警点图像上墙、进行图像抓拍、启动录像存储,同时弹出预先编辑好的处理预案,提示下一步处理流程。

(2)门禁联动系统。在系统的管理服务器上,视频监控系统可以和监狱内的门禁系统实现联动,只要有人刷卡,将自动抓拍现场图像,并启动录像存储,及时记录人员进出的信息,为每一条门禁的进出记录留下实时的视频数据。

（3）巡更联动系统。同样在系统管理下可以实现视频监控系统与电子巡更系统的联动,值班干警在巡视点按钮登记时将自动触发视频监控系统进行图像抓拍和录像存储。

（4）公共广播联动系统。系统可以与视频监控系统联动,在发生意外情况触发报警时,主系统会自动弹出相应预案,并触发原先预录的一段语音,然后通过语音模块直接输出到公共广播系统进行播放,进行喊话和吓阻作用。

（5）进出口联动AB门。通过视频监控系统与监狱AB门的联动,当有人员或车辆进入A门时,自动触发摄像机至预置位,转向A门位置,并自动切换影像,同时进行录像,当有人员或车辆进入B门时,同样自动触发摄像机至预置位,转向B门位置,并自动切换影像,同时进行录像。

（6）周界电网系统联动。视频监控系统与周界电网联动,可在发生电网报警时自动触发监控中心自动弹出报警点图像,启动录像存储,联动广播系统进行语音告警播放,同时系统管理跳出应急预案,值班狱警可按照预案标示的流程进行应急处理。

总之,基于物联网的综合应用建立统一的管理平台,实现系统与系统之间的联动,可进一步强化监狱安全管理的系统结构,使监狱安防更加智能。

2. 物联网在机场安防系统中的应用

要地安防除了监狱、看守所、战俘营等区域和军事设施之外,还包括机场、核电站、易燃易爆物资仓库、银行金库和国家的桥梁、隧道、通信、广电和水电枢纽等重要场所。特别是美国"9·11"以后,反恐形势的严峻,大量上述涉及国家安全和社会稳定的重要地域都需要现代化的安防系统进行有效的防范,以确保安全。对于这些涉及国家安全的要地,它们的安全防范系统主要由周界防范系统、门禁系统、视频监控系统、防盗报警系统、通道控制系统、火灾报警系统、防恐慌逃生系统、巡更系统等组成。这些系统虽因实现防范的技术手段不同而各具特色,但它们的功能目的却是一致的,它们既相对独立不可取代,又相互关联互为补充。它们共同融合在物联网中既可以实现安防的现代化,也体现了物联网的系统之系统的思想。下面主要以机场安防中的周界防范系统、门禁控制系统、视频智能分析系统为例,探索如何在大型复杂地域建立物联网安防系统。

1）周界防范系统

周界防范系统顾名思义是解决外围的防范问题,显然周界防范系统也就是安全防范系统的第一道防线了。这如同战场上往往会设置多道防线进行防御一样,可见周界防范在安全防范系统中的重要性和地位。无论对于几十千米长度的机场外围,还是几千米长度的银行数据中心外围,仅仅靠人为的巡检来实现安保,既不现实又浪费人力。在外围,采用无人值守式周界防范系统保障这些重要地域外围安全;可以将大量微传感器节点部署在这些要地周围,通过在要地的周界建立防入侵围界,结合视频监控,可以实现要地外围基于及时发现、及时报警、及时控制等功能的实时远程监控。

在安防现代化大潮中,周界防范系统作为安全防范技术工作的重点,越来越被人们认识、接受和重视。以上海浦东国际机场的防入侵系统为例,在机场外围,通过传感网技术,可以对场馆周围的砖墙、围栏以及无物理围界区进行防入侵监测以及预警。

当入侵者采用工具切割、推摇等方式,对围栏进行破坏;安装于围栏上端的复合传感器检测到异常震动信号,经过匹配分析,以及智能识别和定位,发出预警信号至指控中心;指控中心

根据震动传感器的预警信号提示位置,通过预警区域附近的视频监控确认,以围界前端灯光、喇叭发出警报,同时启动应急预案。

当入侵者采用系留气球、跳跃翻越等低空入侵方式从围栏上方通过;安装于围栏顶端的微波(红外)传感器检测到异常目标经过,确定目标所在位置,发出预警信号通知指控中心;指控中心启动视频监控跟踪追查,并实施应急方案。

当入侵者在围栏附近掘坑;围栏下方地埋震动传感器感应到异常震动,通过综合分析,确定事件发生的位置,发出预警信号传送至指控中心;指控中心根据震动传感器预警信号的提示位置,启动预警区域附近的视频监控,观察预警区域状况,同时启动应对方案。

如 7 - 35 所示,在上海浦东国际机场总长约 27km 的外围,基于震动、微波、红外感知的传感网技术和报警系统共同构成机场的周界防范系统,能对翻越和破坏围界的行为及时发出报警和警告,确保飞行区安全。与其他场所的安全防范系统一样,当周界防范系统采用不同的技术时,传感网中的传感器也有许多不同种类。

图 7 - 35　上海浦东国际机场安防的实景和近景

周界报警系统目前采用的(传感器)感知技术有以下几种:

一是震动感知技术。震动感知技术目前主要是基于围栏安装和地面应用的,包括振动电缆、振动光缆、张力围栏、振动探测器等多种手段及其综合利用。虽然原理不同,但是当使用单一的信号感知来检测入侵行为时,误警率较高,需要不断改进以减少误警。聂振敏曾说:"成都的双流机场使用的张力围栏系统,能够迅速入侵物体作出反应并提出报警。也是首个在国内完全使用的机场。"另外,三维(低空、地面、地下)立体式的报警系统也在机场备受关注。

二是微波感知技术。微波能量的无形方向图是由微波探测器产生的。探测器包含了一套收/发系统,接收器借助于由于入侵者在探测区域内运动、步行或爬行通过微波波束而引起发射器的变化来集中监视现场的情况。敏感区域的传感器将不仅会在垂直方向,而且在水平方向也发挥作用,无形的微波视场使系统能在入侵者进入探测视场时就被确定入侵点。

这类微波传感器对安装现场的地形的要求很高,在系统设计中是需要重点考虑的因素。这实际上与微波能量的传输特性有关,因为微波的传播是直线传播方式,因此比较适用于开阔平坦的直线式警戒区域。

三是主动红外技术。与微波探测器的原理相似,它也包括了一套发射/接收系统,当有入侵者进入探测保护区域时,其主动红外波束将会因被阻挡而发生变化,系统借助于发射器和接收器来探测能量的变化。由于红外波束非常窄,这就让入侵者有可能大致确定波束的情况并试图去防止系统的探测。但是,可以使用多波束红外形成波栅来增加波束的密度,这不仅可以克服单光束红外的缺点,而且还能与基本的信号处理结合起来以尽量减少由小动物、鸟等引起的误报。当然,我们还可以把主动红外与微波结合起来形成微波、红外组合式传感器进行使用。

2）门禁控制系统

机场安防除了周界防范之外，在机场内的公共区、隔离区、空侧区（登机桥）、陆侧区、通道等区域都是机场的高危和安全重点保护区域，对于这些区域间通道的出入口的门禁控制，也是安全防范系统中的重要环节。

一是乘客和工作人员的管理。机场内的固定和流动人员由工作人员和乘客组成。对于工作人员的管理，可以通过射频识别电子标签和读卡器实现。作为管理机场工作人员、乘客及其运行货物的识别系统，进入机场内必须佩戴射频识别电子标签，在工作人员进入航站楼禁区的通道均有接触式（非接触式）射频识别和安检设备。对于不同部门、等级的工作人员以及安全工作维修人员，根据个人的工作权限；通过各个通道口的门禁控制系统限制个人的工作区域。对于乘客（国内、国际、中转旅程）的分类有序的管理，可以通过在机票或者登机牌上植入射频识别电子标签，实现各个通道门禁的无人化管理。对进入机场大门和各个通道口的门禁控制系统时，无法通过电子标签识别身份的人员，将会发出报警信号到门禁控制中心，并被列为可疑目标。

二是人员和物品的安检。在进入登记区等机场重地时，不仅要识别人员身份，还要探测随身携带或随机运行的物品中是否有违禁物品。传统的射线透视扫描和人体扫描仪器，无论从效率还是从发现概率上，都存在上升空间；还较易引起乘客反感。在安检门处的违禁物品探测感知技术尤为重要，以法国赛峰集团 Morpho Detection 子公司近期研制的鞋扫描仪为例，它能够在不脱鞋的情况下发现鞋内炸弹。鞋扫描仪结合了 3 种探测技术，能够发现藏在鞋子或裤管里的金属或炸药。该系统能够对物体的类别（如鞋撑子和开箱刀）作出判断，大大降低了发出错误警报的几率。它是全自动的，无需安检人员的干预。乘客只需将双脚踩在两个大脚印上几秒钟，等待指示灯变绿或者变红即可。不断发展的违禁物品检测技术，提高了检测水平，大幅度减少了假警报和人工检查给乘客带来的不便，不仅降低了机场的安检管理成本，提高安检的效率和能力，还给乘客带去高安全性和高效率的双重利益。其余种类的违禁物品探测在特种安防小节中探讨。

三是锁定可疑人员身份的多模识别技术。无论是通过射频识别技术实现的门禁控制，还是在安检处的综合探测系统，只能锁定可疑人员。在锁定可疑人员后，根据多模识别技术，可以确定可疑人员的真实身份。随着国际反恐形势的加剧，多模识别技术对机场可疑分子的身份确认发挥强大作用。比如美国 BI2 Technologies（生物智能识别技术）公司开发的 MORIS（罪犯识别和鉴定移动系统），由重 70g 的硬件设备和配套软件组成，是一台外形类似手机的功能强大的手持多模识别设备。它同时具备虹膜识别、指纹扫描和面部识别功能，让安检人员在几秒钟之内就能确定疑犯的身份。在拍摄疑犯的面部照片、扫描虹膜或用 MORIS 内置的指纹扫描仪获取疑犯的指纹之后，手持多模识别设备会通过无线方式将这些数据与数据库中已有的犯罪记录进行匹配。在机场内安检通道等门禁，可疑人员身份的快速确认对打击恐怖分子发挥着重要意义。

3）视频智能分析

机场的安全监控要求尽量捕捉到每个机场人员行动轨迹的视频，对摄像机的位置、选型、出入口等特点需进行特殊设计，尽量采用固定摄像机覆盖更多区域，辅以可控摄像机，并且要求尽量采用激光摄像机（无光源视频）。除此以外，随着计算机技术、数字图像处理技术、人工智能等技术的不断发展，使智能视频系统可以直接应用于机场安防系统中。作为物联网信息

248

处理技术之一的视频智能分析技术,既可在监控图像中进行人脸识别,也可以对人员行为的异常进行分析,发现机场内逗留、徘徊的可疑人员。通过视频智能分析,可以更加精确地定义安全威胁的特征和发现潜在威胁;将视频智能分析融入预警联动系统,可以更好地实现机场安全预警。

一是人脸特征识别。

应用视频智能分析技术实时分析摄像机所拍摄的图像内容,从复杂的图像背景中自动识别、提取人脸特征与事先建立的人脸图像特征库进行比较,对符合安全策略的可疑目标自动识别,并在视频图像中自动标识,可以初步确定可疑对象。

人脸特征识别可以全方位、全天候应用在机场内的安全区域、安检通道等,对视频监控区域内人脸特征进行智能分析,彻底改变以往完全由安全工作人员对监控画面进行监视和分析的模式。通过嵌入人脸特征识别模块(超高速数字图像处理平台)中的智能视频模块对所监控的画面进行不间断分析。根据分析结果,对监控画面中人员的人脸特征自动识别,并锁定出现在机场的可疑对象;对同一可疑目标进跟踪和报警,将嫌疑人出现的地点、时间、威胁事件的影像自动传输到安保部门、公安局指挥中心,有效地协助安全人员处理危机。

二是行为识别技术。

通过在视频监控中对人的动作行为进行分析和识别,对于安防事故预警和预先处置机制,有着非常重要的意义。安防事故发现的早晚对于损害程度、处置成本以及对机场管理资源的消耗能够产生很大的影响。通过行为识别,可以自动锁定可疑目标。在视频监控图像中重点标示出,也就对潜在的安全威胁进行了准确定位。定位可疑目标后,还可以在已联网的任一监控区域内时动态跟踪可疑目标,对同一可疑目标出现在监控系统中实现持续锁定。

在机场内部的视频监控系统中的行为识别技术,对可能危害机场安全的可疑行为检测预警,可以提高安防事件处理的响应速度。行为包括:①疑似抢劫、偷窃、偷渡、走私、恐怖等行为的分析识别预警;②对机场内人员逗留徘徊等可疑行为的识别预警;③可疑物品遗留行为的预警;④高危对象行为分析;⑤机场内重点保卫场所外围穿越警戒线的人员行为分析。

视频智能分析系统中,可以在监控图像中通过智能分析算法,建立图像中的虚拟警戒线或警戒区域。在机场内重点保卫场所设置越界行为规则,实现无人化越界行为识别与报警。

三是预警联动系统。

对出现在机场及安检通道布控目标进行自动识别、跟踪,并对安全事件的发生可提前做出预警或报警,最大限制地防止突发事件的发生,为机场安防和打击走私等违法犯罪活动提供可靠的技术保障。这就是为了机场重要场所的安全管理,构建快速反应的预警联动系统的目的。

系统监控到可疑目标时,自动产生报警,将嫌疑人出现的地点、时间、威胁事件的影像自动传输到机场保安室、公安局指挥中心、最近治安管理部门(派出所)、巡警所配的便携式网络终端,系统具有对告警事件的录像、检索、回放功能,可有效地协助安全人员处理危机。系统报警既可以通过潜在威胁图像监控窗口的弹出,可疑行为人员、可疑人脸重点标示和跟踪来提示安保人员;又可以将监控图像、可疑人员信息、通话等通过无线网络传输至安保人员所配便携式网络终端;还可以通过网络将告警提示和图像传输到机场110指挥中心。

预警联动系统将一般监控系统的事后分析变成了事中分析和预警,它能识别可疑活动和可疑人脸,在安全威胁发生之前就能够提示安全人员关注相关监控画面以提前做好准备,有效防止在混乱中由于人为因素而造成的延误。同时,通过集成强大的图像处理能力,并运行高级智能分析算法,可以更加精确地定义安全威胁的特征,有效降低误报和漏报现象,提高预警精确度。

作为要地安防体现在国家大型水电枢纽的一个例子,我国运用物联网技术建立的传感测控网络,在国家电网首座 220kV 智能变电站实现了物联网安防。2011 年 1 月 3 日,国家电网首座 220 千伏智能变电站——无锡市惠山区西泾变电站投入运行,变电站通过物联网技术建立传感测控网络,实现了真正意义上的"无人值守和巡检"。西泾变电站利用物联网技术,建立传感测控网络,将传统意义上的变电设备"活化",实现自我感知、判别和决策,从而实现变电站安防的智能化。

7.5.4 边境安防

加快边境安防的现代化建设,需要运用新技术,需要研发新技术装备,提高边境安全指数。物联网技术的应用,使无线自组网传感器部署在我国漫长而又复杂的边境线上,变得非常方便。一方面,可以方便地在边境线哨位增加传感器节点或改变节点的位置。通过周期性或不定期地改变监测传感器节点的部署,可以弥补人为视野观察疲劳和摄像机监测系统在监测上的盲区。另一方面,可以通过传感器阵列对入侵目标进行定位。将大量微传感器节点部署在陆地、水域、地下边防要地,通过物联网建设防边境入侵系统,实现安防现代化。

1. 陆地边境安防

我国国土面积大,海岸线长,如何保障国家领土和主权完整,防止别国侵犯一直是我国边境安防需要解决的问题。运用物联网建立的防边境入侵系统,可以有效地保证边境安全。以色列用于边境安全目的的综合 SINC^{2}S 系统,就是一个典型的物联网安防应用。

以色列埃尔比特公司开发的 SINC^{2}S 系统将边境安全传感器、安全部队和指挥中心集成为一个地区指控中心。该系统简化了传感器与部署部队之间的直接通信,具备带有地貌特征的二维或三维显示,系统还支持目标与态势的虚拟显示,虚拟显示可为不同部队观看。SINC^{2}S 系统可安装在车辆上或其他装备上,也可由徒步士兵携带。SINC^{2}S 系统使对态势的连续监视更加容易,监视的主要内容包括:传感器获取的图像,部队部署的可视化表示、位置和状态,快速和透明的指挥消息、报告、态势报告等。SINC^{2}S 系统已被以色列国防军用来进行边境防卫的指挥和控制,并部署在以色列与巴勒斯坦当局控制区的分界线上。

SINC^{2}S 系统可以仅仅作为感知层集成在用于安全目的的指挥自动化系统中。比如,以色列"海角(NESS)"技术公司开发的独立的指挥、控制、通信、计算机、情报、感知网络系统。该系统已被以色列海军特种部队(海军突击队)部署。系统用于连级的控制,在膝上个人计算机和 PDA 上运行,使部队能从传感器和联网的个人计算机上准备、分发、接收真实视频、图像和数字地图。系统利用了各种类型的通信链路,包括战术 HF/VHF 无线电台、无线局域网/广域网、蜂窝电话和以太网等。分布式数据库、强大的地理图像信息和二维/三维显示系统的应用使指挥员能根据升级了的态势评估做出决策。除了基本功能外,该系统还能实时监视部队位置和运动,把边境监视、战场态势、部队部署的感知作为重要的一部分集成在指挥自动化系统中。

2. 水域(海洋)边境安防

物联网在水域边境安防、海洋国土安全、海洋开发等方面发挥越来越大的作用,国内外都十分重视该领域的研究,并逐渐在军事安防和民用任务等方面得到应用。我国海岸线长、海洋空间资源丰富,水域边境安防显得尤为重要。根据目前欧美等国在研项目的文献资料,可以大致将水下传感器网络的组成结构可分为以下几类。

（1）水面传感器网络。它是基于水面浮标节点的传感器网络系统，布放比较容易，可利用太阳能或者电池为能源。使用 GPS 以及水面无线通信组网。回避、降低了水下通信的困难。但是容易阻碍航道，被发现破坏，位置不能固定。

（2）水声传感器网络。由水下声学传感器、布放海底或水中漂浮的声纳传感器及其基站构成的三维立体系统。基站既可以固定部署在海底，也可以部署在舰艇。比如美国洛克希德·马丁公司研制的"先进布放式系统"，它可以提供实时信息，在濒海区域监视敌方潜艇和水面舰艇。该系统正由美海军计划把它部署在未来的濒海作战舰上。

（3）水下非声学传感器网络。在探测深水目标时使用的是非声传感器。比如"濒海机载超光谱传感器"系统，它利用非声超光谱传感器提供近实时的目标探测、分类和识别，用于反潜战、搜索和营救及区域绘图。而非声"远程微光成像系统"采用光子密度测量法来探测微光条件下和黑暗中的物体。

（4）基于无人技术的无人水域系统。比如，以色列的"保护者"无人水面艇，能够在海岸线和本土沿海地区执行港口、沿海地区的水域防护和舰船兵力保护任务。美国正在开发能够执行情报搜集、侦察和监视，乃至海上排雷、护航以及保护港口等一系列任务的海上无人舰艇。可通过无线电和全球 GPS 来控制，可以帮助海军和海岸警卫队完成海岸监视、禁毒、拦截、巡逻等任务。水域边境安防示意图如图 7 - 36 所示。

图 7 - 36 水域边境安防示意图

物联网在水域边境安防的应用，需要集成人工智能、水下（水面）目标的探测和识别、数据融合、智能控制以及导航和水下（水面）通信系统。作为物联网在水域应用的典型代表，水下无线传感器网络技术的应用，逐渐会发展成为一个可以在水下信息获取、水域边境安防、复杂海洋环境中执行多任务的智能化物联网平台。

3. 地下边境安防

当年让侵华日军饱受其苦的地道战，不仅仅是我军特殊时期的战术特色，巴勒斯坦人也将地道战发扬光大。20 世纪 80 年代，巴勒斯坦人就在加沙南部的边境城市拉法，利用地道向加沙运送过武器。近年来，巴勒斯坦武装开始将地道挖到以军据点的地下，堆满炸药后引爆。这种神出鬼没的"地道战"给以军带来的心理阴影更为严重。一名以色列军官就曾告诉记者，"我们即便待在坚固的哨所里，也丝毫不敢放松警惕，甚至还会心惊胆战，因为不知道什么时候脚下的地面就会轰然裂开，将自己吞噬。"为了消除这些看不见的威胁，以色列方面想了很多办法。以色列科研人员开发了一种独特的探测技术——他们用光电线路在地下建造出一种"电子围栏"。这是一种地下多源传感融合探测网络系统，通过这些光电线路分析噪声和识别震源，可以感知周围的环境变化，比如机械挖掘声，人走动的脚步声。一旦发现异常，立即将信息传回控制室，就可以计算出地道的具体位置。据称，该技术能探测出地下 20m 深的地道挖掘活动。这就是地下传感网络系统在地下边境安防的典型应用。

7.5.5 特种安防

在生物、化学战和核战中,利用传感器网络可以及时、准确地探测生物化学武器和核武器及其分布,可以为我军提供宝贵的反应时间,从而最大可能地减小伤亡。传感器网络也可避免核反应部队直接暴露在核辐射的环境中。用于特种安防的传感器网络,由具备生物武器、化学武器和核辐射探测传感器等各种传感器及其组网技术组成。在侦察和探测核、生物和化学攻击中,可以为战场中我方人员提供准确的预警和位置信息,并根据核生化的具体种类提前采取安全防范技术。特种安防除了包括侦察和探测核、生物和化学攻击之外,还有对炸弹、毒品和有毒物质等特殊种类的安全防范。

1. 核生化安防

采用纳米、生物感知等传感技术,研制核生化武器监测网络系统,在作战部队配备手持传感终端,或在车辆、大型武器装备上嵌入专项传感器,可在第一现场、第一时间自动侦察感知、实时动态监测核生化武器潜在袭击事件,实现核生化预警。核生化专业处置机构可通过远程网络实时掌控监测信息并协同处置作业,从而提高核生化处置反应速度、质量和效率。除部队作战应用外,该系统还可在平时配装到人群密集的地铁、车站、码头、机场等公共场所,以提高突发事件应对能力。目前,此类研究成果已日趋走向实用化。

2005 年,美国 Cyrano Sciences 公司已将化学剂检测和数据解释程序融合到一种专有的芯片技术中,称为 Cyrano Nose Chip。基于这一技术可创建一个低成本的化学传感器系统,捕获和解释化学品气味数据,并提供实时告警,以应付恐怖分子使用化学武器进行的攻击。该系统在前端使用一个 C320 手持传感器负责收集有关化学剂的数据,该传感建有与后方笔记本电脑的无线连接,电脑上运行着远程监控和服务器程序。该系统使用 IBM 公司的无线通信基础设备 Web Sphere MQ Everyplace 传输数据,这个手持设备还可以小型化为微小节点,部署到监测环境中去,形成自主工作的无线传感器网络。这种化学传感器系统的现实应用包括大型地铁、机场等场所或一些被认为极有可能成为恐怖袭击目标的场所。

在我国,以北京地铁 1 号线建设的物联网应用示范工程为例,在地铁站通过增设核辐射、烟气、温度等传感器,获取烟气、温度、有毒有害气体、核辐射等感知信息,对危险品违法携带等行为进行智能识别和分析,实现地铁站的核生化安防系统。在 2011 年北京市政府办公厅印发《北京市城市安全运行和应急管理领域物联网应用建设总体方案的通知》中,明确了包括"轨道交通安全"的当年完成的 10 项物联网应用示范工程。

在特种安防中特别值得一提的是,用于边境和机场安检的核探测系统。目前,号称最可靠的核材料探测系统,是美国 Decision Sciences(决策科学)公司推出的一种重原子感知技术,能够分析 u 介子偏移模式,用于商用核材料探测。该公司一直致力于使检测方能够安全、迅速、准确地避免通过屏蔽偷运核材料的不法行为过关。这种核探测系统的原理是:跟踪和探测每天都在轰击着地球的 u 介子(一种宇宙粒子),可以发现核威胁。当遇到像钚或铀这样的重原子时,u 介子的运动路线会发生偏移。这种物理现象让探测从港口或边境偷偷运输的核材料变得更加容易——一个藏着核材料的包裹会让 u 介子的运动路线发生偏移。这种核材料探测系统能在一分钟之内检查完一辆卡车,并在扫描货物的同时绘制已发生偏移的 u 介子的来源。它比 X 射线检测仪更快、更可靠,X 射线检测仪通常无法探测到钢或铅背后隐藏的物体。这种核材料探测系统将提高工人的安全系数和降低检测费用,有效地应对核恐怖主义行为的威胁。

2. 有毒物质监测

作战环境中,来自饮水、食品、空气等有毒物质的监测,也是军事特种安防的重要环节。对有毒物质监测可以帮助实现受害者体能的检测和快速救治。

有毒物质检测器根据生物传感器技术可以有效监测战场中的生物战剂。美军已证明用抗体光纤生物传感器可以检测病毒、细菌和生物毒素等战剂。可检测 10^{-9} mol/L 的范围。用受体生物传感器可检测鼠疫杆菌、炭疽杆菌、委马脑炎病毒、黄热病毒、流感病毒等,检测浓度为 $10^{-9} \sim 10^{-6}$ mol/L,响应时间 10s 之内。美海军研究 DNA 探针生物传感器,为提供海湾沙漠风暴作战中用于生物战剂的检测。

利用生物芯片技术可实现现场生化战剂的检测。在有机磷和其他毒剂检测的研究方面,美军利用有机磷化合物抗体与压电晶体结合的生物传感器,可检测有机磷化合物蒸汽。在检测毒性化合物方面,美海军已经具备用大肠杆菌微生物传感器检测毒性化合物的能力,美海军还用生物传感器检测有毒的重金属。用光纤生物传感器能检测环境中有害物质达微量水平。美陆军一直探索研究气味探测技术,用于炸药和毒品的检测。

日本曾成功使用荧光熄灭生物传感器探测空气和水中的 TNT 爆炸物,日本东京大学的研究人员也一直在寻找一种足够灵敏的化学探测器,以检测到空气的微量污染物(如氨和二氧化硫)。现在,日本东京大学的研究人员以自然界嗅觉最灵敏的生物——昆虫为基础,开发出一种嗅觉探测器。科学家将果蝇和蛾(它们的嗅觉细胞对化学物质高度敏感)的基因注射到未受精的青蛙卵细胞中,然后将它放到两个电极之间。经过基因改造的细胞能够检测出浓度低至十亿分之几的特定化学物质,并且能够区分非常相似的分子,错误率很低。这种生物探测器是目前最敏锐的生物嗅觉探测技术之一。

3. 防护装备

2002 年 5 月,美国 Sandia 国家实验室与美国能源部合作,共同研究能够尽早发现以地铁、车站等场所为目标的有毒气体袭击,并及时采取防范对策的系统。该研究属于美国能源部恐怖对策项目的重要一环。该系统将检测有毒气体的化学传感器和网络技术融于一体。安装在车站的传感器一旦检测到某种有害物质,就会自动向管理中心通报,自动发布引导旅客避难的广播,并封锁有关人口等。该系统不仅能够在以专用管理中心为数据中心的局域网范围内实现生化监视,还可以通过因特网进行远程监视,可以说是物联网在特种安防方面的早期应用。现场处置这类有毒物质的人员都逐步装备能够对抗毒害物质的智能呼吸过滤口罩等单兵防护装备。

在防护技术从单兵装备发展为系统装备,从单一探测发展为探测防护一体化的进程中,美国走在了前列。美军近年来大力发展联合军种核生化和放射性物质(CBRN)的防护装备,研制的 20 余种核生化和放射性物质防护装备从 2006 年开始陆续具备初始作战能力。美、英陆军目前正在研制具有化生放核防护装备的车辆和小型机器人以及化生放核侦测车和探测机器人等,以应对各种可能存在的化生放核环境。

总之,物联网在特种安防领域的应用,还体现在采用纳米生物等传感技术,研制核化生武器监测网络系统。在作战部队配备手持式传感终端,或在车辆、大型武器装备上嵌入专项传感器,可在第一现场、第一时间自动侦察感知、实时动态监测核化生武器潜在袭击事件,实现"核化生三防"预警。如果建立"三防"专业处置机构,可通过远程网络实时掌控监测信息并协同处置作业,从而提高处置反应速度、质量和效率。除部队作战应用外,该系统还可在平时配装到人群密集的地铁、车站、码头等公共场所,以提高突发事件应对能力。目前,国外此类研究成果已日趋实用化。

参 考 文 献

[1] 李磊,叶涛,谭民,等. 移动机器人技术研究现状与未来机器人[J]. ROBOT,2002,5.

[2] 吕闽晖,张国敏. 物联网技术及其在军事领域中的应用[J]. 海军工程大学学报,2011,12.

[3] 段伟. 美军物流管理制度变革研究[D]. 解放军信息工程大学硕士学位论文,2009,12.

[4] 王长勤. 美军大力发展无人后勤装备动因探析[J]. 现代军事,2011,6.

[5] 陈志坚,武晓鹏. 美升级天基太空监视系统——看得更精打得更强. 解放军报,2011,7.

[6] 周民伟. 中国首个军民协同远程急救医疗物联网成功运营[J]. 中国医院院长,2011,9.

[7] 杨再新,朱小虎. 我军卫勤战力跃上新台阶——目击沈阳军区某师试训新型卫生装备提升一线救治能力[J]. 环球军事, 2012,4.

[8] 周秋林,王可,何聚,等. 基于物联网技术的应急卫生物资管理系统的研发[J]. 医疗卫生装备,2011,10.

[9] 陈可夫. 军事仓库物联网建设探析[J]. 商情,2011,1.

[10] 郭石军,罗挺,卿太平. 物联网技术在一体化军事物流信息系统中的应用[J]. 物流技术,2012,2.

[11] 杨德鹏,刘建国,郎为民. 我军战场物联网建设初探[J]. 数字通信世界,2011,9.

[12] 党月芳. 无线传感器网络在军事领域中的应用研究[J]. 信息通信,2011,3.

[13] 王旭豪,王文发,杨文军. 基于物联网的作战指挥方式探讨[J]. 兵工自动化,2011,8.

[14] 尹跃彬,李勇,乐敏. "物联网"在防空兵精确作战中的应用[J]. 科技信息,2011,3.

[15] 星期日泰晤士报 http://paper. wenweipo. com(2012 - 04 - 09)

[16] 吕闽晖,张国敏. 物联网技术及其在军事领域中的应用[J]. 海军工程大学学报,2011,12.

[17] 王坚红,李海燕. 军事物流的发展阶段与军事物流的基本特点[J]. 军事经济研究,2007,12.

[18] 俞鹤年. 军事后勤理念是现代物流管理的灵魂[J]. 现代物流报,2012,1.

[19] 彼得·哈洛普,RFID 在西方国家的应用[J]. 信息与电脑,2007,8.

[20] 李江伟,程启胜,郭立涛. 浅析美军后勤管理信息化建设[J]. 新西部(下半月),2010,3.

[21] 聂强,田广东,仇大勇,等. 物联网技术在军事物流中的应用研究[J]. 重庆电子工程职业学院学报,2010,11.